高等学校智能制造工程系列教材

智能制造工程实践训练

主编 李元元 王书亭

中国教育出版传媒集团
高等教育出版社·北京

内容简介

为适应制造业数字化、网络化、智能化的发展趋势和人才培养需求，迫切需要反映新一代人工智能技术与制造技术深度融合新成果的教材和教学载体，需要对智能制造工程及其相关学科专业的实践教学体系进行重构和再设计。本书是"高等学校智能制造工程系列教材"的第八本，是教育部战略性新兴领域"十四五"高等教育教材体系建设项目成果。

本书坚持以 HCPS 为逻辑主线，以培养学生的实践能力为重点，着重介绍数控加工技术训练、工业机器人技术训练、智能制造技术训练等方面的相关内容。全书分为三篇：智能制造基础实践篇主要面向低年级学生，以认知实验和基本操作为主，旨在培养学生的动手能力、基本操作能力、工程意识和工程素质；智能制造专业实践是基础实践篇的延伸，主要培养学生处理、解决复杂工程问题的意识和实际工程问题的基本实践能力；智能制造综合实践篇是在实践能力培养的基础上，进一步提升学生的工程实践综合能力和创新能力，为能力的发展和综合素质的培养打下坚实的基础。

本书可作为高等学校智能制造工程、机械工程等机械类相关专业的智能制造实习教材或工程训练教学参考书，也可供从事制造业的广大工程技术人员、科技工作者和管理人员参考。

图书在版编目（CIP）数据

智能制造工程实践训练 / 李元元，王书亭主编. -- 北京 : 高等教育出版社，2024. 12. -- ISBN 978-7-04-063327-6

Ⅰ. TH166

中国国家版本馆 CIP 数据核字第 2024D4Y597 号

Zhineng Zhizao Gongcheng Shijian Xunlian

策划编辑	杜惠萍	责任编辑	杜惠萍	封面设计	李树龙	版式设计	李彩丽
责任绘图	马天驰	责任校对	张 然	责任印制	沈心怡		

出版发行	高等教育出版社	网　　址	http://www.hep.edu.cn
社　　址	北京市西城区德外大街 4 号		http://www.hep.com.cn
邮政编码	100120	网上订购	http://www.hepmall.com.cn
印　　刷	运河（唐山）印务有限公司		http://www.hepmall.com
开　　本	787 mm×1092 mm　1/16		http://www.hepmall.cn
印　　张	22.25		
字　　数	490 千字	版　　次	2024 年 12 月第 1 版
购书热线	010-58581118	印　　次	2024 年 12 月第 1 次印刷
咨询电话	400-810-0598	定　　价	48.00 元

本书如有缺页、倒页、脱页等质量问题，请到所购图书销售部门联系调换
版权所有　侵权必究
物 料 号　63327-00

新形态教材网使用说明

智能制造工程实践训练

主编　李元元　王书亭

计算机访问：

1　计算机访问 https://abooks.hep.com.cn/1261067。

2　注册并登录，进入"个人中心"，点击"绑定防伪码"，输入图书封底防伪码（20位密码，刮开涂层可见），完成课程绑定。

3　在"个人中心"→"我的学习"中选择本书，开始学习。

手机访问：

1　手机微信扫描下方二维码。

2　注册并登录后，点击"扫码"按钮，使用"扫码绑图书"功能或者输入图书封底防伪码（20位密码，刮开涂层可见），完成课程绑定。

3　在"个人中心"→"我的图书"中选择本书，开始学习。

课程绑定后一年为数字课程使用有效期。受硬件限制，部分内容无法在手机端显示，请按提示通过计算机访问学习。

如有使用问题，请直接在页面点击答疑图标进行问题咨询。

扫描二维码
访问新形态教材网

https://abooks.hep.com.cn/1261067

前　言

制造业是立国之本，兴国之器，强国之基。当今世界正处于以数字化、网络化、智能化为主要特征的第四次工业革命的起点。我国要加快建设制造强国、实现中华民族伟大复兴，迫切需要培养一大批能够适应和支撑国家产业迈向全球价值链中高端的工程创新人才。

理论与实践是人类认识活动的两个维度，知行合一是学生获得真知的妙谛。理论是对实践中提出的问题做出的概念化和系统化的总结，实践则是对理论所涉及问题的验证，理论与实践相结合是工程教育的要义。工程训练是一门实践性的技术基础课，它以实际工业环境为背景，通过系统的工程实践训练，给学生以工程实践的教育、工业制造的认知和工程文化的体验，培养学生的工程实践能力、基本工程技能和工程素质以及系统工程意识，为掌握工程知识和后续专业课学习奠定认识和实践基础。工程训练是现代高等教育阶段必修的实践教学环节，是高校工程教育教学规模最大、学生受众最广的实践课程。

在智能制造等新制造技术迅猛发展的时代背景下，从基础工程能力训练向更加突出的工程创新能力培养转变，是工程训练教育的总体发展趋势。工程训练的内涵从传统车、铣、刨、磨等为代表的基本机械技能训练，拓展到集机械、电子、光学、信息、材料和管理等新型工业技能实践；对学生实践能力的培养需要从一般的动手操作能力培训，转变为集设计、分析、开发为一体的综合能力训练；专业实践的知识要素正在从以知识为主、强调动手能力训练，转变为知识、能力、素养并重的现代实践教育。

根据着力培养智能制造高素质人才的需要，国内众多高校主动服务国家战略，对接智能制造行业，从引领未来产业发展出发，面向新产业变革对高端工程创新人才工程知识、工程素养、工程技能的需求，以提高人才核心竞争力为目标，以培养学生创新精神和实践能力为重点，提出"自主学习、主动实践、追求创新"的智能制造创新人才培养模式，构建以学生为中心的智能制造课程改革体系与工程实践创新育人体系，发挥学科优势，融合智能制造领域的最新研究成果，将工业场景、工程问题、前沿科技、先进设备相结合，将真实制造系统中先进的制造设备、高度复杂的生产技术和生产管理过程复制到工程实践教学中，建设有利于学生主动创新实践、接近真实工业的教学环境，打造"大系统观、大工程观、大质量观"智能制造实践平台。

本书紧密结合新技术的特点和国家制造强国建设对智能制造人才培养需求，注重加强与计算机、信息、网络等学科的交叉，重点建设具备"智能制造"特征的实践教学环境，体现制造业与信息技术的融合，以培养学生创新精神和实践能力为重点，以训练解决复杂工程问题为核心，以相关工程训练项目为基础，着重从数控加工技术训练与实践、机器人应用技术训练与实践、智能制造技术训练与实践三个方面展开教学。本书突出了以下特点：

（1）为适应制造业数字化、网络化和智能化的发展趋势和人才培养要求，本书以 HCPS 为逻辑主线，内容涉及智能设计、智能控制、智能生产等各个环节，力求使教学内容具有先进性和前瞻性。由于每一种制造技术工艺方法的种类很多，限于学时和篇幅，本书以常用的、典型的工艺方法为重点展开阐述，精练内容，以点带面，兼顾知识的深度与宽度、有限的学时和工程训练的基本要求。

（2）考虑到智能制造基础实践篇和智能制造专业实践篇主要面向大学一、二年级学生，在编写上力求简洁易懂，循序渐进，着眼工程能力，培养实践意识；同时通过典型实例的分析和实操，引导学生入门，培养初步的理论结合实际的分析能力。智能制造综合实践篇主要面向高年级学生和研究生，配合专业教育，强化复杂工程实践能力、创新能力和综合素质的培养。

（3）本书配有系列微视频教学资源，以视频实景或虚拟动画的表现形式，详细介绍设备设施、工具软件的操作使用方法，可通过扫描书中相关二维码浏览。读者可根据教学需要，灵活选择相关项目开展工程训练，着重在实践目的、实践意识、实践场景和实践工具等方面，拓宽视野，掌握方法。

本书是"高等学校智能制造工程系列教材"的第八本，是教育部战略性新兴领域"十四五"高等教育教材体系建设项目成果，由李元元、王书亭担任主编，李元元构思确定了全书的大纲。本书编写分工如下：李元元（绪论），孙祥仲、李昕（第一章），李萍萍、熊体凡、李虎（第二章），易奇昌、谢远龙、林晗、陈小丽（第三章），陈吉红、齐壮、罗龙君、陈娜（第四章），刘怀兰、熊艳华、王书亭（第五章），孙海亮、石义淮、李虎、刘怀兰（第六章），刘红奇、毛新勇、王书亭（第七章），赵欢、杨吉祥、李娟、张琴、陈文斌、赵兴炜、汪一苇、罗龙君（第八章），陈冰、王书亭、谢远龙、林晗（第九章）。

东北大学赵继教授审阅了本书，并提出了宝贵意见和建议，在此表示衷心感谢。感谢高等教育出版社和教育部高等学校机械类专业教学指导委员会给予本书出版的精心谋划和支持。本书编写过程中，参考了有关院校的相关教材，并得到了华中科技大学许多领导、同行的支持与帮助，在此表示衷心的感谢。本书得到了教育部新兴领域教材研究与实践项目"面向智能制造的工程训练教材研究与建设（Eeet-202127）"、湖北省高等学校省级教学研究项目"面向新工科的工程实践训练教学体系构建与实践（2023054）"和"面向新工科的智能制造专业建设探索与实践（2020090）"等项目的资助，特致谢。

我国智能制造人才培养正处于不断深化认识和探索实践阶段，鉴于作者对智能制造工程实践训练的理解和认识的局限，书中存在不妥或错误之处在所难免，敬请读者批评指正，以便我们在后续修订改版时不断完善。建议和意见可发送至邮箱：znzzgcsjxl@163.com。

编　者

2024 年 4 月

目　　录

绪论 / 1

第一篇　智能制造基础实践

第一章　机械加工基础实训 / 9

1.1　轴类零件车削加工 / 11
1.2　鲁班锁柱铣削加工 / 24
1.3　柱塞零件数控车削加工 / 36
1.4　太极图零件数控铣削加工 / 46

第二章　工业机器人基础实训 / 57

2.1　工业机器人技术基础 / 57
2.2　工业机器人机械装调 / 67
2.3　工业机器人电气装调 / 77
2.4　工业机器人坐标系标定 / 80

第三章　智能制造系统基础实训 / 87

3.1　智能制造产线技术基础 / 88
3.2　智能制造数字孪生认知实训 / 95
3.3　智能制造产线虚拟仿真 / 100
3.4　制造执行系统（MES）实训 / 109

3.5　智能制造产线生产实训　/　114

第二篇　智能制造专业实践

第四章

数控加工技术实践　/　123

4.1　传动轴零件两轴数控加工　/　123
4.2　轴承座零件三轴数控加工　/　131
4.3　叶轮零件五轴数控加工　/　142
4.4　简易 S 件五轴数控加工　/　149

第五章

工业机器人应用技术实践　/　156

5.1　工业机器人示教编程　/　156
5.2　工业机器人离线编程　/　165
5.3　工业机器人视觉检测　/　173

第六章

智能制造产线核心技术实践　/　186

6.1　智能制造产线通信网络构建　/　186
6.2　智能制造产线产品质量检测　/　197
6.3　智能制造产线健康状态监管　/　207
6.4　智能制造产线故障诊断分析　/　214

第三篇　智能制造综合实践

第七章

数控加工高级综合训练　/　235

7.1　连接板零件四轴高速加工　/　236
7.2　叶片零件曲面五轴加工　/　242
7.3　薄壁零件铣削加工振动特性分析　/　247
7.4　铣削系统加工参数优化　/　261

7.5　切削负载自适应控制　/　275

第八章

工业机器人高阶技术综合训练　/　283

8.1　工业机器人柔顺操作　/　283
8.2　协作机器人安全顺应操作　/　290
8.3　工业机器人测量加工一体化　/　300
8.4　人与机器人交互运动控制　/　310
8.5　智能建造机器人制作及控制　/　325

第九章

智能制造产线集成综合训练　/　331

9.1　智能产线数据可视化监控　/　331
9.2　智能制造控制系统集成应用　/　333
9.3　智能制造数字孪生创新应用实训　/　336

参考文献　/　345

绪论

1. 制造业的发展历程

制造是将原材料变换为所希望的有用产品的过程。它是人类所有经济活动的基石，是人类历史发展和文明进步的动力。

制造这一术语在应用上有广义和狭义之分。狭义的制造是指加工过程，而广义的制造不仅指具体的工艺过程，还包括市场分析、产品设计、计划控制、质量检验、销售服务和管理等产品的整个生命周期的全过程。国际生产工程学会（The International Academy for Production Engineering，CIRP）1990年给出"制造"的定义：制造是一个涉及制造工业中产品设计、物料选择、生产计划、生产过程、质量保证、经营管理、市场销售和服务的一系列相关活动和工作的总称。

图0-1清晰勾勒出制造业的发展历程，也体现出科学技术的发展对制造业发展所起的引领和推动作用。第一次工业革命以蒸汽机和工具机的发明为特征，也称为机械化时代；第二次工业革命以电气和自动化技术发展为特征，也称为电气化时代；第三次工业革命以电子信息技术的广泛应用为特征，也称为数字化时代；第四次工业革命将互联网、大数据、云计算、物联网、人工智能等新技术与工业生产相结合，以智能制造为代表，也称为智能化时代。从图中可以看到工业革命的步伐在不断加快，第一次工业革命持续了大约100年，第二次工业革命持续了大约50年，第三次工业革命持续了大约70年，很快第四次工业革命的高潮就要到来。另外，现代制造技术综合集成了机械、电子、信息、控制、材料及现代管理等学科的最新发展成果，不同学科、专业走向深度融合，并应用于制造的全过程。

图0-1 制造业的发展历程

2. 智能制造

智能制造（intelligent manufacturing，IM）起源于 20 世纪 80 年代人工智能在制造领域的应用，它将智能技术、网络技术和制造技术等应用于产品管理和服务的全过程，并能在产品的制造过程中进行分析、推理、判断、构思和决策，以满足产品的动态需求。它改变了制造业中的生产方式、人机关系和商业模式。因此，智能制造不是简单的技术突破，也不是简单的传统产业改造，而是信息技术和制造业的深度融合、创新集成。

智能制造是一个不断演进的大概念，作为制造业和信息技术深度融合的产物，其诞生与演变和信息化发展相伴而生。从 20 世纪中叶到 90 年代中期，以数字计算、感知、通信和控制为主要特征的信息化催生了数字化制造；从 20 世纪 90 年代中期开始，以网络化大规模普及应用为主要特征的信息化催生了数字化网络化制造；当前，工业互联网、大数据及人工智能实现群体突破和融合应用，以新一代人工智能技术为主要特征的信息化开创制造业数字化网络化智能化制造的新阶段。这样，形成了智能制造的三种基本范式，即数字化制造（第一代智能制造）、数字化网络化制造（第二代智能制造）和数字化网络化智能化制造（新一代智能制造），如图 0-2 所示。

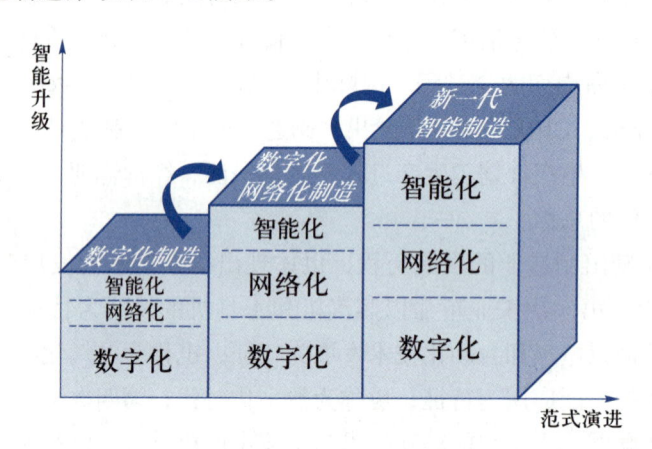

图 0-2 智能制造的三个基本范式

智能制造的内涵主要包括智能产品、智能生产、智能服务与制造业新模式新业态、智能集成制造系统等，它们由智能制造技术（intelligent manufacturing technology，IMT）和智能制造系统（intelligent manufacturing system，IMS）支撑并渗透整个制造过程。

智能制造技术是指利用计算机模拟制造专家的分析、推理、判断、构思和决策等智能活动，并将这些智能活动与智能机器有机融合，使其贯穿应用于制造企业的各个子系统（如经营决策、采购、产品设计、生产计划、制造、装配、质量保证和市场销售等）的先进制造技术。该技术能够实现整个制造企业经营运作的高度柔性化和集成化，取代或延伸制造环境中专家的部分脑力劳动，并收集、存储、完善、共享、集成和发展制造业专家的智能信息，从而极大地提高生产效率。

智能制造系统是一种部分或全部由具有一定自主性和合作性的智能制造单元组成的、在制造活动全过程中表现出智能行为的制造系统。如图 0-3 所示，它主要由智能产品、智

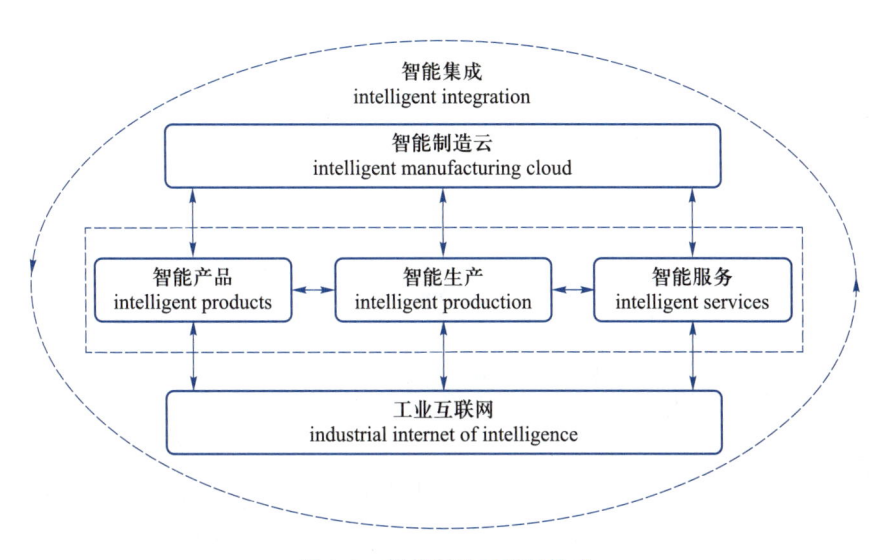

图 0-3 智能制造系统的构成

能生产及智能服务三大功能系统，以及工业互联网和智能制造云两大支撑系统集合而成，其最主要的特征在于工作过程中对知识的获取、表达与使用。

智能制造系统的组成也在不断地发生变化，传统制造系统由人和物理系统（如机器）两大部分组成，称为"人-物理系统"（human-physical systems，HPS）。其中，物理系统是主体，人是主导。到了数字化制造（第一代智能制造）阶段，与传统制造系统相比，本质的不同是在人-物理系统之间增加了一个信息系统（cyber system，C），发展成为"人-信息-物理系统"（human-cyber-physical systems，HCPS），人的大部分的感知、分析、决策和控制功能迁移给信息系统，信息系统可以代替人类完成部分脑力劳动，如图 0-4 所示。

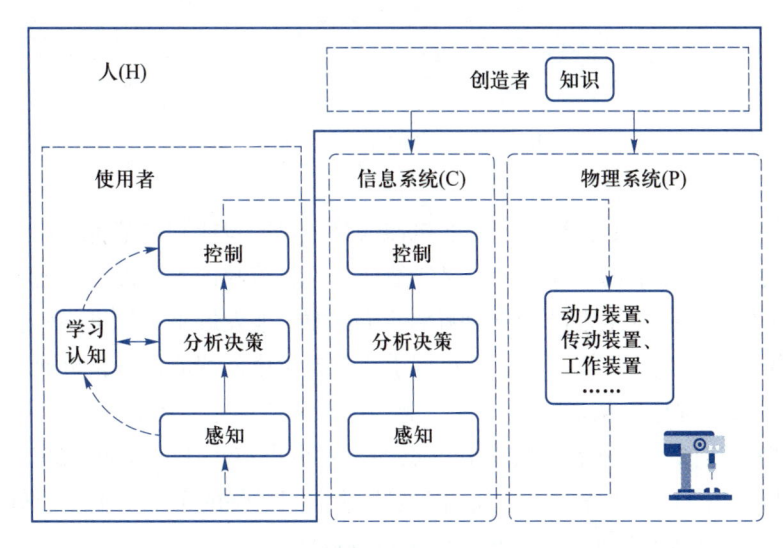

图 0-4 基于人-信息-物理系统（HCPS）的数字制造

随着信息系统在制造系统中所起作用的不断增强，智能制造的演进呈现层次性或阶段性，如图 0-5 所示，从最早形态的 HPS 到 HCPS1.0，再到 HCPS1.5 和 HCPS2.0，这种从低级到高级、从局部到整体的发展趋势将永无止境。

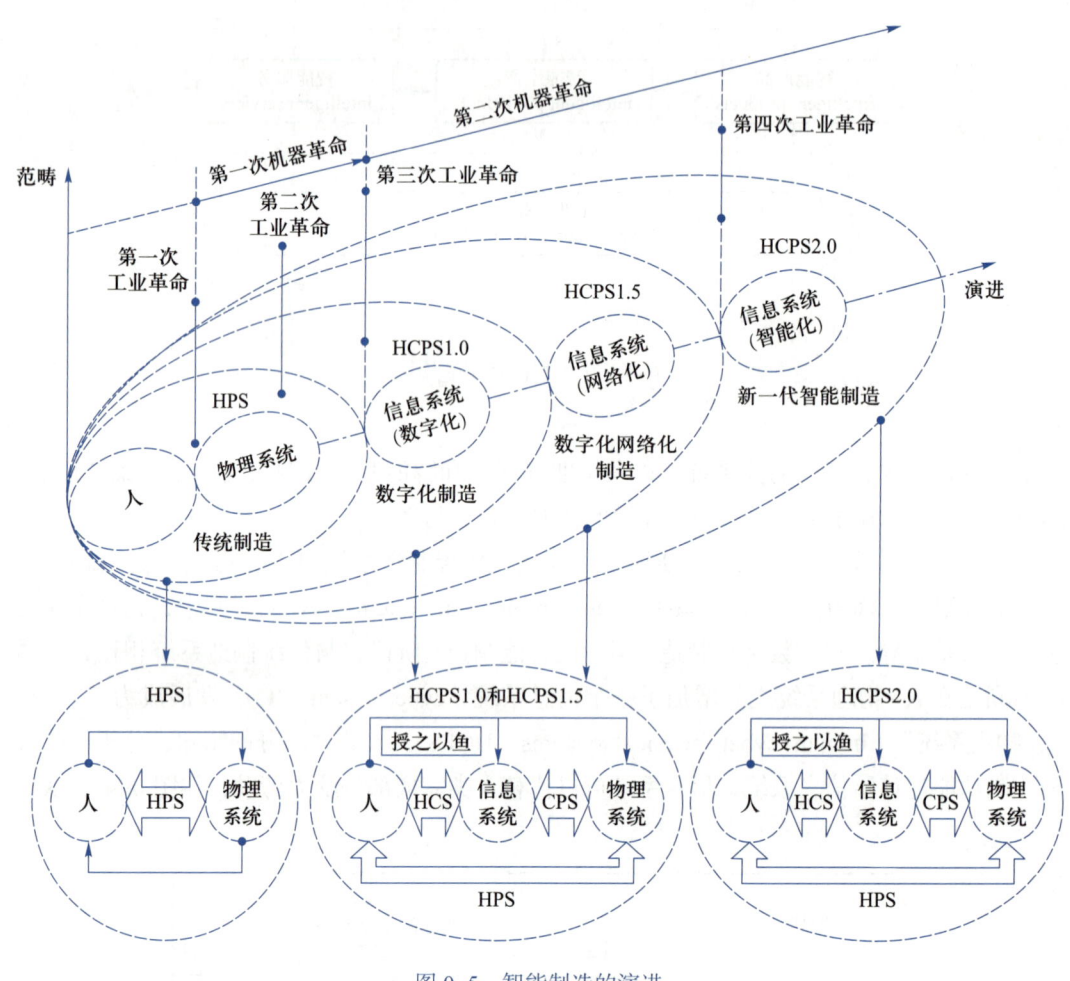

图 0-5 智能制造的演进

在智能制造系统中，数控机床和工业机器人是重要的智能制造装备。数控机床是先进制造技术和制造信息集成的重要单元，是制造业中不可或缺的生产设备。随着各种新技术的发展，数控机床的技术水平已经成为衡量一个国家工业发展水平的重要标志。工业机器人是一种应用于复杂生产环境的多关节机械手或多自由度的智能设备，可通过示教器控制或导入预先编写的程序，从而完成特定功能、执行相应的指令或任务。机器人已成为世界各国尤其是发达国家占领制造技术制高点的研发重点与产业化领域。2015 年，我国发布了《中国制造 2025》，明确提出了我国实施制造强国战略的第一个十年的行动计划，将"高档数控机床和机器人"作为大力推动的重点领域之一。

3. 智能制造工程实践训练的目的和要求

工程训练最早源自我国高校的金工实习，经过近十几年的演变，它已经从一种单一的工程实践教学方式，拓展成为我国独具特色的工程教育方式。工程训练不仅具有专业教育属性，而且具有通识教育属性。现场实习和操作，不仅能够加深学生对专业理论知识的理解和掌握，以及多学科知识相互交融和贯通的训练，提高学生实际动手、工程实践等方面的能力，同时增强学生的工程意识、综合素质和社会能力，包括工程责任、安全、质量、环境保护、竞争等方面意识的形成，工程职业道德、追求卓越的态度、社会责任感、创新精神等素质的养成，以及沟通协调、团队合作、创新创业、组织管理和领导等能力的训练和培养。

在制造技术新发展的时代背景下，工程训练与新技术的特点和国家发展战略对人才的能力需求紧密结合形成了本课程。本课程在实践内容的选择方面，突出工程学科与理科的交叉与融合，培养学生正确认识基础理论和工程实践之间的辩证关系的能力；注重加强与计算机、信息、网络等学科的交叉，逐步建设具备"智能制造"特征的实践教学环境，通过实践培养学生掌握产品设计、建模分析等工具和自动控制、智能感知、人工智能、物联网等技术的能力；同时融入人文社科领域的人才培养要素，培养学生的绿色制造和清洁制造等环保理念以及可持续发展观念，并通过工程实践感悟工程文化和工程美学。

针对智能制造人才培养的需求，机械工程实践教学应体现制造业与信息技术的融合，以 HCPS 为主线，使学生通过实践掌握智能设计、建模仿真、自动控制、智能感知、人工智能、物联网等技术和工具，培养学生的数字化思维能力和实践能力，并提供把数字化工具与领域知识相结合的有效手段。

本课程旨在通过系统的制造工程实践训练，树立工程意识、学习制造基础知识、提高工程实践能力、培养综合工程能力与创新意识。通过系统的智能制造工程实践训练，达到如下教学目标：

（1）获得对智能制造工业生产方法与工业生产环境的感性认识和体验，了解智能制造技术的现状和发展方向，掌握现代工业生产方式、工艺过程以及智能制造体系和制造过程。

（2）具有基本制造工艺方法操作的技能，提高工程实践能力。

（3）以先进制造工艺方法为主线，通过对基础知识的综合学习和体验，培养学科交叉融合的系统工程观，为相关理论课和专业课学习奠定必要的实践基础。

（4）能够应用工具软件，开展设计、建模分析、制造和控制任务，并能够整合现代人工智能、物联网等新技术，应用到制造领域。

（5）能够整合多学科交叉融合知识，培养创新实践能力、团队合作能力和组织管理能力，为解决复杂工程问题打下基础。

（6）培养工程文化素养，形成创新、质量、安全、环境等系统性的工程意识，以及工程师的社会责任感和严谨求实的作风。

为适应制造业数字化、网络化和智能化的发展趋势和相应的人才培养需求，本书分智能制造基础实践、智能制造专业实践和智能制造综合实践等三篇，着重介绍数控加工技术训练与实践、工业机器人应用技术训练与实践、智能制造技术训练与实践三个方面的相关内容。智能制造基础实践篇主要面向低年级学生，以认知实训和基本操作为主，旨在培养学生的实际动手能力、基本操作能力、工程意识和工程素质；智能制造专业实践篇主要培养学生处理和解决专门问题和实际工程问题的工程实践能力；智能制造综合实践篇是在继续提升工程实践能力和创新能力的基础上，为工程实践能力和创新能力的有效应用培养必备的综合素质。

第一篇
智能制造基础实践

第一章

机械加工基础实训

在原材料转化为最终产品的制造过程中，涉及的加工方法多种多样，按制造原理大致可分为三类：增材制造、等材制造和减材制造。增材制造通过光固化、选择性激光烧结、熔融堆积等技术逐渐积累材料，形成所需的形状，3D打印技术便是一种典型的增材制造方法。等材制造则是通过铸造、锻造、焊接等方式生产制造产品，生产过程中，材料的重量基本保持不变。减材制造则通过使用刀具和工具将零件毛坯上的多余材料去除，以获得所需的产品形状、尺寸、精度和表面质量。由于受到材料特性、工艺和设备等多方面因素限制，增材制造和等材制造难以直接制造高精度零部件。通常情况下，采用铸造、锻造、焊接等成形工艺得到的是工件毛坯，为了满足图样技术要求，还需要经过切削加工，即减材制造。减材制造又分为钳工和机械加工两种类型。

（1）钳工一般是由工人手持工具进行切削加工，其主要加工方法有锉削、锯削、刮削、研磨、钻孔、攻螺纹等，钳工还包括工件划线、机械修理和装配。

（2）机械加工是由工人操作机床完成零件的切削加工，常见的加工方式有车削、铣削、刨削、磨削、钻削、镗削、拉削及齿轮加工等，所用的设备分别为车床、铣床、刨床、磨床、钻床、镗床、拉床、齿轮加工机床等。图1-1所

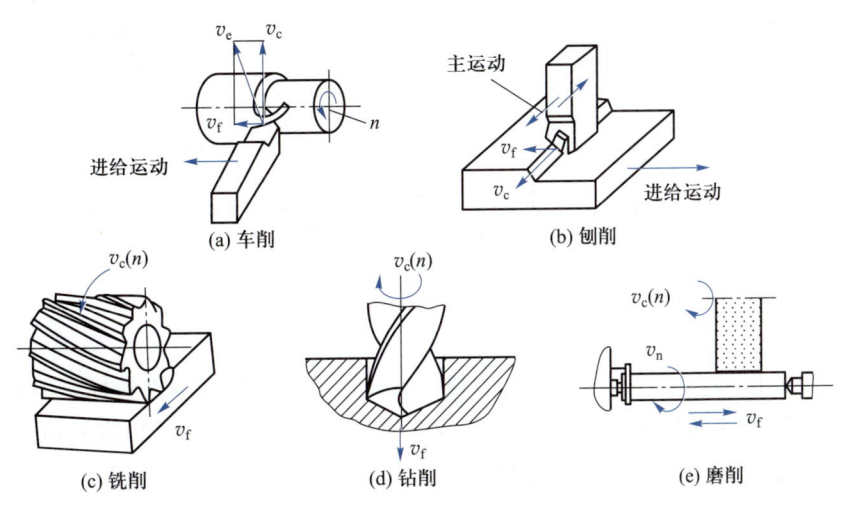

图1-1 几种常见的机械加工方式

示为几种常见的机械加工方式。

与图 1-2 所示的传统手动加工机床相比,数控(numerical control,NC)加工是在数控机床上用数字信息控制零件和刀具位移的机械加工方法,如图 1-3 所示。数控机床加工与传统机床加工的工艺规程总体上一致,它有效地解决了零件多样性、小批量生产、形状复杂及其精度要求的挑战,并为实现加工过程的高效化和自动化提供有效途径。

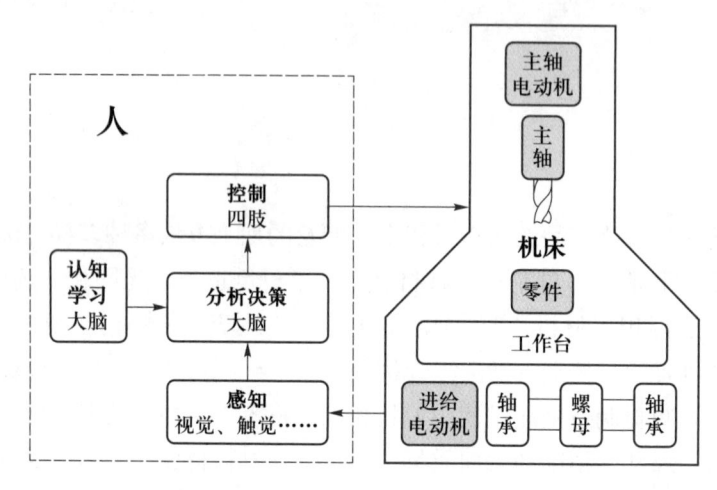

图 1-2 传统手动加工机床

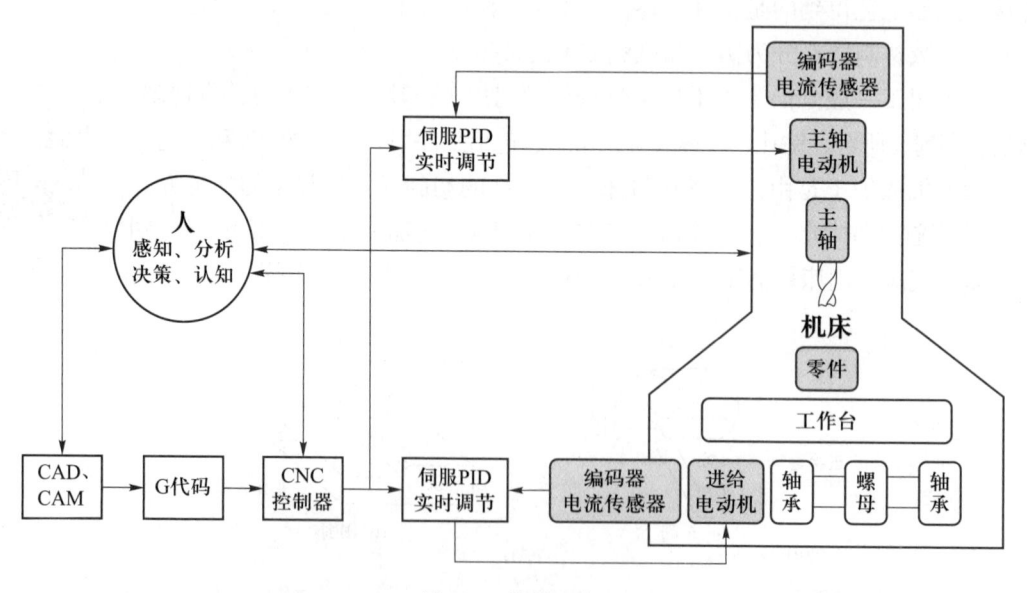

图 1-3 数控机床

本章主要通过轴类零件车削加工、鲁班锁柱铣削加工、柱塞零件数控车削加工和太极图零件数控铣削加工等案例,达到以下实践教学目标:①熟悉数控机床面板操作;②了解零件加工步骤;③掌握数控机床零件加工刀具、夹具、量具等的选用。

1.1 轴类零件车削加工

1.1.1 项目描述

本项目以转轴和连接轴的加工为例介绍普通车床的手动车削加工过程。训练内容包括工艺分析、生产准备、生产实施和质量检测等几个环节。

1.1.2 项目准备

1. 工艺分析

根据轴类零件的零件图进行零件加工工艺分析，确定加工所需的机床设备、工量夹具、刀具以及零件加工工艺路线，并按照基准先行、先粗后精、先主后次的原则制订零件的机械加工工艺过程卡。

2. 项目转化任务分解

根据轴类零件的功能与特征，加工轴类零件对应的工作任务和技能要求详见表1-1。

表1-1　工作任务和技能要求

工作任务	任务内容	技能要求
工艺准备	编制加工文件	机械加工工序卡、机械加工刀具卡（外圆、内孔、内螺纹车削工步）
工件加工	零件的加工及精度检测： （一）外圆及端面特征加工 （二）成形面特征加工	完成外圆、内孔、内螺纹车削工步加工； 完成零件精度检测
机床操作与维护	机床维护和常规故障处理	检查润滑油液面、气压、卡盘扳手限位保护； 熟悉普通车床加工基本操作

注：作为教学，工件加工可根据特征面分为外圆及端面特征加工和成形面特征加工。

3. 设备与环境

1）机床准备

（1）根据机床日常维护手册，使用相应的工具和方法，对机床外接电源、气源进行检查，并根据异常情况，及时通知专业维修人员进行检修。

（2）根据机床日常维护手册，使用相应的工具和方法，对液压系统、润滑系统、冷却系统等油液进行检查，并完成油液的正确加注。

（3）根据机床日常维护手册，使用相应的工具和方法，对机床主轴及刀具装夹系统进行检查，并根据异常情况，及时通知专业维修人员进行检修。

（4）根据加工装夹要求，使用相应的工具和方法，对工件装夹进行检查，完成调整或重新装夹。

（5）根据机床日常维护手册，使用相应的工具和方法，完成加工前机床防护门窗、拉板、行程开关等检查，如有异常情况，及时通知专业维修人员进行检修。

（6）根据机床日常维护手册，机床开始工作前要进行预热，每次开机应低速运行3～5 min，查看各部分运转是否正常，机床运行应遵循先低速、中速，再高速的原则，其中低速、中速运行时间不得少于3 min，当确定无异常情况后，方可开始工作。

2）刀具准备

（1）按照机械加工刀具卡准备刀具及刀柄。

（2）检查刀具的切削刃是否磨损，并对刀具进行清洁。

（3）根据现场情况把刀具置于合适位置，并摆放整齐。

3）量具准备

（1）按照机械加工工艺过程卡准备量具。

（2）检查量具是否损坏。

（3）检查或校准量具零位，并确定量具是否在校验有效期内。

（4）根据现场情况把量具置于合适位置，并摆放整齐。

4）安全注意事项

（1）正确穿戴劳保用品，不准戴手套操作，不接近正在旋转的部件。

（2）装拆、测量工件时将调速手柄变到空挡位置，按下机床"停车"按钮。

（3）物品正确摆放，工件应装夹牢固，卡盘扳手用完后应立即取下。

（4）选择合理的切削用量及正确站位。

（5）正确清理毛刺，用专用工具清理。

（6）多人共用一台机床时，不准同时动手操作，要互相关照，防止发生事故。

1.1.3 项目实施

1. 任务一：外圆及端面特征加工

转轴为典型的轴类零件，其主要作用是支撑回转零件，工作中既承受转矩又承受弯矩。如图1-4所示，转轴的结构特征一般包括圆柱面、端面、圆弧、螺纹、键槽等要素。

1）加工工艺路线安排

根据图1-4所示的转轴零件图，划分其机械加工工序的原则如下。

（1）按零件的装夹定位方式划分工序。

（2）按粗、精加工分开的原则划分工序。

（3）按所用刀具划分工序。转轴的$\phi26$与$\phi20$轴段同轴度为0.02 mm，要求其精加工采用双顶尖装夹方式，一次加工成形。

因此，转轴的加工工艺路线如图1-5所示，各工序具体的工序内容和定位基准见表1-2。

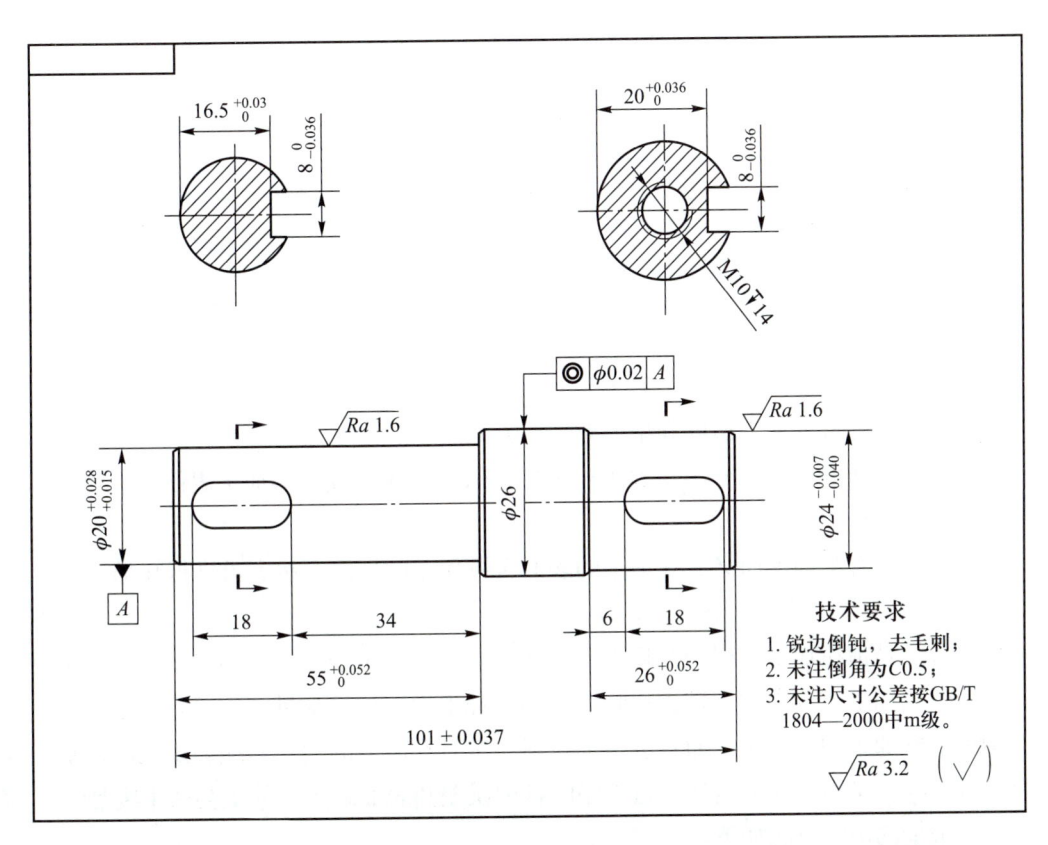

图 1-4 转轴零件图

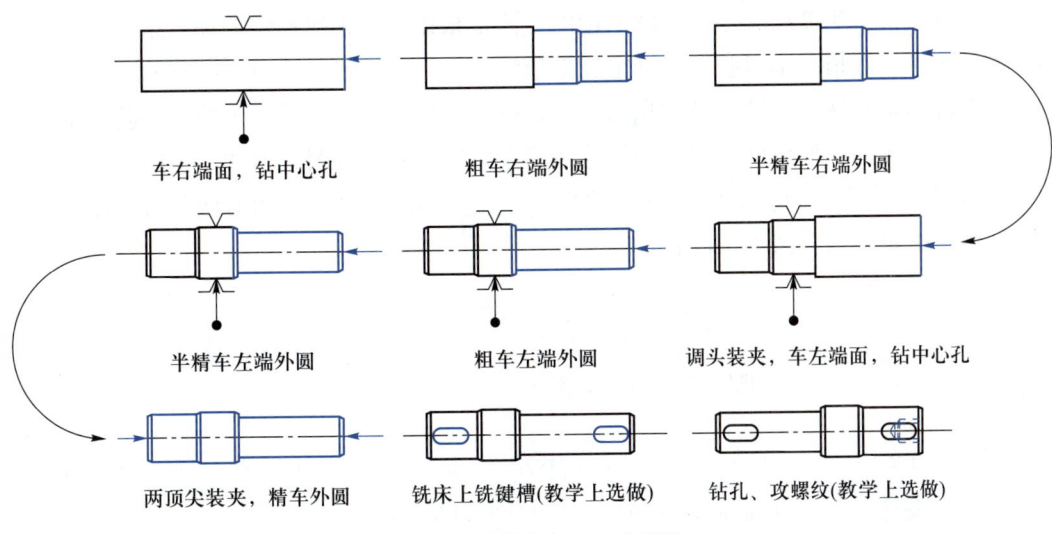

图 1-5 转轴的加工工艺线路

表1-2 转轴的机械加工工艺路线

工序号	工序内容	定位基准
20	车右端面，粗、半精车右端外圆，钻中心孔	毛坯左端面、外圆
30	调头装夹，车左端面，粗、半精车左端外圆，钻中心孔	右端面、$\phi 24_{-0.040}^{-0.007}$ mm 外圆
40	精车外圆	轴心线
50	粗、精铣键槽	$\phi 20_{+0.015}^{+0.028}$ - $\phi 24_{-0.040}^{-0.007}$ mm 轴心线
60	钻孔、攻螺纹	

注：铣键槽，钻孔、攻螺纹为选做项。

2）工步划分原则

工步划分主要考虑加工精度和生产效率两方面。

（1）同一表面按粗加工—半精加工—精加工依次完成，或全部加工表面按先粗后精划分工步。

（2）对于既有车削平面又有孔加工的表面，可先车削平面，然后再进行孔加工。

3）加工余量、工序尺寸和公差的确定

加工余量是指在加工过程中被切去的金属层厚度。加工余量的大小对于零件的加工质量、生产效率和生产成本均有较大影响，应当合理地确定加工余量。加工余量过大时，不仅会增加机械加工的劳动量，而且会增加材料、工具和电力的消耗，使加工成本增加；加工余量过小时，又不能保证消除上道工序的各种误差和表面缺陷，甚至会产生废品。

加工余量的确定方法如下。

（1）公式计算法。根据对影响加工余量的各项因素进行分析，通过计算确定加工余量。

（2）查表法。生产中，工厂广泛采用的方法是根据有关手册提供的加工余量数据，再结合本厂生产实际情况加以修正后确定加工余量。

（3）经验估计法。工艺人员根据自身积累的经验确定加工余量。一般为了防止加工余量过小而产生废品，所估计的加工余量总是偏大，这种方法常用于单件、小批量生产。

通过以上分析，可得到转轴的机械加工工艺过程卡（表1-3）和本任务所需要的机床设备、工量夹具和刀具清单（表1-4）。

表1-3 转轴的机械加工工艺过程卡

零件名称	转轴	机械加工工艺过程卡	毛坯种类	棒料	共1页
			材料	45钢	第1页
工序号	工序名称	工序内容		设备	工艺装备
10	备料	备料 $\phi 30$ mm×105 mm，材料为45钢			
20	车削	车右端面，粗、半精车右端 $\phi 24_{-0.040}^{-0.007}$ mm 外圆、$\phi 26$ 外圆至图样要求，并倒角，钻中心孔			自定心卡盘

续表

工序号	工序名称	工序内容	设备	工艺装备
30	车削	车左端面，保证总长（101±0.037）mm，粗、半精车左端 $\phi 20_{+0.015}^{+0.028}$ mm 外圆，钻中心孔		自定心卡盘
40	车削	精车 $\phi 24_{-0.040}^{-0.007}$ mm 及 $\phi 20_{+0.015}^{+0.028}$ mm 外圆至图样要求		双顶尖
50	铣削	铣键槽（教学可选做）		V形铁＋压板，或双顶尖
60	钳工	钻孔、攻螺纹（教学可选做），锐边倒钝、去毛刺	钳台	台虎钳，自定心卡盘
70	清洁	用清洗剂清洗零件		
80	检验	按图样尺寸检测		

表 1-4 本任务所需要的机床设备、工量夹具、刀具清单

序号	名称	规格及型号	数量
1	普通车床		1
2	自定心卡盘及顶尖	ϕ250 mm	1
3	游标卡尺	0～200 mm	1
4	外径千分尺	0～25 mm，25～50 mm，50～75 mm，75～100 mm	各1
5	内径千分尺	5～30 mm	1
6	深度千分尺	0～25 mm	1
7	车刀	95°外圆车刀，倒角车刀	各1
8	普通铣床		1
9	铣刀/钻头	ϕ8立铣刀，ϕ2中心孔钻，ϕ8.5麻花钻，丝锥 M10	各1

注：1. 表格中"数量"是按一组学生配备的，建议一组学生为1～3人。
  2. 普通铣床和铣刀是为铣键槽服务，可选配。

4）切削用量的确定

确定切削用量的基本原则：首先选取尽可能大的背吃刀量，其次要在机床动力和刚度允许范围内，同时又满足零件加工精度要求的前提下，选择尽可能大的进给量，一般通过查表法、公式计算法和经验估计法三种方法相结合确定。

以车转轴（工序20）为例，通过查阅切削用量手册确定背吃刀量、切削速度、进给量，见表1-5。

表 1-5 硬质合金外圆车刀切削速度参考值

工件材料	热处理状态	a_p=0.3~2 mm f=0.08~0.3 mm/r	a_p=2~6 mm f=0.3~0.6 mm/r	a_p=6~10 mm f=0.6~1 mm/r
		\multicolumn{3}{c}{v/(m/s)}		
低碳钢	热轧	2.33~3	1.67~2	1.17~1.5
易切钢				
中碳钢	热轧	2.17~2.67	1.5~1.83	1~1.33
	调质	1.67~2.17	1.17~1.5	0.83~1.17
合金结构钢	热轧	1.67~2.17	1.17~1.5	0.83~1.17
	调质	1.33~1.83	0.83~1.17	0.67~1
工具钢	退火	1.5~2	1.0~1.33	0.83~1.17
不锈钢		1.7~1.33	1.0~1.17	0.83~1
高锰钢			0.17~0.33	
铜及铜合金		3.33~4.17	2~3	1.5~2
铝及铝合金		5.1~10	3.33~6.67	2.5~5
铸铝合金		1.67~3	1.33~2.5	1~1.67

（1）背吃刀量。背吃刀量 a_p 取 1.5 mm。

（2）切削速度。若取车刀的切削速度 v_c 为 80 m/min，则车刀的转速

$$n_s=\frac{1\,000v_c}{\pi d}=\frac{1\,000\times80}{3.14\times30}\text{ r/min}=849\text{ r/min}$$

取 n_s=800 r/min。

（3）进给量。粗车切削进给量的推荐值：f=0.15~0.40 mm/r。

精车切削进给量的推荐值：f=0.05~0.2 mm/r。若取 f=0.2 mm/r，则精车时理论切削速度 v_c= fn_s=0.2×800 mm/min=160 mm/min，考虑到机床功率限制，实际切削速度比理论切削速度略低，取为 120 mm/min。

5）编制加工工艺文件

（1）编制机械加工工序卡。编制机械加工工序卡时，需要根据机械加工工艺过程卡填写表头信息，编制该工序的各工步，每个工步的切削参数要合理，绘制工序简图。工序简图需绘制该工序加工表面，标注夹紧定位位置。加工转轴的工序 20 和工序 30 的机械加工工序卡分别见表 1-6 和表 1-7。

表 1-6 转轴的机械加工工序卡 1（工序 20，此表由学生在实际操作现场填写）

零件名称	转轴	机械加工工序卡		工序号	20	工序名称	车削	共1页
材料	45 钢	毛坯规格	ϕ30 mm× 105 mm	机床设备		夹具		自定心卡盘

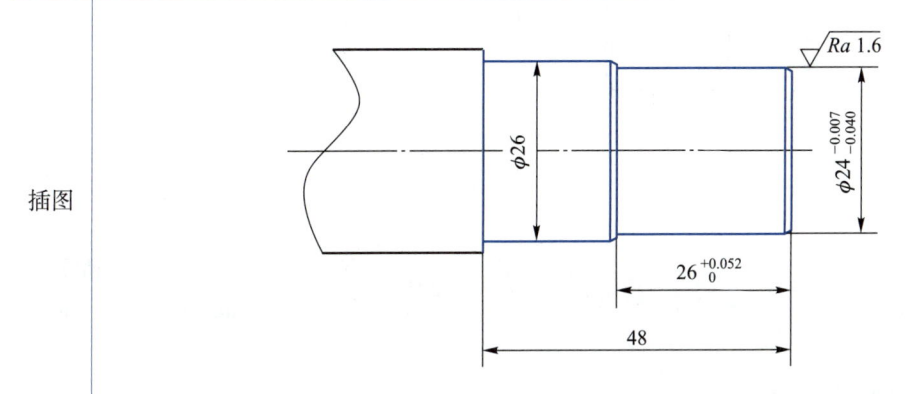

插图：

工步号	工步内容	刀具规格	刀具材料	量具	背吃刀量/mm	进给速度/(mm/min)	主轴转速/(r/min)
1	将工件用自定心卡盘夹紧，伸出长度约 55 mm						
2	车右端面，钻中心孔	95°外圆车刀、中心孔钻	硬质合金	游标卡尺	0.5	80	800
3	粗车右端 $\phi24_{-0.040}^{-0.007}$ mm 外圆、$\phi26_{0}^{+0.052}$ mm 外圆，并倒角，加工余量为 0.5 mm	95°外圆车刀、倒角车刀	硬质合金	外径千分尺	1.5	120	800
4	半精车右端 $\phi24_{-0.040}^{-0.007}$ mm、$\phi26_{0}^{+0.052}$ mm 外圆至图样要求，加工余量为 0.2 mm	95°外圆车刀、倒角车刀	硬质合金	外径千分尺	0.5	80	1 000
5	锐边倒钝，去毛刺						

表 1-7　转轴的机械加工工序卡 2（工序 30，此表由学生在实际操作现场填写）

零件名称	转轴	机械加工工序卡		工序号	30	工序名称	车削	共 1 页
								第 1 页
材料	45 钢	毛坯规格	ϕ30 mm×105 mm	机床设备		夹具		自定心卡盘
插图									

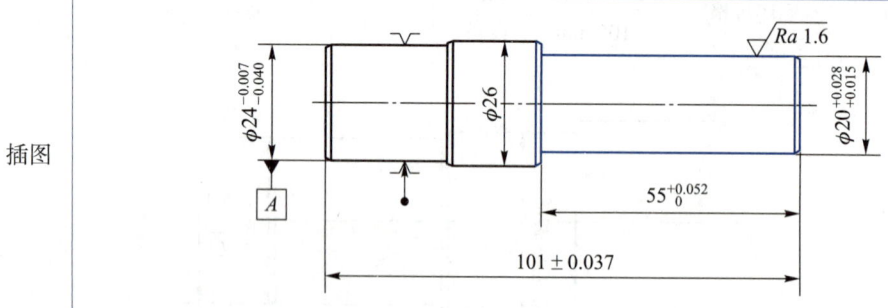

工步号	工步内容	刀具规格	刀具材料	量具	背吃刀量/mm	进给速度/(mm/min)	主轴转速/(r/min)
1	将工件用自定心卡盘夹紧，伸出长度约 55 mm						
2	车左端面，钻中心孔	95°外圆车刀、ϕ2 中心孔钻	硬质合金	游标卡尺	0.5	80	800
3	粗车左端 $\phi 20^{+0.028}_{+0.015}$ mm 外圆，并倒角，加工余量为 0.5 mm	95°外圆车刀、倒角车刀	硬质合金	外径千分尺	1.5	120	800
4	半精车左端 $\phi 20^{+0.028}_{+0.015}$ mm 外圆，加工余量为 0.2 mm	95°外圆车刀、倒角车刀	硬质合金	外径千分尺	0.5	80	1 000
5	锐边倒钝，去毛刺						

（2）编制机械加工刀具卡。编制机械加工刀具卡时，要根据机械加工工艺过程卡填写表头信息。加工转轴的工序 20 和工序 30 的机械加工刀具卡分别见表 1-8 和表 1-9。

表 1-8　转轴的机械加工刀具卡 1（工序 20）

零件名称	转轴		机械加工刀具卡		工序号	20
工序名称	普车	/	设备名称	普通车床	设备型号	
工步号	刀具号	刀具名称	刀杆规格	刀具材料	刀尖半径	备注
2，3，4	T0101	95°外圆车刀	20 mm×20 mm	硬质合金	0.8 mm	
3，4	T0202	倒角车刀	20 mm×20 mm	硬质合金		
2	T0606	中心钻	ϕ2 mm	硬质合金		

表 1-9 转轴的机械加工刀具卡 2（工序 30）

零件名称	转轴		机械加工刀具卡		工序号	30
工序名称	普车	/	设备名称	普通车床	设备型号	
工步号	刀具号	刀具名称	刀杆规格	刀具材料	刀尖半径	备注
2，3，4	T01	95°外圆车刀	20 mm×20 mm	硬质合金	0.8 mm	
3，4	T02	倒角车刀	20 mm×20 mm	硬质合金		
2	T06	中心钻	$\phi 2$ mm	硬质合金		

6）零件检测

转轴加工完成后，需要对转轴进行检测，判断是否合格，并填写转轴的检测表，见表 1-10。

表 1-10 转轴的检测表

零件名称			转轴		允许读数误差			±0.007 mm	
序号	项目	尺寸要求/mm	使用量具	测量结果					项目判定
				No.1	No.2	No.3	平均值		
1	外径	$\phi 24_{-0.040}^{-0.007}$							
2	外径	$\phi 20_{+0.015}^{+0.028}$							
3	总长	101±0.037							
结论（对测量值进行评价）				合格品（　　）		次品（　　）		废品（　　）	

2. 任务二：成形面特征加工

如图 1-6 所示，连接轴是连接微型涡喷发动机与启动电动机的离合器的零件，其左端曲面与离合器配合使用，该左端曲面即为成形面特征。

1）加工工艺路线

根据零件的特点，连接轴的机械加工工艺过程卡见表 1-11。按照加工工序划分原则，确定加工工艺路线如图 1-7 所示。

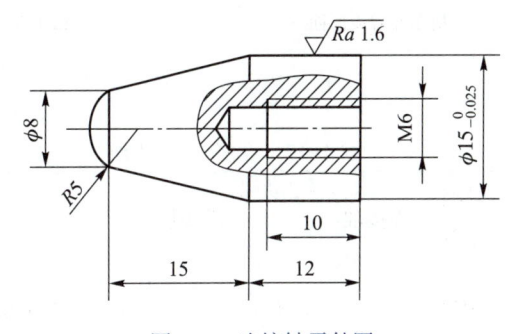

图 1-6 连接轴零件图

工步的划分、加工余量、工序尺寸和公差的确定、切削用量的确定参见本节任务一。

2）编制加工工艺文件

（1）编制机械加工工序卡。编制机械加工工序卡时，要根据机械加工工艺过程卡填写表头信息，编制工序的各工步，每个工步的切削参数要合理，绘制工序简图，简图上须绘制该工序需加工的表面，标注夹紧定位位置。加工连接轴的工序 20、工序 30 和工序 40 的机械加工工序卡分别见表 1-12、表 1-13 和表 1-14。

表 1-11　连接轴的机械加工工艺过程卡

零件名称	连接轴	机械加工工艺过程卡		毛坯种类	棒料	共 1 页
				材料	45 钢	第 1 页
工序号	工序名称	工序内容			设备	工艺装备
10	备料	备料 $\phi 20$ mm×35 mm，材料为 45 钢				
20	车削	车右端面，粗、精车右端 $\phi 15_{-0.025}^{0}$ mm 外圆至图样要求，并倒角，钻 M6 螺纹底孔				自定心卡盘
30	车削	车左端面，保证圆台大、小端面距离为 15 mm，圆台小端面至左端面余量为 3 mm				自定心卡盘
40	车削	成形面的加工				自定心卡盘
50	钳工	攻螺纹，锐边倒钝、去毛刺			钳台	台虎钳
60	清洁	用清洗剂清洗零件				
70	检验	按图样尺寸检测				

车右端面 → 粗车右端外圆 → 钻孔、攻螺纹 → 车左端面

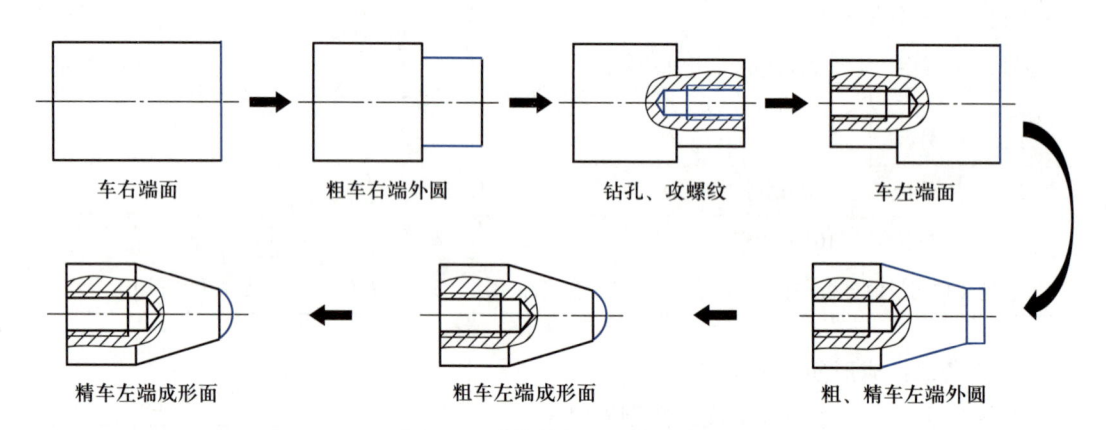

精车左端成形面 ← 粗车左端成形面 ← 粗、精车左端外圆

图 1-7　连接轴加工工艺路线

表 1-12　连接轴的机械加工工序卡 1（工序 20，此表由学生在实操现场填写）

零件名称	连接轴	机械加工工序卡		工序号	20	工序名称	车削	共 1 页
								第 1 页
材料	45 钢	毛坯规格	$\phi 20$ mm×35 mm	机床设备		夹具		自定心卡盘
插图								

续表

工步号	工步内容	刀具规格	刀具材料	量具	背吃刀量/mm	进给速度/(mm/min)	主轴转速/(r/min)
1	将工件用自定心卡盘夹紧，伸出长度约 20 mm						
2	车右端面	95°外圆车刀	硬质合金	游标卡尺	0.5	80	800
3	粗车右端 $\phi 15_{-0.025}^{0}$ mm 外圆，并倒角，加工余量为 0.5 mm	95°外圆车刀、倒角车刀	硬质合金	外径千分尺	1.5	120	800
4	精车右端 $\phi 15_{-0.025}^{0}$ mm 外圆至图样要求，并倒角，钻 M6 螺纹底孔	95°外圆车刀、倒角车刀、$\phi 5.1$ 钻头	硬质合金	外径千分尺	0.5	80	1 000
5	锐边倒钝，去毛刺						

表 1-13 连接轴的机械加工工序卡 2（工序 30，此表由学生在实操现场填写）

零件名称	连接轴	机械加工工序卡		工序号	30	工序名称	车削	共1页
								第1页
材料	45 钢	毛坯规格	$\phi 20$ mm×35 mm	机床设备		夹具		自定心卡盘

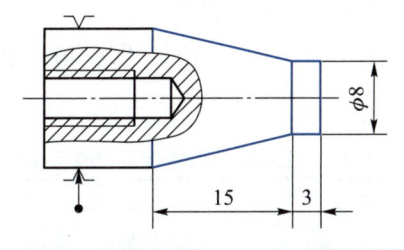

插图

工步号	工步内容	刀具规格	刀具材料	量具	背吃刀量/mm	进给速度/(mm/min)	主轴转速/(r/min)
1	将工件用自定心卡盘夹紧，伸出长度约 20 mm						
2	车左端面	95°外圆车刀	硬质合金	游标卡尺	0.5	80	800
3	粗车左端外圆锥面，并倒角，加工余量为 0.5 mm	95°外圆车刀、倒角车刀	硬质合金	外径千分尺	1.5	120	800
4	精车左端外圆锥面至图样要求，并倒角	95°外圆车刀、倒角车刀	硬质合金	外径千分尺	0.5	80	1 000
5	锐边倒钝，去毛刺						

表1-14 连接轴的机械加工工序卡3（工序40，此表由学生在实操现场填写）

零件名称	连接轴	机械加工工序卡		工序号	40	工序名称	车削	共1页
^	^	^		^	^	^	^	第1页
材料	45钢	毛坯规格	ϕ20 mm×35 mm	机床设备		夹具		自定心卡盘

插图：

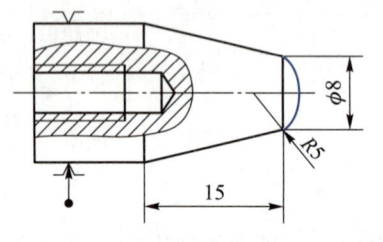

工步号	工步内容	刀具规格	刀具材料	量具	背吃刀量/mm	进给速度/(mm/min)	主轴转速/(r/min)
1	将工件用自定心卡盘夹紧，伸出长度约20 mm						
2	车左端圆弧面至图样要求	圆弧车刀	硬质合金	外径千分尺	0.5	80	1 000
3	锐边倒钝，去毛刺						

（2）编制机械加工刀具卡。编制机械加工刀具卡时，根据机械加工工艺过程卡填写表头信息。加工连接轴的工序20、工序30和工序40的机械加工刀具卡分别见表1-15、表1-16和表1-17。

表1-15 连接轴的机械加工刀具卡1（工序20）

零件名称	连接轴		机械加工刀具卡		工序号	20
工序名称	普车		设备名称	普通车床	设备型号	
工步号	刀具号	刀具名称	刀杆规格	刀具材料	刀尖半径	备注
2，3，4	T01	95°外圆车刀	20 mm×20 mm	硬质合金	0.8 mm	
3，4	T02	倒角车刀	20 mm×20 mm	硬质合金		
4	T05	ϕ5.1钻头	夹头	高速钢		

表1-16 连接轴的机械加工刀具卡2（工序30）

零件名称	连接轴		机械加工刀具卡		工序号	30
工序名称	普车		设备名称	普通车床	设备型号	
工步号	刀具号	刀具名称	刀杆规格	刀具材料	刀尖半径	备注
2，3，4	T01	95°外圆车刀	20 mm×20 mm	硬质合金	0.8 mm	
3，4	T02	倒角车刀	20 mm×20 mm	硬质合金		

表 1-17 连接轴的机械加工刀具卡 3（工序 40）

零件名称	连接轴		机械加工刀具卡		工序号	40
工序名称	普车	/	设备名称	普通车床	设备型号	
工步号	刀具号	刀具名称	刀杆规格	刀具材料	刀尖半径	备注
2	T03	圆弧车刀	20 mm×20 mm	硬质合金	2.5 mm	

3）成形面加工

某些机械零件的表面由若干个曲面组成，如手轮、手柄、球、凸轮等，这类表面称为成形面或特形面。对于这类零件的加工，应根据零件的特点以及精度要求、批量大小等不同情况，分别采用不同方法进行加工。

（1）用双手赶刀法车削成形面。对数量较少或单个零件，可采用双手赶刀法进行车削。就是用右手握小滑板手柄，左手握中滑板手柄，通过双手合成运动，车出成形面；或者采用床鞍和中滑板合成运动来进行车削。车削要点是双手摇动手柄的速度配合要恰当。这种方法的优点是不需要其他特殊工具就能车出一般精度的成形面零件。

（2）用成形刀（样板刀）的车削方法。这种方法将切削刀具刃磨成工件成形面的形状，从径向或轴向进给将成形面加工成形。也可将工件的成形面划分成几段，将几把车刀按各分段形面的形状刃磨，将整个成形面分段分别加工成形。

（3）靠模法车削成形面。在车床上用靠模法车削成形面，实际上和用靠模车圆锥的方法基本上相同，只需把锥度靠模板换上一个带有成形面的靠模板，如图 1-8 所示。

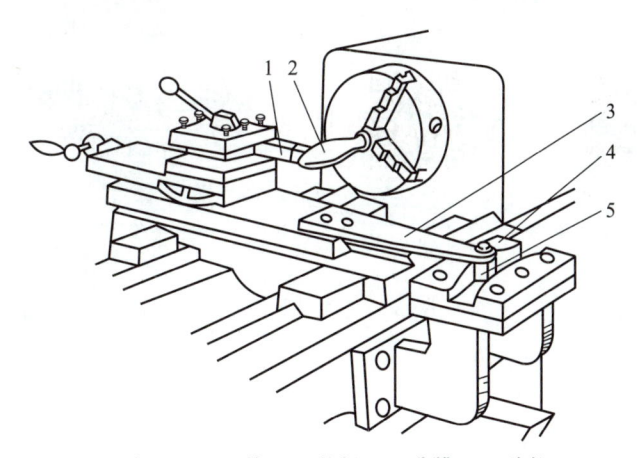

1—车刀；2—工件；3—拉杆；4—靠模；5—滚柱

图 1-8 用靠模法车削成形面

1.1.4 项目总结

本项目主要介绍了轴类零件典型的机械加工过程，包括外圆、端面以及成形面的特征加工。通过本项目的训练，学生能够在了解转轴机械加工工艺的基础上，学习加工工步的划分原则、机械加工所需要的生产准备过程，明确产品加工对生产质量的要求，并掌握一定的质量检测方法,同时在操作机床的过程中提高动手实操能力。

思考题

(1) 工艺分析阶段,哪些是确定加工方法和工艺流程的关键因素?请举例说明。

(2) 在具体的任务实施过程中,哪些加工参数调整不当会导致产品质量严重下降?请描述加工参数对零件成形的作用机理。

(3) 加工过程中采用了哪些措施保证零件的同轴度?

1.2 鲁班锁柱铣削加工

1.2.1 项目描述

鲁班被誉为中国工匠鼻祖,"鲁班锁"代表的是一种"工匠精神","中国制造"要实现转型升级、由大变强,弘扬"工匠精神"是核心要义之一。本项目以图1-9所示的鲁班锁为例,训练普通铣床的加工操作。鲁班锁由6个锁柱组成。训练内容包括零件加工工艺分析、生产准备、生产实施和质量检测。

图 1-9 鲁班锁

1.2.2 项目准备

1. 工艺分析

根据鲁班锁各零件的零件图进行零件加工工艺分析,确定加工所需的机床设备、工量夹具、刀具以及零件加工工艺路线,并按照基准先行、先粗后精、先主后次的原则制订零件的机械加工工艺过程卡。

2. 项目转化任务分解

根据鲁班锁各零件的功能与特征,其加工过程对应的工作任务和技能要求详见表1-18,学生依据零件图,完成相应任务。

表 1-18 工作任务和技能要求

工作任务	任务内容	技能要求
工艺准备	编制加工文件	机械加工工序卡、机械加工刀具卡（铣平面、铣槽工步）
工件加工	鲁班锁零件的加工及精度检测； （一）平面特征加工 （二）槽特征加工	完成铣平面、铣槽工步加工； 完成零件精度检测
机床操作与维护	机床维护和常规故障处理	检查润滑油液面、气压； 熟悉普通铣床加工基本操作

注：作为教学，工件加工可根据特征面分为平面特征加工和槽特征加工。

3. 设备与环境

参照 1.1.2 节相关内容。

1.2.3 项目实施

1. 任务一：平面特征铣削加工

本任务以鲁班锁柱 1（图 1-10）为例介绍平面特征铣削加工。根据图 1-10 所示的尺寸、精度、表面粗糙度，选用的机床设备、工量夹具、刀具清单见表 1-19，机械加工工艺路线见表 1-20。

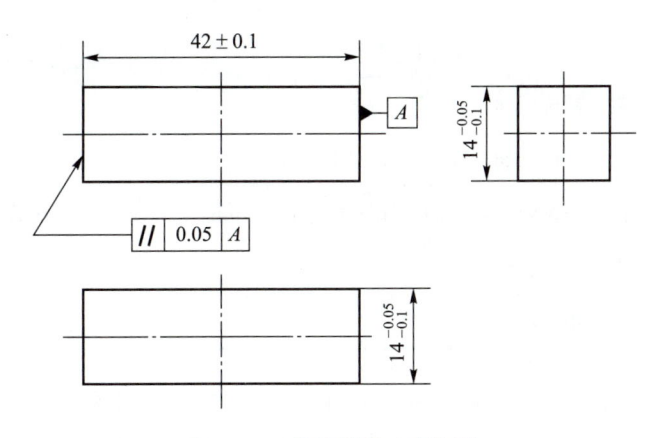

图 1-10 鲁班锁柱 1 零件图

表 1-19 本项目所选用的机床设备、工量夹具、刀具清单

序号	名称	规格及型号	数量
1	普通铣床		1
2	虎钳及垫铁	钳口尺寸为 125 mm	1
3	游标卡尺	0～200 mm	1
4	外径千分尺	0～25 mm、25～50 mm、50～75 mm、75～100 mm	各 1
5	铣刀	ϕ14 键槽铣刀、ϕ7 键槽铣刀、ϕ50 盘铣刀	各 1

注：1. 表格中"数量"是按一组学生配备的，建议一组学生为 3 人左右。
   2. 铣刀是为加工其他锁柱配备的。

1）加工工艺路线安排

鲁班锁柱 1（简称柱 1）的机械加工工序划分原则如下。

（1）按零件的装夹定位方式划分工序。

（2）按粗、精加工分开的原则划分工序。

（3）按所用刀具划分工序。

根据零件的特点，按照加工工序划分原则确定柱 1 的加工工艺路线，如图 1-11 所示。各工序具体的工序内容和定位基准见表 1-20。

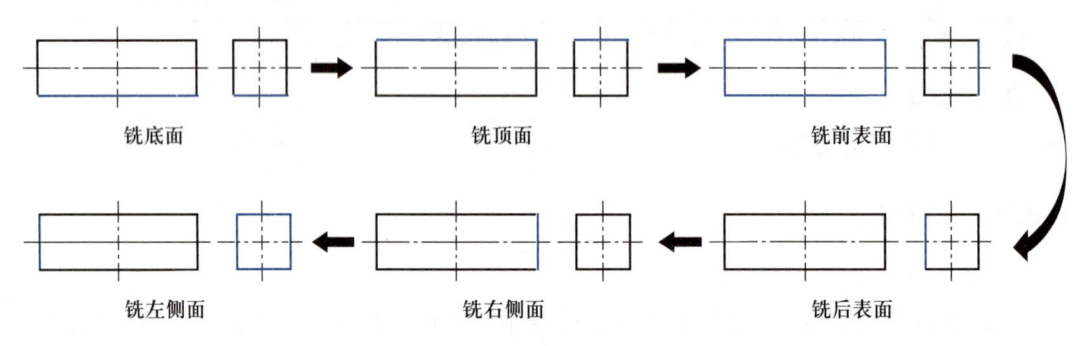

铣底面 → 铣顶面 → 铣前表面

铣左侧面 ← 铣右侧面 ← 铣后表面

图 1-11　柱 1 的加工工艺路线

表 1-20　柱 1 的加工工艺路线

工序号	工序内容	定位基准
20	粗、精铣底面	毛坯顶面
30	粗、精铣顶面，保证高度 $14_{-0.1}^{-0.05}$ mm	底面
40	粗、精铣前、后表面，保证宽度 $14_{-0.1}^{-0.05}$ mm	毛坯后表面、前表面
50	粗、精铣右侧面	底面
60	粗、精铣左侧面	底面

根据已确定的机床设备、工量夹具、刀具和机械加工工艺路线，并按照基准先行、先粗后精、先主后次的原则，确定柱 1 的机械加工工艺过程卡见表 1-21。

表 1-21　柱 1 的机械加工工艺过程卡

零件名称	柱 1	机械加工工艺过程卡	毛坯种类	棒料	共 1 页
			材料	6061 铝合金	第 1 页
工序号	工序名称	工序内容		设备	工艺装备
10	备料	备料 16 mm×16 mm×84 mm，材料为 6061 铝合金			
20	铣削	粗、精铣底面			虎钳及垫铁

续表

工序号	工序名称	工序内容	设备	工艺装备
30	铣削	以精铣后的底面为定位基准，粗、精铣顶面，至保证工件高度 $14_{-0.1}^{-0.05}$ mm		虎钳及垫铁
40	铣削	同样方法粗、精铣前、后面，至保证工件宽度 $14_{-0.1}^{-0.05}$ mm		虎钳及垫铁
50	铣削	粗、精右侧面		虎钳及垫铁
60	铣削	粗、精左侧面，保证工件长度（42±0.1）mm		虎钳及垫铁
70[①]	铣削	粗、精铣键槽至图样要求		虎钳及垫铁
80	钳工	锐边倒钝、去毛刺	钳台	台虎钳
90	清洁	用清洗剂清洗零件		
100	检验	按图样尺寸检测		

① 由于鲁班锁柱2～柱6都是在柱1的基础上加工的，所以增加了工序70明确其他零件的加工路线。

工步的划分原则、加工余量、工序尺寸和公差的确定请参见1.1.3相关章节。铣削切削用量包括以下几方面。

（1）查阅相关切削用量简明手册，根据铣刀直径确定侧吃刀量（铣削中即铣削宽度）a_e 或背吃刀量（铣削中即铣削深度）a_p，也可以根据 a_e 或 a_p 来选择切削刀具直径，见表1-22。

表1-22 切削参数与铣刀的选择

名称	高速钢圆柱铣刀			硬质合金端铣刀					
铣削深度 a_p/mm	≤70	～90	～100	≤4	～6	～6	～6	～8	～10
铣削宽度 a_e/mm	≤5	～8	～10	≤60	～90	～120	～180	～260	～350
铣刀直径 d_0/mm	～80	80～100	100～125	～80	100～125	100～200	200～250	320～400	400～500

注：a_p 与 a_e 不能统一时，圆柱立铣刀主要依据 a_p，端铣刀主要依据 a_e。

如用硬质合金圆柱立铣刀的侧刃粗铣平面，该铣刀的极限铣削深度 a_{pmax} 不超过铣刀直径的4倍，推荐铣削深度 a_p≤1.5倍铣刀直径。如用硬质合金圆柱立铣刀的底刃粗铣平面，根据经验，推荐铣削宽度 a_e≤0.5倍铣刀直径。

（2）进给量 f 或进给速度 v_f 应根据零件的加工精度和表面粗糙度要求以及刀具和工件材料来选择。v_f 的增加可以提高生产率，加工表面粗糙度要求低时，可选择适当大些。但是最大进给速度受到设备刚度和进给系统性能等限制，查阅相关切削用量简明手册，硬质合金立铣刀加工平面和凸台时的进给量见表1-23。

表 1-23　硬质合金立铣刀加工平面和凸台时的进给量

铣刀类型	铣刀直径 d_0/mm	铣削宽度 a_e/mm			
		1～3	5	8	12
		每齿进给量 f_z/mm			
整体刀头立铣刀	10～12	0.03～0.025	—	—	—
	14～16	0.06～0.04	0.04～0.03	—	—
	18～22	0.08～0.05	0.06～0.04	0.04～0.03	—
镶螺旋刀片立铣刀	20～25	0.12～0.07	0.10～0.05	0.10～0.03	0.08～0.05
	30～40	0.18～0.10	0.12～0.08	0.10～0.06	0.10～0.05
	50～60	0.20～0.10	0.16～0.10	0.12～0.08	0.12～0.06

（3）切削速度 v_c。提高 v_c 会提高生产率，但 v_c 与刀具耐用度的关系比较密切，随着 v_c 增大，刀具耐用度会急剧下降，故 v_c 选择主要取决于刀具耐用度。另外，切削速度与加工材料也有很大关系，例如用立铣刀铣削合金钢 30CrNi2MoVA 时，v_c 可采用 8 m/min 左右，而用同样的立铣刀铣削铝合金时，v_c 可达 200 m/min 以上。

随着涂层硬质合金刀具材料的应用，切削速度可大大提高。加工中碳结构钢时，立铣刀的 v_c 可达 100～200 m/min，钻头的 v_c 可达 80～100 m/min；加工铸铁时，丝锥的 v_c 为 20～40 m/min。

随着超硬刀具材料的生产和广泛应用，出现了以车代磨、以铣代磨、硬质加工、高速切削、干式切削等高效切削加工。如用立方氮化硼（CBN）刀具加工铸铁，v_c 高达 2 000～4 000 m/min，加工镍基合金 v_c 可达 300 m/min，用高强度合金制作刀体的人造聚晶金刚石（PCD）面铣刀，v_c 高达 6 500 m/min（铣刀直径为 80 mm）和 8 600 m/min（铣刀直径为 200 mm）。PCD 刀具切削用量及适用范围见表 1-24。

表 1-24　PCD 刀具切削用量及适用范围

适用范围	推荐切削用量		
	切削速度/(m/min)	进给量/(mm/r)	铣削深度/mm
铝合金	100～1 000	0.1～0.3	0.3
铜合金	200～500	0.08～0.2	0.3
木质	3 000	0.04	0.5～9
陶瓷等硬质非金属	10～90	0.01～0.3	0.5

2）编制加工工艺文件

（1）编制机械加工工序卡。编制机械加工工序卡时，要根据机械加工工艺过程卡填写表头信息，编制工序的各工步，每个工步的切削参数要合理，绘制工序简图。加工柱 1 的工序 20、工序 30 和工序 50、工序 60 的机械加工工序卡分别见表 1-25 和表 1-26。

表 1-25　柱 1 的机械加工工序卡 1（工序 20、工序 30）

零件名称	柱 1	机械加工工序卡	工序号	20、30	工序名称	铣削	共 1 页
							第 1 页
材料	6061铝合金	毛坯规格	16 mm×16 mm×46 mm	机床设备	夹具		虎钳
插图							

工步号	工步内容	刀具规格	刀具材料	量具	背吃刀量/mm	进给速度/(mm/min)	主轴转速/(r/min)
1	将工件用虎钳夹紧，伸出高度约 10 mm						
2	铣底面	ϕ50 盘铣刀	硬质合金	游标卡尺	0.5	300	600
3	粗铣顶面，加工余量为 0.5 mm	ϕ50 盘铣刀	硬质合金	游标卡尺	0.5	300	600
4	精铣顶面至图样要求，保证高度 $14_{-0.1}^{-0.05}$ mm	ϕ50 盘铣刀	硬质合金	游标卡尺	0.5	300	600
5	锐边倒钝，去毛刺						

表 1-26　柱 1 的机械加工工序卡（工序 50、工序 60）

零件名称	柱 1	机械加工工序卡	工序号	50、60	工序名称	铣削	共 1 页
							第 1 页
材料	6061铝合金	毛坯规格	16 mm×16 mm×46 mm	机床设备	夹具		虎钳
插图							

工步号	工步内容	刀具规格	刀具材料	量具	背吃刀量/mm	进给速度/(mm/min)	主轴转速/(r/min)
1	将工件用虎钳夹紧，伸出高度约 10 mm						
2	粗、精铣右侧面	ϕ14 键槽铣刀	硬质合金	游标卡尺	14	100	600
3	粗铣左侧面，加工余量为 0.5 mm	ϕ14 键槽铣刀	硬质合金	游标卡尺	14	100	600

续表

工步号	工步内容	刀具规格	刀具材料	量具	背吃刀量/mm	进给速度/(mm/min)	主轴转速/(r/min)
4	精铣左侧面至图样要求，保证长度（42±0.1）mm	ϕ14键槽铣刀	硬质合金	游标卡尺	14	100	600
5	锐边倒钝，去毛刺						

（2）编制机械加工刀具卡。编制机械加工刀具卡时，要根据机械加工工艺过程卡填写表头信息。柱1的机械加工刀具卡见表1-27。

表1-27 柱1的机械加工刀具卡

零件名称		柱1		数控加工刀具卡		工序号	20～60
工序名称		普通铣削	/	设备名称	普通铣床	设备型号	
工序号	刀具号	刀具名称		刀杆规格	刀具材料	刀尖半径	备注
20～40	T01	ϕ50盘铣刀		莫氏锥柄	硬质合金	/	
50～60	T02	ϕ14键槽铣刀		直柄	硬质合金	/	

同理铣工件前、后面（工序40），控制工件宽度为$14_{-0.1}^{-0.05}$ mm。

3）零件检测

柱1加工完成后，需对柱1进行检测，判断是否合格，并填写柱1的检测表，见表1-28。

表1-28 柱1的检测表

零件名称		柱1			允许读数误差			±0.007 mm	
序号	项目	尺寸要求/mm	使用量具		测量结果				项目判定
				No.1	No.2	No.3	平均值		
1	高度	$14_{-0.1}^{-0.05}$							
2	宽度	$14_{-0.1}^{-0.05}$							
3	长度	42±0.1							
结论（对测量值进行评价）				合格品（　　）　次品（　　）　废品（　　）					

2. 任务二：槽特征加工

鲁班锁柱2～柱6（简称柱2～柱6）的零件图如图1-12所示。

1）加工工艺路线

按照基面先行、先面后孔、先粗后精、先主后次的加工顺序安排原则制订加工工艺路线。

(a) 柱2

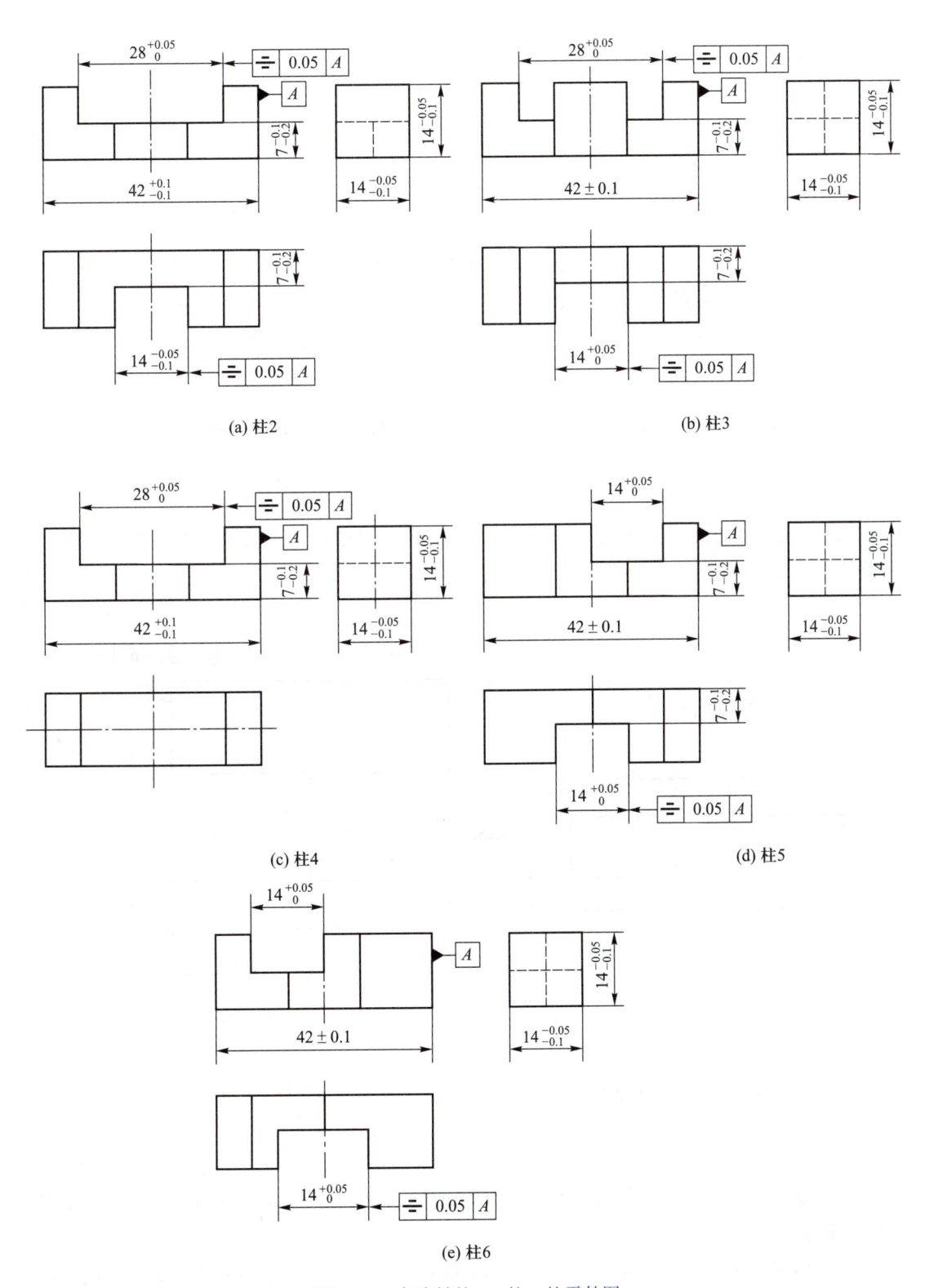

(b) 柱3

(c) 柱4

(d) 柱5

(e) 柱6

图 1-12 鲁班锁柱 2～柱 6 的零件图

（1）根据柱 2 的特点，利用柱 1 作为加工坯料，按照加工工序划分原则确定其加工工艺路线如图 1-13 所示。

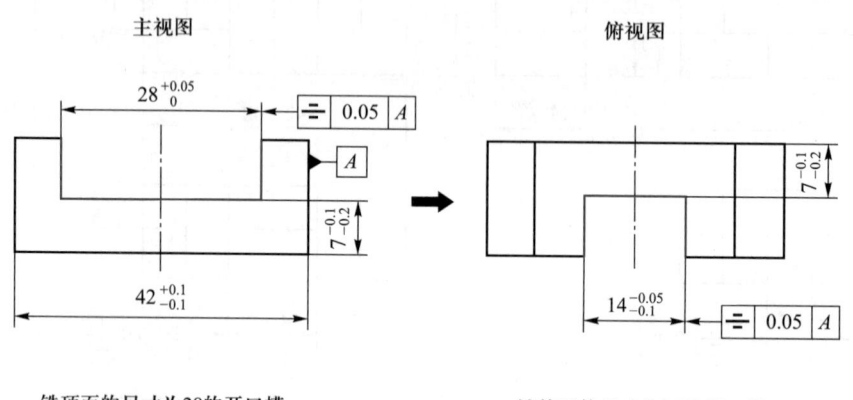

主视图　　　　　　　　　　俯视图

铣顶面的尺寸为28的开口槽　　铣前面的尺寸为14的开口槽

图 1-13　柱 2 的加工工艺路线

（2）根据柱 3 的特点，利用柱 1 作为加工坯料，按照加工工序划分原则确定其加工工艺路线，如图 1-14 所示。

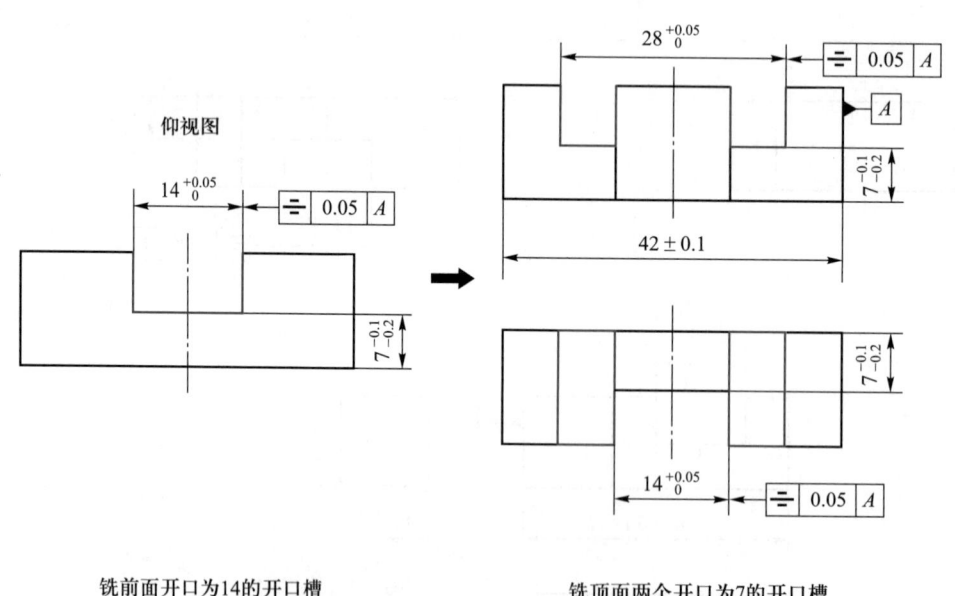

仰视图

铣前面开口为14的开口槽　　铣顶面两个开口为7的开口槽

图 1-14　柱 3 的加工工艺路线

（3）根据柱 4 的特点，利用柱 1 作为加工坯料，按照加工工序划分原则确定其加工工艺路线同柱 2 的工步 1。

（4）根据柱 5 的特点，利用柱 1 作为加工坯料，按照加工工序划分原则确定其加工工艺路线，见表 1-29。

表 1-29　柱 5 的加工工艺路线

序号	工步名称	图示
1	铣前表面尺寸为 14 的开口槽	同柱 2 的工步 2
2	铣顶面的中轴靠右、尺寸为 14 的开口槽	

（5）根据柱 6 的特点，利用柱 1 作为加工坯料，按照加工工序划分原则确定加工工艺路线，见表 1-30。

表 1-30　柱 6 的加工工艺路线

序号	工步名称	图示
1	铣前表面尺寸为 14 的开口槽	同柱 2 的工步 2
2	铣顶面的中轴靠左、尺寸为 14 的开口槽	

工步的划分原则、加工余量、工序尺寸和公差的确定、铣削用量的确定参考任务一相关内容。

2）编制加工工艺文件

（1）编制机械加工工序卡。编制机械加工工序卡时，要根据机械加工工艺过程卡填写表头信息，编制工序的各工步，每个工步的切削参数要合理，绘制工序简图，简图需绘制该工序加工表面。加工柱2的工序70的机械加工工序卡见表1-31。

表1-31 柱2的机械加工工序卡（工序70）

零件名称	柱2	机械加工工序卡	工序号	70	工序名称	铣削	共1页
							第1页
材料	6061铝合金	毛坯规格	14 mm×14 mm×42 mm	机床设备		夹具	虎钳
插图							

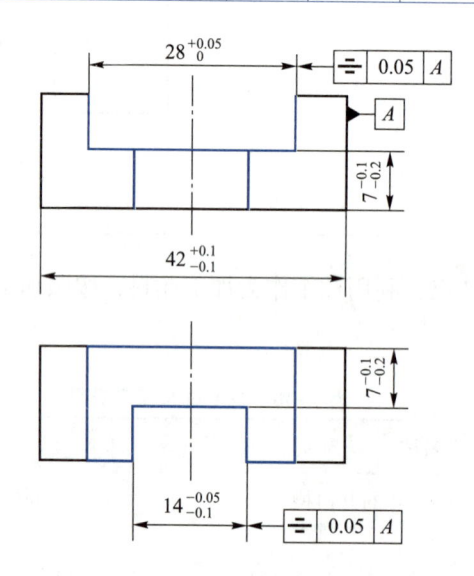

工步号	工步内容	刀具规格	刀具材料	量具	背吃刀量/mm	进给速度/(mm/min)	主轴转速/(r/min)
1	将工件用虎钳夹紧，伸出高度约10 mm						
2	铣顶面，尺寸为 $28_{\ 0}^{+0.05}$ mm 开口槽	φ14键槽铣刀	硬质合金	游标卡尺	0.5	300	600
3	铣前表面，尺寸为 $14_{\ 0}^{+0.05}$ mm 开口槽	φ7键槽铣刀	硬质合金	游标卡尺	0.5	300	600
4	锐边倒钝，去毛刺						

注：柱3、柱4、柱5、柱6的机械加工工序卡与本表类似。

（2）编制机械加工刀具卡。编制机械加工刀具卡时，要根据机械加工工艺过程卡填写表头信息。柱 2 的机械加工刀具卡见表 1-32。

表 1-32 柱 2 的机械加工刀具卡

零件名称	柱 2		数控加工刀具卡		工序号	70
工序名称	普铣	/	设备名称	普通铣床	设备型号	
刀具号	刀具名称	刀杆规格	刀具材料		刀尖半径	备注
T01	ϕ14 键槽铣刀	直柄	硬质合金		/	
T02	ϕ7 键槽铣刀	直柄	硬质合金		/	

注：鲁班锁的柱 3~柱 6 的机械加工刀具卡与本表类似。

3）零件自测

柱 2 加工完成后，需对柱 2 进行检测，判断是否合格，并填写柱 2 的检测表，见表 1-33。柱 3~柱 6 也要填写检测表，与表 1-33 类似。

表 1-33 柱 2 的检测表

零件名称		柱 2		允许读数误差			±0.004 mm
序号	项目	尺寸要求/mm	使用量具	测量结果			项目判定
				No.1	No.2	No.3	平均值
1	28 宽槽	$28_{0}^{+0.05}$					
2	14 宽槽	$14_{0}^{+0.05}$					
结论（对测量值进行评价）			合格品（ ） 次品（ ） 废品（ ）				

1.2.4 项目总结

本项目主要以鲁班锁为例，介绍了普通铣床加工工艺分析、生产准备、生产实施和质量检测过程。在机床操作时，应注意先加工基准面，在调整手轮时，仔细计算，注重过程中的测量与各零件的试装配。通过本项目的训练，能够全面了解鲁班锁柱的铣削加工过程，并掌握相关的铣削工艺，了解切削刀具直径、进给量、切削速度的选用原则，为智能制造产线（产线为生产线的简称）的应用提供实践基础。

思考题

（1）鲁班锁柱的表面粗糙度为 Ra3.2 μm，在加工过程中如何确保达到设计要求的表面质量？是否需要采取特殊的刀具或工艺措施？

（2）加工工艺路线是先用盘铣刀铣顶、底面，接着铣前、后表面，然后再铣左、右表面，为什么选择这样的加工顺序？是否有其他可行的加工顺序？

（3）在编制机械加工工序卡和机械加工刀具卡时，需要合理设置每个工步的切削参数。那么在鲁班锁柱的铣削过程中，如何确定适合的切削参数（例如切削速度、进给速度和铣削深度等）？这些参数对加工效率和表面质量有何影响？

1.3 柱塞零件数控车削加工

1.3.1 项目描述

如图 1-15 所示，柱塞末端为球形，柱塞表面由圆柱面、圆锥面、圆弧、螺纹等组成，通常用于定位挡块机构之中，实现滑动部位的定位。

本项目以某工厂生产的柱塞为例，利用数控车床进行加工。训练内容包括工艺分析、生产准备、生产实施和质量检测等。

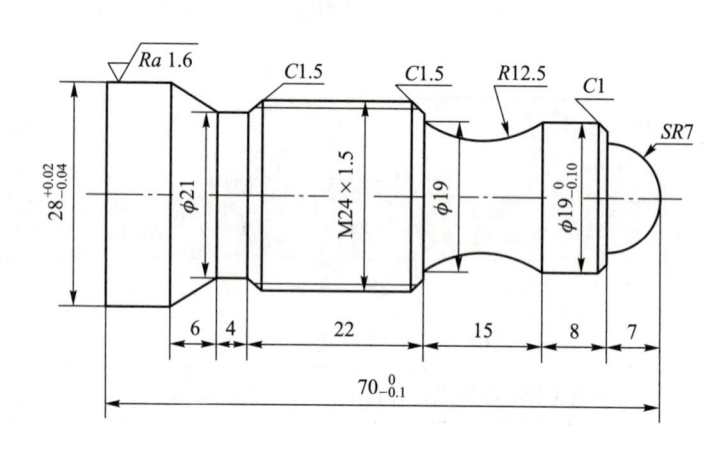

图 1-15 柱塞零件图

1.3.2 项目准备

1. 工艺分析

图 1-15 所示的柱塞零件图中各几何特征元素之间关系明确，尺寸标注完整、正确，加工精度满足设计精度要求，即柱塞的外圆尺寸 $\phi 19_{-0.10}^{0}$ mm、$\phi 28_{-0.04}^{+0.02}$ mm，表面粗糙度 $Ra1.6$ μm，还有一段长为 22 mm 的 M24×1.5 螺纹。本项目所选用的机床设备、工量夹具和刀具清单见表 1-34，柱塞的加工工艺路线见表 1-35。

表 1-34 机床设备、工量夹具、刀具清单

序号	名称	规格及型号	数量
1	数控车床		1
2	自定心卡盘	$\phi 250$ mm	1

续表

序号	名称	规格及型号	数量
3	游标卡尺	0～200 mm	1
4	外径千分尺	0～25 mm、25～50 mm	各1
5	螺纹环规	M24×1.5	1
6	车刀	外圆车刀、螺纹车刀、切断刀	各1

注：表格中"数量"是按一组学生配备的，建议一组学生为3人左右。

表 1-35　柱塞的加工工艺路线

工序号	工序内容	定位基准
20	粗车柱塞，X 轴方向留 0.2 mm 加工余量	毛坯左端面、外圆
30	精车工件各部分到图样尺寸	毛坯左端面、外圆
40	车 M24×1.5 螺纹	毛坯左端面、外圆
50	切断	毛坯左端面、外圆

柱塞的机械加工工艺过程卡按照基准先行、先粗后精、先主后次的原则制订，见表 1-36。

表 1-36　柱塞的机械加工工艺过程卡

零件名称	柱塞	数控加工工艺过程卡	毛坯种类	棒料	共1页
			材料	6061 铝合金	第1页
工序号	工序名称	工序内容		设备	工艺装备
10	备料	备料 ϕ30 mm×300 mm，材料为 6061 铝合金			
20	车削	用外圆车刀粗车柱塞的各部位，X 轴方向留 0.2 mm 加工余量			自定心卡盘
30	车削	用外圆车刀精车工件各部位到图样要求			自定心卡盘
40	车削	用螺纹车刀车 M24×1.5 螺纹（选做，大机械类学生必须完成此步骤）			自定心卡盘
50	车削	用切断刀切断工件			
60	钳工	锐边倒钝、去毛刺		钳台	台虎钳
70	清洁	用清洗剂清洗零件			
80	检验	按图样尺寸检测			

2. 项目转化任务分解

项目任务依据柱塞零件的功能与特征，制订对应的工作任务和技能要求，见表 1-37。

表 1-37 工作任务和技能要求

工作任务	任务内容	技能要求
工艺准备	编制加工文件	机械加工工序卡、机械加工刀具卡（外圆、外螺纹车削工步）
工件加工	车床加工与零件精度检测： （一）外表面加工 （二）螺纹加工	完成外表面、内螺纹车削工步加工； 完成零件精度检测
机床操作与维护	机床维护和常规故障处理	检查润滑油液面、气压、卡盘扳手限位保护；熟悉数控车床加工基本操作

注：作为教学，工件加工可根据特征面分为外表面加工和螺纹加工。

3. 设备与环境

参照 1.1.2 节相关内容。

1.3.3 项目实施

1. 任务一：外表面加工

1）加工工艺路线安排

根据零件的特点，按照加工工序划分原则，确定柱塞外表面的加工工艺路线，见表 1-38。

表 1-38 柱塞外表面的加工工艺路线

序号	工步名称	图示
1	装夹毛坯，毛坯端面到自定心卡盘端面的距离为 100 mm	
2	用外圆车刀粗车柱塞各部位，X 轴方向留 0.2 mm 加工余量	

续表

序号	工步名称	图示
3	用外圆车刀精车工件各部位到图样要求	(图示：柱塞零件图，标注 Ra 1.6、C1.5、C1.5、R12.5、C1、SR7，直径 $\phi 28_{-0.04}^{+0.02}$、$\phi 21$、$\phi 19$、$\phi 19_{-0.10}^{0}$，长度 6、4、22、15、8、7，总长 $70_{-0.1}^{0}$)

工步的划分原则、加工余量、工序尺寸和公差的确定、切削用量的确定参考 1.1 节的相关内容。

2）编制加工工艺文件

（1）编制机械加工工序卡。编制机械加工工序卡时，要根据机械加工工艺过程卡填写表头信息，编制工序的各工步，每个工步的切削参数要合理，绘制工序简图，简图上须绘制该工序中要加工的表面，标注夹紧定位位置。加工柱塞的工序 20 和工序 30 的机械加工工序卡见表 1-39。

表 1-39 柱塞外表面的机械加工工序卡（工序 20、工序 30）

零件名称	柱塞	机械加工工序卡	工序号	20、30	工序名称	车削	共1页
							第1页
材料	6061铝合金	毛坯规格	$\phi 30$ mm×300 mm	机床设备		夹具	自定心卡盘

插图	(柱塞零件图，标注 Ra 1.6、C1.5、C1.5、R12.5、C1、SR7，直径 $\phi 28_{-0.04}^{+0.02}$、$\phi 21$、$\phi 19$、$\phi 19_{-0.10}^{0}$，长度 6、4、22、15、8、7，总长 $70_{-0.1}^{0}$)

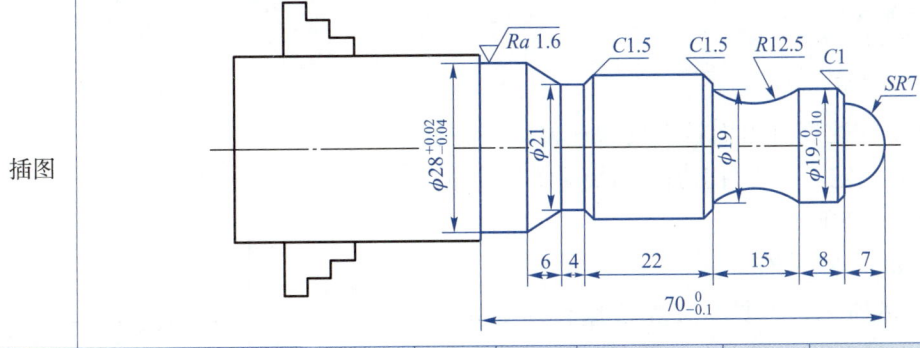

工步号	工步内容	刀具规格	刀具材料	量具	背吃刀量/mm	进给速度/(mm/min)	主轴转速/(r/min)
1	将工件用自定心卡盘夹紧，伸出长度约 100 mm			游标卡尺			

续表

工步号	工步内容	刀具规格	刀具材料	量具	背吃刀量/mm	进给速度/(mm/min)	主轴转速/(r/min)
2	用外圆车刀粗车柱塞各部位，X 轴方向留 0.2 mm 加工余量	外圆车刀	硬质合金	外径千分尺游标卡尺	1	100	600
3	用外圆车刀精车工件各部位到图样尺寸	外圆车刀	硬质合金	外径千分尺游标卡尺	0.2	70	800

（2）编制机械加工刀具卡。编制机械加工刀具卡时，要根据机械加工工艺过程卡填写表头信息，加工柱塞外表面的工序 20 和工序 30 的机械加工刀具卡见表 1-40。

表 1-40　柱塞外表面的机械加工刀具卡（工序 20、工序 30）

零件名称	柱塞	机械加工刀具卡		工序号	20，30
工序名称	数控车削	/	设备名称	数控车床	设备型号	
工步号	刀具号	刀具名称	刀杆规格	刀具材料	刀尖半径	备注
2，3	T0101	外圆车刀	20 mm×20 mm	硬质合金	0.3 mm	

（3）常用数控代码

T××××　　　选刀换刀

　　例：T0101　　（T+刀具号 01+刀具补偿号 01）

M03 S____　　主轴正转

　　例：M03　S460　（主轴正转，转速为 460 r/min）

M05：主轴停止旋转
M30：程序结束并返回程序头
G00：快速移动到指定点

快速移动的速度可由面板上的快速修调旋钮修正，不能用 F 指定。一般用于加工前快速定位或加工后快速退刀（不切削）。

格式：G00　X_　Z_

如图 1-16 所示，刀具从 A 点快速移动到 B 点，代码如下。（X 坐标即直径方向，是直径编程）

绝对编程：G00　X20　Z0
相对编程：G00　U-22　W-18
混合编程：G00　X20　W-18

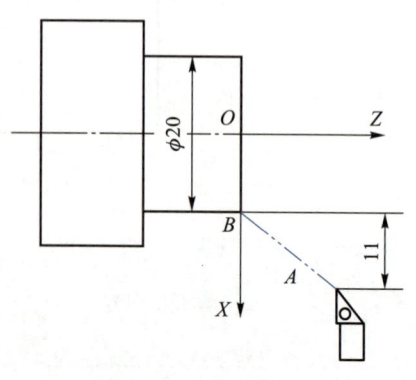

图 1-16　G00 指令

G01：使刀具从起始点沿线性轨迹进给到终点

按 F 规定的合成进给速度，从当前位置按线性路线移动。进给速度 F 一直有效，不需要每个程序段都指定。

格式：G01　X_　Z_　F_

如图 1-17 所示，刀具从 A 点沿线性轨迹进给到 B 点，代码如下。

绝对编程：G01　X60　Z-20　F100

混合编程：G01　X60　W-20　F100

G02/G03：刀具沿指定圆弧方向运行到终点

G02：顺时针圆弧插补；G03：逆时针圆弧插补。

格式：G02/G03　X_　Z_　R_　F_

圆弧方向判断：当刀具由右向左运动时，凸圆都是 G03，凹圆都是 G02，如图 1-18 所示。

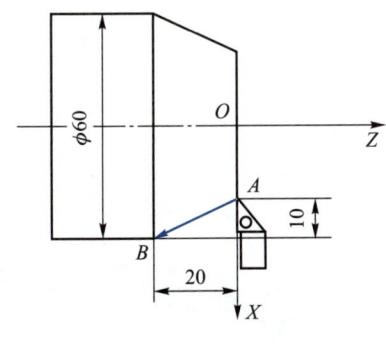

图 1-17　G01 指令

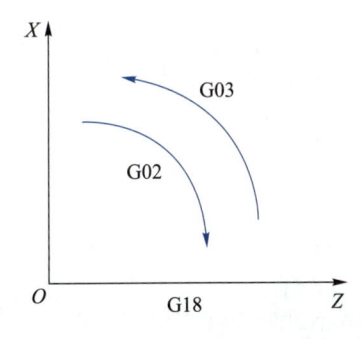

图 1-18　G02、G03 指令

G71：内（外）径复合循环

格式：G71 UΔd　Rr　Pns　Qnf　Ee　Ff　Ss　Tt

说明：UΔd　切削深度（每次切削量）；

　　　Rr　每次退刀量；

　　　Pns　精加工路径第一程序段的顺序号；

　　　Qnf　精加工路径最后程序段的顺序号；

　　　Ee　精加工余量；

　　　Ff　进给速度；

　　　Ss　转速；

　　　Tt　刀号。

粗加工时 G71 中的 F、S、T 有效，精加工时处于 ns 到 nf 程序段之间的 F、S、T 有效，如图 1-19 所示。

3）加工代码

程序一（图 1-19）

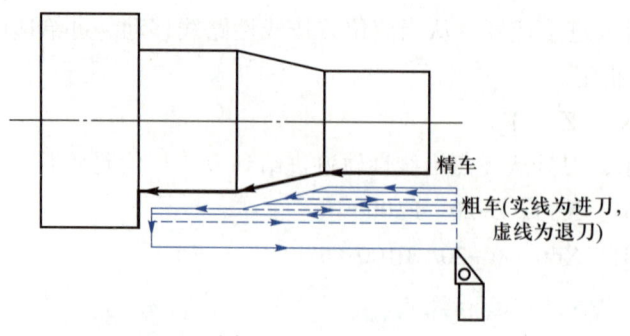

图 1-19 G71 循环

```
%0001
T0101
M03 S600
G00 X32
    Z2
G71 U1 R1 P1 Q2 E0.2 F100
N1 G00 X0 Z0 F70 S800
    G03 X14 Z-7 R7
    G01 X19 C1
        W-8
    G02 X19 W-15 R12.5
    G01 X23.85 C1.5
        Z-51
        X21.7  W-1
        W-4
X28    W-6
        Z-70
N2  G00  X30.5
G00 X50
    Z50
M05
M30
```

4）零件检测

柱塞外表面加工完成后，需对加工表面进行检测，判断是否合格，并填写柱塞外表面的检测表，见表 1-41。

表 1-41 柱塞外表面的检测表

零件名称	柱塞				允许读数误差			±0.004 mm
序号	项目	尺寸要求/mm	使用量具	测量结果				项目判定
				No.1	No.2	No.3	平均值	
1	外径	$\phi 19_{-0.10}^{0}$						
2	外径	$\phi 28_{-0.04}^{+0.02}$						
结论（对测量值进行评价）				合格品（ ） 次品（ ） 废品（ ）				

2. 任务二：螺纹特征加工

1）加工工艺路线安排

根据零件的特点，按照加工工序划分原则，确定柱塞螺纹特征的加工工艺路线，见表 1-42。

表 1-42　柱塞螺纹特征的加工工艺路线

序号	工步名称	图示
1	用螺纹车刀车 M24×1.5 螺纹	
2	用切断刀切断工件	

工步的划分原则、加工余量、工序尺寸和公差的确定，以及切削用量的确定参考 1.1 节的相关内容。

2）编制加工工艺文件

（1）编制机械加工工序卡。编制机械加工工序卡时，要根据机械加工工艺过程卡填写表头信息，编制工序的各工步，每个工步的切削参数要合理，绘制工序简图，简图上须绘制该工序要加工的表面，标注夹紧定位位置。加工柱塞螺纹特征的工序 40 和工序 50 的机械加工工序卡见表 1-43。

表 1-43　柱塞螺纹特征的机械加工工序卡（工序 40、工序 50）

零件名称	柱塞	机械加工工序卡	工序号	40，50	工序名称	车削	共1页
							第1页
材料	6061铝合金	毛坯规格	ϕ30 mm× 300 mm	机床设备		夹具	自定心卡盘

续表

工步号	工步内容	刀具规格	刀具材料	量具	背吃刀量/mm	进给速度/(mm/min)	主轴转速/(r/min)
1	用螺纹车刀车M24×1.5 螺纹	螺纹车刀		M24×1.5螺纹环规		1.5	600
2	用切断刀切断工件	切断刀	硬质合金	游标卡尺		50	400

（2）编制机械加工刀具卡。编制机械加工刀具卡时，要根据机械加工工艺过程卡填写表头信息。柱塞螺纹特征的机械加工刀具卡见表 1-44。

表 1-44　柱塞螺纹特征的机械加工刀具卡（工序 40、工序 50）

零件名称	柱塞		机械加工刀具卡		工序号	40，50
工序名称	数控车削	/	设备名称	数控车床	设备型号	
工步号	刀具号	刀具名称	刀杆规格	刀具材料	刀尖半径	备注
1	T0303	螺纹车刀	20 mm×20 mm	硬质合金	/	
2	T0404	切断刀	20 mm×20 mm	硬质合金	/	

（3）螺纹车削循环

格式：G82　X(U)_　Z(W)_　R_　E_　C_　P_　F_

说明：R，E——螺纹切削退尾量（可省略）。

　　　C——螺纹线数，为 0 或 1 为切削单线螺纹。

　　　P——单线螺纹切削时，为主轴基准脉冲处距离切削始点的主轴转角（默认值为 0）；

　　　　　多线螺纹切削时，为相邻的螺纹的切削起始点之间对应的主轴转角。

　　　F——米制螺纹的导程，mm/r。

以车如图 1-20 所示的螺纹 M8 为例，螺纹大径根据经验公式计算：大径 =$D-0.1P$=（8-0.1×1.25）mm= 7.875 mm，螺纹小径根据 GB/T 197—2018 普通螺纹可得，d_1= 6.647 mm，如图 1-21 所示。

加工螺纹 M8 的数控代码如下：

```
G82  X7.8  Z-16  F1.25
     X7.3
     X6.9
     X6.7
     X6.647
```

图 1-20　螺纹轴

P—螺距，mm或每英寸螺纹数(TPL)；
β—牙型角；
d_1—外螺纹小径；
d_2—外螺纹中径；
d—外螺纹大径；
ϕ—螺纹升角

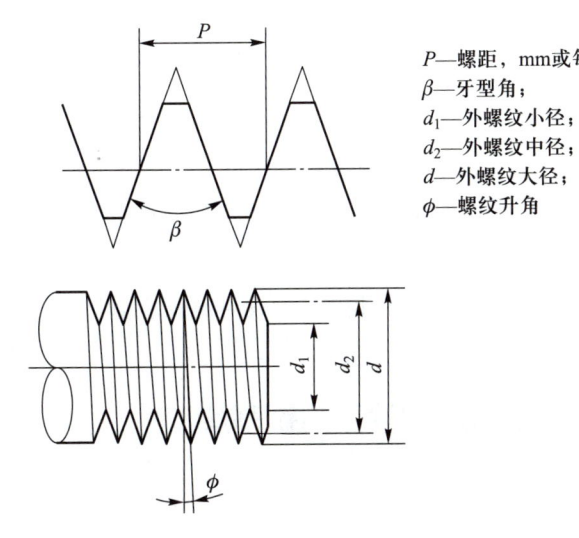

图 1-21 螺纹示意图

（4）编程举例。

程序二 （螺纹部分）	程序三（切断）	%0002（子程序）
%0001	%0001	G01 F30 U-2.5
T0303	T0404	U2.5
M03　S600	M03　S400	W-3
G00　X26	G00　X31	U-5
Z-28	Z-74	U2.5
G82　X23.85　Z-24　F1.5	M98　P0002　L11	W3
X23.35	G00　X50	M99
X22.85	Z50	
X22.55	M05	
X22.376	M30	
G00　X50		
Z50		
M05		
M30		

3）零件检测

用 M24×1.5 螺纹环规，检查螺纹加工的合格情况。

1.3.4 项目总结

本项目主要介绍了柱塞的数控车削加工过程。通过本项目的训练，学生能了解柱塞的几何特征和尺寸要求，掌握数控车床的操作和编程技能，可以根据零件的特点，制订合理的加工工艺路线，并编制机械加工工序卡和机械加工刀具卡，最终在实践中提高对数控车削加工过程的理解和实际操作能力。

思考题

（1）在工件坐标系的建立过程中，如何选择合适的加工坐标系（绝对坐标系和相对坐标系）？如何确定坐标轴的正方向？如何准确测量和设置加工坐标系的原点位置？

（2）加工过程中如何选择合适的切削速度、进给速度？如何根据刀具的刃磨状态来控制柱塞的表面粗糙度？

（3）螺纹车削完成后，如何使用螺纹环规和测量工具对螺纹质量进行检测和验证？

1.4 太极图零件数控铣削加工

1.4.1 项目描述

太极图是中国文化中最为重要的图案之一，它不仅仅是一种美学符号，还代表着一种哲学内涵。它具有宏大的世界观和宇宙哲学，同时也有一定的神话性质。在中国古代社会中，太极图被解释为天地阴阳的转化和谐，也被解释为吉祥之物。在中国历史中，太极图随着社会、政治和文化的变革而产生了不同的功能与含义。

本项目以如图 1-22 所示的太极图零件为例，利用数控铣床进行加工。

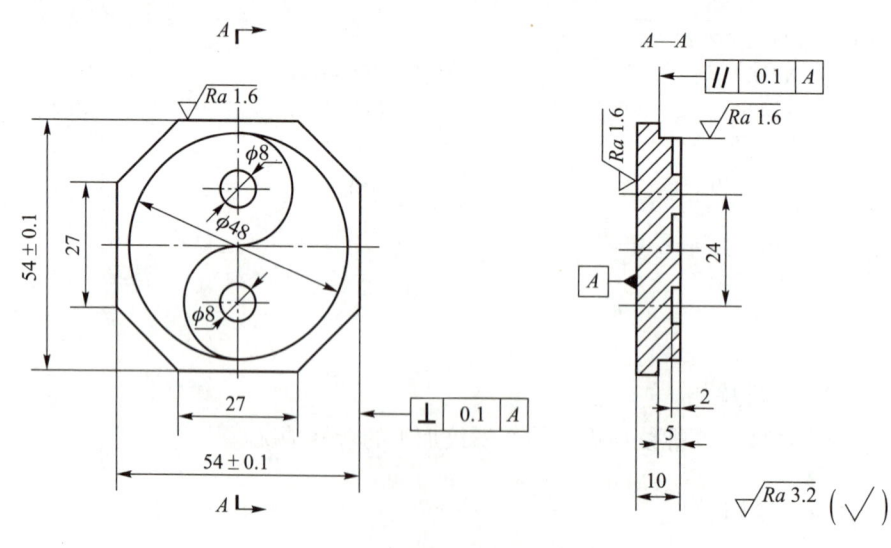

图 1-22 太极图零件的零件图

1.4.2 项目准备

1. 工艺分析

图 1-22 所示的太极图零件中各几何特征之间的关系明确，尺寸标注完整、正确，加

工精度能达到设计精度要求,表面粗糙度为 $Ra1.6\ \mu m$,加工所选用的机床设备、工量夹具、刀具清单见表 1-45,太极图零件的加工工艺路线如表 1-46 所示。

表 1-45 机床设备、工量夹具、刀具清单

序号	名称	规格及型号	数量
1	数控铣床		1
2	虎钳及垫铁	钳口尺寸 125 mm	1
3	游标卡尺	0~200 mm	1
4	百分表		1
5	铣刀	ϕ8 立铣刀	1

注:表格中"数量"是按一组学生配备的,建议一组学生为 2~4 人。

表 1-46 太极图零件的加工工艺路线

工序号	工序内容	定位基准
10	粗、精铣底面	顶面
20	粗铣八方底座	顶面
30	精铣八方底座,保证底座高度(5±0.1)mm,保证底座对边宽度(54±0.1)mm	顶面
40	粗、精铣顶面,保证圆台高度(5±0.1)mm	底面
50	粗、精铣太极图侧面,保证太极图高度(2±0.1)mm	底面
60	铣孔,孔深(2±0.1)mm	底面

加工太极图零件的装夹方案如图 1-23 所示,需要两次装夹加工,第一次装夹加工八方底座,第二次翻面装夹,加工太极图正面。

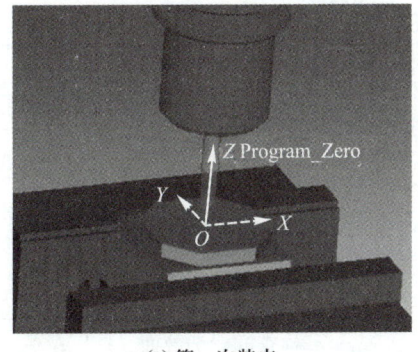

(a) 第一次装夹 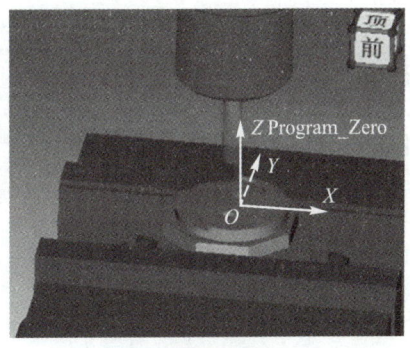　　　　(b) 第二次装夹

图 1-23 加工太极图零件的装夹方案

分析确定机床设备、工量夹具、刀具以及机械加工工艺路线后，可知先用立铣刀铣八方底座的底面，接着铣八方底座的侧面，然后翻面依次铣太极图顶面、圆台侧面和太极图侧面，最后铣孔，圆台侧面的表面粗糙度为 $Ra1.6\ \mu m$。

太极图零件的机械加工工艺过程卡按照基准先行、先粗后精、先主后次的原则制订，见表 1-47。

表 1-47 太极图零件的机械加工工艺过程卡

零件名称	太极图零件	机械加工工艺过程卡	毛坯种类	方料	共 1 页
			材料	6061铝合金	第 1 页
工序号	工序名称	工序内容		设备	工艺装备
10	备料	备料 60 mm×60 mm×12 mm，材料为 6061 铝合金			
20	铣削	粗、精铣底面			虎钳及垫铁
30	铣削	粗、精铣八方底座，保证底座高度（5±0.1）mm，保证底座对边宽度（54±0.1）mm			虎钳及垫铁
40	铣削	粗、精铣圆台顶面，保证圆台高度（5±0.1）mm			虎钳及垫铁
50	铣削	粗、精铣太极图侧面，保证太极图高度（2±0.1）mm			虎钳及垫铁
60	铣削	铣孔，孔深（2±0.1）mm			虎钳及垫铁
70	钳工	锐边倒钝、去毛刺		钳台	台虎钳
80	清洁	用清洗剂清洗零件			
90	检测	按图样尺寸检测			

2. 项目转化任务分解

项目任务依据太极图零件的功能与特征，对应的工作任务和技能要求见表 1-48，学生依据图样，完成相应任务。

表 1-48 工作任务和技能要求

工作任务	任务内容	技能要求
工艺准备	编制加工文件	机械加工工序卡、数控加工刀具卡（铣直线、铣圆弧）
工件加工	零件的加工及精度检测： （一）平面直线特征加工 （二）圆弧特征加工	完成铣平面、铣槽工步加工；完成零件精度检测
机床操作与维护	机床维护和常规故障处理	检查润滑油液面、气压；熟悉数控铣床加工基本操作

注：作为教学，工件加工可根据特征面分为平面直线特征加工和圆弧特征加工。

3. 设备与环境

参照 1.1.2 小节的相关内容。

1.4.3 项目实施

1. 任务一：平面直线特征加工

1）加工工艺路线安排

太极图零件的平面直线特征主要集中在其八方底座上，其零件图如图 1-24 所示。按照基面先行、先面后孔、先粗后精、先主后次的加工顺序，根据零件的特点，按照加工工序划分原则，确定太极图零件八方底座的加工工艺路线，如图 1-25 所示。

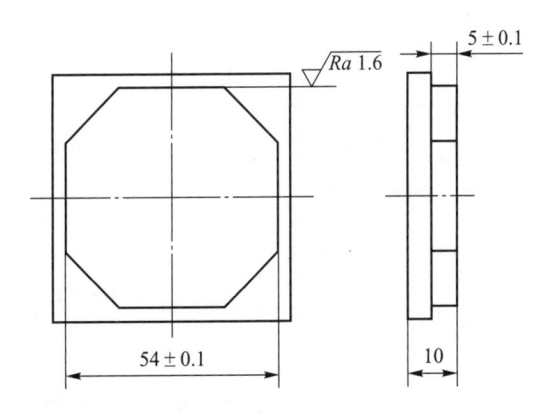

图 1-24 太极图零件八方底座的零件图

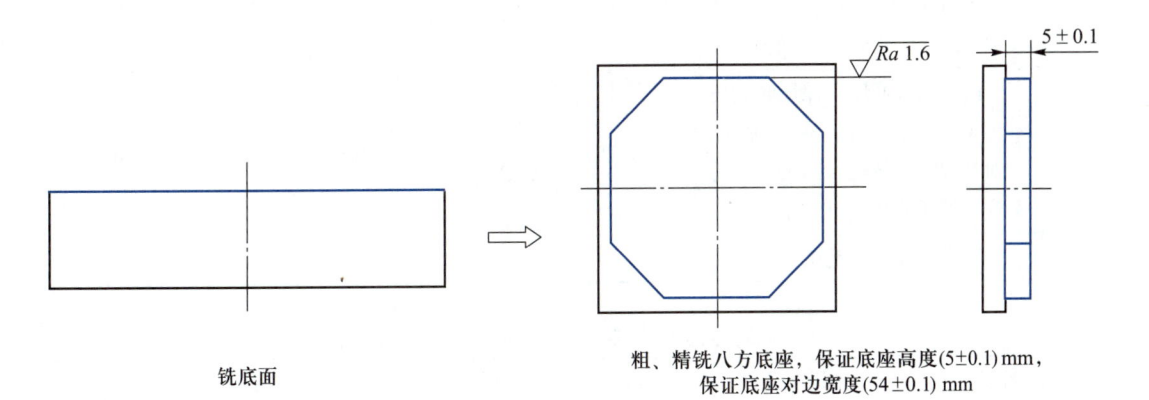

图 1-25 太极图零件八方底座的加工工艺路线

2）编制加工工艺文件

（1）编制机械加工工序卡。编制机械加工工序卡时，要根据机械加工工艺过程卡填写表头信息，编制工序的各工步，每个工步的切削参数要合理，绘制工序简图，简图上须绘制该工序中要加工的表面。太极图零件八方底座的机械加工工序卡见表 1-49。

（2）编制机械加工刀具卡。编制机械加工刀具卡时，要根据机械加工工艺过程卡填写表头信息。太极图零件八方底座的机械加工刀具卡见表 1-50。

表 1-49 太极图零件八方底座的机械加工工序卡（工序 30）

零件名称	太极图零件	机械加工工序卡		工序号	30	工序名称	铣削	共 1 页
								第 1 页
材料	6061铝合金	毛坯规格	60 mm×60 mm×12 mm	机床设备		夹具		虎钳
插图								

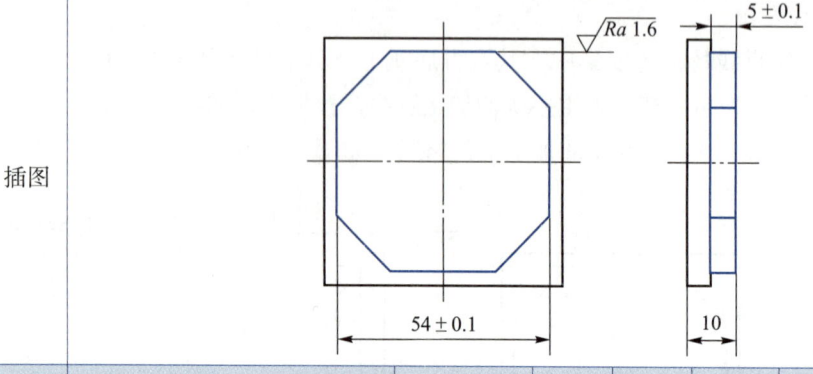

工步号	工步内容	刀具规格	刀具材料	量具	背吃刀量/mm	进给速度/(mm/min)	主轴转速/(r/min)
1	将工件用虎钳夹紧，伸出高度约 10 mm						
2	粗铣八方底座，保证底座高度 5 mm，保证底座对边宽度 54 mm，留 0.5 mm 加工余量	ϕ8 立铣刀	硬质合金	游标卡尺	4.5	200	600
3	精铣八方底座，保证底座高度（5±0.1）mm，保证底座对边宽度（54±0.1）mm，对底面的垂直度为 0.1 mm	ϕ8 立铣刀	硬质合金	游标卡尺	0.5	150	600
4	锐边倒钝，去毛刺						

表 1-50 太极图零件八方底座的机械加工刀具卡

零件名称	太极图零件	机械加工刀具卡		工序号	30
工序名称	数控铣削	/	设备名称	数控铣床	设备型号
刀具号	刀具名称	刀杆规格	刀具材料	刀尖半径	备注
T01	ϕ8 立铣刀	直柄	硬质合金	/	

（3）确定加工工艺路线 进行数控铣削加工时，应注意设计好刀具切入点与切出点。如图 1-26 所示，用立铣刀的侧刃铣削平面工件的外轮廓时，铣刀的切入点和切出点应沿工件轮廓曲线的延长线的切向切入或切出工件表面，为避免加工表面产生划痕，保证零件轮廓光滑，不应沿法向直接切入工件，这一点对精铣尤其重要。

铣削封闭的内轮廓表面时，同铣削外轮廓一样，刀具同样不能沿轮廓曲线的法向切入或切出。此时刀具可以沿一过渡圆弧切入或切出工件轮廓。图 1-27 所示为铣削内圆的加工路线。图中 R_1 为零件圆弧轮廓半径，R_2 为过渡圆弧半径。

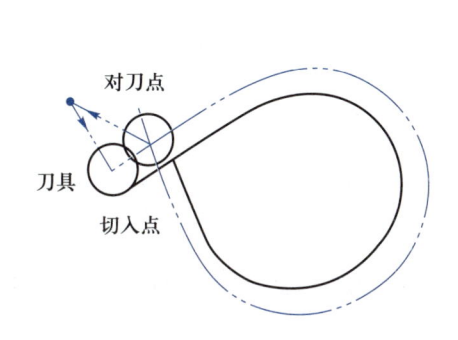

图 1-26 刀具切入或切出外轮廓的进给路线 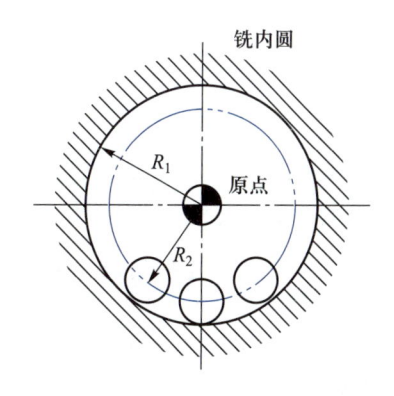　　图 1-27 刀具切入或切出内圆的进给路线

（4）刀具半径补偿指令。

指令格式：$\begin{bmatrix} G41 \\ G42 \\ G40 \end{bmatrix} - \begin{bmatrix} G00 \\ G01 \end{bmatrix} - X\_\ Y\_\ D\_$

指令功能：数控系统根据工件轮廓和刀具半径自动计算刀具中心轨迹，控制刀具沿刀具中心轨迹移动，加工出需要的工件轮廓，编程时避免计算复杂的刀具中心轨迹。

指令说明：

① X_ Y_ 表示刀具轨迹中建立或取消刀具半径补偿值的终点坐标；D_ 为刀具半径补偿寄存器地址符。

② 如图 1-28 所示，若沿刀具进刀方向看，刀具中心在零件轮廓左侧，则需要刀具半径左补偿，用 G41 指令；若沿刀具进刀方向看，刀具中心在零件轮廓右侧，则需要刀具半径右补偿，用 G42 指令；G40 表示取消刀具半径补偿。

③ 通过 G00 或 G01 指令建立或取消刀具半径补偿。

④ G40 必须和 G41 或 G42 成对使用。

例 如图 1-29 所示，刀具由 O 点至 A 点，采用刀具半径左补偿指令 G41 后，刀具将在直线插补过程中向左偏置一个半径值，使刀具中心移动到 B 点，以下为其程序段。

G41 G01 X50 Y40 F100 D01；

偏置量（刀具半径）预先寄存在 D01 指令指定的寄存器中。

当刀具以半径左补偿指令 G41 加工完工件后，在图 1-29 中 CO 段取消刀具半径补偿，以下为其程序段：

G40 G00 X0 Y0；

(a) 刀具半径左补偿　　(b) 刀具半径右补偿

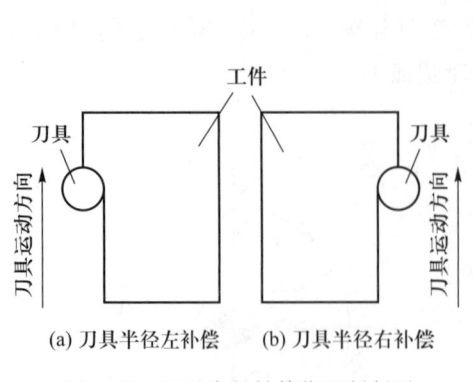

图 1-28　刀具半径补偿位置判断图

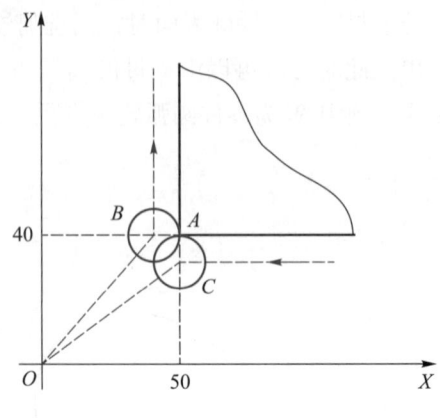

图 1-29　刀具半径补偿过程

（5）数控铣床的基本操作。数控铣床的操作面板如图 1-30 所示。对刀操作步骤如下（请开启面板上的工作灯）。

图 1-30　数控铣床的操作面板

① 选择"设置"按键；选择显示屏内对应"工件测量"功能软键；选择"中心测量"。

② 选择机床操作键"主轴正转"，转速为 600 r/min；选择机床操作键"增量"；利用手持盒移动铣刀（位移步距 ×10%）到轻微接触工件的左侧垂直面（注意：不要撞到虎钳）；按"读测量值"键；把刀具移动到右侧面，重复操作即可把 X 轴数据存储在 A\B 框架内，同理操作前侧面和后侧面，即可把 Y 轴数据存储在 A\B 框架内；Z 轴零点因为设定在毛坯上表面，所以把刀具移动到不会影响工件加工面的地方，接触到工件上表面后，按两次"读测量值"键即可（注：测量该轴数据要把光标移到 A\B 框架的 Z 轴上）。

③ 当三轴数据全部测量完毕后，选择"坐标设定"功能软键，即可完成对刀操作。

对刀的目的是确定工件坐标系，其实质就是通过测量工件原点与机床原点之间的各轴的偏移距离，并将偏移值存储在工件坐标系代码里（例如 G54～G59\G54.1～G54.60 等），达到在工件上设定工件坐标系的目的。

【注意】如果取下零件时位置变动了，则需要重新对刀操作！

3）零件检测

太极图零件八方底座加工完成后，需要对加工表面进行检测，判断是否合格，并填写太极图零件八方底座的检测表，见表 1-51。

表 1-51 太极图零件八方底座的检测表

零件名称	太极图零件			允许读数误差				
序号	项目	尺寸要求/mm	使用量具	测量结果				项目判定
				No.1	No.2	No.3	平均值	
1	高度	5±0.1						
2	对边宽	54±0.1						
结论（对测量值进行评价）			合格品（　）		次品（　）		废品（　）	

2. 任务二：圆弧特征加工

1）加工工艺路线安排

太极图零件的圆弧特征主要集中在太极图圆台上。按照基面先行、先面后孔、先粗后精、先主后次的加工顺序，根据零件的特点，按照加工工序划分原则确定太极图零件太极图圆台的加工工艺路线，如图 1-31 所示。

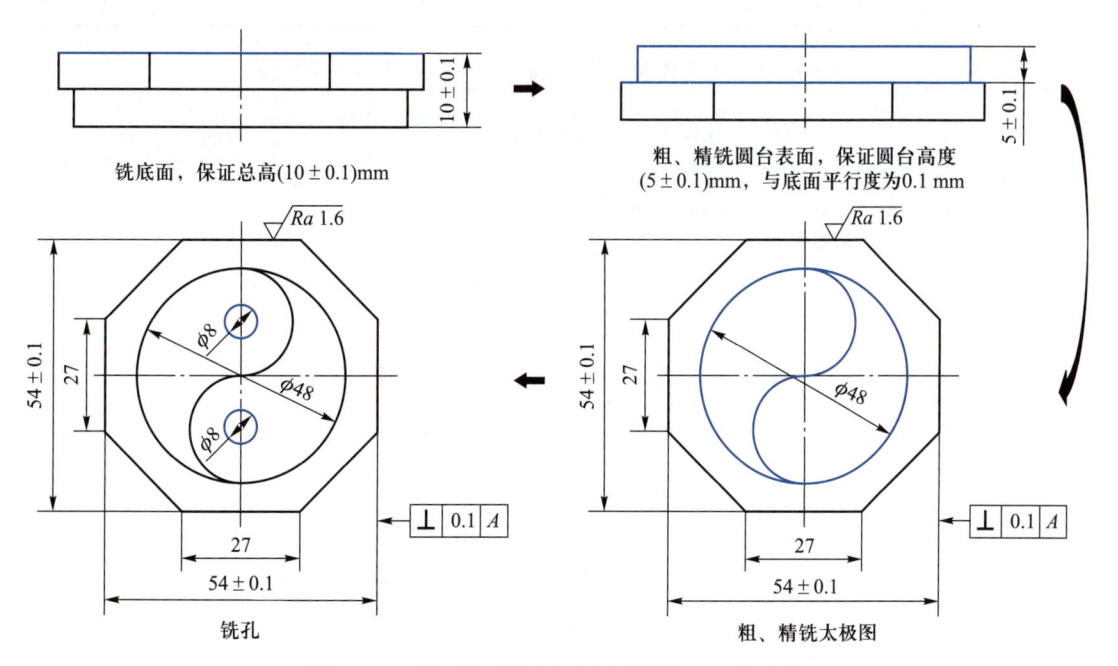

图 1-31 太极图零件太极图圆台的加工工艺路线

2）编制加工工艺文件

（1）编制机械加工工序卡。编制机械加工工序卡时，要根据机械加工工艺过程卡填写表头信息，编制工序的各工步，每个工步的切削参数要合理，绘制工序简图，简图需绘制该工序要加工的表面。太极图零件太极图圆台工序40和工序50的机械加工工序卡分别见表1-52和表1-53。

表1-52 太极图零件太极图圆台的机械加工工序卡（工序40）

零件名称	太极图零件	机械加工工序卡	工序号	40	工序名称	铣削	共1页
							第1页
材料	6061铝合金	毛坯规格	60 mm×60 mm×12 mm	机床设备		夹具	虎钳
插图							

工步号	工步内容	刀具规格	刀具材料	量具	背吃刀量/mm	进给速度/(mm/min)	主轴转速/(r/min)
1	将工件用虎钳夹紧，伸出高度约6 mm						
2	粗铣圆台顶面，保证圆台高度5 mm，留0.5 mm加工余量	$\phi 8$立铣刀	硬质合金	游标卡尺	4.5	200	600
3	精铣圆台，保证圆台直径48 mm，高度（5±0.1）mm	$\phi 8$立铣刀	硬质合金	游标卡尺	0.5	150	600

表1-53 太极图零件太极图圆台的机械加工工序卡（工序50）

零件名称	太极图零件	机械加工工序卡	工序号	50	工序名称	铣削	共1页
							第1页
材料	6061铝合金	毛坯规格	60 mm×60 mm×12 mm	机床设备		夹具	虎钳
插图							

续表

工步号	工步内容	刀具规格	刀具材料	量具	背吃刀量/mm	进给速度/(mm/min)	主轴转速/(r/min)
1	粗铣太极图，保证圆台高度2 mm，留0.5 mm加工余量	φ8立铣刀	硬质合金	游标卡尺	4.5	200	600
2	精铣太极图，保证圆台高度 $2_0^{+0.1}$ mm	φ8立铣刀	硬质合金	游标卡尺	0.5	150	600

（2）编制机械加工刀具卡。编制机械加工刀具卡时，要根据机械加工工艺过程卡填写表头信息。太极图零件太极图圆台的工序40和工序50的机械加工刀具卡见表1-54。

表1-54 太极图零件太极图圆台的机械加工刀具卡

零件名称	太极图零件		机械加工刀具卡	工序号	40，50
工序名称	数铣	/	设备名称	普通铣床	设备型号
刀具号	刀具名称	刀杆规格	刀具材料	刀尖半径	备注
T01	φ8立铣刀	直柄	硬质合金	/	

3）零件检测

太极图零件太极图圆台加工完成后，需要对加工表面进行检测，判断是否合格，并填写太极图零件太极图圆台的检测表（表1-55）。

表1-55 太极图零件太极图圆台的检测表

零件名称	太极图零件太极图			允许读数误差				
序号	项目	尺寸要求/mm	使用量具	测量结果				项目判定
				No.1	No.2	No.3	平均值	
1	圆台面平行度	0.1						
2	底座垂直度	0.1						
结论（对测量值进行评价）			合格品（　）	次品（　）		废品（　）		

1.4.4 项目总结

本项目主要介绍了太极图零件的数控铣削加工过程，主要包括平面直线特征加工和圆弧特征加工。首先，通过本项目的训练，学生能够对太极图零件进行工艺分析，了解太极图零件的几何特征及其加工要求；其次，通过项目转化过程，能够分解出相应的工作任务，并确定对应相应的技能要求；最后，在项目实施阶段，通过任务一和任务二的实际操作，能够掌握平面直线特征和圆弧特征的加工工艺路线安排方法，并编制相应的加工工艺文件。

思考题

（1）在太极图零件数控铣削加工过程中，如何选择合适的刀具和切削参数？请解释选择依据，并讨论可能的优化策略。

（2）数控铣削加工过程中，如何确保太极图零件的加工精度和表面质量？列举可能影响加工精度和表面质量的因素，并提出相应的控制措施。

（3）在太极图零件的数控铣削加工中，如何利用数控铣床的功能和编程指令实现加工路径的优化？请详细描述思路和具体操作步骤。

第二章

工业机器人基础实训

机器人是一种能够半自主或全自主工作的智能机器,具有感知、决策、执行等基本特征,可以辅助甚至替代人类完成各种工作,提高工作效率与质量,服务人类生活,扩大或延伸人的活动及能力范围。

工业机器人可依靠控制系统和自身动力,半自主或全自主执行多样化的任务,在手动模式下,其本体运动可由操作员、编程员和维护人员通过直接或间接方式进行操控,在自动模式下,则可以执行存储在控制柜中的已有任务程序再现示教动作。"示教"就是机器人学习的过程,操作者要"教会"机器人怎样工作,机器人的操作系统会将这些工作程序和要领记录下来,机器人按照记录下来的程序进行工作,实现过程"再现"。

本章主要包含工业机器人技术基础、机械装调、电气装调和坐标系标定等4个训练项目。训练内容包括认识不同工业机器人的结构和特点,认知关键核心部件,并能够对机器人进行简单手动操作,掌握对机器人示教器操作、坐标系标定、程序编写与调试的基本方法。

2.1 工业机器人技术基础

2.1.1 项目描述

项目以典型工业机器人为例,了解和认知工业机器人的结构组成及核心零部件;通过手动操作工业机器人,掌握工业机器人示教器的功能及操作方法、工业机器人的运动设置及操作方法。

2.1.2 项目准备

1. 工业机器人的组成

工业机器人是机器人的一种,是广泛用于工业领域的多关节机械手或多自由度的机器装置,它靠自身动力和控制能力实现各种功能,能自动执行任务。

如图 2-1 所示，工业机器人主要由机器人①本体、连接线缆、控制柜和示教器四个部分组成。

机器人本体是工业机器人的机械主体，是用来完成规定任务的执行机构，包含机械臂、驱动装置、传动装置及传感器。

控制柜是机器人的关键和核心部分，用来控制工业机器人按规定要求动作。

示教器是工业机器人的人机交互接口，点动机器人、程序编写、测试、运行等均可通过示教器进行操作。

2. 工业机器人的结构与功能

工业机器人的组成结构是实现其功能的基础，如图 2-2 所示，工业机器人一般由 3 个部分、6 个子系统组成。3 个部分分别是机械部分、传感部分和控制部分；6 个子系统分别是驱动系统、机械结构系统、感受系统、机器人-环境交互系统、人-机交互系统和控制系统。

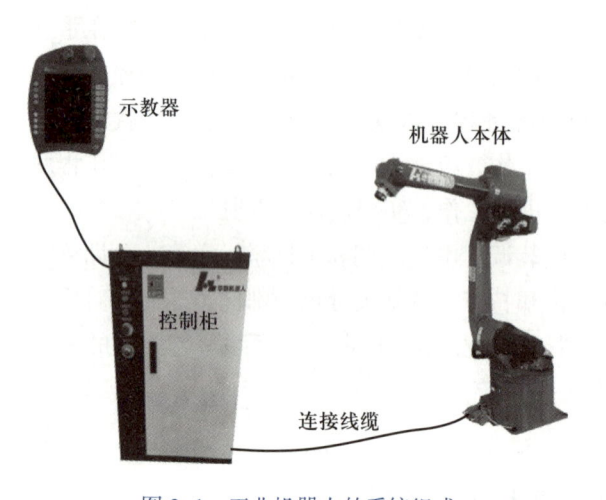

图 2-1 工业机器人的系统组成

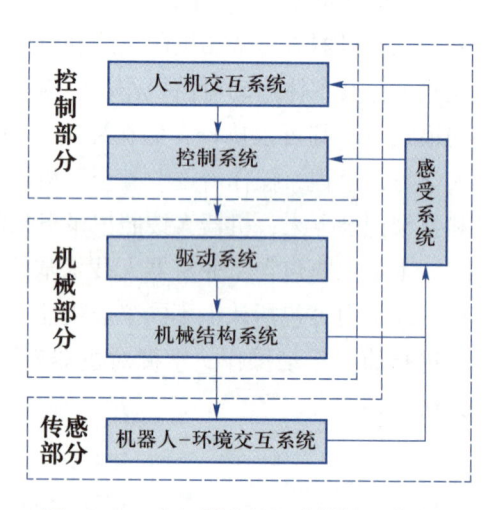

图 2-2 工业机器人的组成结构及其功能

2.1.3 项目实施

1. 任务一：典型工业机器人结构认知

工业机器人本体的机械结构由若干关节和连杆通过不同的结构设计和机械连接所组成，因应用场景不同而形态各异。本任务基于典型工业机器人认知平台，了解工业机器人的主要结构形态、分类及适用场景。

1）典型工业机器人的结构认知

如图 2-3 所示，典型工业机器人认知平台包含 1 台六轴工业机器人、1 台 Delta 并联机器人、1 台 SCARA 平面多关节机器人、1 台桁架直角坐标机

---

① 本书中除特殊说明外，机器人即指工业机器人。

图 2-3 典型工业机器人认知平台

器人，基本涵盖了工业应用中常见工业机器人的典型结构形态。

基于典型工业机器人认知平台，了解不同工业机器人的结构形态及特点，并分辨出每款机器人所属结构类别。

2）典型工业机器人的应用场景认知

利用典型工业机器人认知平台完成五角星物料的识别和转移，了解不同结构工业机器人工作方式的差异，以及工业机器人"脑-眼-手"协作完成复杂任务的过程。

2. 任务二：工业机器人核心零部件认知

工业机器人的核心零部件决定了机器人的精度、稳定性、负载能力等核心性能指标。本任务聚焦工业机器人核心零部件认知，从伺服系统、减速器、控制系统三个维度展开，详细认知工业机器人核心零部件的工作原理及特点。

图 2-4 所示是典型工业机器人核心零部件认知平台，包含 1 个 RV 减速器、1 个谐波减速器、1 个伺服电机、1 个伺服驱动器、1 个 IPG 控制器和 1 个示教器。

图 2-4 典型工业机器人核心零部件认知平台

1）伺服系统

工业机器人的动力系统是一套典型的伺服系统，一般安装于机器人的关节处，给机器人各关节动作提供原动力。"伺服"指系统跟随外部指令进行期望的动作。本书使用的工业机器人采用电动方式，其伺服系统包含交流伺服电机和交流伺服驱动器两大部分，如图 2-5 所示。

图 2-5　伺服系统

如图 2-6 所示，交流伺服电机可以将电能转化为转矩和转速以驱动控制对象，属于闭环控制系统。交流伺服电机的转子是永磁的，线圈绕在定子上，没有电刷。线圈中通交变电流，转子上装有码盘传感器，检测转子所处的位置，根据转子位置控制通电方向。

交流伺服电机驱动器通常采用电流型脉冲调制变频调速伺服驱动器，为了满足实际工作对机器人的位置、速度和加速度等物理量的要求，通常采用图 2-7 所示的驱动原理。

图 2-6　交流伺服电机

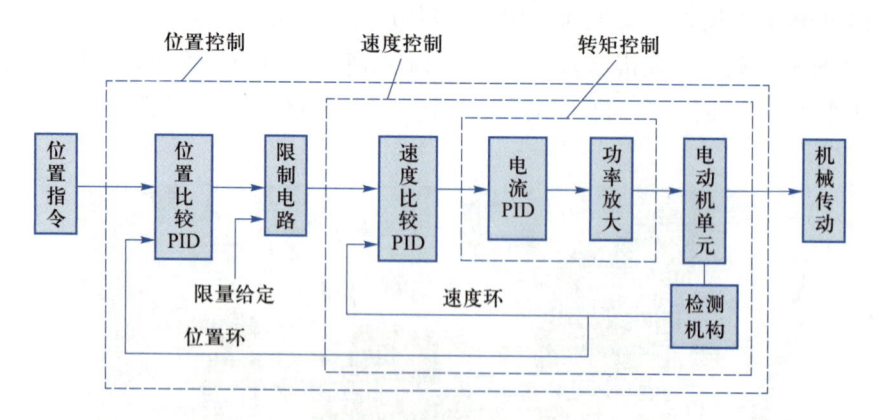

图 2-7　交流电动伺服电机驱动器的原理图

2）减速器

目前应用于工业机器人的减速器主要有三类：谐波减速器、RV 减速器和摆线针轮减速器，关节机器人主要采用谐波减速器和 RV 减速器。由于 RV 减速器具有更高的刚度和回转精度，一般将 RV 减速器放置在基座、大臂、肩部等重负载的部位；而将谐波减速器放置在小臂、腕部和手部等负载较轻的部位。

（1）谐波减速器。谐波减速器是利用行星齿轮传动原理发展起来的一种新型减速器，是依靠柔性零件产生弹性机械波来传递动力和运动的一种行星齿轮传动，由刚轮、柔轮和波发生器三个部件组成。

（2）RV 减速器。RV 减速器是在摆线针轮传动的基础上发展起来的一种新型传动装置，其传动装置采用一种新型二级封闭行星轮系，与谐波减速器相比，具有较高的疲劳强度、刚度和寿命，而且回差精度稳定。因此，高精度机器人传动装置多采用 RV 减速器。

3）控制系统

控制系统是机器人的"大脑"，根据机器人的作业指令程序以及从传感器反馈回来的信号，支配机器人的执行机构完成规定的运动。工业机器人控制系统的主要任务是控制工业机器人在工作空间中的运动位置、姿态、轨迹、操作顺序以及动作的时间。

3. 任务三：工业机器人示教器认知

示教器在工业机器人中扮演着至关重要的角色，它提供了用户友好的界面，使编程和操作更加简单和高效。本任务以华数示教器 HSPad 为例，了解示教器的功能和示教器各模块组成及作用，为正确操作工业机器人做准备。

1）示教器的功能

示教器一般通过线缆连接到机器人控制柜，作为上位机通过以太网接口与控制器进行通信；示教器提供一些操作键、按钮、开关等，为用户编制程序、设定变量提供一个良好的操作环境；示教器既是输入设备，也是输出设备，同时还是机器人示教的人机交互接口。示教器的主要功能有手动操作、示教编程、自动运行、运行状态监控和参数设置等。

2）示教器的外观及界面

华数示教器 HSPad 采用触摸屏 + 周边按键的操作方式，并且内置了示教软件 HSC3-HSPad。

图 2-8 所示为华数示教器 HSPad 的前部及背部，图 2-9 为华数示教器 HSPad 的操作界面。

3）示教器的操作方式

本任务主要通过示教器手动操纵工业机器人，包括切换运行模式、调整运行速度倍率、切换使能状态、选择工具坐标系和基坐标系、选择机器人运动坐标模式、用运行键进行与轴相关的移动、用运行键进行直角坐标系的移动，以及选择程序运行方式。

（1）切换运行模式。华数示教器 HSPad 支持手动 T1、手动 T2、自动和外部四种运行模式，所选的运行模式会显示在华数示教器 HSPad 主界面的状态栏中。各运行模式的说明见表 2-1。

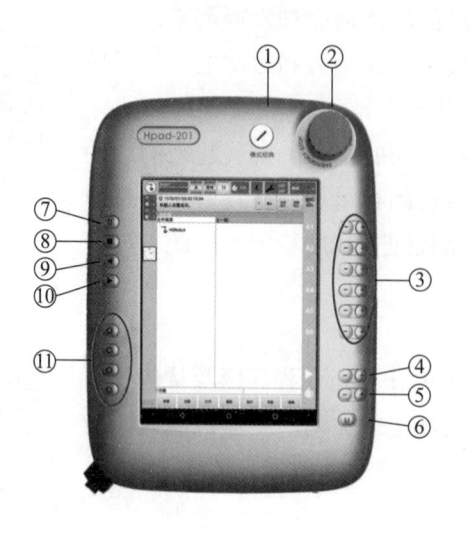

①—切换运行模式的钥匙开关;②—紧急停止按钮;③—点动运行键;④—自动运行速度倍率调节键;⑤—手动运行速度倍率调节键;⑥—菜单键;⑦—暂停键;⑧—停止键;⑨—预留键;⑩—开始运行键;⑪—备用键

①—三段式安全开关;②—HSPad 标签粘贴处;③—USB 插口

(a)　　　　　　　　　　　　　　(b)

图 2-8　华数示教器 HSPad 的前部及背部

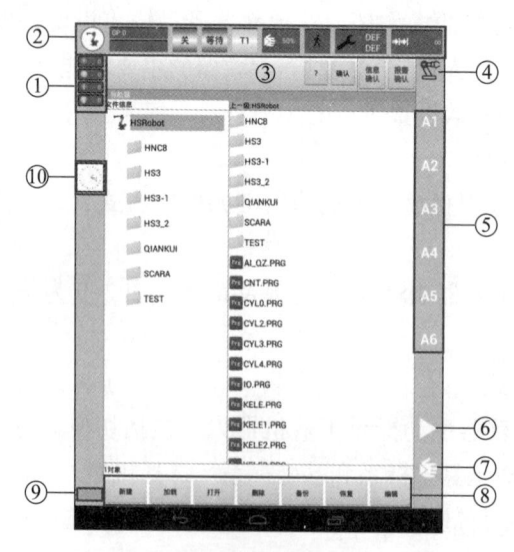

①—信息提示计数器;②—状态栏;③—信息窗口;④—机器人运动坐标模式;⑤—手动运行键;⑥—自动运行速度倍率修调;⑦—手动运行速度倍率修调;⑧—操作菜单栏;⑨—网络状态;⑩—时钟

图 2-9　华数示教器 HSPad 的操作界面

表 2-1　各运行模式的说明

运行模式	应用	速度
手动 T1	用于低速测试运行、编程和示教	编程示教：编程速度最高 125 mm/s 手动运行：手动运行速度最高 125 mm/s
手动 T2	用于高速测试运行、编程和示教	编程示教：编程速度最高 250 mm/s 手动运行：手动运行速度最高 250 mm/s
自动	用于不带上级控制系统的工业机器人	程序运行速度：程序设置的编程速度 手动运行：禁止手动运行
外部	用于带有上级控制系统（例如 PLC）的工业机器人	程序运行速度：程序设置的编程速度 手动运行：禁止手动运行

切换运行模式的操作方法如下：

① 转动示教器上的钥匙开关，示教器会显示运行模式选择界面，如图 2-10 所示。

② 选择需要设定的运行模式。

③ 将钥匙开关再转回初始位置。

注意：只有在机器人控制器未加载任何程序时才能切换运行模式。

（2）调整运行速度倍率。运行速度倍率代表机器人运行的速度，它以百分比表示，速度基准是各运行模式下的最大速度，当前速度 = 运行速度倍率 × 速度基准。运行速度倍率调节有两种途径：可以通过图 2-11 所示的示教器上运行速度倍率调节界面进行调节。其中，▶ 代表自动模式运行速度倍率调节键，✋ 代表手动模式运行速度倍率调节键；也可通过图 2-12 所示的按键④、⑤进行调节。

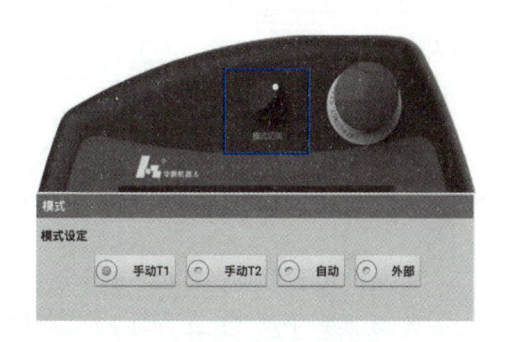

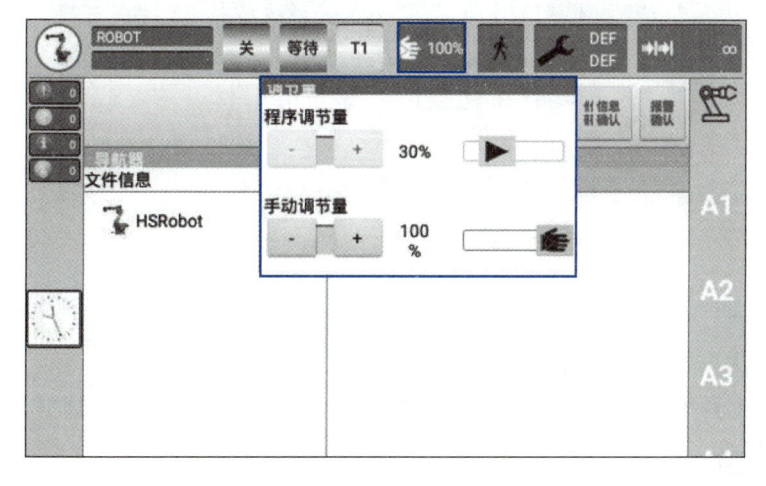

图 2-10　运行模式选择界面

图 2-11　运行速度倍率调节界面

调整运行速度倍率的操作方法如下：

① 点触状态栏上倍率修调状态图标，打开倍率调节量窗口，按下相应按钮或拖动调节条后倍率将被调节。

② 通过屏幕调节器或示教器外观的正负键设定运行速度倍率。调节器：可以 1% 步距为单位进行设定；正负键：可以按照 100%、75%、50%、30%、10%、3%、1% 等几个固定挡位进行设定。

注意：手动运行模式下只能调节手动运行速度倍率；自动运行模式下只能调节自动运行速度倍率。

（3）切换使能状态。如图 2-13 所示，只有示教器操作界面状态栏的使能状态为绿色"开"，机器人才能运行。

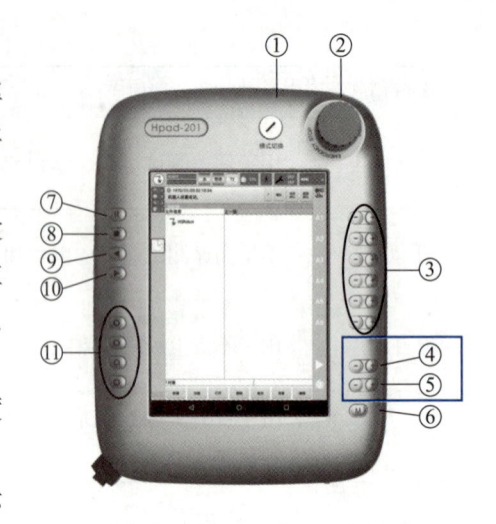

图 2-12　运行速度倍率调节按键

图 2-13　使能状态

手动模式下切换使能状态的方法：
① 切换到手动 T1 或手动 T2 运行模式，按下示教器背部安全开关，使能打开。
② 松开安全开关或者用力按下安全开关，使能关闭。

自动模式下切换使能状态的方法：
① 切换到自动或者外部运行模式。
② 点触状态栏的使能状态显示图标，如图 2-14 所示。

图 2-14　自动模式下切换使能状态

③ 点触"开"按钮，即可打开使能。
④ 点触"关"按钮，关闭使能。

（4）选择工具坐标系和基坐标系。在机器人控制系统中最多可存储 16 个工具坐标系和 16 个基坐标系。

选择工具坐标系和基坐标系的操作方法如下：

① 点触基坐标系和工具坐标系状态图标，打开"选择基坐标/工具"窗口，如图 2-15 所示。

② 选择所需的工具坐标系和基坐标系。

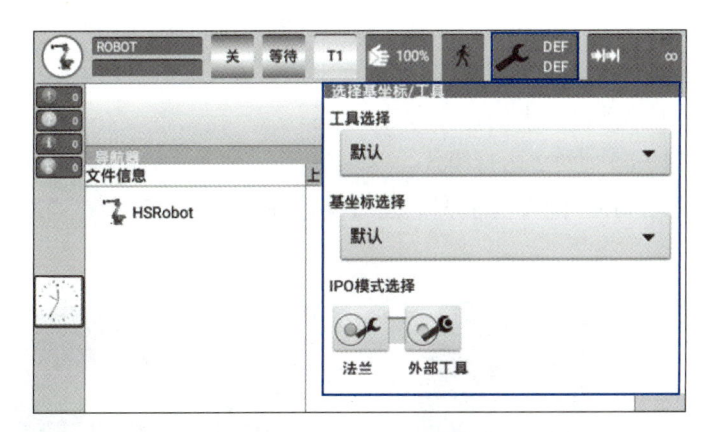

图 2-15　工具和基坐标选择

（5）选择机器人运动坐标模式。手动移动机器人时，可以在图 2-16 所示的方框处选择机器人运动坐标模式。

选择机器人运动坐标模式的操作方法如下：

① 点触机器人运行坐标模式选择图标，打开坐标系选择窗口。

② 选择所需的运动坐标系。

③ 点击窗口以外的位置退出窗口。

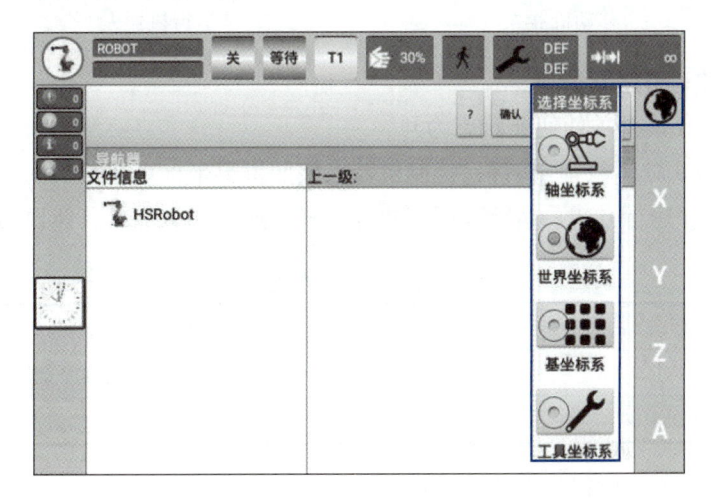

图 2-16　机器人运动坐标模式选择

（6）用运行键进行与轴相关的移动。

在轴坐标系下移动机器人的操作方法如下：

① 选择手动 T1 或手动 T2 运行模式。

② 运动坐标模式选择"轴坐标系"，运行键旁边会显示 A1～A6 轴（有时也称为 J1～J6

轴），如图 2-17 所示。

③ 设定手动运行速度倍率。

④ 按下三段使能开关使使能状态为开。

⑤ 通过示教器右侧 6 个 "-|+" 按键，控制机器人进行单轴运动。

（7）用运行键按世界坐标系移动。

在世界坐标系下移动机器人的操作方法如下：

① 选择手动 T1 或手动 T2 运行模式。

② 运动坐标模式选择"世界坐标系"，运行键旁边会显示"X""Y""Z""A""B""C"，如图 2-18 所示。

图 2-17　轴坐标系模式下移动机器人

图 2-18　世界坐标系模式下运行机器人

③ 设定手动运行速度倍率。

④ 按下三段使能开关使使能状态为开。

⑤ 通过右侧 6 对 "-|+" 按键，控制机器人按照世界坐标系运动。

（8）选择程序运行方式。运行程序有两种方式：连续和单步，具体说明见表 2-2。

表 2-2　程序运行方式说明

程序运行方式	应用
连续	程序不停顿地运行，直至程序结尾
单步	程序每次点击开始按钮之后只运行一行

选择程序运行方式的操作方法如下：

① 点触状态显示程序运行方式，程序运行方式窗口打开，如图 2-19 所示。

② 选择所需的程序运行方式。

③ 应用选定的程序运行方式，点击窗口以外的位置退出窗口。

注意：自动模式下只能选择连续运行方式，手动模式下可以选择连续或单步运行方式；一般对新创建的程序进行调试时，可以用单步运行方式，以便于检查哪行程序存在问题。

图 2-19　选择程序运行方式

2.1.4　项目总结

本项目主要介绍了工业机器人的概念、系统组成、结构和功能等基础技术。通过本项目的训练，学生能够掌握工业机器人示教器的功能及操作方法，学会工业机器人的运动设置和简单运动的操控方法，为后续的机器人编程奠定基础。

思考题

（1）工业机器人的核心零部件对机器人性能有何影响？请列举并解释其中一个核心零部件的作用和影响。

（2）为什么示教器在工业机器人中扮演着至关重要的角色？请举例说明示教器的功能对于工业机器人编程和操作的简化和提升有何帮助？

（3）在工业机器人的手动操作中，除了切换运行模式和调整运行速度倍率外，还有哪些操作方法和功能可以帮助操作者更精确地控制机器人的运动？请举例说明其中一种操作方法及其在实际操作中的应用场景。

2.2　工业机器人机械装调

2.2.1　项目描述

在安装新工业机器人、更换工业机器人位置、更换夹具、修理或更换机器人零部件等情况下，都需要对工业机器人进行装调，以确保工业机器人能够正常运行并准确执行任务。项目以华数 HSR-JR612 工业机器人为例，从工业机器人机械结构拆卸、工业机器人机械结构装配、工业机器人运动功能检测、工业机器人机械结构调试、工业机器人软限位设置、工业机器人精度检测六个方面开展学习和训练。

2.2.2　项目准备

1. 实践平台

（1）工业机器人机械装调实践平台。工业机器人机械装调实践平台由 1 台工业机器人和 2 个装配桌组成，如图 2-20 所示。其中，1 号装配桌用于放置拆卸下来的螺钉和零部件，2 号装配桌用于放置工具及转台。

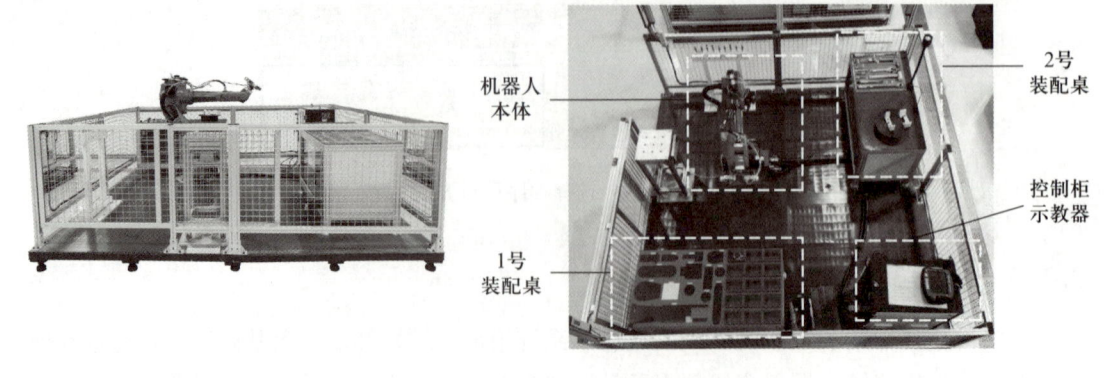

图 2-20　工业机器人机械装调实践平台

（2）工业机器人机械装调虚拟仿真系统。工业机器人机械装调虚拟仿真系统包含工业机器人认知、工业机器人拆卸、工业机器人装配、工业机器人调试与检测等单元，如图 2-21 所示。在进行真实机器人装调实训前，可以先在工业机器人机械装调虚拟仿真系统上了解工业机器人的内部结构、工具使用方法和装调工艺等知识。

图 2-21　工业机器人机械装调虚拟仿真系统

2. 常用装调工具

在此项目中常用的装调工具有内六角扳手和预制式力矩扳手。

1）内六角扳手

内六角扳手是主要用于拧紧或拧松有六角插口螺钉的工具。使用内六角扳手时，应先将六角头插入内六角螺钉的六方孔中，用左手下压并保持两者的相对位置；右手转动扳手，带动内六角螺钉紧固或松开。针对最常见的右旋螺纹螺钉，使用内六角扳手时，逆时针方向是拧松，顺时针方向是拧紧。

如图 2-22 所示，内六角扳手有 L 形和 T 形两种，T 形内六角扳手可用来拧深孔中的螺钉。

2）预制式力矩扳手

在紧固螺纹紧固件时需要控制施加的力矩大小，以保证螺纹紧固且不致因力矩过大而

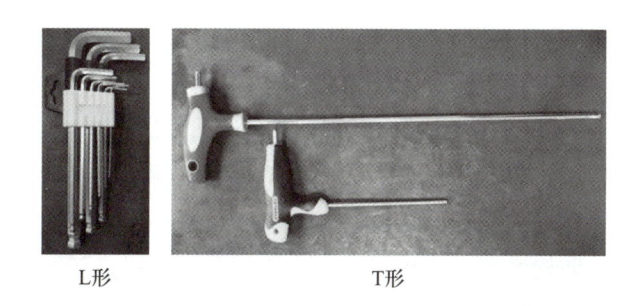

图 2-22　内六角扳手

破坏螺纹，此时就需要用到预制式力矩扳手，如图 2-23 所示。使用预制式力矩扳手时，需根据紧固件所需力矩值要求，确定预设力矩值；预设力矩值时，将扳手手柄上的锁定环下拉，同时转动手柄，调节标尺主刻度线和微分刻度线数值至所需力矩值；调节好后，松开锁定环，手柄自动锁定；在扳手方榫上装上相应规格的套筒，并套住紧固件，再在手柄上缓慢用力，施加外力时必须按标明的箭头方向；当拧紧到发出信号"咔嗒"声时，停止加力，作业完毕。

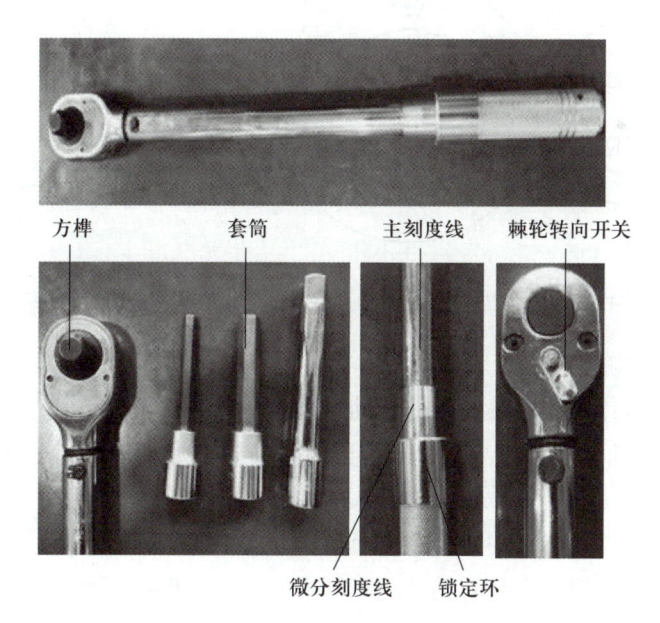

图 2-23　预制式力矩扳手

3. 工业机器人装配方法和工艺知识

在本项目中，会涉及螺纹连接的装配与拆卸、带传动机构的装配与拆卸、齿轮传动机构的装配、气压传动机构的装配等工艺。

1）螺纹连接的装配与拆卸

螺纹连接是最常见的零件固定连接方式。在本项目中，主要用的螺纹连接是螺钉连接。对螺钉连接进行装配与拆卸时应注意如下要点：

（1）在拆装前先弄清楚螺纹的旋向、规格，并把螺钉及连接件表面清理干净。

（2）使用合适的拆装工具，按规定的扭矩拧紧螺钉。

（3）正确地拆装和存放成组螺钉。在拆卸螺钉时，应从外到里、按对角线交叉分次、逐步拧松；在拧紧螺钉时，必须按照从内到外的顺序，对称、交叉、分次逐步旋紧，以避免因受力不均匀而使机体翘曲，如图2-24所示。

（4）合理使用螺纹防松装置。本项目中，常用的防松装置是弹簧垫圈。

2）带传动机构的装配与拆卸

A4、A5轴的电动机与减速器通过带传动，采用的是啮合型带传动，也就是依靠带轮上的齿与带上的齿啮合传递运动和动力。对带传动进行装配与拆卸时应注意如下要点：

（1）在装配前，首先清除带轮、带上的污物。

（2）装配带时，应调整带到合适的张紧力。本项目中，通过调整两个带轮的中心距（即调整电动机的位置）调整带的张紧力，带的张紧程度以拇指能将两个带轮中间的带按下10～15 mm为宜，如图2-25所示。

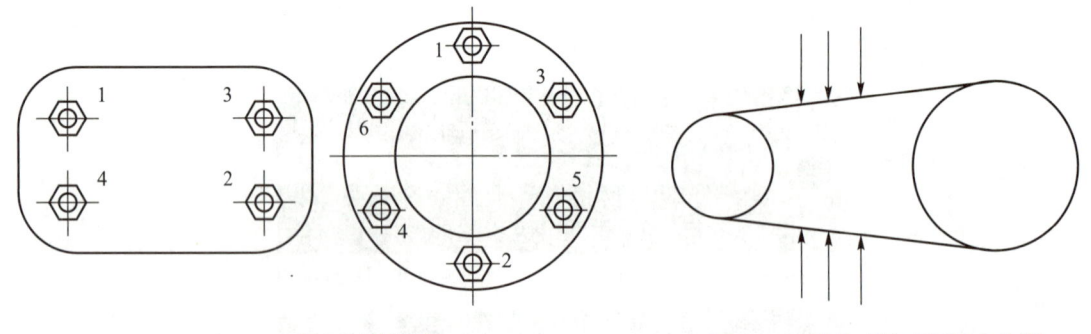

图2-24　螺钉拆装顺序

图2-25　带传动装配张紧力检测

3）齿轮传动机构的装配

齿轮传动是机械传动中用得较多的传动形式之一，不仅可以传递运动，还可以传递动力。本项目中，A3轴的电动机与减速器之间就是齿轮传动。装配齿轮传动装置时应注意如下要点：

（1）对齿轮等零件进行清理，去除表面杂物。

（2）齿轮装配完成后，必须对其装配精度进行检测，保证工作表面接触良好，齿轮速度均匀、无振动和噪声。齿轮装配精度检测有直接观察检查法、齿轮径向圆跳动检查法和齿轮端面圆跳动检查法。本项目中，采用直接观察法，确保电动机轴中心与减速器行星轮中心三点共线，如图2-26所示。

4）气压传动机构的装配

本项目中，末端执行器通过气压传动方式控制两爪的张开和闭合。本项目主要涉及气管的装配与拆卸。如图2-27所示，在拆卸气管时，用手指将接头卡套压进，轻轻用力即可将气管拔出；安装气管时，只需轻轻用力把气管插进气管接头，并将气管往外拉，确保卡套复位。

工业机器人装配工艺之气管与航空插头拔插

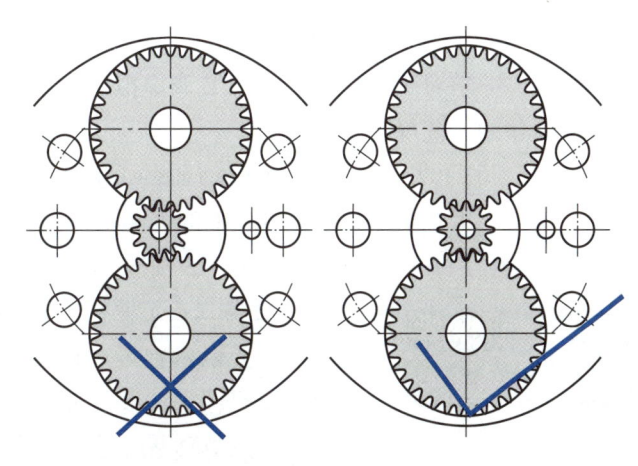

图 2-26 齿轮装配检测要点

图 2-27 气管拆卸要点

2.2.3 项目实施

1. 任务一：工业机器人机械结构拆卸

本任务以六轴工业机器人 A6～A3 轴拆卸为例，先介绍工业机器人的拆卸原则及工艺规程，再通过工业机器人机械装调虚拟仿真系统进行机械结构虚拟拆卸训练，最后对实体工业机器人进行机械结构拆装训练。

1）工业机器人的拆卸原则及工艺规程

拆卸工业机器人时，遵循由上而下、由外到内的原则；先拆外壳、再拆连接的线束，最后拆机器人本体。拆卸工业机器人之前都应该先根据技术要求编制拆卸工艺卡片，A4 轴电动机组件的拆卸工艺卡片见表 2-3。

表 2-3 A4 轴电动机组件的拆卸工艺卡片

序号	步骤内容	工具	拆装物品	拆装物品规格	数量	拆卸要求
1	拆卸电动机座上同步带张紧螺钉	4 mm L 形内六角扳手	内六角平、圆头螺钉	M5	1	—
2	拆卸 A4 轴电动机座螺钉	4 mm T 形内六角扳手	内六角圆头螺钉	M5	4	按对角线交叉分次、逐步拧松

2）工业机器人拆卸的虚拟仿真训练

学习工业机器人机械装调虚拟仿真系统中的拆卸模块课程，熟悉拆卸操作的工艺规程。

3）工业机器人 A6~A3 轴的拆卸实操

工业机器人 A6~A3 轴的拆卸实操包含外壳及线束拆卸、末端夹具拆卸、A6 轴拆卸、A5 轴拆卸、A4 轴拆卸和 A3 轴拆卸六大步骤。

2．任务二：工业机器人机械结构装配

本任务以六轴工业机器人 A3~A6 轴的装配为例，先介绍常用工业机器人的装配原则及工艺规程，再通过工业机器人机械装调虚拟仿真系统进行工业机器人机械结构的虚拟装配训练，最后对真正的工业机器人进行机械结构装配的训练。

1）工业机器人的装配原则及工艺规程

装配工业机器人时，遵循由下而上、由内到外的原则；先从下往上装机器人本体，再装连接线束，并检查功能（通电确认各关节是否能正常转动，转动应顺畅、无卡滞和抖动现象），最后装外壳。装配工业机器人之前应该先根据技术要求编制装配工艺卡片，A3 轴组件的装配工艺卡片见表 2-4。

表 2-4　A3 轴组件的装配工艺卡片

序号	步骤内容	工具	装配物品	装配物品规格	数量	装配要求
1	清理 A3 轴减速器和转座	毛刷/无尘棉布	减速器/转座	—	1	清理和安装减速器时，佩戴一次性手套； 用毛刷清理减速器； 用无尘棉布清理减速器表面和转座内表面
2	把 A3 轴减速器装配到转座上	5 mm L 形内六角扳手	内六角螺钉	M6	16	用 5 mm L 形内六角扳手预紧减速器上 16 个螺钉
		预制式力矩扳手	内六角螺钉	M6	16	用 11 N·m 力矩值拧紧减速器上 16 个固定螺钉

2）工业机器人装配的虚拟仿真训练

学习工业机器人机械装调虚拟仿真系统中的装配模块课程，熟悉装配操作工艺规程。

3）工业机器人 A3~A6 轴的装配实操

工业机器人 A3~A6 轴的装配实操包含 A3 轴装配、A4 轴装配、A5 轴装配、A6 轴装配、末端夹具装配、连接线束装配、外壳装配七大步骤。

A3轴装配　　A4轴装配　　A5轴装配　　A6轴装配　　连接线束及外壳装配

3. 任务三：工业机器人运动功能检测

工业机器人机械装调过程中或装调完成后，需要通电确认各关节是否能正常转动，且转动应顺畅、无卡滞和抖动现象。在对工业机器人运动功能进行通电检测过程中，需要具备故障定位和解决的能力。本任务先介绍工业机器人驱动器常见故障代码及其解决方案，进行工业机器人故障定位和解决能力的学习；再通过对工业机器人各个关节运动功能的检测，进行故障解决能力的训练。

1）工业机器人驱动器常见故障代码及其解决方案

工业机器人经拆装操作后，启动工业机器人，先观察电气柜内各轴驱动器上的显示数值。若驱动器上长亮显示 8，则此轴无故障；除正常外，最常见会显示 R29、R20、n3、b、J1 这几类故障报警，若驱动器出现相关故障显示，则需进行问题的定位分析和排除。

2）工业机器人开机

（1）打开工业机器人的开关电源。

（2）清除工业机器人报警。

3）工业机器人轴关节运动

手动运行 A1~A6 轴，确认各关节运动功能是否正常，具体的操作方法如下：

（1）设置为手动 T1 模式、轴坐标运动的坐标模式。

（2）上使能后，点动运行 A1~A6 轴。

（3）确认关节是否能正常转动，转动应顺畅、无卡滞和抖动现象。

4. 任务四：工业机器人的机械零点调试

工业机器人的机械零点调试是指调整和校准机器人各个关节的零位或基准位置，以确保机器人在执行任务时的精度和准确度。工业机器人在使用过程中若进行过拆装，或严重碰撞、更换码盘电池等情况，可能会造成零点位置偏移，就需要对机器人的机械零点进行重新调试。机器人机械零点调试过程就是将电动机的位置（码盘值）设定为零点位置的过程。本任务从机械零点校准前的准备、手动运行工业机器人各轴回机械零点、设置工业机器人的机械零点、机械零点校准检查四个维度开展学习和训练。

1）机械零点校准前的准备

（1）检查工业机器人网线是否连接良好。

（2）检查工业机器人周围是否有杂物影响机器人运动，并清除设备平台上的杂物。

2）手动运行工业机器人各轴回机械零点

设置工业机器人运行参数，并操作示教器把各关节的零点标识线对齐。

3）设置工业机器人的机械零点

（1）登录"super"用户。进入菜单"配置"→"示教器配置"→"用户组"；点击"登录"→选择"super"用户组→输入密码"hspad"。

（2）进入轴数据校准页面。进入菜单"投入运行"→"调整"→"校准"。

（3）输入正确的轴校准数据。点击列表中的每个轴选项，在弹出的对话框中输入正确的数据后点击"确定"（本项目中的工业机器人各轴机械零点对应的初始位置数值分别是 0，-90，180，0，90，0）；各轴数据输入完毕后，点击"保存校准"按钮，保存校准数据。

4）机械零点校准检查

（1）设置机器人运动模式为手动 T1，运行速度倍率不超过 20%。

（2）手动运行机器人每个轴至任意位置。

（3）进入示教器机器人实际位置界面，手动运行各轴的实际位置到达轴校准时各轴输入数据的所在位置。

（4）观察机器人各轴机械零点刻线是否对齐。若全部对齐，则机械零点校准成功。

5. 任务五：工业机器人软限位设置

工业机器人的限位是指为了避免机器人关节或末端执行器在运动时到达规定的安全范围以外而设置的限制。限位的目的是保护机器人、工作环境和操作员的安全，同时防止机器人在执行任务时发生意外损坏。本任务主要是学习工业机器人各轴限位的作用，并进行软限位设置训练。

限位即机器人的工作空间限制，可以限定机器人各轴的运动范围，防止其运动超出机械结构所能承受的极限。轴的限位有机械限位、硬限位和软限位几种类型。

机械限位是机械上的位置限制，通常使用橡胶块等防止硬冲击，如果超出限定位置，必然会被阻挡。硬限位是利用电气硬件对各轴的位置限制，通常是类似行程开关，机器人运动到该位置触发开关后报警下电，如果要取消，需要在执行开关中将硬限位功能关闭。软限位是软件中设定的各轴运动范围，运动过程中检测到超出这个范围，机器人就会停下来，然后弹出相应错误信息提示；当预估到机器人某轴在运动过程中可能会与周边设备发生干涉，可以设置软限位以避免碰撞。

1）登录 super 用户

（1）进入菜单"配置"→"示教器配置"→"用户组"。

（2）点击"登录"→选择"super"用户组→输入密码"hspad"。

2）进行软限位设置

（1）登录软限位设置页面。进入菜单"投入运行"→"软件限位开关"。

（2）进行软限位设置。点击列表中每个轴的正负选项，在弹出的对话框中输入正确的数据，打开使能开关并点击"确定"。本项目中的工业机器人各轴的软限位数值可参见表 2-5。

表 2-5　工业机器人各轴的软限位数值

轴	软限位 负	软限位 正
A1	−200°	200°
A2	−190°	0°
A3	80°	240°
A4	−180°	180°
A5	−115°	115°
A6	−360°	360°

6. 任务六：工业机器人精度检测

工业机器人的精度是指机器人在执行任务时达到的准确性和重复性。精度关系到机器人在生产过程中的可靠性和效率。工业机器人经过机械装调后，需要测试精度以明确其精度性能。本任务介绍工业机器人重复定位精度检测的两种常用装置：千分表和激光跟踪仪，以及用千分表进行俯仰轴重复定位精度检测、旋转轴重复定位精度检测、整体重复定位精度检测的方法。

1）工业机器人重复定位精度检测方法

工业机器人的定位精度是指一个位置相对其参照系的绝对度量，即机器人手部实际到达的位置与所需要到达的理想位置之间的差距。工业机器人的重复定位精度是指在相同的运动指令下，机器人连续若干次运动轨迹之间的误差度量。如果机器人重复执行某位置给定指令，它每次走过的距离并不相同，而是在某一平均值附近变化，该变化值代表定位精度，而变化的幅度代表重复定位精度。

常用的工业机器人重复定位精度检测装置有千分表和激光跟踪仪。

激光跟踪仪是一种用于测量工件表面的光斑直径和位置，以判断表面粗糙度和尺寸精度的光学测量仪器。它由激光发生器、接收器和显示系统组成，其工作原理是当被测物体置于待测区域内时，先利用激光发生器在待测区域内产生一束或多束平行于被测物体的激光，这些激光经反射后聚集到一点（即聚焦点）上，该点即为待测点的位置；然后利用CCD摄像机的CCD芯片对聚焦点进行成像，并利用图像处理软件将图像信息转化为数字信号，传送到计算机中进行分析处理；最后通过计算得到被测物体表面光斑的大小和位置。

工业测量常用量具量仪的使用方法

2）俯仰轴重复定位精度检测

本项目中的六轴工业机器人的A2轴、A3轴、A5轴都是俯仰轴，这里以A3轴为例进行俯仰轴重复定位精度检测。检测过程就是将A3轴的俯仰运动转换成测头的往返运动。

（1）将磁性表座固定在法兰盘末端。

（2）调整千分表的姿态，让测头大致与桌面垂直。

（3）通过示教器让测头与桌面接触，产生大于外表盘半圈的读数，并再次调整千分表的姿态，使探头与桌面垂直，并把千分表调零位。

（4）新建机器人程序，示教该点的点位信息，记录为 P_2。将坐标模式调整为关节坐标模式，抬起 A3 轴到合适的位置，示教该点的点位信息，记录为 P_1。在此过程中，切勿控制其他轴的运动。得到一个让机器人从 P_1 点运动到 P_2 点的程序。

（5）让程序以单步模式自动运行 5 次，记录每次测头与桌面接触时千分表的读数。

（6）处理读数。

A3 轴重复定位精度记录表可见表 2-6。

表 2-6　A3 轴重复定位精度记录表

检测次数	千分表读数	差值（= 千分表读数 – 基准值）
第 0 次（基准值）		—
第 1 次		
……		
第 5 次		
重复精度（五次差值的平均值）		

3）旋转轴重复定位精度检测

本项目中的六轴工业机器人的 A1 轴、A4 轴、A6 轴是旋转轴，这里以 A6 轴为例进行旋转轴重复定位精度检测。检测过程就是将 A6 轴的旋转运动转换成测头的往返运动。A6 轴的重复定位精度检测与 A3 轴类似，只是要注意检测时机器人的姿态。

4）整体重复定位精度检测

整体重复定位精度检测的操作方法与上述类似，但是要借助铜棒进行检测。检测时要注意以下几点：

（1）让机器人以三种不同的姿态持续多次到达选定铜棒上的三个不同点；

（2）运动过程中机器人各关节都要发生姿态的变化；

（3）在测量点时，测头要与铜棒的轴线垂直。

2.2.4　项目总结

本项目主要介绍了华数 HSR-JR612 工业机器人的装调实训，包括机械结构拆卸、机械结构装配、运动功能检测、机械结构调试、软限位设置以及精度检测等六项任务。通过本项目的训练，学生能够获得对工业机器人装调过程的全面了解，还将具备解决可能出现的装调问题和维护工业机器人性能的能力，确保工业机器人的稳定运行和高效工作。

思考题

（1）工业机器人拆装操作中影响其运动功能的因素有哪些？

（2）工业机器人经过拆装后，为什么要进行机械零点校准？
（3）工业机器人软限位设置的意义是什么？
（4）工业机器人拆装操作中影响其重复定位精度的因素有哪些？

2.3 工业机器人电气装调

2.3.1 项目描述

本项目通过对六轴工业机器人的控制系统进行拆卸、装配、调试等操作实训，让学生熟悉常用工业机器人的电气系统结构，包含工控机（industrial personal computer，IPC）控制器、I/O模块、伺服驱动器、示教器等，学习常用电气元件工作原理、电气设计图、电气接线、机器人控制系统故障排除等。

2.3.2 项目准备

1. 工业机器人电气连接

读电气原理图的一般方法是先看主电路，明确主电路的控制目标与控制要求，再看辅助电路，并用辅助电路的回路去研究主电路的运行状态。

（1）识读主电路。主电路一般是电路中的动力设备，它将电能转变为机械能，典型的主电路就是从电源开始到电动机结束的线路。

① 看清主电路中的用电设备。用电设备指消耗电能的电气设备，看图首先要看清楚有几个电气设备，它们的类别、用途、接线方式以及不同要求等。

② 要弄清楚电气设备是用什么电气元件控制的。控制电气设备的方法很多，包括直接开关控制、启动器控制和接触器控制等。

③ 了解主电路中所用的控制电器及保护电器的规格和用途。前者是指除常规接触器以外的其他控制元件，如电源开关（转换开关及空气断路器）、万能转换开关；后者是指短路保护器件及过载保护器件，如空气断路器中电磁脱扣器、热过载脱扣器、熔断器、热继电器及过电流继电器等。

④ 看电源。要了解电源电压等级是380 V还是220 V，是从母线汇流排供电还是配电瓶供电，或是从发电机组接出来的。

（2）识读辅助电路。辅助电路包含控制电路、信号电路和照明电路。分析控制电路时，根据主电路中各电动机和执行电器的控制要求，逐一找出控制电路中的其他控制环节，将控制线路"化整为零"，按功能不同划分成若干个局部控制线路进行分析。如果控制线路较复杂，则可先排除照明、显示等与控制关系不密切的电路，以便集中精力分析与控制关系密切的电路。

① 看电源。首先要看清电源的种类是交流还是直流，其次要看清辅助电路电源的来

处及其电压等级。电源一般来自主电路的两条相线,其电压为380 V;也有从主电路的一条相线和一根零线上接来,电压为单相220 V;此外,也可以来自专用隔离电源变压器,电压有 140 V、127 V、36 V 和 6.3 V 等。辅助电路为直流时,直流电源可来自整流器、发电机组或放大器,其电压一般为 24 V、12 V、6 V、4.5 V 和 3 V 等。辅助电路中的一切电气元件的线圈额定电压必须与辅助电路电源电压一致,否则,电压低时电气元件不动作,电压高时会把电气元件线圈烧坏。

② 了解控制电路中所采用的各种继电器、接触器的用途,如采用了一些特殊结构的继电器,还应了解它们的动作原理。

③ 根据辅助电路来研究主电路的动作情况。分析了上面这些内容再结合主电路中的要求,就可以分析辅助电路的动作过程。控制电路按动作顺序画在两条水平电源线或两条竖直电源线之间,可从左到右,或从上到下进行分析。对于复杂的辅助电路,在电路中整个辅助电路构成一条大回路,在这条大回路中又分成几条独立的小回路,每条小回路控制一个电气设备或一个动作。当某条小回路形成闭合回路有电流流过时,在回路中的电气元件(接触器或继电器)动作,把电气设备接入或切断电源。在辅助电路中一般是靠按钮或转换开关接通电路。对于控制电路的分析必须随时结合主电路的动作要求进行,只有全面了解主电路对控制电路的要求,才能真正掌握控制电路的动作原理,不可孤立地看待各部分的动作原理,而应注意各个动作之间是否有互相制约的关系,如电动机正、反转之间应设有联锁等。

④ 研究电气元件之间的相互关系。电路中的一切电气元件都不是孤立存在,而是相互联系、相互制约的。这种互相控制的关系有时表现在一条回路中,有时表现在几条回路中。

⑤ 研究其他电气设备和电气元件,如整流设备、照明灯等。

2. 工业机器人电气调试准备

第一次上电前,为保证人身与设备的安全,必须进行必要的安全检查工作。

(1) 设备外观检查。

① 打开电气控制柜,检查继电器、接触器、伺服驱动器等电气元件安装有无松动现象,如有松动应恢复正常状态,有锁紧机构的接插件一定要锁紧。

② 检查其他电气元件接线有无松动与虚接,有锁紧机构的一定要锁紧。

(2) 电气连接情况检查。

① 电气连接情况的检查通常分为三类,即短路检查、断路检查(回路通断)和对地绝缘检查。

② 电源极性与相续的检查。对于直流电气设备,需要检查供电电源的极性是否正确,否则可能损坏设备。对于伺服驱动器,需要检查动力线输入与动力线输出的连接是否正确,如果把电源动力线接到伺服驱动器动力输出接口上,将严重损坏伺服驱动器。对于伺服电动机,要检查接线的相续是否正确,连接错误将导致电动机不能运行。

③ 电源电压检查。电源的正常运行是设备正常工作的重要前提,因此在设备第一次

通电前一定要对电源进行检测，以防止电压等级超过电气设备的耐压等级。检查的方法是先把各级低压断路器都断开，然后根据电气原理图，按照先总开关、再支路开关的顺序，依次闭合开关，一边上电一边检查，检查输入电压与设计电压是否一致。主要检查变压器的输入、输出电压与开关电源的输入、输出电压。

④ I/O 检查。包括 PLC 的输入、输出检查，继电器、电磁阀回路检查，传感器检测以及按钮、行程开关回路检查。

⑤ 设备的保护接地线检查。机电设备要有良好的保护接地线，以保证设备、人身安全和减少电气干扰，伺服单元、伺服变压器和强电柜之间都要连接保护接地线。

2.3.3　项目实施

1. 任务一：工业机器人电气连接任务实施

（1）一次电源回路的连接。

（2）驱动器的连接。

（3）二次回路的连接。

（4）NCUC[①] 总线线缆的连接。

（5）DI[②] 回路的连接。

（6）DO[③] 回路的连接。

（7）继电器触点回路的连接。

（8）示教器线缆的连接。

（9）接地回路的连接。

2. 任务二：工业机器人电气调试任务实施

在连接完所有的接线后，对所连接的工业机器人进行调试实验，调试时按照步骤进行。

注意：第一次上电进行系统调试时，请在指导教师的指导下进行！

1）线路检查

由强到弱，按线路走向顺序检查，根据表格内容用万用表依次测量电路通断，并做好测量记录，如果实际测量结果与理论结果不一致，请查找原因并记录。

2）通电

（1）按下急停按钮，断开所有空气开关和电源开关。

（2）合上空气开关 QF1。

（3）检查变压器 TC1 电压是否正常。

（4）合上电源开关（转换开关）SA1，检查电源（DC24V）是否正常。电气控制柜门上的指示灯是否点亮，伺服驱动器是否正常得电，看示教器、IPC 单元、I/O 单元等能否通电。

---

① NCUC：一种数字化、串行现场总线，用于机器人控制器、伺服驱动器、PLC 等设备的通信。
② DI：I/O 模块中的数字量输入信号。
③ DO：I/O 模块中的数字量输出信号。

（5）合上空气开关 QF2。

（6）检查电气控制柜的风扇、插座、日光灯是否正常得电。

（7）检查其他电源是否正常。

3）系统功能检查

（1）示教器操作界面默认进入"手动操作"方式，依次打开电气控制柜和示教器上的"急停"按钮，示教器进入正常状态。

（2）在手动操作界面下，坐标模式选择关节坐标，按住示教器背部安全开关，依次按下 A1～A6 轴的"+""-"，使 A1～A6 轴产生正向或负向的连续移动。

（3）在手动操作界面下，点击回参考点对应的"回参考点 1"控件，按住 A1 按钮，A1 关节开始转动，松开 A1 按钮，A1 关节停止转动。依次按住 A1～A6 按钮，一直转动直至到达参考点停止转动，观察 A1～A6 轴是否回到参考点位置。

（4）在手动操作界面下，手动控制机器人 A1～A6 轴运动，检查在运动范围内能否正常运行。

（5）调入或示教编写一个演示程序，自动运行程序，观察机器人的运行情况。

4）关机

（1）依次按下示教器、电气控制柜的急停按钮。

（2）断开电气控制柜门上的电源开关，断开 380 V 电源。

2.3.4 项目总结

本项目主要介绍了工业机器人电气装调实训，包括电气装调过程和注意事项。通过本项目的训练，学生能够掌握常用工业机器人的电气系统结构，包括 IPC 控制器、I/O 模块、伺服驱动器、示教器等，了解电气元件的工作原理，具备电气设计图的解读、电气接线和机器人控制系统故障排除等能力。

思考题

（1）如何正确识读电气原理图？并解释主电路和辅助电路的区别以及各自的作用。

（2）工业机器人电气系统的核心组成是什么？它们在机器人操作中的具体作用是什么？

（3）电气调试阶段的系统功能检查包括哪些步骤？为什么这些步骤对于验证工业机器人的正常运行非常重要？

2.4 工业机器人坐标系标定

2.4.1 项目描述

工业机器人坐标系是指用于描述机器人运动和定位的数学坐标系统。每个工业机器人都有一套独立的坐标系，用于确定机器人的位置、姿态和运动范围。工业机器人坐标系对于机器人的精确定位、运动控制、协作工作和离线编程具有重要意义，它是机器人操作和应用的基础，为实现自动化和智能化生产提供了坚实基础。

本项目以六轴工业机器人为基础，通过工具坐标系标定和基坐标系标定两个任务，开展工业机器人坐标系认知与标定的学习和实践。

2.4.2 项目准备

坐标系是为确定机器人的位置和姿态而在机器人或空间上进行定义的位置指标系统。坐标系分为轴坐标系和直角坐标系两大类。工业机器人中常用到的坐标系有轴坐标系、世界坐标系、基坐标系和工具坐标系，其中世界坐标系、基坐标系和工具坐标系都是直角坐标系。

坐标系的运用对于手动操作机器人及机器人编程都非常关键。

1）轴坐标系

轴坐标系也称关节坐标系，是设定在机器人各轴中的坐标系。轴坐标系中机器人的位置和姿态是以各轴底座侧的轴坐标系为基准而确定的。轴坐标系的坐标为机器人每个轴相对原点位置的绝对角度，可针对单个轴进行操作。如图2-28所示，六轴机器人的六个轴分别为A1、A2、A3、A4、A5、A6。

2）直角坐标系

直角坐标系也称笛卡儿坐标系，机器人直角坐标系由X、Y、Z、A、B、C六个方向确定，其中，X、Y、Z轴是三个互相垂直的坐标轴，A、B、C分别指绕X、Y、Z轴旋转方向，其共同定义了一个点在三维空间中的位姿。如图2-29所示。

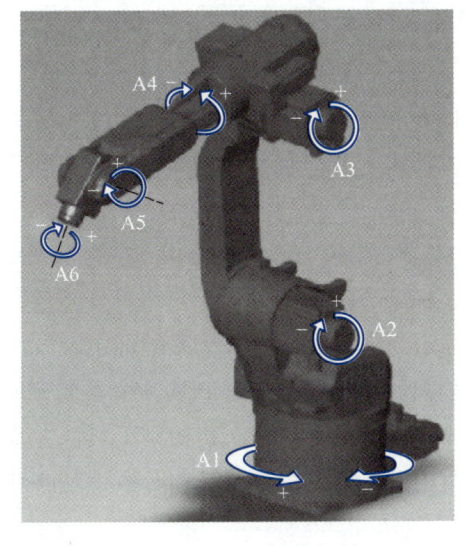

图2-28　机器人轴坐标系示意图 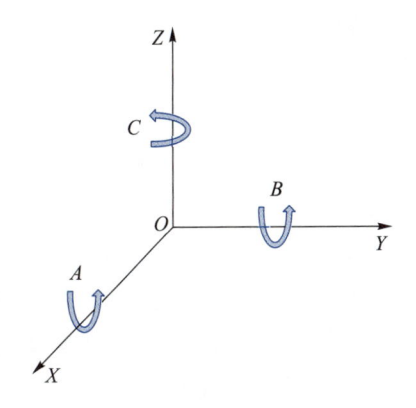　　图2-29　机器人直角坐标系示意图

机器人默认坐标系、世界坐标系、基坐标系以及工具坐标系都是直角坐标系，如图 2-30 所示。

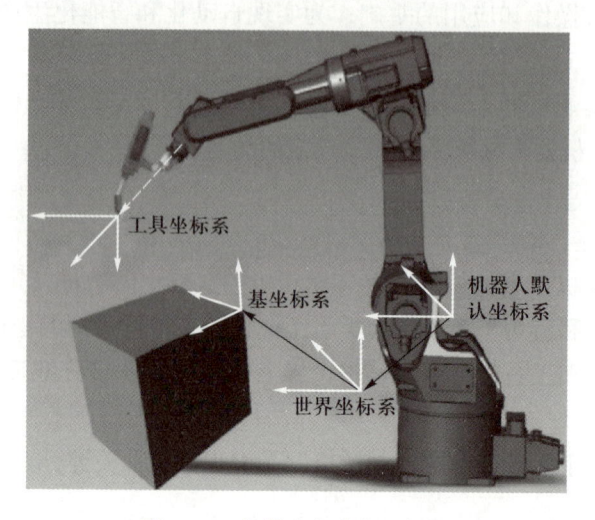

图 2-30 机器人各直角坐标系

默认坐标系固定位于机器人底部，可以说明机器人的位置。世界坐标系是被固定在由机器人事先确定位置的标准直角坐标系，用于位置数据的示教和执行。基坐标系是基于世界坐标系而设定的，用来说明工件或作业空间的位置。默认配置中，基坐标系与机器人世界坐标系是一致的。修改基坐标系后，机器人即按照设置的基坐标系运动。工具坐标系是位于机器人末端的工具中心点处的坐标系，其原点及各轴方向随末端的位置与角度不断变化。它用于定义工具中心点（tool center point，TCP）的位置和工具姿态。在默认配置中，工具坐标系的原点在法兰中心点上。

2.4.3 项目实施

1. 任务一：工业机器人工具坐标系标定

工具坐标系是用于描述机器人末端执行器位置和姿态的坐标系，而工具坐标系标定是指测量和确定工具坐标系的位置和方向。工业机器人工具坐标系标定可以确保机器人在执行任务时的精确性和准确性。

1）工具坐标系标定方法

工具坐标系在使用前一般都需要进行标定，标定方法有两种：工具坐标 4 点法标定和工具坐标 6 点法标定。下面以工具坐标 4 点法标定为例说明工具坐标系的标定。

如图 2-31 所示，工具坐标 4 点法标定就是将待测量工具的 TCP 从 4 个不同方向移向同一个参照点，参照点可以任意选择；机器人控制器根据 4 次 TCP 相对工具法兰盘的位姿计算生成工具坐标系的参数。运动到参照点所用的 4 个法兰位置必须分散得足够开。

2）工具坐标 4 点法标定操作

如图 2-32 所示，工具坐标 4 点法标定的具体操作步骤如下：

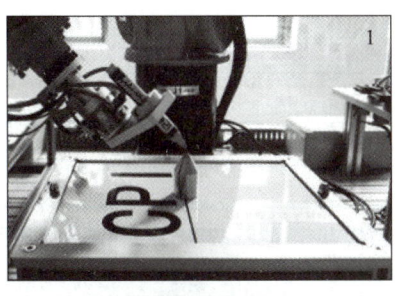

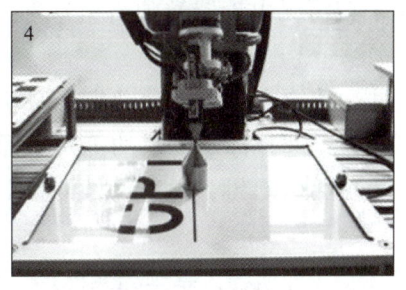

图 2-31 工具坐标 4 点标定示意图

（1）把要测量的工具安装在机器人末端，选择默认的工具坐标系和基坐标系，切换到手动 T1 运行模式。

（2）在菜单中选择"投入运行"→"测量"→"用户工具标定"。

（3）选择待标定的工具的用户工具号，可设置用户工具名称。

（4）选择标定方法为"4点法"。

（5）单击"开始标定"按钮。

（6）移动到标定的参考点 1，单击"参考点 1"，获取并记录坐标。

（7）移动到标定的参考点 2，单击"参考点 2"，获取并记录坐标。

（8）移动到标定的参考点 3，单击"参考点 3"，获取并记录坐标。

（9）移动到标定的参考点 4，单击"参考点 4"，获取并记录坐标。

（10）单击"标定"按钮，确定程序计算出标定坐标。

（11）单击"保存"按钮，存储工具坐标系的标定值。

图 2-32 工具坐标 4 点法标定操作

3）工具坐标系标定结果检查

工具坐标系标定结果是否正确，可以通过工具坐标数值检查法和工具运动检查法进行确认。

（1）工具坐标数值检查法。如图 2-33 所示，在菜单中选择"投入运行"→"变量列表"→"UT 列表"→"标定的工具号"→"修改"，在弹出的窗口中查看标定工具坐标系的坐标值，并与正确数值（正确数值根据具体平台情况由授课教师给出）进行比较。

（2）工具运动检查法。把运动坐标系切换成工具坐标系，选择标定工具的工具坐标系，点动运行 A、B、C 键，观察机器人工具是否围绕 TCP 旋转，且过程中 TCP 的位置始终不变。

图 2-33　工具坐标数值检查

2. 任务二：工业机器人基坐标系标定

基坐标系是描述机器人整体位置和姿态的坐标系统，而基坐标系标定是通过测量和确定机器人基座的位置和方向。工业机器人基坐标系标定可以确保机器人在工作环境中的准确定位和运动控制。

1）基坐标系标定方法

基坐标系标定方法主要是基坐标 3 点标定法，3 点即通过记录原点、X 方向上的一点、Y 方向上的一点，设定新的基坐标系，如图 2-34 所示。

2）基坐标 3 点法标定操作

如图 2-35 所示，基坐标 3 点法标定的具体操作步骤如下：

图 2-34　基坐标 3 点标定示意图　　图 2-35　基坐标 3 点法标定操作

（1）选择对应的工具坐标系和默认的基坐标系，切换到手动 T1 运行模式和世界坐标系，把机器人运行到原点位姿。

（2）在菜单中选择"投入运行"→"测量"→"用户工件标定"。

（3）选择待标定的用户工件号，可设置用户工件名称。

（4）选择标定方法为"3点法"。

（5）点击"开始标定"按钮。

（6）移动到标定基坐标原点，点击"原点"，获取并记录原点坐标。

（7）移动到标定基坐标系 X 方向上的某点，点击"X方向"，获取并记录坐标。

（8）移动到标定基坐标系 Y 方向上的某点，点击"Y方向"，获取并记录坐标。

（9）点击"标定"按钮，确定程序计算出标定坐标。

（10）点击"保存"按钮，存储基坐标系的标定值。

3）基坐标系标定结果检查

基坐标系标定结果是否正确，可以通过基坐标数值检查法、运动检查法来确定。

（1）基坐标数值检查法。如图 2-36 所示，在菜单中选择"投入运行"→"变量列表"→"UF 列表"→"标定的工件号"→"修改"，在弹出的窗口中查看标定基坐标系的坐标值，并与正确数值（正确数值根据具体平台情况由授课教师给出）进行比较。

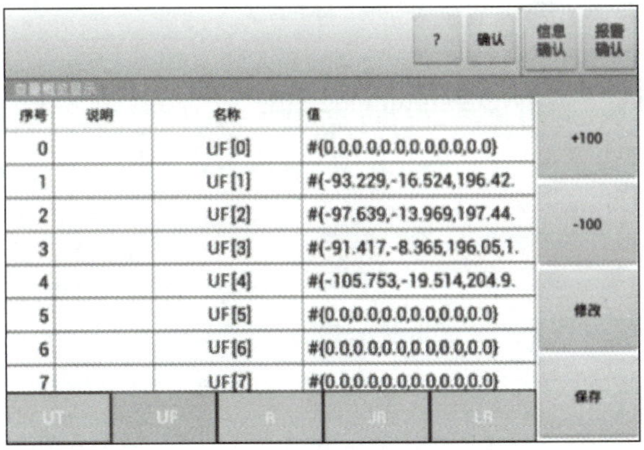

图 2-36　基坐标数值检查

（2）运动检查法。切换到用户坐标系，选择标定的工件号，走 $X—Y—Z$ 方向，看工具是否会按标定的方向运动。

2.4.4　项目总结

本项目主要介绍了工业机器人坐标系的基础知识与标定，包括工具坐标系标定和基坐标系标定。通过本项目的训练，学生能够了解工业机器人坐标系的基本原理，包括机器人的位置和姿态等关键概念；了解不同坐标系的定义和用途，理解它们在机器人操作和编程中的重要性；具备工业机器人坐标系标定的能力，使机器人在执行任务时能够准确控制和操作工具，提高生产效率和质量。

思考题

（1）工业机器人工具坐标系标定的原因。

（2）工业机器人工具坐标 6 点法标定与 4 点法类似，6 点法可以将工具的姿态标定出来，记录点位时，第五个点和第六个点分别用来记录工具坐标系 Z 轴上的点和 ZX 平面上的点。请参考工具坐标 4 点法标定的操作方法，完成工具坐标 6 点法标定。

（3）工业机器人基坐标系标定的原因。

（4）结合工业机器人坐标系，如何快速在不同作业空间实现相同的工作任务？

第三章

智能制造系统基础实训

智能制造将数字化网络化智能化赋能技术与制造技术深度融合，应用于产品设计、制造和服务的全过程中，并能进行分析、推理、判断、构思和决策等，满足产品全生命周期的智能管理需求。它改变了制造业的生产方式、人机关系和商业模式。因此，智能制造不是简单的技术突破，也不是简单的传统产业改造，而是新一代信息技术和制造业深度融合、集成创新的一场革命。

智能制造是一个不断演进的概念，在长期的实践演进中形成了许多不同的范式，包括精益生产、柔性制造、并行工程、敏捷制造、数字化制造、计算机集成制造、网络化制造、云制造、智能化制造等，这些范式在不同阶段、不同视角上反映制造业数字化、网络化、智能化，在指导制造业智能转型中发挥了积极作用。如本书绪论中所述，目前大家公认的智能制造的三种基本范式，分别为数字化制造、数字化网络化制造和数字化网络化智能化制造。其中，工业互联网、大数据及人工智能实现群体突破和融合应用，以新一代人工智能技术为主要特征的信息化开创了制造业数字化网络化智能化制造的新阶段。图 3-1 所示为一典型智能制造系统的组成。

图 3-1　典型智能制造系统的组成

本章的主要学习内容包含：（1）了解智能制造新型生产模式；（2）掌握典型智能制造装备的功能作用；（3）了解制造执行系统的应用方法；（4）掌握智能制造产线生产运行的基本方法。

3.1 智能制造产线技术基础

3.1.1 项目描述

本项目以典型的智能制造产线为例，介绍了智能制造产线的布局、功能单元设置、设备构成以及整体生产流程。

3.1.2 项目准备

1. 智能制造产线

智能制造产线属于数字化车间的一部分，根据数字化车间通用技术要求，智能制造产线的体系结构应包含基础层和执行层。基础层包括生产制造所必需的各种制造设备及生产资源，其中制造设备承担执行生产、检验、物料运送等任务，大量采用数字化设备，可自动进行信息的采集或指令执行；生产资源是生产用到的物料、托盘、工装辅具、人、传感器等，它们本身不具备数字化通信能力，但可以借助条码、RFID等技术进行标识，参与生产过程并通过其数字化标识与系统进行自动交互。执行层主要包括车间计划与调度、生产物流管理、工艺执行与管理、生产过程质量管理、车间设备管理等五个功能模块，对生产过程中的各类业务、活动或相关资产进行管理，实现车间制造过程的数字化、精益化及透明化。

智能制造产线的智能化要求应包含如下几个方面。

（1）数字化要求，包括制造设备和生产资源的数字化。

（2）信息交互，包括通信网络以及数据采集与存储两个方面。

（3）计划与调度，包括详细排产、生产调度以及生产跟踪等方面。

（4）生产过程质量管理，包括质量数据采集、质量监控、质量追溯和质量改进等方面。

（5）生产物流管理，包括物流规划、物流调度及优化、物料领取与配送、车间库存管理等。

（6）设备管理，包括设备运行数据采集、状态可视化、异常预警、设备维修维护等。

智能制造产线的布局应遵循如下原则。

（1）流畅原则。各工序的有机结合及相关联工序集中放置、流水化布局原则。

（2）最短距离原则。尽量减少搬运，流程直线运行，不允许交叉。

（3）平衡原则。功能单元之间的资源配置、速率配置尽量平衡。

（4）固定循环原则。尽量减少诸如搬运、传递等活动。

（5）柔韧性原则。对产品扩展和变化具有充分应变力，方案有弹性。

（6）防错原则。尽可能充分考虑生产布局，预防生产出现错误。

2. 智能制造产线加工生产流程及智能生产单元的工艺流程

1）智能制造产线加工生产流程

智能制造产线加工生产流程通常包括以下步骤。

（1）零件加工。工件通过传送带传送至各加工设备进行加工，加工过程中可能需要进行各种操作，如钻孔、切割、打磨等。

（2）零件检测。对加工完成的工件进行检测，以确保其符合要求，包括尺寸、形状等。

（3）毛刺处理。对加工过程中可能产生的毛刺进行处理，以确保工件表面光滑。

（4）边缘处理。对加工过程中产生的工件边缘锐边、锐角和外形不规则等情况进行处理，以确保工件边缘整齐。

（5）表面处理。对工件表面进行处理，以提高其质量和美观度。

（6）打包入库。将加工完成的工件打包入库，以便进行下一步处理。

（7）生产信息管理。对整个生产过程进行管理和监控，包括生产计划、生产进度、生产效率等。

2）智能生产单元的工艺流程

典型的智能生产单元有智能车铣加工单元，它一般集成了1台数控加工中心、1台数控车床、1台工业机器人、1个线边仓库和1个定位台，主要完成各类零件从毛坯到零件的切削加工任务，融合了车削、铣削加工等典型工艺。其工艺流程包括：订单下达到智能生产单元；待自动导引车（automated guided vehicle，AGV）将装载有原材料的料盘运送到定位台后，工业机器人会将原材料转运至线边仓库，并将订单属性赋予原材料；工业机器人从线边仓库抓取原材料并送入机床，机床夹具将原材料夹紧后，工业机器人退出机床并回到初始位置；机床门自动关闭并完成全自动切削加工；加工完成后，机床自动开门；工业机器人进入机床并夹紧工件，机床夹具自动松开；工业机器人退出机床，并将加工好的工件放入线边仓库；之后该单元所有装备进入下一个工作循环。

本项目以典型的智能车铣加工单元生产的十二生肖、纪念印章和收纳罐三类产品为例，介绍各产品的加工工艺流程。

十二生肖的加工工艺流程如图3-2所示。

纪念印章的加工工艺流程如图3-3所示。

收纳罐的加工工艺流程如图3-4所示。

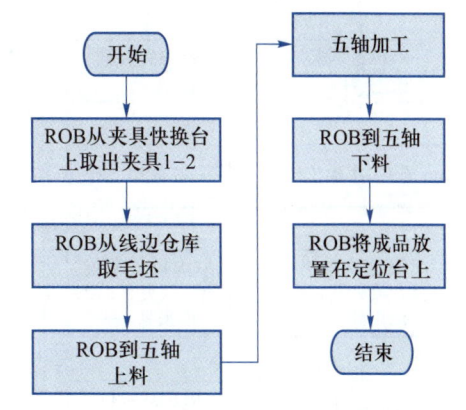

图3-2 十二生肖的加工工艺流程[①]

---

① 图中的"ROB"指机器人，后图同。

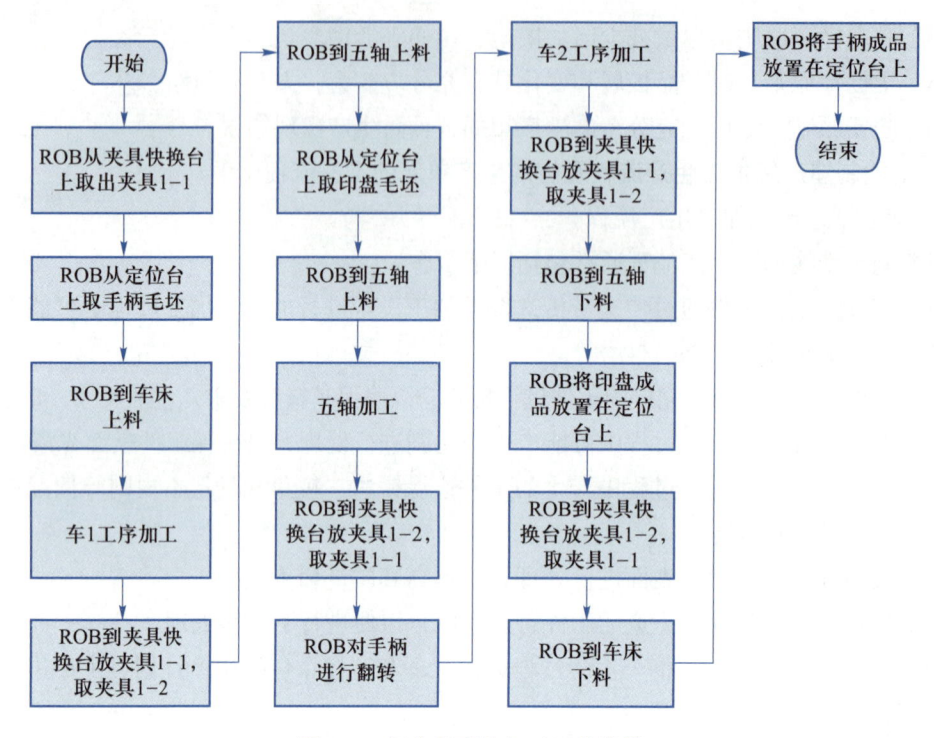

图 3-3　纪念印章的加工工艺流程

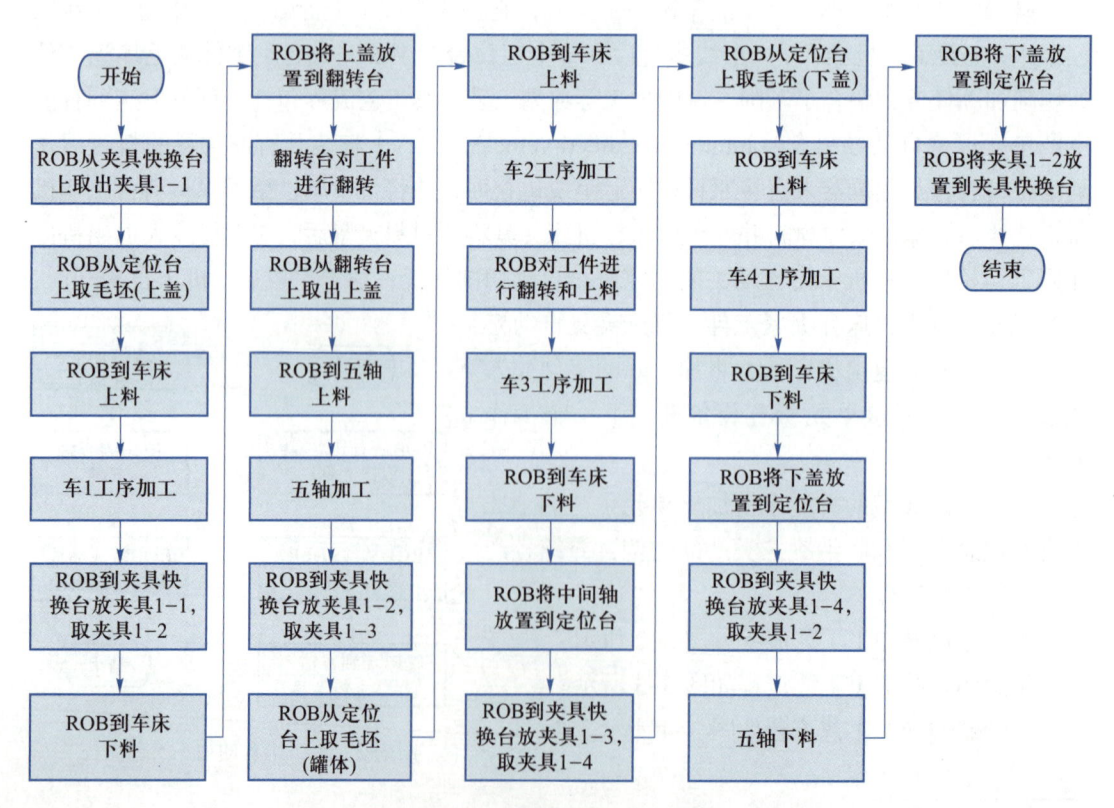

图 3-4　收纳罐的加工工艺流程

3.1.3 项目实施

1. 任务一：认识典型智能制造产线的结构

为了了解智能制造产线的结构，需要先自行结合智能制造产线的整体布置图了解其主要组成部分、功能单元的设置以及对应的功能，然后可以通过生产准备具体了解产线的设备构成。结合一个订单的全流程生产演示，学习产线的生产流程。

1）了解典型智能制造产线的布置

如图 3-5 所示的典型智能制造产线布置图，其主要的功能单元组成包括物流仓储单元、智能生产单元、清洗检测打标装配单元和软件系统（图中未标明）。

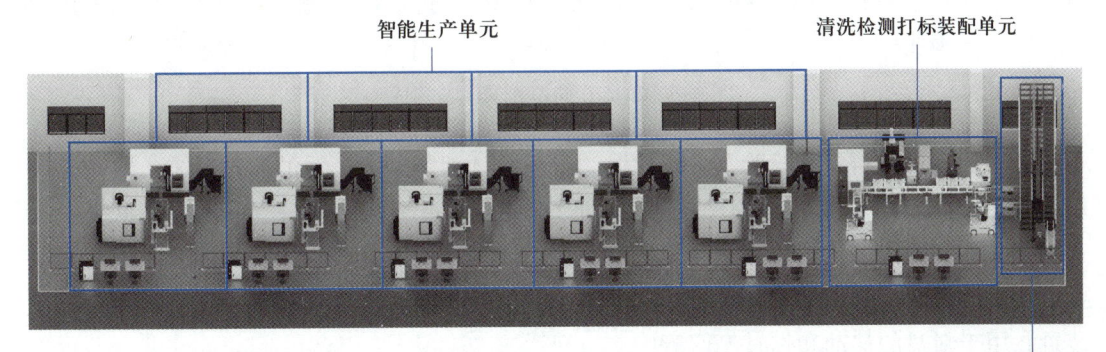

图 3-5 典型智能制造产线布置图

智能制造产线中的物流仓储单元负责原材料和产品的存储和转运；智能生产单元负责零件的加工；清洗检测打标装配单元负责所有加工好的零件的清洗、质量检测，有个性化打标需求零件的激光打标，以及组件产品的组装；软件系统负责将各单元整合并实现统一调度和管控。

2）了解典型智能制造产线的设备构成

（1）物流仓储单元。物流仓储单元的设备构成包括由多个标准化库位构成的立体仓库、配套的料盘、移动式码垛车、2 台 AGV 等。立体仓库服务于整个智能制造产线；每个标准化库位可以存放一个配套的料盘，料盘可装载多种类别的原材料、成品等物料；移动式码垛车可以在 X、Y、Z 三个方向运动，主要用于从各出、入库站点和各库位取放料盘；AGV 负责物料在各功能单元之间的转运。为了顺利完成料盘的转移交接，物流仓储单元还配置了输送链和定位台等辅助装置。

物流仓储单元主要设备构成如图 3-6 所示。

（2）清洗检测打标装配单元。清洗检测打标装配单元的设备构成包括 1 台超声波清洗机、1 台三坐标测量机、1 台光学测量仪、1 台激光打标机、2 台工业机器人、2 台装配专用设备以及料盘输送链等。超声波清洗机用于将加工后的零件清洗干净。工件进入清洗机后先经过超声波清洗，然后经过热风烘干，最后输出。三坐标测量机和光学测量仪用于对

(a) 料盘　　(b) 立体仓库　　(c) 移动式码垛车

图 3-6　物流仓储单元的设备构成

不同类型的零件进行尺寸检验，并将检测结果反馈到智能制造产线的软件系统。激光打标机用于在产品表面进行个性化图文的激光加工；2 台装配专用设备分别能够完成直线压入式对接装配和螺纹旋进式装配，用于智能制造产线多零件组合产品的装配；工业机器人主要负责零件或组件的搬运转移工作；料盘输送链包括一条 L 形倍速链和 6 套中转缓存定位装置，用于料盘的移动和临时停留等候。

清洗检测打标装配单元的设备构成如图 3-7 所示。

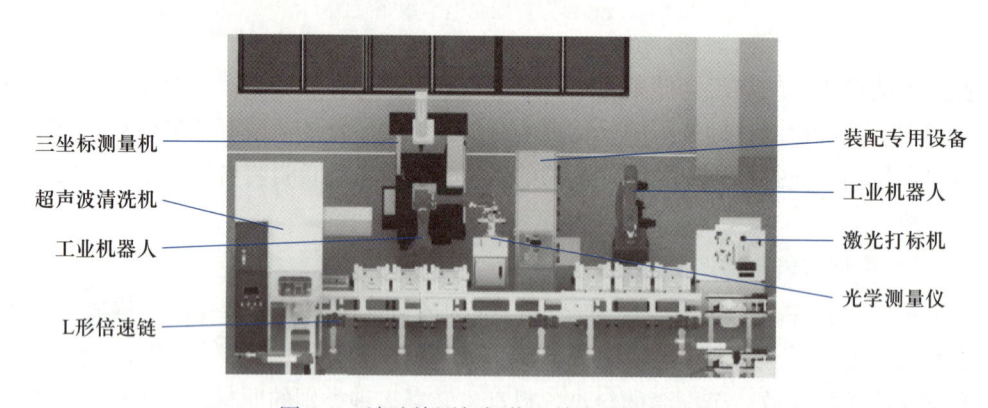

图 3-7　清洗检测打标装配单元的设备构成

（3）智能生产单元。智能生产单元由 5 个相对独立的加工单元组成，如图 3-5 所示。智能生产单元中的每个加工单元包含 1 台五轴加工中心、1 台数控车床、1 台六轴工业机器人（含第七轴）、1 个工业机器人夹具快换台（配齐夹具）、1 个线边仓库和 2 个用于对接 AGV 的皮带输送式定位台。其中，五轴加工中心用于零件的铣削加工；数控车床用于零件的车削加工；工业机器人用于工件在各设备之间的上、下料和转移；线边仓库用于生产过程中的原材料和半成品临时存储；皮带输送式定位台用于从 AGV 接收料盘和向 AGV 输出料盘。

智能生产单元的主要设备构成如图 3-8 所示。

(a) 五轴加工中心
(b) 数控车床
(c) 六轴工业机器人
(d) 皮带输送式定位台
(e) 线边仓库

图 3-8　智能生产单元的设备构成

3）智能制造产线的整体生产流程

智能制造产线的整体生产流程如图 3-9 所示。

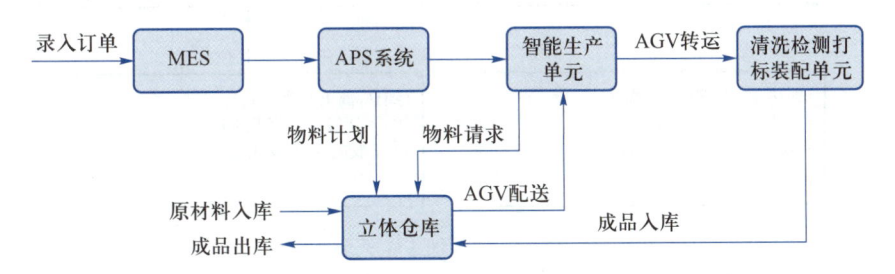

MES：生产执行系统，manufacturing execution system
APS：高级计划与排程，advanced planning and scheduling

图 3-9　智能制造产线的整体生产流程

2. 任务二：认识典型智能生产单元生产流程的工艺要求

本任务通过产品从原材料变成零件的全过程的训练，帮助学生对生产流程工艺要求进行学习了解。不同产品其工艺要求也不同，加工过程需要的设备也有差异，典型智能生产单元通常包括车、铣工艺，借助工业机器人完成工件搬运和装夹取放，利用工业机器人与机床设备的工作进行匹配，高效完成零件加工，是智能制造"提质、降本、增效"的典型体现。本任务中，要求对几种不同零件的生产工艺流程进行跟踪，并做好相应记录。任务过程中，以单个工件的工位转换轨迹为轴线，根据智能生产单元的生产过程，按照图

3-10 所示的模板，绘制对应零件的加工工艺流程图，并做好记录。由于不同零件其加工工序数量不同，请根据观察到的实际情况自行增减工序点位数量。

按如下顺序完成零件加工工艺流程的跟踪：

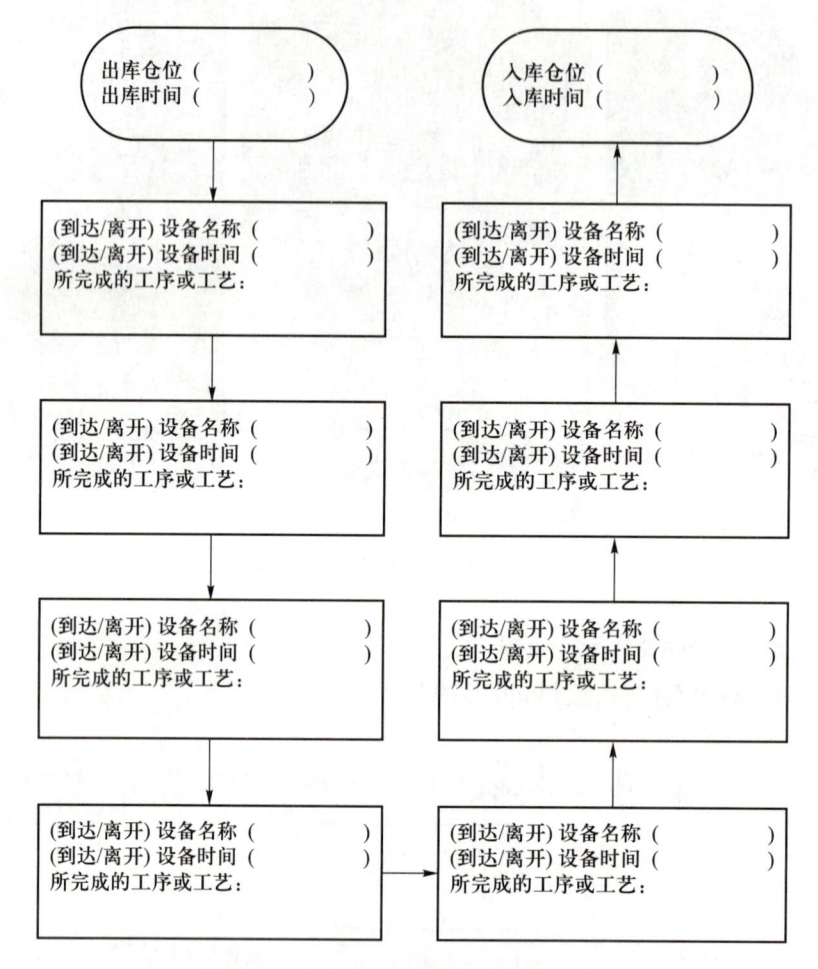

图 3-10　单个零件的加工工艺流程图模板

（1）跟踪十二生肖中任意一个零件的加工工艺流程，绘制加工工艺流程图并做好记录。

（2）跟踪纪念印章手柄的加工工艺流程，绘制加工工艺流程图并做好记录。

（3）跟踪纪念印章印盘的加工工艺流程，绘制加工工艺流程图并做好记录。

（4）跟踪收纳罐上盖的加工工艺流程，绘制加工工艺流程图并做好记录。

（5）跟踪收纳罐罐体的加工工艺流程，绘制加工工艺流程图并做好记录。

（6）跟踪收纳罐下盖的加工工艺流程，绘制加工工艺流程图并做好记录。

3.1.4　项目总结

本项目以典型智能生产单元作为案例，详细介绍了智能制造产线的结构、组成、生产工艺流程等基础技术。通过本项目的训练，学生对智能制造产线有了较全面的认知，深入了解智能制造产线的优势和典型特征，为今后的智能制造产线操作、分析及集成设计奠定基础。

思考题

（1）在智能制造产线的布局中，为什么功能单元的规划非常重要？请列举几个常见的功能单元，并解释它们在产线中的作用。

（2）为了实现智能制造产线的数字化要求，制造设备和生产资源的数字化是必要的，请思考一下数字化对智能制造产线的优势是什么，它如何提高生产效率和质量。

（3）选择其中一个零件的加工工艺流程，思考如何优化这个工艺流程以提高生产效率和产品质量。请提出你的想法，并解释为什么这样的优化措施会起到积极的作用。

3.2　智能制造数字孪生认知实训

3.2.1　项目描述

数字孪生技术是一种通过创建物理世界实体（简称物理实体）的虚拟副本，借助数据来模拟、分析和优化物理实体性能的一种方法。它综合运用感知、计算、建模等信息技术，通过软件定义，对物理空间进行描述、诊断、预测、决策，进而实现物理空间与数字空间的交互映射，如图3-11所示，图3-12所示为某数控机床的数字孪生模型示例。本项目基于虚拟仿真实训平台，运用数字孪生技术实现对智能制造装备、智能加工单元以及智能制造产线的数字化模拟和监控。通过认知实训，深入了解典型智能制造装备的功能，智能加工单元的工作流程，生产车间主要人员的组织结构、岗位职责，以及如何运用制造运行管理（manufacturing operation management，MOM）系统进行生产运营管理。

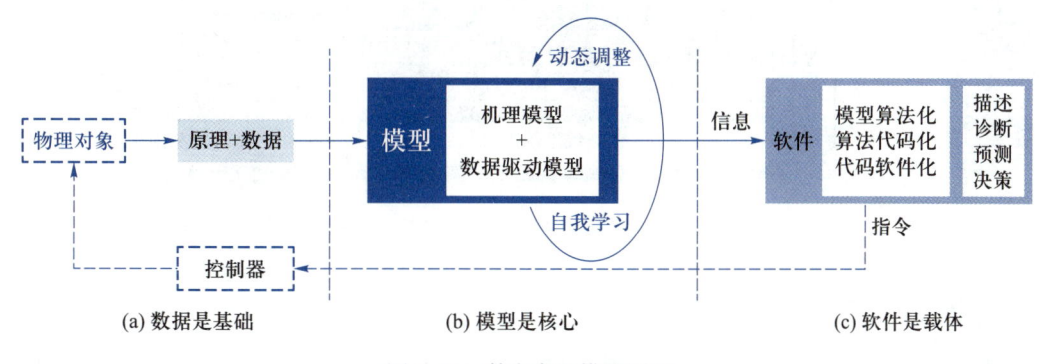

图3-11　数字孪生模型原理

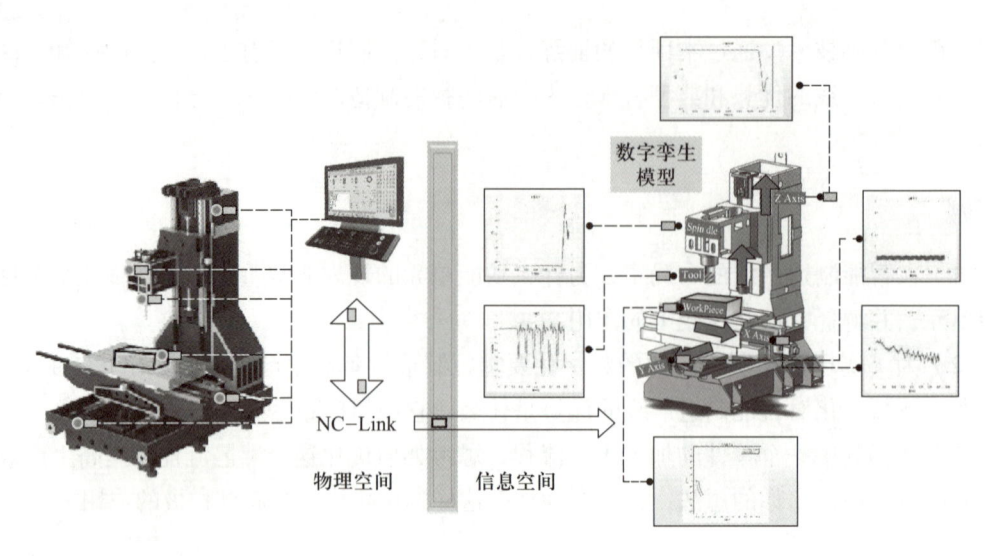

图 3-12　某数控机床的数字孪生模型示例

3.2.2　项目准备

1. 智能制造产线工程实践虚拟仿真实训系统

智能制造产线工程实践虚拟仿真实训系统是以实体智能制造产线为物理实体建立的数字孪生模型,包含产线设备认知、产线功能认知和产线单元安装调试三大学习模式。通过认知学习,学生可以深入了解智能制造产线中各关键智能装备的结构、功能,以及各智能加工单元的工作流程,其系统操作主界面如图 3-13 所示。

图 3-13　智能制造产线工程实践虚拟仿真实训系统主界面

1)产线设备认知

在产线设备认知模块可针对智能制造产线中各关键智能装备(如工业机器人、五轴加工中心、夹具快换台、立体仓库等)的功能、结构、工作方式等进行详细认知,如图 3-14 和图 3-15 所示。

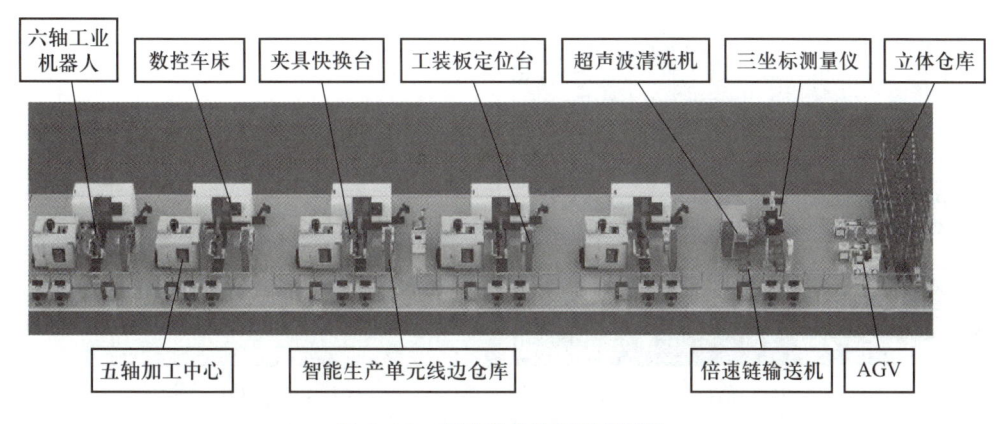

图 3-14 产线设备认知学习模块

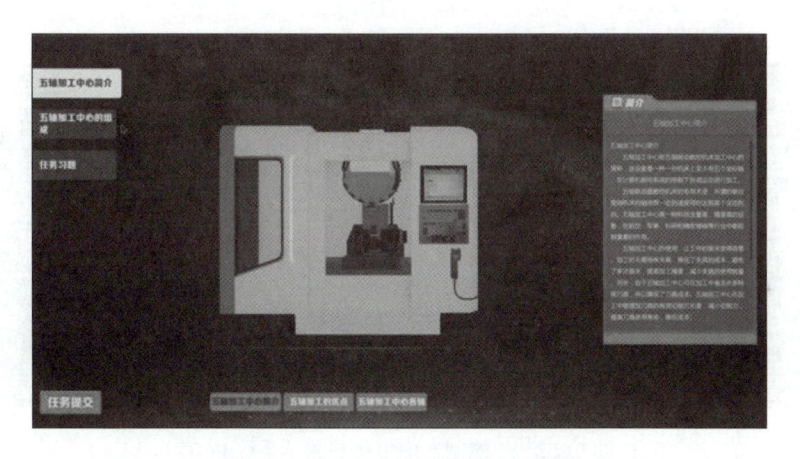

图 3-15 五轴加工中心的认知学习

2）产线功能认知

在产线功能认知模块可针对智能制造产线物流仓储单元、智能生产单元、清洗检测打标装配单元三大主要功能单元的设备组成、工作流程等进行认知学习。

2. 智能制造虚拟仿真教学系统

智能制造虚拟仿真教学系统以实体智能制造产线为原型，对实体产线车间布局和产品生产流程进行数字化模拟。通过对该系统的学习，学生可以了解车间主要的人员组织结构和岗位职责，并进一步加深对智能制造产线运营流程的了解。

系统设置有生产调度员、物料管理员、设备管理员、车间主任等生产车间基本岗位角色，各角色具有不同的职责和权限，使用者通过扮演生产调度员、物料管理员、设备管理员等各车间岗位角色，运用 MOM 系统实现产品的虚拟生产过程，点击右上角"MOM"图标即可登录 MOM 系统执行相应角色的生产运营操作，如图 3-16 所示。

系统服务器实时采集产线中各种与生产运营相关的数据，通过数据分析引擎，以清晰易懂的方式直观地显示在投射电容式触控面板（projected capacitive touch panel，PCT）中，如图 3-17 所示。

(a)　　　　　　　　　　　　　　　　　　(b)

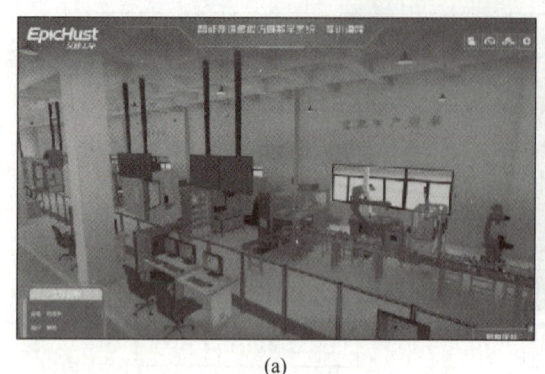

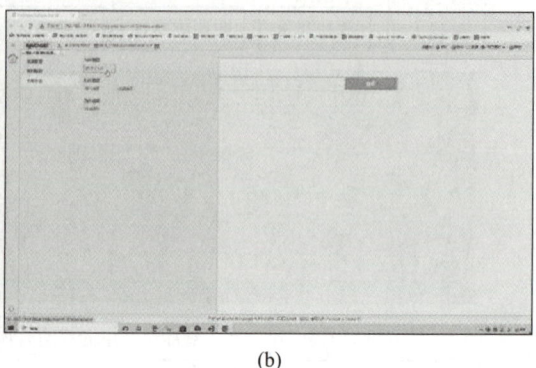

图 3-16　智能制造虚拟仿真教学系统界面

图 3-17　智能制造虚拟仿真教学系统 PCT

3.2.3　项目实施

1. 任务一：关键智能设备的认知

本任务利用智能制造产线工程实践虚拟仿真实训系统，通过学习模式中的产线设备认知模块，帮助学生学习了解智能制造产线中各个关键智能设备的结构、功能及其在智能制造系统中的重要作用。下面以 AGV 的认知学习为例进行简要介绍。

（1）进入 AGV 认知模块。登录系统，选择学习模式中的"产线设备认知"选项，找到"AGV 小车"并点击进入。

（2）进行设备认知学习，并完成相应的任务习题。依次点击界面左侧"AGV 小车简介""AGV 小车的组成"标签并详细学习相关内容后，完成此环节任务习题并提交，如图 3-18 和图 3-19 所示。

2. 任务二：功能单元的认知

本任务利用智能制造产线工程实践虚拟仿真实训系统，通过学习模式中的产线功能认知模块，帮助学生学习了解智能制造产线中各个功能单元的设备构成和工作流程等。下面以加工单元认知学习为例进行简要介绍。

图 3-18　AGV 的认知学习 　　　　　　　图 3-19　AGV 的认知任务习题

（1）进入加工单元运行认知模块。登录系统，选择学习模式中的"产线功能认知"选项，找到"加工单元运行认知"并点击进入。

（2）进行加工单元运行认知学习，并完成相应的任务习题。依次点击界面左侧任务列表中的各项任务，详细学习该项任务具体内容后，点击"学习反馈"完成此单元工作流程图并提交，如图 3-20 和图 3-21 所示。

图 3-20　加工单元运行认知的学习 　　　　图 3-21　加工单元运行认知的任务习题

3. 任务三：智能制造车间生产运营管理的操作流程认知

本任务利用智能制造虚拟仿真教学系统开展。学生通过扮演生产车间中的生产调度员、物料管理员、设备管理员等角色，完成相应的车间生产运营管理工作，实现产品的虚拟生产全过程。智能制造车间生产运营管理的操作流程如图 3-22 所示。

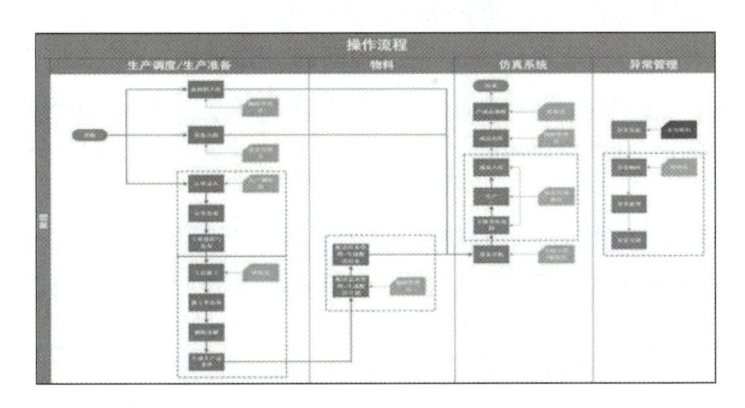

图 3-22　智能制造车间生产运营管理的操作流程

3.2.4　项目总结

本项目主要利用智能制造产线工程实践虚拟仿真实训系统和智能制造虚拟仿真教学系统，帮助学生围绕智能制造装备、智能加工单元以及智能制造产线三个层级进行认知学习。通过本项目的训练，学生能够了解和掌握典型智能制造装备的结构、功能，智能加工单元的设备构成、工作流程和智能制造产线的生产运营过程。

思考题

（1）典型的智能制造系统包含哪些设备？其各自发挥着什么样的功能？

（2）通过任务二的学习，谈谈你对如何优化智能生产单元工作流程的看法。

3.3　智能制造产线虚拟仿真

3.3.1　项目描述

本项目是数字孪生技术的具体应用，借助智能制造产线数字孪生虚拟调试软件，帮助学生深入学习在虚拟系统里进行智能制造产线的虚拟设计、设备功能的虚拟调试和装备之间的流程调试，最终建立一个完整的智能生产单元。

3.3.2　项目准备

1. 智能制造产线数字孪生虚拟调试软件

智能制造产线数字孪生虚拟调试软件支持智能制造产线运动流程仿真、编程调试和数字孪生可视化展示，支持在虚拟环境中进行产线布局搭建、产线装备与工艺流程的仿真、PLC编程仿真调试、机器人编程仿真调试等技能的训练。该软件可以帮助学习者提前掌握设备相关知识和技能，在虚拟环境中对设备平台运行流程的逻辑关系进行验证，在使用实际设备之前熟悉设备操作方法，掌握相关技能。

智能制造产线数字孪生虚拟调试软件具有以下常用功能。

（1）模型加载。在侧边栏的模型库中找到需要的模型，选中模型后双击或者在模型上点击鼠标右键，选择"在场景中加载"选项，然后在场景视图中单击任意一点，完成模型加载。

（2）模型位置调整。方法一：选中模型，在右侧模型属性窗口中输入数值进行调整；方法二：使用功能面板中的"移动""旋转""对齐"等命令调整模型的位置。单击"移动"或"旋转"命令，在模型上进行拖拽或旋转。

（3）模型节点移动。剪切板功能可实现对模型节点的移动。处于相同节点下的模型可同时变化，在"组件"侧边栏中选中模型，复制粘贴到需要的模型上，此时两个模型会处于同一节点下。

（4）对齐及测量。操作功能中包含 4 个工具，分别是对齐、安装定位、吸附定位和测量。其中，对齐工具可以实现不同模型的对齐；安装定位工具能够准确地将工件放置到正确位置；吸附定位工具可快速将模型安装在加工位置上；测量工具可以使用中心测量和顶角测量两种方式测量两个模型之间 X、Y、Z 轴的距离。

对齐工具：单击"对齐"命令，在右侧窗口中选择一种对齐方式，再分别选择需要对齐的模型，最后应用即可。

测量工具：单击"测量"命令，在右侧窗口中选择一种测量方式，分别选择要测量模型和测量目标模型，单击"开启测量"，场景中会显示测量的数值。

（5）特写窗口。智能制造产线数字孪生虚拟调试软件可对场景中的具体位置进行局部放大，方便工业机器人的点位示教和模型位置的查看。

（6）仿真容器。仿真容器是具有输入和输出信号、将仿真运动抽象封装的一种功能模块，可分为对象容器与程序容器。

对象容器用来实现模型的机械运动，主要用于对场景中的电气元器件或机械执行机构进行配置，配置完成的模型才能完成机械仿真运动。配置并保存成功的对象可以在运动的节点中使用，同时在信号的配置中可看到已建立完成的对象容器。

程序容器用来控制设备的一系列运动，实现对工业机器人和数控机床的仿真运行的控制，包括工业机器人程序容器、数控车床程序容器和加工中心程序容器。

容器功能块用于容器间信号连接的逻辑处理。容器功能块一共有 5 种，分别为"与""或""非""计时器"和"寄存器"。

功能块"与"：当两个输入接口中任意一个为 0 时，输出结果为 0，只有当两个输入接口同时为 1 时，输出结果才为 1。

功能块"或"：当两个输入接口中任意一个为 1 时，输出结果为 1，只有当两个输入接口同时为 0 时，输出结果才为 0。

功能块"非"：当输入接口为 1 时，输出结果为 0；当输入接口为 0 时，输出结果为 1。

功能块"计时器"：在计时器输入框中输入时间，当输入有信号时需要等待设定的时间以后，输出才能导通。

功能块"寄存器"：当寄存器输入引脚的"ON"有信号时，寄存器的输出信号会一直为"ON"；当输入引脚的"OFF"有信号时，寄存器的输出信号会一直为"OFF"。

（7）信号配置。此功能即通过连线方式完成设备之间的通信。点击"配置"，出现"信号配置视图"工作界面，左边为输入，右边为输出，按住鼠标左键拖动可实现容器间的信号连接。

2. 智能制造产线的布局形式

智能制造单元的布局形式取决于生产流程和需求，常见的有直线形布局、U 形布局、L 形布局、Z 形布局和网格形布局等形式。除以上布局形式外，还可以根据具体生产需求与场地条件进行定制化的布局。重要的是确保设备之间的合理协调，最大程度地提高生产效率和灵活性。

3.3.3 项目实施

1. 任务一：基础装备认知

本任务主要利用智能制造产线数字孪生虚拟调试软件集成的各种智能装备素材，帮助学生了解如何在虚拟调试环境中对智能制造产线常用的五轴加工中心、数控车床和工业机器人等模型进行操作，以了解这些智能装备的结构组成及其常规操作方法，为后续深入进行智能生产单元的构建和虚拟调试打下基础。

1）利用虚拟设计与调试软件进行五轴加工中心的基础认知

（1）新建场景，加载模型。新建一个场景，在模块列表中找到"五轴加工中心"，将五轴加工中心模型加载到场景文件中。

（2）绑定对象容器。在软件功能区选择"工作站仿真"，在"容器"区域单击"对象"，打开"添加运动容器"列表，选择"加工中心"。在软件界面右侧的"加工中心容器"选项中单击"绑定模型"，之后在软件界面左侧找到"五轴加工中心"并单击选中，模型便会添加到加工中心容器。

（3）功能仿真。单击"仿真"选项中的"开始"按钮，开启使能，多次单击"防护门使能"，观察加工中心的防护门的动作。多次单击"台钳使能"，观察加工中心的自定心卡盘的动作，关闭使能。

（4）关闭仿真。单击"仿真"选项中的"结束"按钮，关闭仿真。

（5）为五轴加工中心连接虚拟控制系统。在软件功能区选择"数控机床"，在"控制器"区域单击"加工中心"，打开加工中心控制器操作界面。在"系统类型"后面的下拉列表框中选择"虚拟控制系统"，单击下方"连接对象"后面的方框，在软件界面左侧找到"五轴加工中心"并点选，即可看到"连接对象"处显示"五轴加工中心"，之后单击"系统类型"选项最右侧的"连接"，此时软件界面左侧"加工中心#1"的数控连接状态会从"已断开"变为"已连接"，说明五轴加工中心与虚拟控制系统连接成功。

（6）为五轴加工中心设置刀具。在加工中心控制器操作界面找到"刀盘"，在右侧的下拉列表框中选择"旋转式刀库"，再单击右侧的"设置"，打开刀具设置界面，将刀具选择列表中的1~16号刀分别装入右侧旋转式刀库的1~16号刀位中。单击"导入"完成刀具设置并退出设置界面。

（7）五轴加工中心虚拟手动操作。在加工中心控制器操作界面最下面找到"加工中心面板"，打开加工中心的虚拟面板。单击加工中心虚拟面板右下角的绿色圆形启动按钮，开启数控面板，依次单击面板上各按钮，观察机床动作。

（8）保存场景。

2）利用虚拟设计与调试软件进行数控车床基础认知

按照与五轴加工中心基础认知的类似操作，加载"车床"模型，并完成绑定对象容器、功能仿真、连接虚拟仿真器、设置刀具和虚拟手动操作等步骤。

3）利用虚拟设计与调试软件进行工业机器人基础认知

（1）新建场景，加载模型。新建一个场景，在模块列表中找到"加工单元带导轨机器人"，将工业机器人模型加载到场景文件中。

（2）添加虚拟示教连接。在软件功能区选择"机器人"，在"示教"区域单击"虚拟示教"，在弹出的选项中选择"六轴机器人虚拟示教"。

（3）为虚拟示教连接绑定示教对象。在软件界面右侧的"六轴虚拟示教 #1"选项中单击"示教对象"后面的方框，之后在软件界面左侧找到"加工单元带导轨机器人"并单击选中，机器人模型便会添加到示教对象。

（4）工业机器人虚拟示教操作。在拖拽示教选项中选择"关节"，分别切换基准坐标系、运行速度、运动模式等，并对 A1～A6 轴以及扩展轴 Ext1 和 Ext2 分别进行调整，观察并熟悉机器人的对应动作。切换"位置"和"姿态"这两种方式，按照相同方式进行虚拟操作。

2. 任务二：智能生产单元虚拟搭建及运行调试

本任务要求完成智能生产单元的虚拟搭建、五轴加工中心、数控车床的运行调试以及工业机器人的拾取夹具示教编程，为后续的生产虚拟调试建立基础。具体需要完成的任务如下：

根据智能生产单元的布局图完成设备模型选择和导入，并对设备进行合理放置，以实现对智能生产单元场景的搭建。

在建立的智能生产单元中使用虚拟数控车床完成装刀与刀补设置，并将纪念章手柄零件的加工程序导入软件，完成手动试切加工调试的任务。

在建立的智能生产单元中使用虚拟加工中心完成装刀与刀补设置，并将纪念章底座零件的加工程序导入软件，完成手动试切加工调试的任务。

在建立的智能生产单元中通过虚拟点位示教完成机器人编程，并通过逻辑连线实现工业机器人从原点出发，拾取夹具返回原点的虚拟调试任务。

1）搭建智能生产单元场景

（1）开启软件：打开智能制造产线数字孪生虚拟调试软件，新建一个场景。

（2）模型加载：在布局—案例库—模块中找到"车床""五轴加工中心""单元夹具架""加工单元料仓""双定位台""加工单元带导轨机器人"6 个模型，分别加载到场景中。

（3）布局规划：选择场景视图中的模型，移动其位置，参照图 3-23 合理进行布局。

（4）保存场景文件。

2）完成数控车床运行调试

在已搭建场景的基础上完成装刀、设置刀补、导入加工程序、创建程序容器、装夹毛坯，最后完成图 3-24 所示纪念章手柄的仿真加工。

（1）参考任务一相关操作，完成场景中车床的对象容器和虚拟控制器的配置。

（2）设置刀具及刀具参数：单击刀盘处的"设置"，开始装刀。选择"35 度外圆车刀"安装在 1 号刀位上、"60 度外螺纹车刀"安装在 4 号刀位上，此处刀具安装的位置应

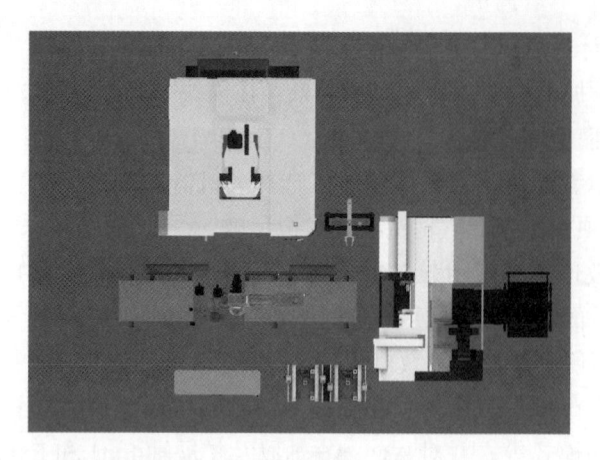

图 3-23　智能生产单元的布局图

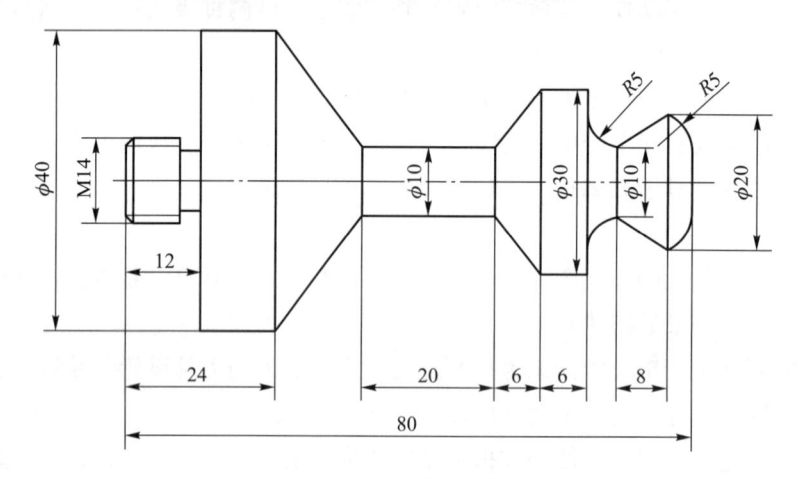

图 3-24　纪念章手柄

和加工程序保持一致，且必须按照对应刀号安装。安装完成后单击"导入"。单击"数控面板"，在弹出的面板中单击绿色开机按钮，然后单击"刀补"，在刀具参数处将数据输入刀补数据：1号刀，"X偏置"为-233.654，"Z偏置"为-297.801；4号刀，"X偏置"为-231.63，"Z偏置"为-299.931。单击"确定"，关闭数控面板。

（3）导入加工程序：在"数控机床"页面，单击"数控机床程序"，选择提前准备好的数控车床程序，输入程序名"纪念章手柄"，单击"设置"，将加工程序复制或者导入框内。单击"测试"，显示测试成功后单击"保存"。

（4）创建"数控车床"程序容器：在"工作站仿真"页面，找到程序容器，选择数控车床程序容器，绑定模型为"车床"，程序选择"纪念章手柄"。

（5）手动放置毛坯：在模型库中找到"纪念章手柄"加载到场景中。组件中选择"卡盘"，在模型属性中单击复制属性，选择毛坯"粘贴属性"，将毛坯放置在卡盘上。调整 Y 方向角度为 90°。

打开数控面板，单击"卡盘夹紧"按钮，可以看到卡盘将毛坯夹紧。

（6）验证"数控车床"程序容器：单击工作站仿真页面的"开始"按钮，在左侧工作站运动中选择数控车床，开启防护门和卡盘使能。在程序中选择数控车床程序，开启使能，单击"程序开始"。机床开始加工，此时"程序运行中"灯变绿，当"程序运行结束"灯变黄时，表示加工完成。

（7）保存场景文件。

3）加工中心运行调试

在已搭建场景的基础上需要完成装刀、设置刀补、导入加工程序、创建程序容器、装夹毛坯，最后完成图 3-25 所示的纪念章底座的仿真加工。

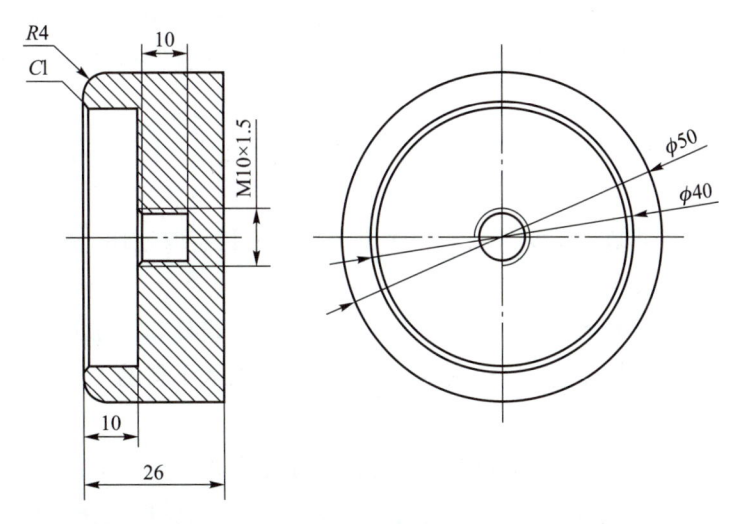

图 3-25　纪念章底座

3. 任务三：智能生产单元生产流程虚拟调试

本任务的内容包括以下几方面。

了解工业机器人与数控车床之间自动上、下料的工艺流程，即通过编写机器人程序，完成机器人夹取纪念章手柄毛坯后送到数控车床卡盘处，待加工完成后，机器人取成品放回料仓后回原点的流程调试任务。

了解工业机器人与五轴加工中心之间自动上、下料的工艺流程。即通过编写机器人程序，完成调试，机器人夹取纪念章底座毛坯后送到五轴加工中心自定心卡盘处，待加工完成后，机器人取成品放回料仓后回原点的流程。

对工业机器人与数控车床程序容器之间的信号进行连接。

对工业机器人与加工中心程序容器之间的信号进行连接。

对数控车床自动化生产调试和加工中心自动化生产联调进行连接。

1）车床上、下料调试

（1）打开此前保存的场景文件。

（2）05 号单元料仓毛坯入库：在"生产管理"页面打开料仓管理视图，选择"单元料仓 05"，随意选择一个料仓号，单击"毛坯入库"，单击产品种类下拉列表框，选择要添加的毛坯名称并保存，完成物料配置。添加的毛坯为纪念章手柄毛坯。

（3）配置对象容器：需要配置快换夹头、手爪夹具和数控车床 3 个容器，分别绑定的模型为"产线机器人夹头""夹子 01""车床"。

（4）创建六轴机器人虚拟示教：在"机器人"页面，选择虚拟示教中的六轴机器人虚拟示教，示教对象绑定为"加工单元带导轨机器人"。

（5）机器人附加轴配置及点位示教：使机器人能够沿着导轨进行移动。点开扩展轴的配置，进行参数设置："运动对象"选择 J0 轴底座，"运动轴"设置为 X 轴，转换率设置为 0.001。然后单击"+""-"可以控制机器人在导轨上移动。

通过拖拽示教或增量调节的方式，配合附加轴的使用，使机器人末端到达预设点位，然后单击"记录位置"获取该点的点位数据，单击"点位名称"可任意命名。多次移动并记录点位使机器人到达目标点。

在运动过程中需要实现夹具的松紧、数控机床的开关门、卡盘的松紧均需要对相应的对象容器进行使能。

（6）机器人程序录制：需要录制的程序段包括取夹具、取毛坯、放置毛坯、取成品、回料仓、放夹具和回原点。

（7）创建机器人程序容器：主要是上、下料流程逻辑设计。机器人上料的工艺流程是机器人取夹具到达料仓夹取毛坯后送到车床卡盘处。机器人下料的工艺流程是机器人取成品送回料仓后放夹具回原点。

机器人对数控车床进行上、下料的仿真事件顺序见表 3-1。

表 3-1 机器人对数控车床进行上、下料的仿真事件顺序

序号	事件名称	事件类型	序号	事件名称	事件类型
1	启动	信号事件（inPUT）	16	加工程序开始	信号事件（outPUT）
2	取双头夹具	程序事件	17	加工程序结束	信号事件（inPUT）
3	置位快换夹头	信号事件（outPUT）	18	车床防护门开	信号事件（outPUT）
4	置位快换夹头反馈	信号事件（inPUT）	19	车床防护门开反馈	信号事件（inPUT）
5	取手柄毛坯	程序事件	20	取成品	程序事件
6	置位双头夹具	信号事件（outPUT）	21	置位双头夹具	信号事件（outPUT）
7	置位双头夹具反馈	信号事件（inPUT）	22	置位双头夹具反馈	信号事件（inPUT）
8	放置手柄毛坯	程序事件	23	成品放回料仓	程序事件
9	车床卡盘夹紧	信号事件（outPUT）	24	双头夹具松开	信号事件（outPUT）
10	车床卡盘夹紧反馈	信号事件（inPUT）	25	双头夹具松开反馈	信号事件（inPUT）
11	双头夹具松开	信号事件（outPUT）	26	放双头夹具	程序事件
12	双头夹具松开反馈	信号事件（inPUT）	27	快换夹头松开	信号事件（outPUT）
13	等待车床加工手柄	程序事件	28	快换夹头松开反馈	信号事件（inPUT）
14	车床门关	信号事件（outPUT）	29	回原点	程序事件
15	车床门关反馈	信号事件（inPUT）			

（8）机器人对车床上、下料逻辑连线调试：打开信号配置视图，将机器人、快换夹具、夹具、数控车床模块按照机器人运行流程进行连线。需要使用寄存器，以便保持夹头持续持有、夹具松开夹紧等信号。

（9）机器人对车床上、下料验证逻辑连线：开启仿真，启动程序容器，验证上、下料流程。

2）加工中心上、下料调试

（1）打开/新建场景：此任务可以在之前保存的文件基础上继续进行。

（2）05号单元料仓毛坯入库：在"生产管理"页面打开料仓管理视图，选择"单元料仓05"，随意选择一个料仓号，单击"毛坯入库"，打开产品种类下拉列表框，选择要添加的毛坯名称并保存，完成物料配置。

（3）配置对象容器：需要配置快换夹头、手爪夹具和加工中心3个容器，分别绑定的模型为"产线机器人夹头""夹子01""五轴加工中心"。若场景中已配置，则此步骤可省略。

（4）创建六轴机器人虚拟示教：在"机器人"页面，选择虚拟示教中的六轴机器人虚拟示教，示教对象绑定为"加工单元带导轨机器人"。

（5）机器人附加轴配置及点位示教：使机器人能够沿着导轨进行移动。点开扩展轴的配置，进行参数设置："运动对象"选择J0轴底座，"运动轴"设置为X轴，转换率设置为0.001。然后单击"+""-"可以控制机器人在导轨上移动。转换率相当于工业机器人运动的速度，这里可以根据自己需要设置，配置的转换率越大机器人运动的速度越快。

示教点位。通过拖曳示教或增量调节的方式，配合附加轴的使用，使机器人末端到达预设点位，然后单击"记录位置"获取该点的点位数据，单击"点位名称"可任意命名。多次移动并记录点位使机器人到达目标点处。

注意：示教点位的过程中须保持仿真一直开启。

手爪夹具使能。示教点位机器人到达取料仓仓位点。然后开启仿真，给夹具使能拾取毛坯。

（6）机器人程序编程：需要录制的程序段有取夹具、取毛坯、放置毛坯、取成品、回料仓、放夹具、回原点。

（7）创建机器人程序容器：主要是上、下料流程逻辑设计。机器人上料的工艺流程是机器人取夹具到达料仓夹取毛坯后送到五轴加工中心自定心卡盘处。机器人下料的工艺流程是机器人取成品送回料仓后放夹具回原点。

机器人对五轴加工中心上、下料的仿真事件顺序见表3-2。

（8）机器人对加工中心上、下料逻辑连线调试：打开信号配置视图，将机器人、快换夹具模块按照机器人运行流程进行连线。需要使用到寄存器，以便保持夹头持续持有、夹具松开等信号。

（9）机器人对加工中心上、下料验证逻辑连线：开启仿真，启动程序容器，验证上、下料流程。

表 3-2 机器人对五轴加工中心上、下料的仿真事件顺序

序号	事件名称	事件类型	序号	事件名称	事件类型
1	启动	信号事件（inPUT）	16	加工程序开始	信号事件（outPUT）
2	取双头夹具	程序事件	17	加工程序结束	信号事件（inPUT）
3	置位快换夹头	信号事件（outPUT）	18	防护门开	信号事件（outPUT）
4	置位快换夹头反馈	信号事件（inPUT）	19	防护门开反馈	信号事件（inPUT）
5	取手柄毛坯	程序事件	20	取成品	程序事件
6	置位双头夹具	信号事件（outPUT）	21	置位双头夹具	信号事件（outPUT）
7	置位双头夹具反馈	信号事件（inPUT）	22	置位双头夹具反馈	信号事件（inPUT）
8	放置手柄毛坯	程序事件	23	成品放回料仓	程序事件
9	卡盘夹紧	信号事件（outPUT）	24	双头夹具松开	信号事件（outPUT）
10	卡盘夹紧反馈	信号事件（inPUT）	25	双头夹具松开反馈	信号事件（inPUT）
11	双头夹具松开	信号事件（outPUT）	26	放双头夹具	程序事件
12	双头夹具松开反馈	信号事件（inPUT）	27	快换夹头松开	信号事件（outPUT）
13	等待车床加工手柄	程序事件	28	快换夹头松开反馈	信号事件（inPUT）
14	防护门关	信号事件（outPUT）	29	回原点	程序事件
15	防护门关反馈	信号事件（inPUT）			

3）数控车床自动化生产调试

（1）打开之前保存的场景文件。

（2）进入信号配置视图，将机器人程序容器中的加工程序开始及结束信号分别由寄存器连接到数控车床程序容器上。

（3）开启仿真，验证数控车床自动化生产调试流程。

4）加工中心自动化生产调试

（1）打开之前保存的场景文件。

（2）进入信号配置视图，将机器人程序容器中的加工程序开始及结束信号分别由寄存器连接到加工中心程序容器上。

（3）开启仿真，验证加工中心自动化生产调试流程。

5）智能生产单元生产调试

（1）打开之前保存的场景文件。

（2）进入信号配置视图，将数控车床自动化生产调试的结束信号和加工中心自动化生产调试的开始信号进行连接。

（3）开启仿真，验证智能生产单元的生产调试。

3.3.4 项目总结

本项目主要介绍智能制造产线的虚拟搭建与工艺虚实映射实训过程。通过本项目的训

练，学生能深入学习在虚拟系统中进行智能生产单元的设计、设备功能调试和装备之间的调试流程。此外，在本项目的训练过程中可以为实际生产中应用数字孪生技术提供基础，能够在数字孪生环境中进行多次优化和测试，提高生产效率和质量，减少生产成本和风险。同时，为智能制造产线的设计和优化提供了参考和依据。

思考题

（1）数字孪生技术在智能制造产线布局搭建和工艺虚实映射中的作用是什么？它如何帮助提高产线的效率和质量？

（2）在任务二中，智能生产单元的虚拟搭建和设备运行调试对实际生产起着哪些重要作用？它们如何帮助减少生产成本和风险？

（3）在任务三中，工业机器人与数控车床和五轴加工中心之间的自动化上料和生产流程调试有哪些优势？相比于传统的手动操作，它们能带来哪些改进和提升？

3.4 制造执行系统（MES）实训

3.4.1 项目描述

制造执行系统（manufacturing execution system，MES）作为打通企业计划端与生产执行端的系统，对智能制造系统功能的实现起着重要作用。本项目从认识和学习 MES 开始，以典型智能制造产线部署的 MES 为例，帮助学生逐步深入学习和使用 MES 的各项功能，达到深入理解 MES 功能和作用的目的。在此基础上，以 MES 的实际使用作为课程学习的重点，利用 MES 完成订单录入和订单的排程下发，以此来加深对 MES 的认识，初步掌握 MES 的常见操作。

3.4.2 项目准备

1. MES 的含义

MES 是一种用于管理和监控制造过程的软件系统。它通常与企业资源计划（enterprise resource planning，ERP）系统和高级生产计划与排程（advanced planning and scheduling，APS）系统进行集成，为制造企业提供了实时的生产数据、可视化的生产过程监控和调度、质量管理、设备状态监控、物料追溯等功能。

MES 在制造业中的应用范围非常广泛，涵盖诸如离散型制造、流程型制造等各个领域。它提供的功能和特性可以根据不同的行业和企业需求进行定制和扩展，以满足各种生产环境下的需求和挑战。图 3-26 所示为一轻量级数字化车间 MES。

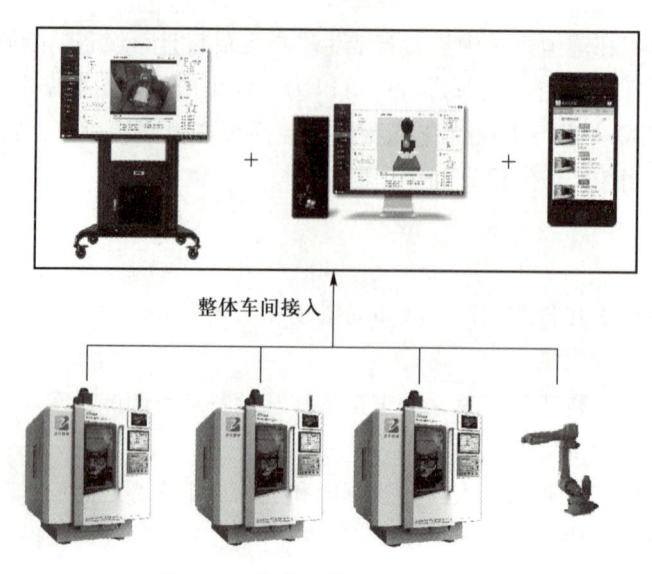

图 3-26　轻量级数字化车间 MES

2. MES 的作用和功能

MES 是面向制造车间生产过程管理的实时信息系统，它主要解决车间生产任务的执行问题，对各种与车间生产相关的活动进行调度和监控，并尽可能详细地记录其生产过程，从而实现车间生产过程的透明可视、有序可控和优化决策。MES 将企业的上层生产计划系统与车间底层的设备控制系统联系起来，打通了上、下层的信息通道，起着承上启下的作用。

MES 的主要功能包括资源分配与状态、操作与详细调度、分派生产单位、文档管理、数据采集与获取、劳动力管理、质量管理、过程管理、维护管理、产品跟踪和谱系、性能分析、物料管理等。

3. MES 在智能制造产线中的应用

智能制造产线的 MES 采用功能集成、网络集成、软件界面集成等多种集成技术，将各个分离的设备、功能、信息等运用结构化的综合布线系统和计算机网络技术集成到相互关联、统一协调的系统体系中，使分散的资源能够充分共享，实现集中、高效、便利的管理。信息系统集成能够最大限度地提高信息系统的有机构成、系统效率、系统完整性、系统灵活性等，使信息系统尽可能简单化。

具体集成应用的功能包括系统管理、工厂建模、生产调度、排程管理、生产执行状态、物料配送、质量管理、仓库作业和 PCT 看板等。

系统管理的主要作用为实现对历史数据的管理，工厂建模是结合不同系统的实际资源配置和应用需求，进行工厂模型管理。

生产调度主要包括产品的个性化选配设计、订单删除、订单查询、订单下发、订单重发、工单查询、派工单查询、报工查看、配送任务管理、配送单查询等功能。

智能制造产线的 MES 集成了仓库管理系统的出、入库功能，通过 MES 的仓库作业选项就可以进行入库管理、出库管理、物料盘点以及仓库查询等操作。

3.4.3 项目实施

1. 任务一：MES 基本功能的使用和操作

为了更好更高效地完成生产制造，MES 集成了很多功能和操作选项。对这些功能和操作选项进行熟悉了解，有助于快速掌握智能制造的生产实施过程。本任务首先对 MES 集成的各种基础操作选项进行认知，包括系统管理、生产调度、排程管理、生产执行状态管理、物料配送管理、质量管理、仓库作业以及看板管理等。在此基础上，开始按照实际使用的模式，练习订单录入和排程下发的操作，展现订单从录入到下发至生产执行端的过程，实现从基础认知到应用实践的递进，从而建立对 MES 更加全面和深入的认识。

本任务需要熟悉 MES 各项基本操作，初步了解 MES 的界面及功能，包括生产调度相关操作、排程管理相关操作、查看报工状态、查看物料配送信息、查看质检信息、仓库作业操作、查看 PCT 看板等。

（1）生产调度相关操作。通过"生产调度"选项，可以进行订单管理、订单发布、工单管理以及派工单管理等操作。

（2）排程管理相关操作。"排程管理"选项依托集成在制造执行系统中的 APS 系统，在车间生产资源与能力约束的基础上，通过相关算法以及优化、模拟技术，生成科学的详细生产计划，从而帮助车间对生产任务进行全面的计划、执行、分析、优化和决策管理。

（3）查看报工状态。通过"生产执行状态"选项，可以进行报工查看操作。

（4）查看物料配送信息。通过"物料配送"选项，可以进行配送任务管理、配送单查询等操作。

（5）查看质检信息。通过"质量管理"选项，可以对在制品检测单、材料与成品检测单以及质量汇总表进行查看、导出等操作。

（6）仓库作业操作。通过"仓库作业"选项，可以进行入库管理、出库管理、物料盘点以及仓库查询等操作。

（7）查看 PCT 看板。通过中控 PCT 看板可以了解智能制造产线的订单信息、质量信息、设备状态信息等。

2. 任务二：MES 软件订单管理实训

1）订单录入

订单录入采用个性化选配设计的方式进行，通过主菜单的"生产调度"→"订单管理"→"个性化选配"进入设计界面，左侧为订单信息录入区域，右侧为图形展示区域。左侧的订单信息录入区域可以选择不同的产品类别，并结合产品选择对应的工艺过程，还可以按照学生自己的意愿完成零件表面的个性化打标内容设计。右侧区域展示的图形是三维模型，可以通过鼠标操作改变姿态，也可以单击"主视图""俯视图"和"打标面"按钮来切换视图。学生进行选配设计的过程中，可以在右侧图形展示区域实时看到设计效果，基于"所见即所得"的设计理念，最终加工出来的零件与设计界面展现的效果基本一致。

设计操作步骤如下。

(1)选定产品类别。在左侧"订单信息录入"区域的"产品种类"处,下拉选择"十二生肖""纪念章""收纳罐"中的任意一种。若选择的产品为"十二生肖",则需要在"2D/3D"选项处下拉选择"2D"或者"3D"来确定生肖的类别;在"属相"选项处下拉选择自己想要加工的生肖。若选择的产品为"纪念章",则需要在"尺寸"选项处下拉选择一种手柄尺寸。若选择的产品为"收纳罐",则需要在"2D/3D"选项处下拉选择"2D"或者"3D"来确定收纳罐上盖加工的生肖的类别;在"属相"选项处下拉选择自己想要加工的生肖。设计操作过程中,在右侧图形展示区域观察对应产品特征变换的情况。

(2)为各产品选定工艺过程。可选工艺过程区域共有6个选项,分别为"清洗""打标""个性化""装配""机内测量"和"机外测量"。根据订单实际需要勾选对应选项即可。

上述操作界面如图 3-27 所示。

(3)个性化打标内容设计。① 在图形展示区域单击"打标面"按钮,将展示图形切换至零件激光加工的表面。② 纯文字输入打标内容:默认设计页面为纯文字输入,在文本框中输入文字之后单击"预览保存"按钮,即可在右侧图形展示区域看到输入的文字在零件表面的效果,若在"附带校徽"右侧的方框单击勾选,即可展现校徽和文字同时出现在零件表面的效果。③ 通过自定义图片的方式设计打标内容,单击"自定义图片"按钮,系统会切换至自定义图片的设计页面。这里可以输入文字,也可以添加图片,同时还支持手绘操作,可以实现各种不同的设计效果。图 3-28 所示为自定义图片设计效果预览。

图 3-27 订单信息录入

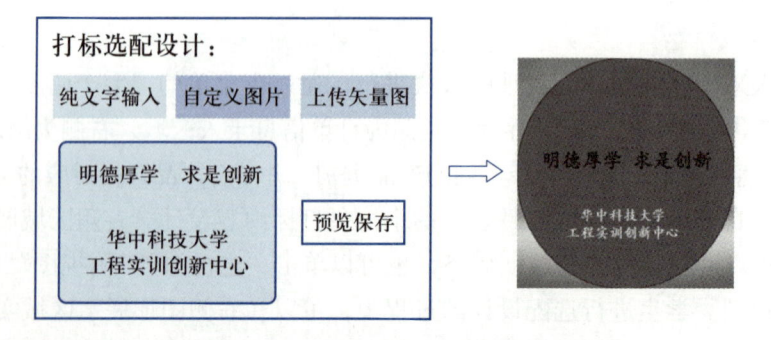

图 3-28 自定义图片设计效果预览

（4）完成订单录入。待所有设计结束后，在图形展示区域检查最终的效果，确认没问题后，单击“订单录入”按钮，即可完成一个订单的录入。

（5）完成多个订单的录入。按照相同的操作，录入 6 个 2D 生肖订单、6 个 3D 生肖订单、2 个纪念印章订单和 2 个收纳罐订单。

2）订单排程下发

（1）订单排程。通过“主菜单”→“排程管理”→“订单排程”路径进入工单排程操作页面，可以看到系统内部所有未下发的订单。将拟下发的订单勾选，单击顶部的“同步”，将待下发订单转换为待排程工单。根据产线实际可用资源勾选资源组 team1、team2、team3、team4 和 team5 中的任意数量，单击“智能分配排程”按钮，并在弹出的全局参数设置对话框中单击“保存”，即可看到排程结果，如图 3-29 所示，排程前空缺的优先度和资源组编码均已完成分配。

搜索　智能分配排程　顺序分配排程　team1　team2　team3　team4　team5

查询模版 --请选择模板--

排程工单

		订单号	工单号	物料代码	物料描述	优先度	排程方向	资源组编码
1		teacher00-001	WO-20230712-0017013	01.A.13	十二生肖成品（2d鼠）	10	正方向	team3
2		teacher00-002	WO-20230712-0017014	01.A.14	十二生肖成品（2d牛）	30	正方向	team4
3		teacher00-003	WO-20230712-0017015	01.A.15	十二生肖成品（2d虎）	50	正方向	team5
4		teacher00-004	WO-20230712-0017016	01.A.16	十二生肖成品（2d兔）	20	正方向	team5
5		teacher00-005	WO-20230712-0017017	01.A.17	十二生肖成品（2d龙）	40	正方向	team3
6		teacher00-006	WO-20230712-0017018	01.A.18	十二生肖成品（2d蛇）	60	正方向	team3
7		teacher00-007	WO-20230712-0017019	01.A.07	十二生肖成品（3d马）	120	正方向	team5
8		teacher00-008	WO-20230712-0017020	01.A.08	十二生肖成品（3d羊）	80	正方向	team5
9		teacher00-009	WO-20230712-0017021	01.A.09	十二生肖成品（3d猴）	100	正方向	team4
10		teacher00-010	WO-20230712-0017022	01.A.10	十二生肖成品（3d鸡）	70	正方向	team4
11		teacher00-011	WO-20230712-0017023	01.A.11	十二生肖成品（3d狗）	90	正方向	team3
12		teacher00-012	WO-20230712-0017024	01.A.12	十二生肖成品（3d猪）	110	正方向	team5
13		teacher00-013	WO-20230712-0017025	02.A.01	纪念章成品（印章尺寸1）	160	正方向	team1
14		teacher00-014	WO-20230712-0017026	02.A.01	纪念章成品（印章尺寸1）	150	正方向	team2
15		teacher00-015	WO-20230712-0017027	03.A.02	收纳罐成品(上盖为3d牛)	140	正方向	team3
16		teacher00-016	WO-20230712-0017028	03.A.15	收纳罐成品(上盖为2d虎)	130	正方向	team4

图 3-29　排程结果

（2）资源甘特图排程。通过“主菜单”→“排程管理”→“资源甘特图排程”路径进入资源甘特图排程页面，观察智能制造产线各生产资源的分配情况，单击页面右上角的“保存”，之后在弹出的数据保存成功提示中单击“确定”。

（3）工单发布。通过“主菜单”→“排程管理”→“工单发布”路径进入工单发布页面，全选列表中的工单，单击“发布”，并在随后弹出的系统提示中单击“确定”，等待右下角弹出“发布成功”的系统提示，则说明工单已发布。

（4）查询订单发布状态。通过“主菜单”→“生产调度”→“订单发布”→“订单查询”路径对订单状态进行查询，所有订单的发布状态都显示为“已发布”，如图 3-30 所示，此时订单已成功下达到生产执行端，可以开始生产。

图 3-30 订单下发成功后的查询结果

3.4.4 项目总结

本项目主要介绍了 MES 及其订单下发的过程。通过本项目的训练，学生学习了 MES 的各项功能，逐步掌握 MES 的基本操作和功能，初步了解 MES 在智能制造系统中的作用，掌握订单录入和排程下发等关键操作，加深对 MES 的认识，为智能制造系统中的生产实施提供重要的技能和知识基础。

思考题

（1）除了项目中涉及的个性化选配设计，MES 的订单录入还可以有哪些形式？
（2）MES 的订单排程功能是基于什么实现的？
（3）MES 中订单下发的方式既包括排程下发，也包括手动下达。请尝试分别采样这两种方式对相同批量的订单进行下发，记录并比较最终生产用时。

3.5 智能制造产线生产实训

3.5.1 项目描述

智能制造产线作为柔性化生产系统，其柔性扩展能力决定了快速响应用户个性化需求的能力。而定制化生产则能直接体现柔性扩展能力，项目通过设计全新的个性化产品，并在智能制造产线上快速完成生产制造，完整展现从个性化需求出发，到生产系统响应并完成生产的全过程。本项目能够帮助学生直观地看到如何将智能制造产线生产的产品种类进行扩展和丰富,从而深刻理解智能制造以用户为中心的理念。

3.5.2 项目准备

1. 智能制造系统的生产柔性化

智能制造是指基于信息技术和智能化装备,构建智能化生产系统,通过数据的采集、传输、分析和应用,实现全面优化和智能化的制造过程。在智能制造中,生产柔性化是其中一个重要的特征和目标。

智能制造的生产柔性化注重以下几个方面。

(1)设备的智能化和适应性:智能制造中,设备具有智能感知、自动调整和自适应能力。它们可以根据不同的生产任务和产品要求,灵活地进行设备参数调整和设置,以适应多样化的生产需求。

(2)产线的灵活配置与调度:智能制造产线具有灵活的配置和调度能力。通过智能算法、数据分析和实时监测,产线可以根据市场需求快速进行产品类型的切换和调整,实现高效的产线平衡和资源调配。

(3)生产过程的即时协同和优化:智能制造通过信息技术的支持,实现生产过程中的即时协同和优化;通过数据的采集、传输和分析,实现生产过程中各环节的实时监测和优化,使生产过程更加灵活和高效。

(4)供应链的数字化和协同:智能制造中的供应链通过数字化技术和智能化系统进行协同和管理。通过实时数据的共享和分析,实现供应链各环节的紧密协调和信息的透明化,使生产计划和物流配送更加灵活和高效。

(5)人机协同和智能化操作:智能制造中,人机协同和智能化操作是实现生产柔性化的重要手段。通过人机界面的设计和智能化操作系统的支持,使操作人员能够快速适应不同的生产任务和工作环境,提高工作效率和质量。

智能制造的生产柔性化使企业能够更好地应对市场需求的快速变化,实现生产过程的灵活性和高效性。它能够提高资源的利用率、缩短交付时间、降低生产成本,并提供个性化的产品和定制化的服务,增强企业的竞争力和适应能力。

2. 柔性扩展的三相似原则

智能制造进行柔性扩展的三相似原则是指形状相似、尺寸相似和工艺相似,即在制造过程中,产品的形状、尺寸和工艺都具有相似性的原则。这些原则旨在提高生产效率和灵活性。

形状相似原则:该原则要求产品间的形状具有相似性,即产品的外部轮廓、内部结构或组件安排相似。设计形状相似的产品可以减少生产过程中的重新装夹、重调机床等操作,提高生产效率。

尺寸相似原则:该原则要求产品间的尺寸具有相似性,即产品的长度、宽度、高度或其他关键尺寸相似。尺寸相似的产品可以共享工量夹具、治具等生产资源,减少更换和调整的时间,提高生产效率。

工艺相似原则：该原则要求产品的制造工艺具有相似性，即产品的加工过程、材料选择、工艺参数等相似。工艺相似的产品可以共享生产设备、工艺技术、操作方法等资源，减少调整和改动的时间，提高生产效率。

通过遵循以上三相似原则，企业可以实现产线的快速转换和调整，提高生产的灵活性和效率。相似的形状、尺寸和工艺可以共享资源，减少重复工作，降低成本，提高产能。这些原则是柔性制造的重要基础，可帮助企业应对市场需求的快速变化，并提高竞争力。

3.5.3 项目实施

1. 任务一：产品定制化设计

本任务主要结合智能制造产线的生产能力，以 Unigraphics NX12.0（简称 NX12.0）作为工具，设计一个定制化产品。具体任务内容包括产品建模及个性化图案设计、配置加工环境、后处理等，最终生成数控加工代码，可以直接跟随订单录入智能制造系统并完成生产。

利用智能制造产线进行定制化产品的生产，应采用与智能制造产线原有产品相同的毛坯，利用系统现有的料盘、夹具、刀具等进行生产，所以对个性化生肖进行设计需要充分考虑这些因素的关联影响。本案例以一个 2D 线条型定制化生肖为例来展示具体设计过程。

1）生肖毛坯建模

本案例采用 NX12.0 进行建模操作，打开 NX12.0 软件，新建名为"SX-ZDY"的模型，通过拉伸操作，建立一个直径为 50 mm、高度为 10 mm 的圆柱模型，作为定制化生肖的毛坯模型。

2）绘制个性化生肖图案

进入绘制草图界面，选定生肖毛坯的上表面作为草图平面，将自定义生肖轮廓外形以草图的形式绘制出来，如图 3-31 所示。

3）配置加工环境

通过主菜单中的菜单命令切换到"应用模块"，单击"加工"图标进入加工环境选项，在"CAM 会话配置"中选择"cam_general"，在"要创建的 CAM 组装"选项中选择"mill_contour"，单击"确定"按钮，会出现工序导航器，将工序导航器切换为几何视图。

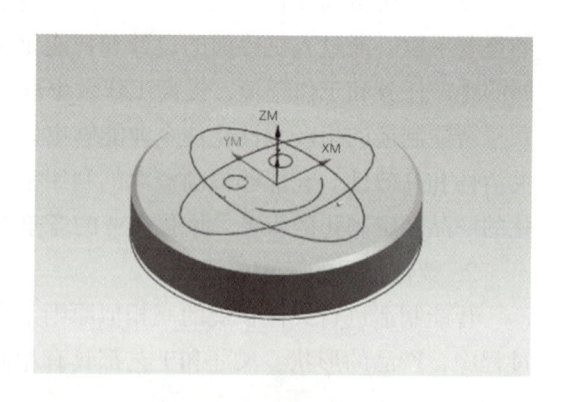

图 3-31 个性化图案设计

双击工序导航器中的"MCS_MILL"，在打开的"MCS 铣削"对话框中，找到安全设置选项，设置安全距离为 3，同时在右侧模型上出现的坐标中，将"Z"改为 10，"X"和"Y"保持为 0 不变，单击"确定"按钮，关闭"MCS 铣削"对话框。

单击工序导航器中"MCS_MILL"前面的"+"，双击展开的"WORKPIECE"，会弹出"工件"对话框。在几何体选项中，在"指定部件"选项处选中之前建立的模型。

在"指定毛坯"选项中下拉选择毛坯几何体类型为"包容圆柱体"，单击"确定"按钮，返回"工件"对话框。单击"确定"按钮退出。

在工序导航器—几何下面的列表中选中"WORKPIECE"，点击鼠标，在快捷菜单中选择"插入-工序"，进入工序设计。在创建工序界面，工序类型下拉列表框中选择"mill_contour"，在工序子类型中选择"固定轮廓铣"，单击"确定"按钮，进入固定轮廓铣参数设计界面。

在驱动方法选项中下拉选择"曲线/点"，会弹出"曲线/点驱动方法"选择页面。选取模型草图设计的自定义生肖图案中的一条曲线，之后将鼠标放在选中的曲线上，右击将单条曲线更改为特征曲线。这样能将所有曲线全部设置为一个驱动组。

单击"确定"按钮，返回固定轮廓铣参数设计界面。单击"工具"选项，展开刀具设置项。单击新建刀具图标，进入新建刀具设计界面。在刀具子类型中选择"BALL_MILL"，并单击"确定"按钮，在弹出的"铣刀-球头铣"页面中输入相应参数。具体需要输入的参数如下。

尺寸参数：球直径（D）为2；长度（L）为50；刀刃长度（FL）为13；刀刃半径为2。
描述：D2。
编号信息：刀具号为2号；补偿寄存器为2号；刀具补偿寄存器为2号。

单击"确定"按钮，完成刀具设置，并返回固定轮廓铣参数设计界面。

单击切削参数设置图标，进入切削参数设置选项，切换到"余量"选项，在部件余量处输入"-0.25"。

单击非切削移动设置图标，进入非切削移动设置界面，切换到"进刀"选项，在"进刀类型"处下拉选择"插削"。

单击"确定"按钮，完成设置，返回上一级界面。

进入进给率和速度设置界面，在"主轴速度"文本框中输入"8000"并按回车键，单击"主轴速度"文本框右侧的计算图标，即可基于当前输入主轴转速完成进给和速度的计算；在"进给率"文本框输入"500"并按回车键，单击最右侧的计算图标，即可基于当前输入的切削进给率完成进给和速度的计算。通过这两步设置和计算，加工过程中的表面速度和每齿进给量就可以自动计算出来。

单击"确定"按钮，完成设置，返回上一级界面。

在返回的固定轮廓铣参数设计界面中，找到"操作"选项，单击"生成"按钮。生成刀轨后模型会变成图3-32所示的效果。

单击"确认"按钮，进入刀轨可视化界面。

切换到3D动态，调整底部的动画速度为1，单击下方的播放键，即可看到可视化刀轨。单击"确定"按钮，返回上一级固定轮廓铣参数设计界面，单击"确定"按钮退出。

4）后处理

在工序导航器中选定新建的工序上右击，在弹出的快捷菜单中选择"后处理"，在后

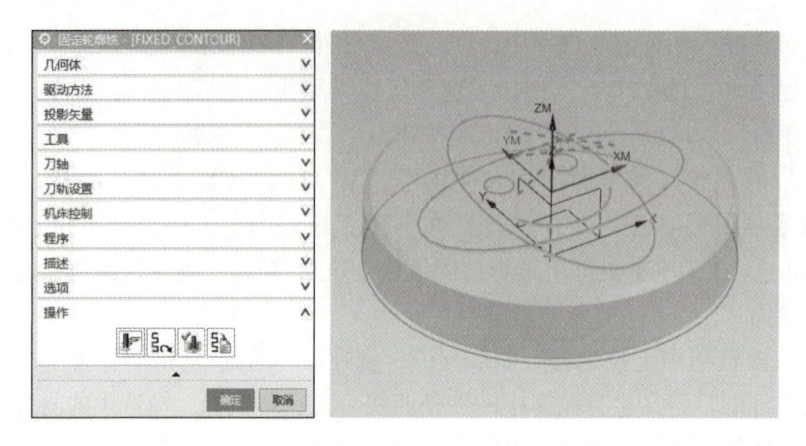

图 3-32　生成刀轨后的模型

处理器选择清单中找到对应机床适配的后处理器，本任务需要新添加后处理器，可以通过下方的浏览以查找后处理器，添加名为"改五轴-内"的后处理器。选中新添加的"改五轴-内"后处理器，单击"浏览以查找输出文件"后面的图标，选定输出文件路径，单击"确定"按钮，即可生成加工代码，并在指定路径文件夹中生成一个名为"SX-ZDY.ptp"文件。用记事本打开该文件，在程序结尾处找到 M30，将 M30 改为 M99，用于适配智能制造产线自动化加工流程，将文件保存并退出。

这样修改后的文件，就是可以用于智能制造产线加工的定制化生肖。

2. 任务二：定制化产品（生肖）生产

本任务要求将任务一中设计的定制化生肖生产出来，需要结合前述的 MES 相关操作，完成订单的录入、下发、原材料入库、生产跟踪以及成品出库等工作，验证之前设计的定制化生肖的合理性以及智能制造产线的柔性生产能力。

1）定制化产品（生肖）订单录入

通过"主菜单"→"生产调度"→"订单管理"→"个性化选配"进入设计界面，在左侧的订单信息录入区域，选择产品种类为"个性化生肖"，在可选工艺过程选项中勾选"清洗""打标"和"个性化"，单击"上传 G 代码"，选择任务一中设计好的定制化生肖产品所生成的 G 代码并完成上传，根据个性化打标操作完成产品打标内容设计，最后单击"订单录入"完成定制化产品订单的录入。设计页面如图 3-33 所示。

2）订单下达操作

通过"主菜单"→"生产调度"→"订单发布"路径进入订单发布页面，依次单击快速查询、页面左侧计划开始时间下方的日期，可以刷新系统内当前存在的未发布的订单。找到定制化生肖订单并选定，在"工艺工段"处下拉指定加工单元之后，单击顶部的"下达"即可将选定订单快速下发到指定加工单元进行加工。

3）原材料入库操作

订单下发之后，需要由立体仓库提供原材料，所以需要将用于加工的原材料入库，具体操作如下。

图 3-33 个性化定制生肖订单录入

（1）通过"主菜单"→"仓库作业"→"入库管理"→"原材料入库"路径进入原材料入库选项。

（2）单击"新建"按钮，新建入库单。

（3）在弹出的入库单操作界面单击"选择的库位"右边的方框进入库位选择操作选项，在第一个下拉列表中下拉选择"LIKU_立库"；在第二个下拉列表中下拉选择"L"或者"R"确定左或者右；在弹出的库位状态图中找到任意一个显示为"空仓"的仓位，选中后单击"选择带回"按钮，返回入库单操作界面。

（4）在"物料组选择"下拉列表中选择"个性化生肖原料组"，会看到虚拟料中 1 号孔位出现 1 个虚拟原材料。

（5）单击入库单操作界面中的"保存"按钮。

（6）将用于加工的原材料放入料盘 1 号孔位，并将料盘放置在立体仓库入库起始站点，确保料盘方向和位置均准确无误后，选中原材料入库单列表中状态为"上架"的入库单，核对物料信息后单击"进行入库"按钮，在弹出的提示对话框中单击"确定"按钮即可完成原材料入库。

4）生产跟踪

订单下发到智能制造产线后会全自动完成生产任务。生产跟踪主要进行如下工作。

（1）观察立体仓库的动作，记录原材料出库的库位号。

（2）观察 AGV 运输过程，记录在该订单生产过程中 AGV 执行任务的次数以及任务起始点和终止点。

（3）记录该订单生产环节数及其内容。

（4）在 MES 中通过报工查看实时了解生产进度。

（5）成品入库时，观察立体仓库的动作，记录成品存储的库位号。

5）成品出库

（1）通过"主菜单"—"仓库作业"—"出库管理"—"成品出库"路径，进入成品出库界面。

（2）单击"新建"按钮，新建出库单。

（3）单击"选择的库位"右侧的方框，进入库位选择界面。

（4）找到并选中要出库的订单，单击页面左上角的"选择带回"按钮。

（5）返回上一级操作界面，单击"保存"按钮。

（6）在返回的列表中找到并选中状态为"新建"的出库单，核对出库单的物料信息中的订单号是否为定制化产品的订单号，核实无误后，单击"进行出库"按钮，则立体仓库会自动将该料盘出库。

3.5.4 项目总结

本项目以生肖图章的定制化生产为例，详细介绍了智能制造产线的生产过程。通过本项目的训练，学生可以设计全新的个性化产品，并在智能制造产线上实现快速生产，展现了从个性化需求到生产系统响应并完成生产的全过程，直观地了解智能制造产线如何以用户为中心，实现产品种类的扩展。

思考题

（1）本任务设计的定制化产品为 2D 平面生肖，请尝试设计一个 3D 立体生肖并完成对应 CAM 设置，生成加工代码。

（2）如果提交订单时未上传定制化产品的 G 代码，订单能否正常下发和生产？

（3）生产完成后的成品存储库位与之前的原材料存储库位这二者有无必然联系？

（4）请通过 MES 录入常规产品订单若干，同时也录入定制化产品订单若干，之后将所有订单一起排程下发，观察并记录排程结果，完成不同类型订单混流生产的过程跟踪。

第二篇
智能制造专业实践

第四章

数控加工技术实践

第一章实例表明，编制数控程序首先需要对零件进行工艺分析，制订工艺路线，确定加工顺序、装夹方式，选择刀具和加工余量，确定工件坐标系和机床坐标系的相对位置，计算刀具的运动轨迹，然后用规定的文字、数字和符号编写指令代码，按规定的程序格式编制数控程序。与第一章中加工简单零件所采用的手工编程方式不同，对于零件轮廓形状复杂，尤其是由空间曲面组成的零件，或零件的几何元素并不复杂，但编程时数值计算烦琐，工作量大，容易出错且校核困难，手工编程不易完成的情况，必须采用自动编程。数控自动编程是指在 CAD 三维造型的基础上，利用 CAM 软件，采用人机交互的方式设定相关加工工艺参数，然后自动生成数控加工程序，在计算机屏幕上动态显示刀具的加工轨迹。

本章以传动轴、叶轮、简易 S 件等零件的数控加工为例，学习四轴、五轴编程的常用方法，以及复杂零件数控加工工艺的制订。

4.1 传动轴零件两轴数控加工

4.1.1 项目描述

传动轴也称为驱动轴或动力轴，是一种用于传递动力和扭矩的机械元件。传动轴由一个或多个轴段组成，通常使用金属材料制成，如钢或铝合金。它具有较高的强度和刚度，以承受动力传递过程中所产生的扭矩和转速。传动轴通常是圆柱状，两端设有连接装置，以便与原动机和工作机构连接。

例如汽车传动轴是用于将发动机的动力传递到车辆的驱动轮上，从而驱动车辆前进。它通常用于后驱车辆和四驱车辆，将发动机的动力通过变速器传递到驱动轮上。它可以经历旋转、弯曲和变速等运动，并且需要具备足够的强度和柔韧性以适应不同的道路条件和驾驶方式。

传动轴还可用于其他机械设备和工业应用中，如船舶、农业机械、工程机械等。

4.1.2 项目准备

由于传动轴的形状特征较复杂,特选用数控车床来加工,项目的工艺分析也是基于数控车床进行。

1. 工艺分析

图 4-1 所示的传动轴零件图中各几何元素之间关系明确,尺寸标注完整正确。根据分析零件图中给定的尺寸、尺寸精度及加工面表面粗糙度($Ra1.6\ \mu m$ 和 $Ra3.2\ \mu m$),确定加工所选用的机床设备、工量夹具、刀具,见表 4-1,传动轴的机械加工工艺路线见表 4-2。

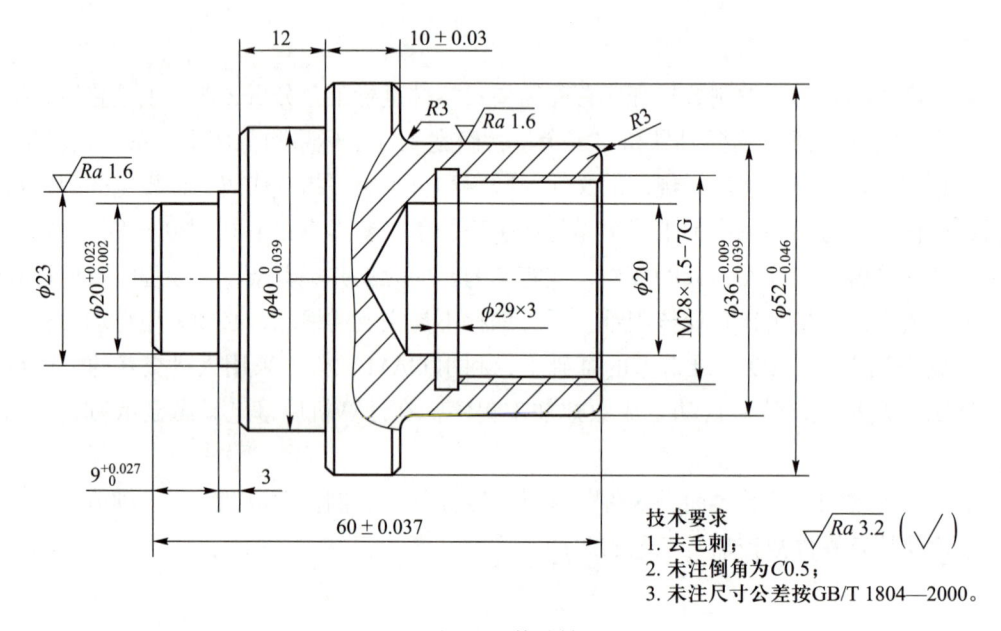

图 4-1 传动轴

表 4-1 机床设备、工量夹具、刀具清单

序号	名称	规格及型号	数量
1	数控车床	CAK6140	1
2	自定心卡盘	$\phi 150$	1
3	游标卡尺	0~200 mm	1
4	内径百分表		1
5	外径千分尺	0~25 mm,25~50 mm,50~75 mm	各 1
6	车刀	外圆车刀、内孔镗刀、内孔槽刀、内孔螺纹刀、钻头 $\phi 20$	各 1

注:表格中"数量"是按一组学生配备的,建议一组学生数量为 1~2 人。

表 4-2　传动轴的机械加工工艺路线

工序号	工序内容	定位基准
10	工件夹持	毛坯外圆
20	粗、精车左端面；粗车 $\phi20_{-0.002}^{+0.023}$ mm、$\phi23$ mm、$\phi40_{-0.039}^{0}$ mm、$\phi52_{-0.046}^{0}$ mm 外圆并倒角，留 0.5 mm 加工余量；精车 $\phi20_{-0.002}^{+0.023}$ mm、$\phi23$、$\phi40_{-0.039}^{0}$ mm、$\phi52_{-0.046}^{0}$ mm	毛坯外圆
30	粗、精车右端面，保证总长（60±0.037）mm；钻中心孔，钻 $\phi20$ mm 底孔；粗车 $\phi36_{-0.039}^{-0.009}$ mm 外圆及 $R3$ 圆角，留 0.5 mm 加工余量；精车 $\phi36_{-0.039}^{-0.009}$ mm 外圆及 $R3$ 圆角；车 M28×1.5 底孔，车 $\phi29×3$ 退刀槽，精车 M28×1.5 螺纹	$\phi40_{-0.039}^{0}$ mm 外圆
40	清洗、去毛刺、检测	

2. 项目转化任务分解

本项目依据传动轴零件的功能与特征，确定对应的工作任务和技能要求，见表 4-3。

表 4-3　工作任务和技能要求

工作任务	任务内容	技能要求
工艺准备	编制加工文件： （一）模型建立； （二）加工 CAM 编程	机械加工工序卡、机械加工刀具卡
工件加工	数控车床加工、零件精度检测	完成车端面、车外圆、车内孔、车槽、钻孔及车螺纹等工步加工； 完成零件精度检测
机床操作与维护	机床维护和常规故障处理	检查润滑油液面、气压、卡盘扳手限位保护； 熟悉数控车床基本操作

3. 设备与环境

参见 1.1.2 相关内容。

4.1.3　项目实施

任务：外圆及端面特征加工

1）加工工艺路线安排

按照基面先行、先面后孔、先粗后精、先主后次的加工顺序安排原则，制订加工工艺路线。数控车削加工工序的划分原则如下。

（1）按零件的装夹定位方式划分工序。

（2）按粗、精加工分开的原则划分工序。

（3）按所用刀具划分工序。

根据零件的特点，按照加工工艺的安排原则确定的加工工艺路线如图 4-2 所示。

车左端面 → 粗车左端外圆 → 精车左端外圆

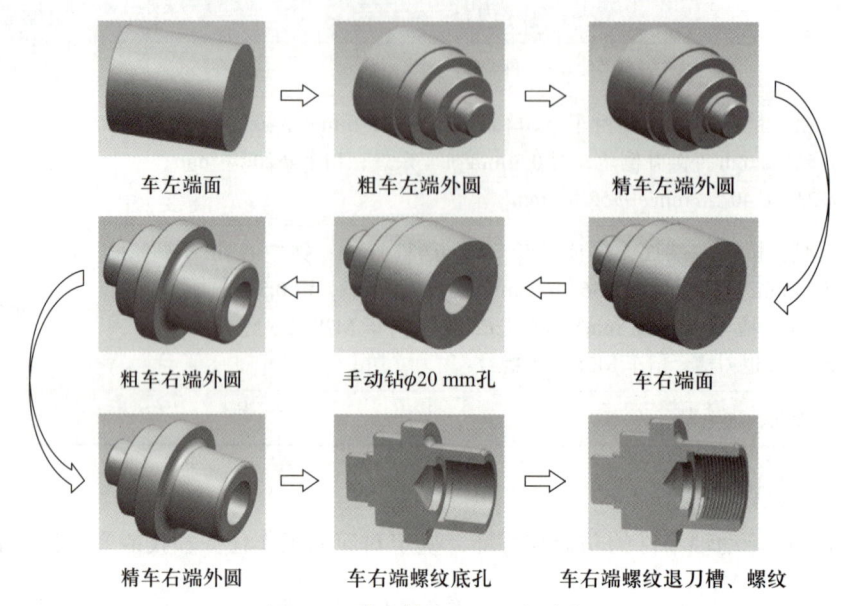

粗车右端外圆 ← 手动钻ϕ20 mm孔 ← 车右端面

精车右端外圆 → 车右端螺纹底孔 → 车右端螺纹退刀槽、螺纹

图 4-2　传动轴的加工工艺路线

2）编制加工工艺文件

（1）编制机械加工工序卡。根据机械加工工艺过程卡填写表头信息，编制工序卡工步，每个工步切削参数要合理，绘制工序简图，简图需绘制该工序加工表面。传动轴的机械加工工序卡（工序 20）见表 4-4 和表 4-5。

表 4-4　传动轴的机械加工工序卡（工序 20）

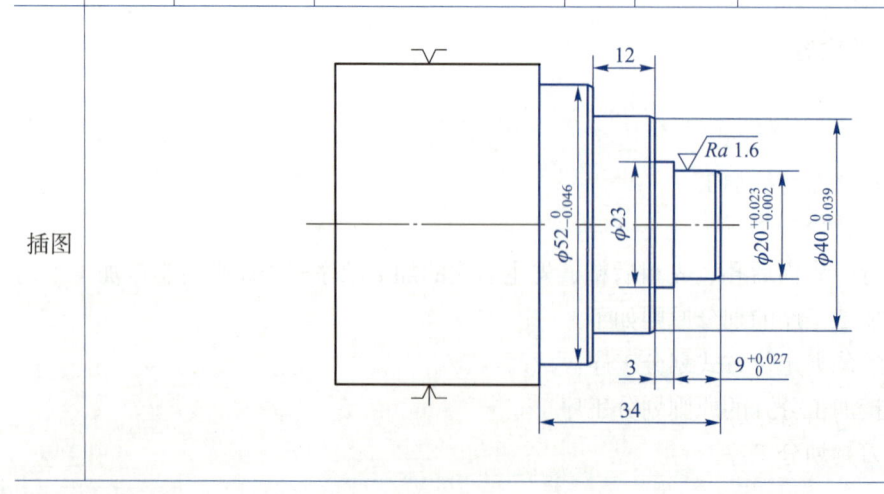

零件名称	传动轴	机械加工工序卡		工序号	20	工序名称	数控车削	共 1 页
								第 1 页
材料	2A12	毛坯规格	ϕ55 mm×65 mm	机床设备	CAK6140	夹具		自定心卡盘
插图	{{image}}							

续表

工步号	工步内容	刀具规格	刀具材料	量具	背吃刀量/mm	进给速度/(mm/min)	主轴转速/(r/min)
1	将工件用自定心卡盘夹紧,伸出长度约45 mm						
2	车左端面	95°外圆车刀	硬质合金	游标卡尺	0.5	80	800
3	粗车左端 $\phi 20^{+0.023}_{-0.002}$ mm、$\phi 23$ mm、$\phi 40^{0}_{-0.039}$ mm、$\phi 52^{0}_{-0.046}$ mm 外圆至图样要求并倒角,加工余量为 0.5 mm	95°外圆车刀	硬质合金	外径千分尺	1.5	120	600
4	精车左端 $\phi 20^{+0.023}_{-0.002}$ mm、$\phi 23$ mm、$\phi 40^{0}_{-0.039}$ mm、$\phi 52^{0}_{-0.046}$ mm 外圆至图样要求,并倒角	95°外圆车刀	硬质合金	外径千分尺	0.5	80	800
5	锐边倒钝,去毛刺						

表 4-5 传动轴的机械加工工序卡（工序 30）

零件名称	传动轴	机械加工工序卡	工序号	30	工序名称	数控车削	共1页 第1页
材料	2A12	毛坯规格	$\phi 55$ mm×65 mm	机床设备	CAK6140	夹具	自定心卡盘

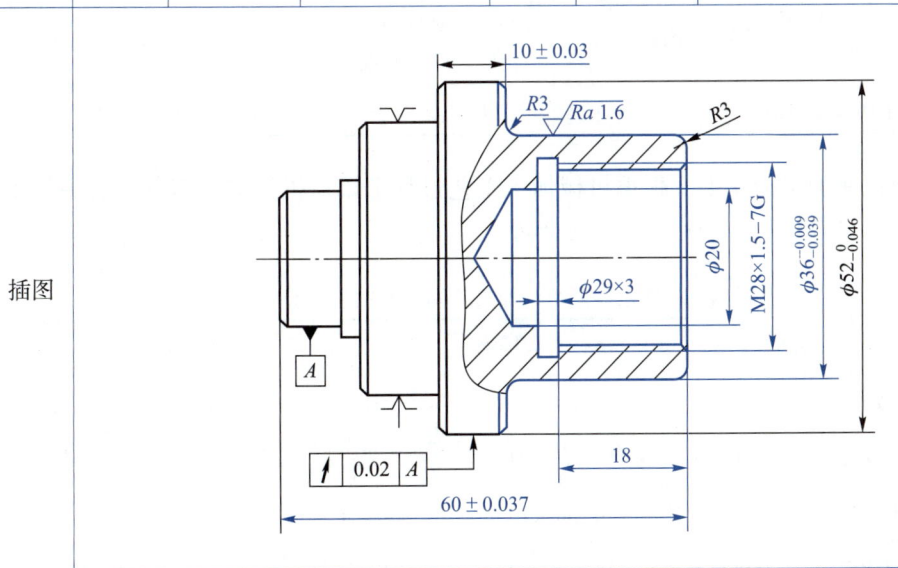

插图	（零件图）

工步号	工步内容	刀具规格	刀具材料	量具	背吃刀量/mm	进给速度/(mm/min)	主轴转速/(r/min)
1	调头装夹工件,夹紧 $\phi 40^{0}_{-0.039}$ mm 外圆						

续表

工步号	工步内容	刀具规格	刀具材料	量具	背吃刀量/mm	进给速度/(mm/min)	主轴转速/(r/min)
2	用百分表校52 mm外圆的圆跳动，使其小于0.02 mm						
3	粗、精车右端面，保证总长（60±0.037）mm	95°外圆车刀	硬质合金	游标卡尺	0.5	80	800
4	手动钻ϕ20 mm底孔	ϕ20 mm麻花钻	高速钢	游标卡尺	10	40	300
5	粗车右端$\phi 36_{-0.039}^{-0.009}$ mm外圆、R3 mm圆角，加工余量为0.5 mm	95°外圆车刀	硬质合金	外径千分尺	1.5	100	600
6	精车右端$\phi 36_{-0.039}^{-0.009}$ mm外圆、R3 mm圆角至图样要求	95°外圆车刀	硬质合金	外径千分尺	0.5	80	800
7	车M28×1.5内螺纹底孔	内孔镗刀	硬质合金	游标卡尺	0.5	80	800
8	车ϕ29 mm×3 mm退刀槽	内槽车刀	硬质合金		4	40	400
9	精车M28×1.5内螺纹至图样要求	内螺纹车刀	硬质合金	M28×1.5螺纹塞规			500
10	锐边倒钝，去毛刺						

（2）编制机械加工刀具卡。根据机械加工工艺过程卡填写机械加工刀具卡表头信息。传动轴的机械加工刀具卡（工序30）见表4-6。

表4-6 传动轴的机械加工刀具卡（工序30）

零件名称	传动轴	数控加工刀具卡		工序号	30
工序名称	数车	/	设备名称	数控车床	设备型号	CAK6140
工步号	刀具号	刀具名称	刀杆规格	刀具材料	刀尖半径/mm	备注
3，5，6	T0101	95°外圆车刀	20 mm×20 mm	硬质合金	0.8	
7	T0202	内孔镗刀	16 mm×80 mm	硬质合金	0.4	
8	T0303	内槽车刀	16 mm×80 mm	硬质合金	0.2	
9	T0404	内螺纹车刀	16 mm×80 mm	硬质合金	0.4	
4		20 mm麻花钻	20 mm	高速钢	0	

3)传动轴的三维建模

(1)新建文件模型,绘制传动轴草图轮廓。

(2)旋转,生成旋转实体。

(3)倒角、倒圆。

4)传动轴的 CAM 编程

(1)进入加工环境。

(2)创建加工坐标系、工件几何体、毛坯几何体。

(3)创建避让点,操作步骤如图 4-3 所示。

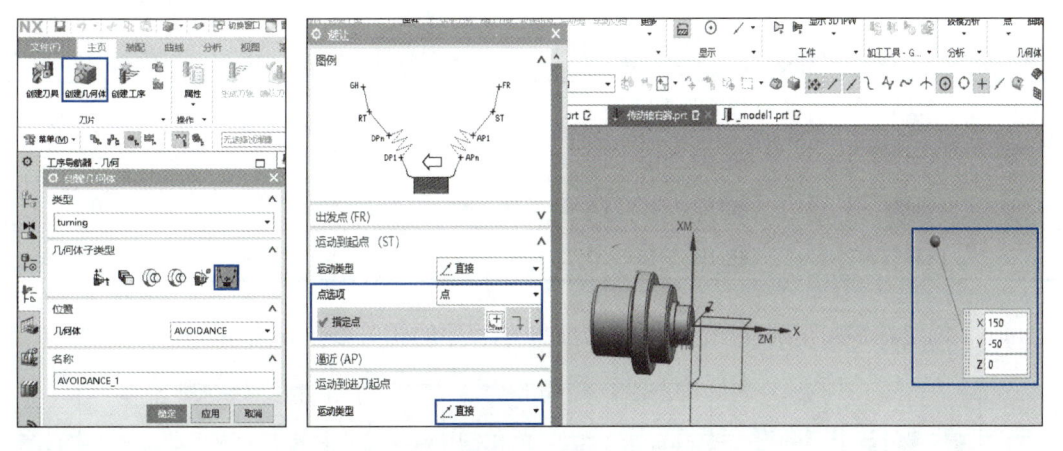

图 4-3 创建避让点

(4)设置加工方法。粗车的设置步骤如图 4-4 所示,按照粗车的操作方法设置其他加工方法,相关参数见表 4-7。

图 4-4 粗车的设置

表 4-7 加工方法设置参数

序号	方法	名称	进给速度/(mm/min)	余量
1	车端面	LATHE_AUXILIARY	60	0
2	精车	LATHE_FINISH	80	0
3	车槽	LATHE_GROOVE	40	0
4	车螺纹	LATHE_THREAD	2	0

(5) 创建刀具。根据表 4-8 创建刀具。

表 4-8 刀具参数

序号	名称	类型	刀具号、补偿寄存器	刀尖半径/min
1	外圆车刀	OD_80_L	1	0
2	内孔镗刀	ID_80_L	2	0
3	内槽车刀	ID_GROOVE_L	3	0
4	内螺纹车刀	ID_THREAD_L	4	0

(6) 创建左端面车削程序。创建右端面车削程序的相关参数如图 4-5 所示。

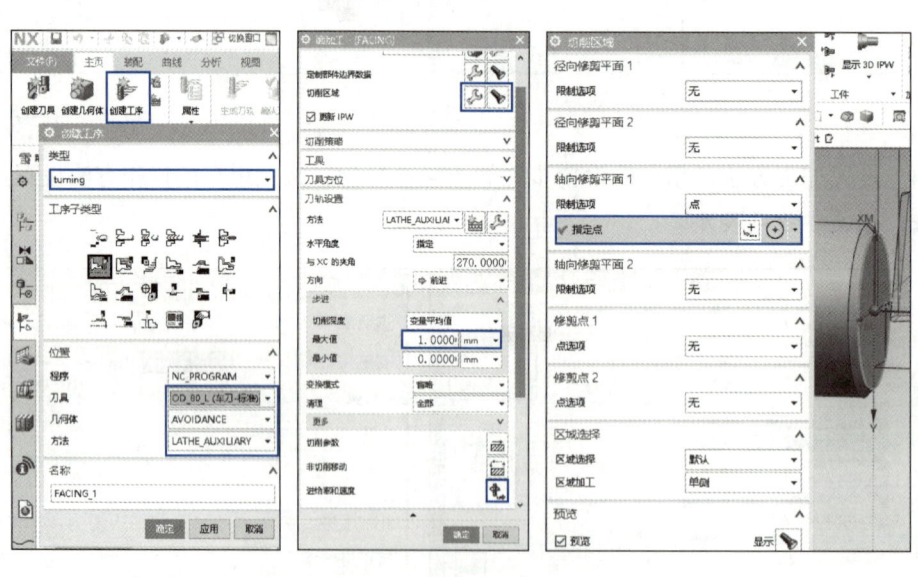

图 4-5 创建右端面车削程序的相关参数

(7) 右端面的粗车、精车方法与车左端面类似，车削类型改为车外圆 、 。

(8) 编制右端面的加工程序，并另存文件，重新建立加工坐标系和工件几何体、毛坯几何体。

(9) 端面、外圆加工与左端加工类似。

(10) 编制右端 $\phi 20$ mm 底孔粗车程序 。

(11) 编制右端 $\phi 20$ mm 底孔精车程序 ，与粗车类致。

（12）编制右端加工内螺纹孔程序，特别注意，刀具跟踪点选择右侧，槽位也选择右侧。

（13）编制右端加工螺纹程序。

（14）验证刀轨。

（15）后处理，生成数控加工程序。

5）零件自测

传动轴检测表见表4-9。

表4-9 传动轴检测表

零件名称			传动轴		允许读数误差				
序号	项目	尺寸要求/mm		使用量具	测量结果				项目判定
					No.1	No.2	No.3	平均值	
1	外径	$\phi 52_{-0.046}^{0}$							
2	外径	$\phi 36_{-0.039}^{-0.009}$							
3	总长	60 ± 0.037							
4	外径	$\phi 40_{-0.039}^{0}$							
5	外径	$\phi 20_{-0.002}^{+0.023}$							
6	长度	$\phi 9_{0}^{+0.027}$							
结论（对测量值进行评价）					合格品（　　）　次品（　　）　废品（　　）				

4.1.4 项目总结

本项目主要介绍了传动轴零件数控加工的详细工艺流程、任务分解及加工方法，包括外圆及端面特征加工，还介绍了成形面特征加工。通过本项目的训练，学生能够有效掌握复杂零部件的数控加工技能，包括工艺路线安排、编制加工文件、编制工艺文件、CAM编程、零件加工与质量检测等方面的技能。请各位同学在实践过程中着重注意传动轴加工工序的流程设计。

思考题

（1）数控机床的组成部分有哪些？其加工优点是什么？

（2）数控加工中心常用的夹具有哪些？

4.2 轴承座零件三轴数控加工

4.2.1 项目描述

法兰式轴承座属于整体式轴承座，是一种用于支撑轴承和固定轴的机械部件。它通常由一个带有法兰的底座和一个与之相匹配的轴承组成。通过螺栓或其他连接方式，法兰式轴承座可以固定在机器或设备上，以支承轴的旋转。

法兰式轴承座广泛应用于各种机械设备（例如输送机、风扇、泵、机床等）中，以支持轴的转动并承受轴的载荷。

4.2.2 项目准备

由于法兰式轴承座的形状特征较复杂，特选用多轴加工中心进行加工，本项目的工艺分析是基于多轴加工中心进行的。

1. 工艺分析

根据法兰式轴承座的零件图进行零件加工工艺分析，确定加工所需的机床设备、工量夹具、刀具以及零件加工工艺路线，并按照基准先行、先粗后精、先主后次的原则制订零件的机械加工工艺过程卡。

2. 项目转化任务分解

依据法兰式轴承座零件的功能与特征，其加工过程对应的工作任务和技能要求详见表 4-10。

表 4-10　工作任务和技能要求

工作任务	任务内容	技能要求
工艺准备	编制加工文件： （1）模型建立； （2）加工 CAM 编程	机械加工工序卡、机械加工刀具卡
工件加工	加工中心加工零件及精度检测： （1）顶、侧面及轴承孔等加工； （2）底面加工	完成铣顶面、侧面、轴承孔、螺栓孔及底面工步加工； 完成零件精度检测
机床操作与维护	机床维护和常规故障处理	检查润滑油液面、气压、卡盘扳手限位保护，熟悉加工中心基本操作

3. 设备与环境

参见 1.1.2 相关内容。

4.2.3 项目实施

1. 任务一：法兰式轴承座建模、编程与加工

图 4-6 所示的法兰式轴承座（一）零件图中，各几何元素之间关系明确，尺寸标注完整、正确，加工精度能达到设计精度要求，表面粗糙度为 $Ra3.2\ \mu m$ 和 $Ra1.6\ \mu m$。根据工艺分析确定加工所选用的机床设备、工量夹具和刀具，见表 4-11。约定的顶面和底面如图 4-6 所示。

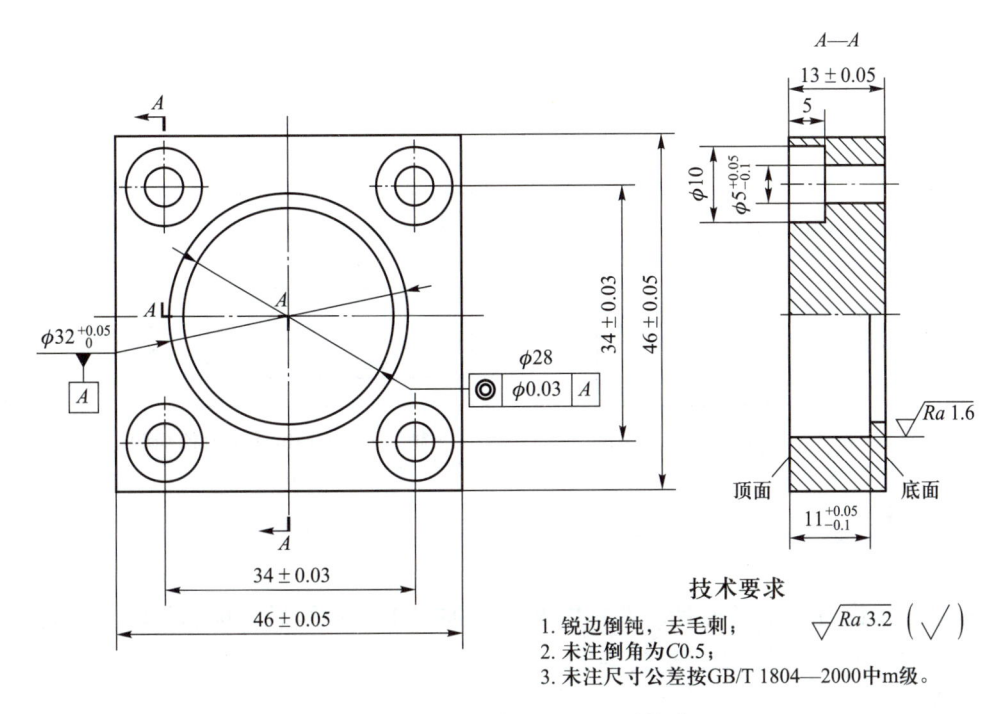

图 4-6 法兰式轴承座（一）零件图

表 4-11 机床设备、工量夹具、刀具清单

序号	名称	规格及型号	数量
1	三轴加工中心		1
2	虎钳	ϕ150 mm	1
3	游标卡尺	0～200 mm	1
4	内径百分表		1
5	铣刀	ϕ6 立铣刀，ϕ4 立铣刀	1

注：表格中"数量"是按一组学生配备的，建议一组学生为 5 人左右。

1）加工工艺路线安排

根据法兰式轴承座（一）零件的特点，按照加工工序划分原则及基面先行、先面后孔、先粗后精、先主后次的加工顺序，确定加工工艺路线，如图 4-7 所示。各工序具体的工序内容和定位基准见表 4-12。

表 4-12 法兰式轴承座（一）的机械加工工艺路线

工序号	工序内容	定位基准
10	粗、精铣顶面	毛坯侧面，底面
20	粗、精铣侧面	毛坯侧面，底面
30	粗、精铣轴承孔、螺栓孔	毛坯侧面，底面
40	粗、精铣底面	工件侧面，顶面

粗、精铣顶面，保证表面粗糙度为3.2 μm

粗、精铣侧面，保证边长46±0.05

粗、精铣底面，保证13±0.05

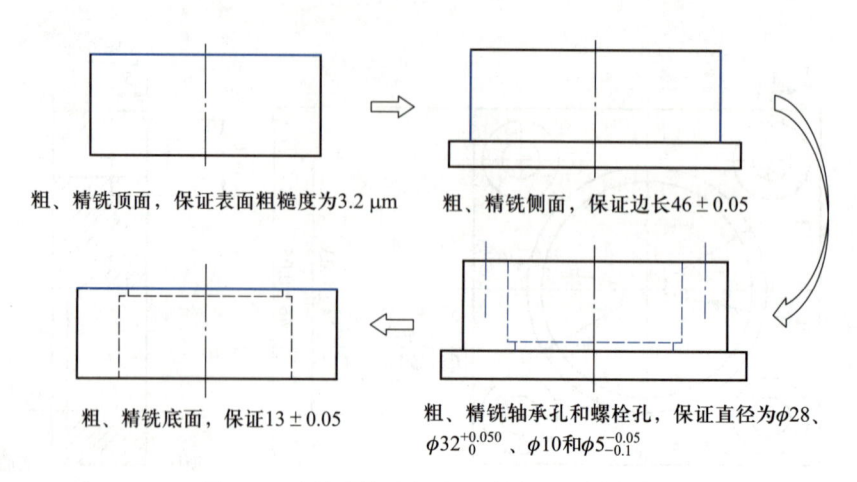

粗、精铣轴承孔和螺栓孔，保证直径为$\phi 28$、$\phi 32^{+0.050}_{0}$、$\phi 10$ 和 $\phi 5^{-0.05}_{-0.1}$

图 4-7 法兰式轴承座（一）的加工工艺路线

确定机床设备，工量夹具、刀具以及机械加工工艺路线后，可制作法兰式轴承座（一）的机械加工工艺过程卡，见表 4-13。

表 4-13 法兰式轴承座（一）的机械加工工艺过程卡

零件名称	法兰式轴承座	机械加工工艺过程卡	毛坯种类	50 mm×50 mm×20 mm	共1页
			材料	6061	第1页
工序号	工序名称	工序内容		设备	工艺装备
10	铣顶面	粗、精铣顶面			
20	铣侧面	粗、精铣侧面			虎钳
30	铣轴承孔、螺栓孔	粗、精铣轴承孔、螺栓孔			虎钳
40	翻面，铣底面	粗、精铣底面，保证高度为（13±0.05）mm			虎钳

2）编制加工工艺文件

（1）编制机械加工工序卡。根据机械加工工艺过程卡填写表头信息，并编制机械加工工序卡，每个工步切削参数要合理，绘制工序简图，简图需绘制该工序加工表面。法兰式轴承座（一）的机械加工工序卡见表 4-14 和表 4-15。

表 4-14 法兰式轴承座（一）的加工工序卡（工序 20）

零件名称	法兰式轴承座	机械加工工序卡	工序号	20	工序名称	数控铣削	共1页
							第1页
材料	6061铝合金	毛坯规格	50 mm×50 mm×20 mm	机床设备		夹具	虎钳

续表

零件名称	法兰式轴承座	机械加工工序卡		工序号	20	工序名称	数控铣削	共1页
								第1页

插图	

工步号	工步内容	刀具规格	刀具材料	量具	背吃刀量/mm	进给速度/(mm/min)	主轴转速/(r/min)
1	将工件用虎钳夹紧，伸出高度约15 mm						
2	粗铣侧面，保证法兰高度为13 mm，边长为46 mm，留0.5 mm加工余量	ϕ6立铣刀	硬质合金	游标卡尺	6.5	800	3 000
3	精铣侧面，保证法兰高度为（13±0.05）mm，边长为（46±0.05）mm	ϕ6立铣刀	硬质合金	游标卡尺	6.5	500	3 000

表 4-15　法兰式轴承座（一）的加工工序卡（工序 30）

零件名称	法兰式轴承座	机械加工工序卡		工序号	30	工序名称	数控铣削	共1页
								第1页
材料	6061铝合金	毛坯规格	50 mm×50 mm×20 mm	机床设备		夹具		虎钳

插图	

工步号	工步内容	刀具规格	刀具材料	量具	背吃刀量/mm	进给速度/(mm/min)	主轴转速/(r/min)
1	将工件用虎钳夹紧，伸出高度约15 mm						
2	粗铣轴承孔ϕ28 mm、$\phi 32_0^{+0.05}$ mm，留0.5 mm加工余量	ϕ6立铣刀	硬质合金	游标卡尺	1	800	3 000
3	精铣轴承孔ϕ28 mm、$\phi 32_0^{+0.05}$ mm	ϕ6立铣刀	硬质合金	游标卡尺	1	500	3 000
4	粗、精铣螺栓孔$\phi 5_{-0.1}^{-0.05}$ mm、ϕ10 mm	ϕ4立铣刀	硬质合金	游标卡尺	1	500	2 000

（2）编制机械加工刀具卡。根据机械加工工艺过程卡填写表头信息，法兰式轴承座（一）的机械加工刀具卡见表 4-16。

表 4-16　法兰式轴承座（一）的机械加工刀具卡（工序 20、30）

零件名称	连接轴		机械加工刀具卡		工序号	20，30
工序名称	数控铣削	/	设备名称	数控铣床	设备型号	
工步号	刀具号	刀具名称	刀杆规格	刀具材料	刀尖半径	备注
2，3	T0101	ϕ6 立铣刀	/	硬质合金	/	
4	T0202	ϕ4 立铣刀	/	硬质合金	/	

（3）零件建模。
新建 prt 文件，进入草图绘制平面，画草图，利用拉伸命令创建模型。
（4）CAM 编程。
① 进入编程界面，进入 mill_contour 模块。
② 建立编程坐标系。
③ 设定毛坯和部件。
④ 建立刀库，如图 4-8 所示，建立 1 号刀"D4-1"和 2 号刀"D4-2"。

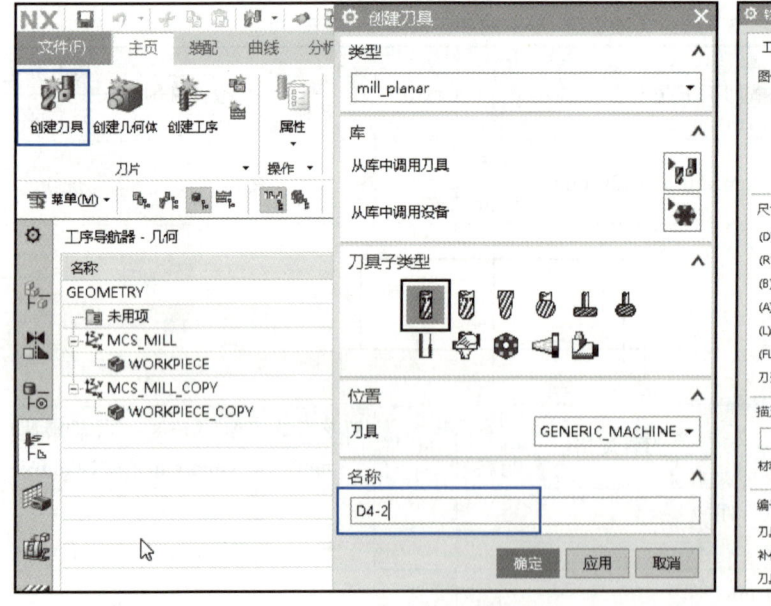

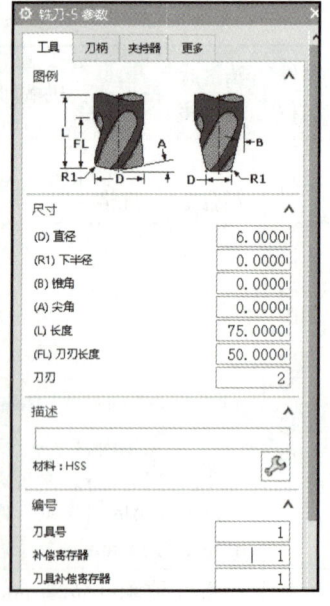

图 4-8　建立刀具

⑤ 创建工序。粗加工的相关参数设置如图 4-9 所示。精铣平面时，设置余量为 0；铣孔时，分别选择 ϕ10 和 ϕ5 孔进行铣孔加工；精铣竖直面，使用深度轮廓铣。

2. 任务二：带曲面特征的法兰式轴承座加工

此任务中的法兰式轴承座（二）零件图如图 4-10 所示。

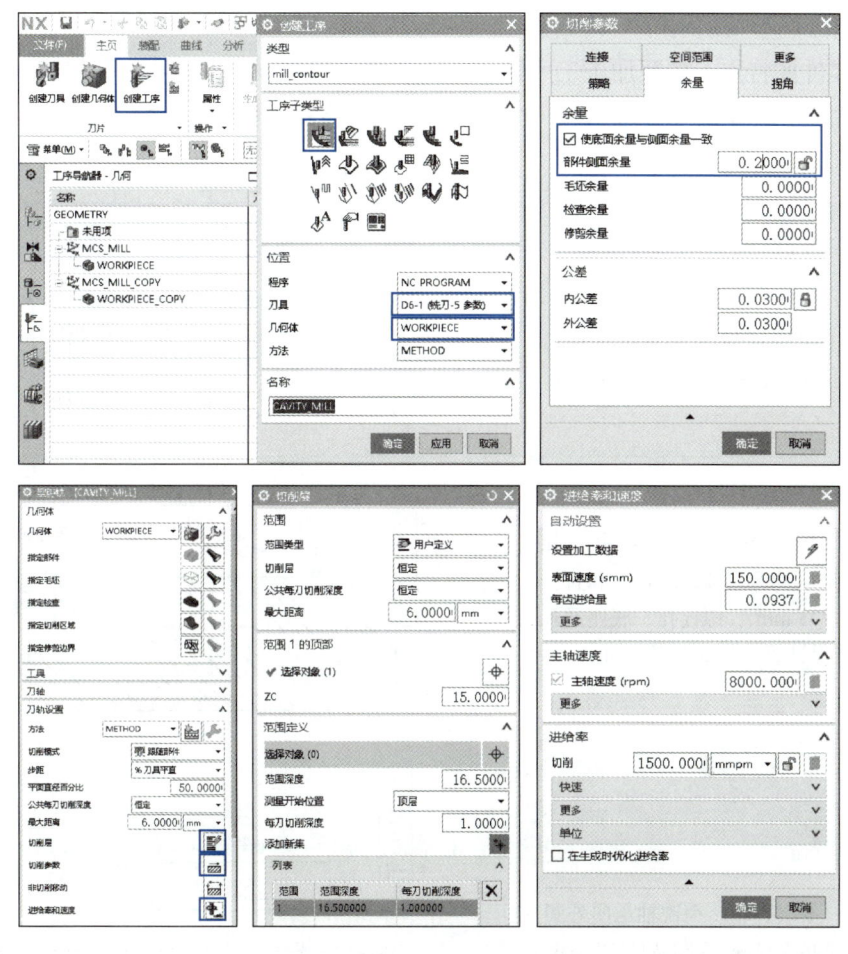

图 4-9　粗加工的相关参数设置

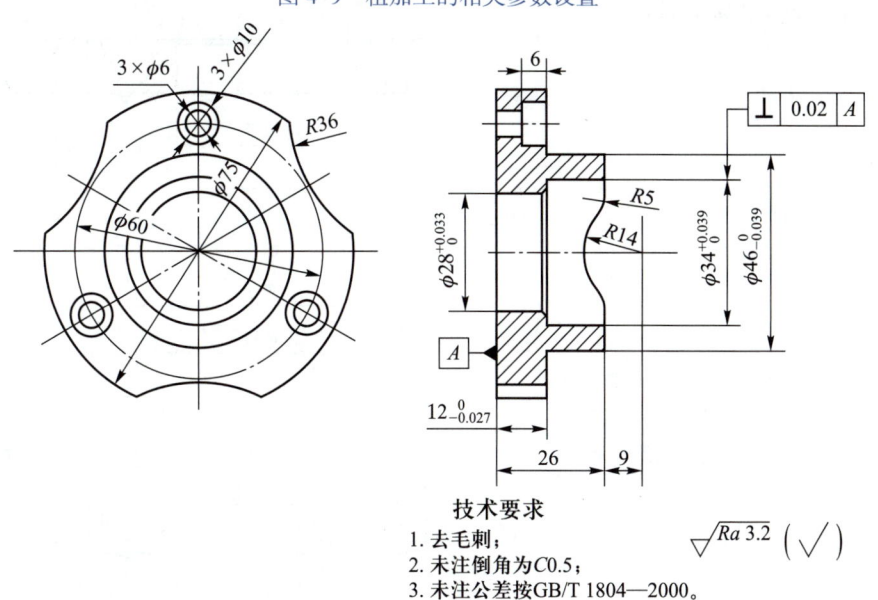

图 4-10　法兰式轴承座（二）零件图

技术要求
1. 去毛刺；
2. 未注倒角为C0.5；
3. 未注公差按GB/T 1804—2000。

1）加工工艺路线安排

根据零件的特点，按照加工工序划分原则和基面先行、先面后孔、先粗后精、先主后次的加工顺序，确定法兰式轴承座（二）的加工工艺路线，见表4-17。

表 4-17 法兰式轴承座（二）的加工工艺路线

序号	工步名称	图示
1	粗、精铣底面（基准面），保证表面粗糙度为 $Ra1.6\ \mu m$	
2	翻转，粗、精铣底座侧面（保证底座高度 $12_{-0.027}^{0}$ mm 和直径 $\phi75$ mm）、螺栓孔、底座通孔（保证直径为 $\phi28_{0}^{+0.033}$ mm）	
3	翻转，粗、精铣轴承座外圆 $\phi46_{-0.039}^{0}$ mm、内圆 $\phi34_{0}^{+0.039}$ mm、螺栓沉头孔 $\phi10$ mm	
4	粗铣凹槽曲面，精铣上平面，精铣平面保证底座高 $12_{-0.027}^{0}$ mm，精铣凹槽曲面	

2）编制加工工艺文件

（1）编制机械加工工序卡。编制机械加工工序卡时，填写表头信息，编制工步，每个工步的切削参数要合理，绘制工序简图。法兰式轴承座（二）的机械加工工序卡（工序20、30、40）分别见表4-18、表4-19和表4-20。

（2）编制机械加工刀具卡。编制机械加工刀具卡时，填写表头信息，法兰式轴承座（二）的机械加工刀具卡（工序40）见表4-21。

表4-18 法兰式轴承座（二）的机械加工工序卡（工序20）

零件名称	法兰式轴承座	机械加工工序卡		工序号	20	工序名称	数控铣削	共1页
^	^	^		^	^	^	^	第1页
材料	6061铝合金	毛坯规格	$\phi 80 \text{ mm} \times 30 \text{ mm}$	机床设备		夹具		自定心卡盘
插图	应为图示：$\phi 75$，$12_{-0.027}^{0}$，$\phi 28_{0}^{+0.033}$，$3\times\phi 6$，6							

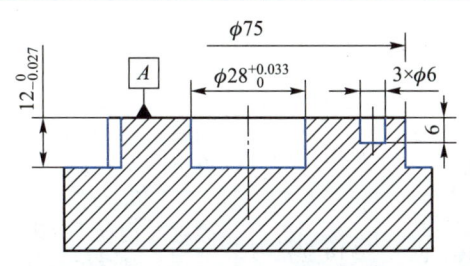

工步号	工步内容	刀具规格	刀具材料	量具	背吃刀量/mm	进给速度/(mm/min)	主轴转速/(r/min)
1	将工件用自定心卡盘夹紧，伸出高度约25 mm						
2	粗铣侧面、底座孔，留0.5 mm加工余量	$\phi 10$立铣刀	硬质合金	游标卡尺	2	1 500	5 000
3	精铣侧面，保证底座高度$12_{-0.027}^{0}$ mm；精铣底座孔，保证直径为$\phi 28_{0}^{+0.033}$ mm	$\phi 10$立铣刀	硬质合金	内径千分表	0.5	800	4 500
4	粗、精铣$\phi 6$ mm 螺栓孔	$\phi 4$立铣刀	硬质合金	游标卡尺	0.5	500	3 000

表4-19 法兰式轴承座（二）的机械加工工序卡（工序30）

零件名称	法兰式轴承座	机械加工工序卡		工序号	30	工序名称	数控铣削	共1页
^	^	^		^	^	^	^	第1页
材料	6061铝合金	毛坯规格	$\phi 80 \text{ mm} \times 30 \text{ mm}$	机床设备		夹具		自定心卡盘

续表

零件名称	法兰式轴承座	机械加工工序卡	工序号	30	工序名称	数控铣削	共1页
							第1页
插图							

工步号	工步内容	刀具规格	刀具材料	量具	背吃刀量/mm	进给速度/(mm/min)	主轴转速/(r/min)
1	将工件翻面用自定心卡盘夹紧,伸出高度约20 mm						
2	粗铣轴承孔外径、内径,留0.5 mm加工余量	ϕ10立铣刀	硬质合金	游标卡尺	2	1 500	5 000
3	精铣轴承孔外径(保证尺寸为$\phi 46_{-0.039}^{0}$ mm)、内径(保证尺寸$\phi 34_{0}^{+0.039}$ mm)	ϕ10立铣刀	硬质合金	内径千分表 外径千分尺	0.5	800	4 500
4	粗、精铣轴承座螺栓沉头孔3×ϕ10 mm	ϕ6立铣刀	硬质合金	游标卡尺	0.5	500	3 000

表4-20 法兰式轴承座(二)的机械加工工序卡(工序40)

零件名称	法兰式轴承座	机械加工工序卡	工序号	40	工序名称	数控铣削	共1页
							第1页
材料	6061铝合金	毛坯规格	ϕ80 mm×30 mm	机床设备		夹具	自定心卡盘
插图							

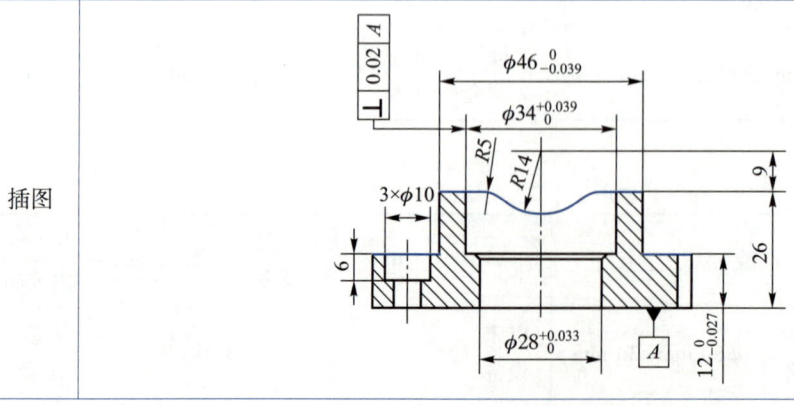

续表

工步号	工步内容	刀具规格	刀具材料	量具	背吃刀量/mm	进给速度/(mm/min)	主轴转速/(r/min)
1	粗铣凹槽	φ6立铣刀 φ4立铣刀	硬质合金		0.5	800	4 500
2	精铣凹槽曲面	φ3球头铣刀	硬质合金		0.5	1 500	5 000
3	精铣上平面	φ10立铣刀	硬质合金		0.5	800	4 500
4	精铣螺栓平面保证底座高 $12_{-0.027}^{0}$ mm	φ10立铣刀	硬质合金	百分表	0.5	800	4 500

表 4-21 法兰式轴承座（二）的机械加工刀具卡（工序 40）

零件名称	法兰式轴承座		机械加工刀具卡		工序号	40
工序名称	数控铣削	/	设备名称	数控铣床	设备型号	
工步号	刀具号	刀具名称	刀杆规格	刀具材料	刀尖半径	备注
1	T01	φ6立铣刀	BT40	硬质合金	/	
1	T02	φ4立铣刀	BT40	硬质合金	/	
2	T03	φ3球头铣刀	BT40	硬质合金	/	
2、4	T04	φ10立铣刀	BT40	硬质合金	/	

3）零件建模与 CAM 编程

与本项目任务一相似，所不同的是本任务应用了曲面加工工序。该工序应用了固定轴轮廓铣的精加工策略。

4）零件自测

法兰式轴承座（二）的检测表见表 4-22。

表 4-22 法兰式轴承座（二）的检测表

零件名称	法兰式轴承座			允许读数误差				
序号	项目	尺寸要求/mm	使用量具	测量结果				项目判定
				No.1	No.2	No.3	平均值	
1	底座高	$12_{-0.027}^{0}$						
2	外径	$\phi 46_{-0.039}^{0}$						
3	内径	$\phi 34_{0}^{+0.039}$						
结论（对测量值进行评价）				合格品（ ） 次品（ ） 废品（ ）				

4.2.4 项目总结

本项目主要介绍了法兰式轴承座零件的加工过程。法兰式轴承座是机械工程领域的重要机械零件，对于各种机械设备的可靠性等性能具有重要影响。通过本项目的训练，学生能够掌握以法兰式轴承座为代表的复杂形状零件的机械加工工艺，包括工艺准备、设备与环境配置、零件建模与 CAM 编程、零件加工与自测等方面的内容，同时理解法兰式轴承座的各个表面粗糙度的设计含义。

思考题

（1）CAM 编程在法兰式轴承座零件加工中的作用是什么？它如何帮助提高生产效率和准确性？

（2）法兰式轴承座零件的加工过程中，哪些因素对最终产品的质量和性能产生影响？

（3）在机械加工工艺中，为什么精确度和表面质量如此重要？如何确保这些要求得到满足？

4.3　叶轮零件五轴数控加工

4.3.1　项目描述

在进行复杂多轴或五轴加工之前，往往都需要进行机床的加工仿真。虽然 CAM 软件自带验证工具，但是要注意，并不是只有这一种验证手段。CAM 外部验证系统可以验证 G 代码，主要功能是验证刀轨，后处理之后才能上机床加工。CAM 内部仿真主要是验证加工策略，并不能仿真机床上运行的 G 代码。加工仿真软件可以仿真真实的机床环境和加工过程，支持各种加工方案。加工仿真软件提供与现场机床一致的仿真环境，支持多轴、多工位、异形刀具、特殊结构机床、特殊控制系统等仿真。有的加工仿真软件可以优化刀路，通过改变刀路的进给值提升加工效率，减少刀具磨损，降低零件表面粗糙度值。

4.3.2　项目准备

机床加工仿真在生产准备上与真实加工没有大的区别，真实加工需要做的准备工作，仿真项目都要做。此外，还需要准备机床仿真技术资料。

1. 工艺准备

以经常采用五轴数控加工的叶轮为例，做相关工艺准备。

2. 机床仿真技术资料

1）机床基础参数

机床基础参数见表 4-23。

表 4-23 机床基础参数

名称	单位	参数
X/Y/Z 行程	mm	700/450/400
B/C 行程	°	±110/360
主轴端面至工作台面距离	mm	200～600
工作台面尺寸		ϕ650 mm
工作台承重（竖直/水平）	kg	200/300
主轴		
主轴最高转速/刀柄型号	r/min	12 000/BT40
主轴功率	kW	11/15（15 min）
主轴扭矩	N·m	68/90
进给系统		
X/Y/Z 最大快移速度	m/min	30
最大切削进给率	m/min	15
B/C 轴最大转速	r/min	50/100
位置控制		B、C 轴全闭环
定位精度/重复定位精度（GB/T 34880.2—2017）		
X	mm	0.025/0.015
Y	mm	0.022/0.012
Z	mm	0.022/0.012
B	rad	28″/16″
C	rad	28″/16″
自动换刀		
刀具数量	把	24
换刀时间	s	1.95
最大刀具直径/相邻无	mm	78/150
最大刀具长度	mm	300
最大刀具重量	kgf（1 kgf=9.8 N）	7
刀库选刀方式		双向任意选刀

2）机床外形和结构

机床的外形和结构分别如图 4-11 和图 4-12 所示。

图 4-11　机床的外形

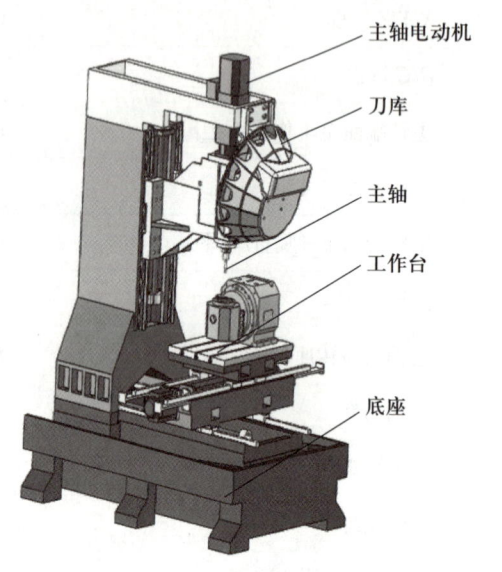

图 4-12　机床的结构

4.3.3　项目实施

1. 任务一　五轴机床主要部件简化建模

带有 BC 转台的五轴加工中心拥有一个 L 形机座，L 形机座上分别设有 X/Y/Z 直线轴和 B/C 旋转轴两组运动机构。其运动机构关系简图如图 4-13 所示。

分别测量和记录主轴尺寸、主轴箱尺寸、BT40 刀柄尺寸、自定心卡盘尺寸。

创建简化建模时，将基准坐标系原点设置在转台 B 旋转轴和 C 旋转轴的交点处，机座、X 轴运动部件、Y 轴运动部件、Z 轴运动部件可简化为长方体，C 旋转轴简化为圆柱，B 旋转轴依据转台样本，建立的轮廓模型如图 4-14 所示。

五轴加工中心简化建模的技巧：将主轴的控制点也设置在基准坐标系原点，将会对后期仿真机床搭建和设置带来方便。所有运动部件尺寸应与该五轴加工中心运动行程对应，例如，X 轴运

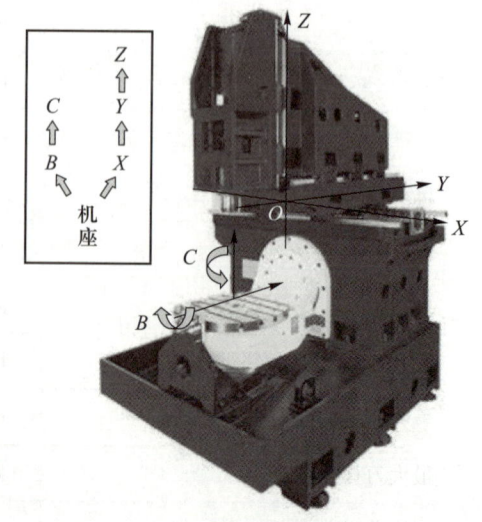

图 4-13　五轴加工中心的运动机构关系简图

动部件建模时定义 X 方向上的长度为 500 mm，机座在 X 方向上的长度为 1 200 mm，则 X 轴运动部件在机座上 X 轴方向的行程为（1 200-500）mm＝700 mm，与表 4-23 中的 X 行程保持一致，在机床加工运动仿真时，判断是否超出行程，观察外形是否超出即可直观反映。

BT40 标准刀柄的零件图如图 4-15a 所示，其简化模型如图 4-15b 所示。

自定心卡盘如图 4-16 所示，盘体与卡爪分开建模，后期机床加工运动仿真时，可设置夹具动作，完成装夹的运动。

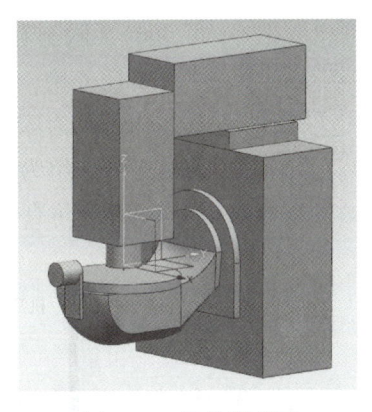

图 4-14 简化模型图

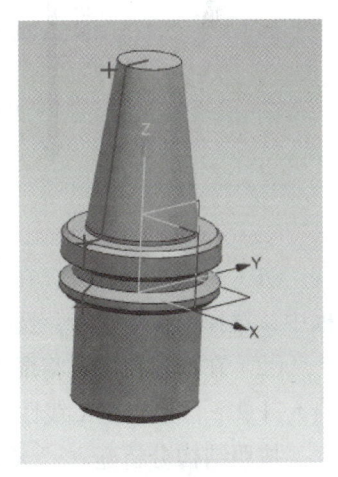

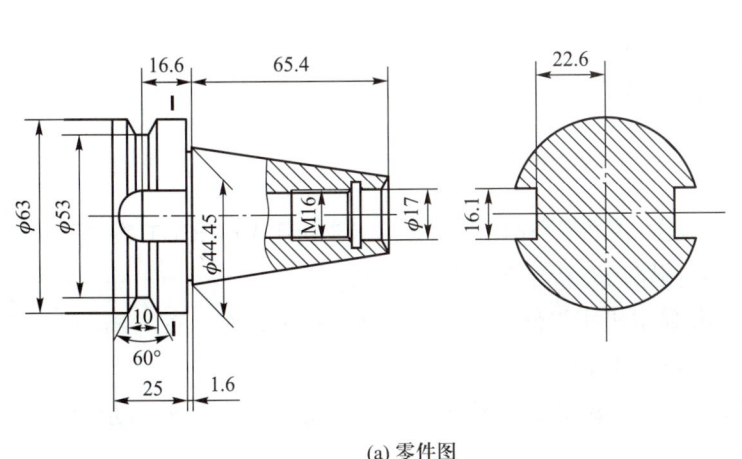

(a) 零件图

(b) 简化模型

图 4-15 BT40 刀柄

保存简化模型时，应将各个运动部件以 STP 格式分开单独保存。其操作步骤为"文件"→"导出"→"STEP"。在"导出至 STEP"对话框中，选择要导出的数据、存储位置及文件名称即可保存相应部件模型。

除了简化建模，也可以采用机床厂商提供的详细机床模型，这种模型一般包含有机床的详细零件，其组装分类工作量大，在后期仿真时，需要消耗计算机资源较多，计算较慢，慎重选用。

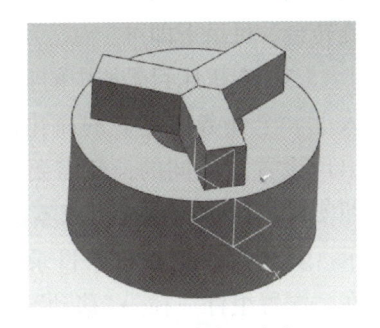

图 4-16 自定心卡盘

仿真软件本身也提供大量默认机床模型，选用时，需与现有机床核对，并修改不一致的模型及参数。

2. 任务二 五轴机床仿真模型搭建

五轴加工中心是在 $X/Y/Z$ 三个直线轴的基础上，增加了两个旋转轴，其中一个旋转轴

可 360° 无限制旋转，另一个旋转轴有行程限制。

本任务中，在机床床身结构上有两组运动机构。一组为 X/Y/Z 直线轴，其结构逻辑为床身→X 轴运动机构→Y 轴运动机构→Z 轴运动机构→主轴→刀具；另一组为 B/C 旋转轴，其结构逻辑为床身→B 旋转台→C 旋转台→夹具→毛坯。仿真软件 VERICUT 的操作流程如图 4-17 所示。

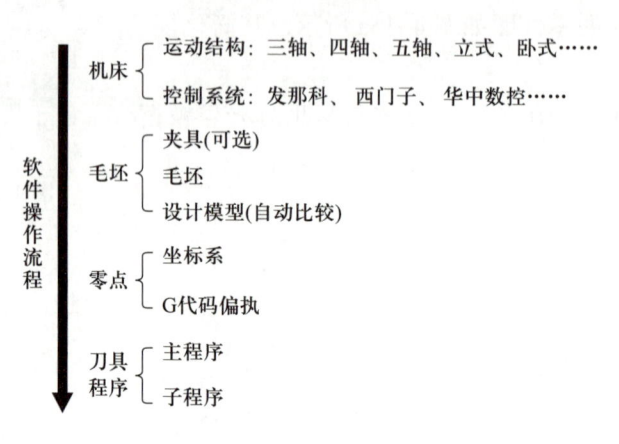

图 4-17 VERICUT 的操作流程

（1）双击打开软件，在工具栏"文件"→"新建项目"→"新建 VERICUT 项目"对话框中，选择单位为毫米，选择存储路径，新建文件名。

（2）在项目树中，将配置和显示机床组件按钮点亮。展开机床组件，在"Base"（床身）目录下，建立"X 线性组"和"B 旋转组"。

按照结构分析建立"X 线性组"，其逻辑为床身→X 轴运动机构→Y 轴运动机构→Z 轴运动机构→主轴→刀具。

按照结构分析建立"B 旋转组"，其逻辑为床身→B 旋转台→C 旋转台→夹具→毛坯，其中夹具和毛坯在目录下的默认"Attach"（附属）目录下，按住鼠标左键拖动至"C 旋转台"目录下即可。

（3）在机床目录树中的各个部件下对应导入上一个任务中建立的简化模型。这与机床出厂设置是不同的，就需要在仿真设置时按照实际机床重新定义机床零位，如图 4-18 所示。具体操作是在机床目录树中单击"X"，在"配置组件"栏→"移动"栏中将位置坐标改为（300，0，0）。单击"Z"，在"配置组件"栏→"移动"栏中将位置坐标改为（0，0，550）。

图 4-18 重新定义机床零位

（4）在机床目录树中的"控制"中导入机床控制器，这可以在仿真软件的库文件中找到与真实机床匹配的控制器。

（5）依次单击工具栏"机床/控制系统"→"控制设定"，设定碰撞检查。

（6）设置机床行程极限，此数据需要依据机床说明书填写。

（7）设置轴优先级。

（8）设置旋转轴的旋转属性，依次单击工具栏"机床/控制系统"→"控制设定"→"旋转"，设定如图 4-19 所示。

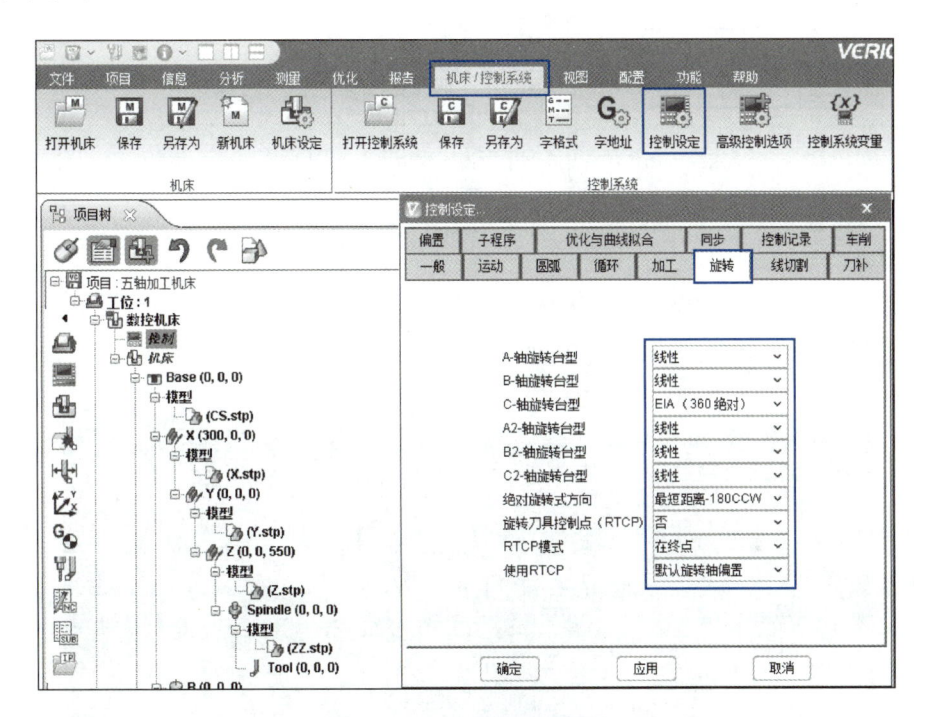

图 4-19　旋转轴的旋转属性

（9）RPCP 为双转台类型机床的补偿功能，是补偿工件旋转所造成的坐标平动。RTCP 为双摆头类型机床的自动刀尖跟随。在 VERICUT 中要设置 RPCP，就必须有支持 RPCP 的机床控制系统。如果控制系统不支持 RPCP，也就无法开启 RPCP 功能。

检查机床控制系统是否带有 RPCP 功能的步骤如下。

① 了解该控制系统开启 RPCP 功能的指令，如本任务中选用的华中 848 控制系统开启 RPCP 功能的指令为 G43.4。

② 依次单击"机床/控制系统"→"字地址"→"States"，若控制系统中有 G43.4，则表示该控制系统带有 RPCP 功能，当程序执行到 G43.4 时，自动开启 RPCP 功能。

（10）后处理。

利用带 RTCP 功能的五轴加工中心对仿真模型进行仿真：

① 设置工件坐标系，在项目树中依次单击"坐标系统"→"新建坐标系"，添加新的坐标系。

② 将坐标系激活成黄色状态，鼠标移动至毛坯上表面正中心，点击鼠标中键，设定坐标系。

③ 双击"加工刀具",设置加工刀具,并保存刀库文件。

④ 设置 G 代码偏置,如图 4-20 所示。

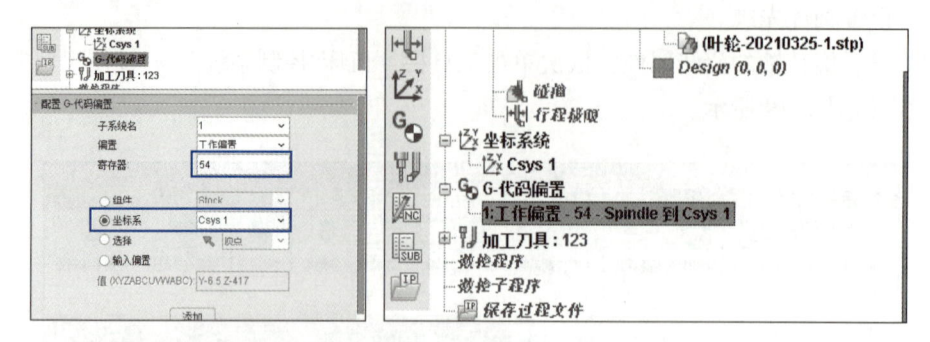

图 4-20　G 代码偏置的设置

⑤ 在项目树中的"数控程序"下导入后处理过的数控程序。

⑥ 进行数控加工仿真,如图 4-21 所示。

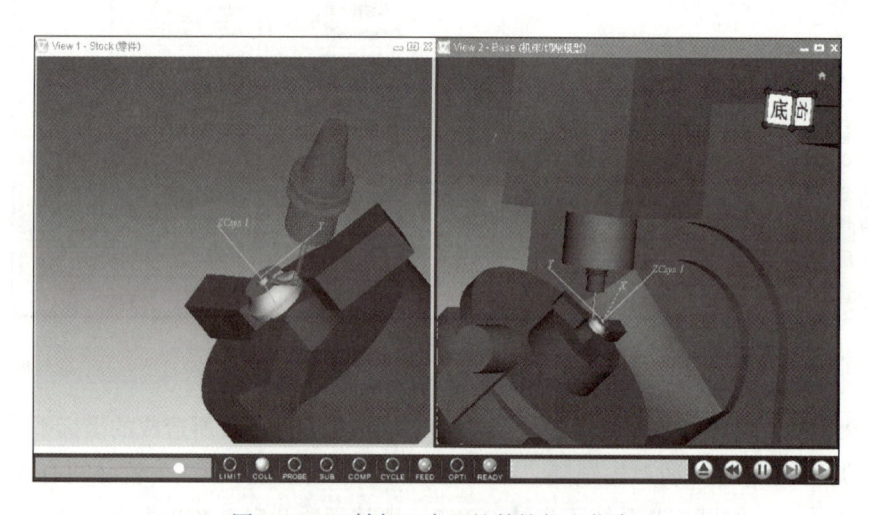

图 4-21　五轴加工中心的数控加工仿真

4.3.4　项目总结

本项目主要介绍了五轴加工中心的搭建与加工仿真过程。通过本项目的训练,能够熟悉机床加工仿真的准备工作、模型建立和仿真搭建等关键步骤,并能够掌握仿真软件的操作。在五轴加工中心中,会经常用到的定轴 G68.2 与联动 G43.4、RPCP 与 RTCP 的应用,所以在仿真之前,一定要检查控制系统中是否设置过该指令,确保仿真效果。

思考题

(1) 机床控制系统是否支持 RPCP 功能对于五轴加工中心的加工仿真有何重要性?如果控制系统不支持 RPCP 功能,如何应对?

(2) 在进行数控加工仿真时,如何设置工件坐标系以确保刀具路径的准确性?

4.4 简易 S 件五轴数控加工

4.4.1 项目描述

标准是确定生产流程的指导原则,随着我国制造业水平的不断提高,2020 年 1 月 29 日,在国际标准化组织 ISO 的官网上,一项中国制定的"S 试件"检测标准 ISO 10791-7:2020 正式发布,标志着我国在高端数控机床检测方面取得了巨大进步。S 试件如图 4-22 所示。

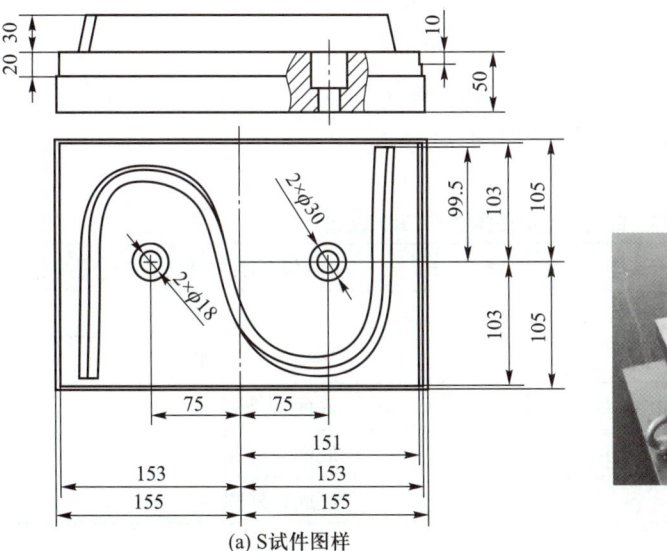

(a) S 试件图样

(b) S 试件测试

图 4-22　S 试件

4.4.2 项目准备

考虑教学安排,将 ISO 国际标准的 S 试件简化为简易 S 件,保留典型曲面特征,利用五轴加工中心切削曲面。简易 S 件如图 4-23 所示。

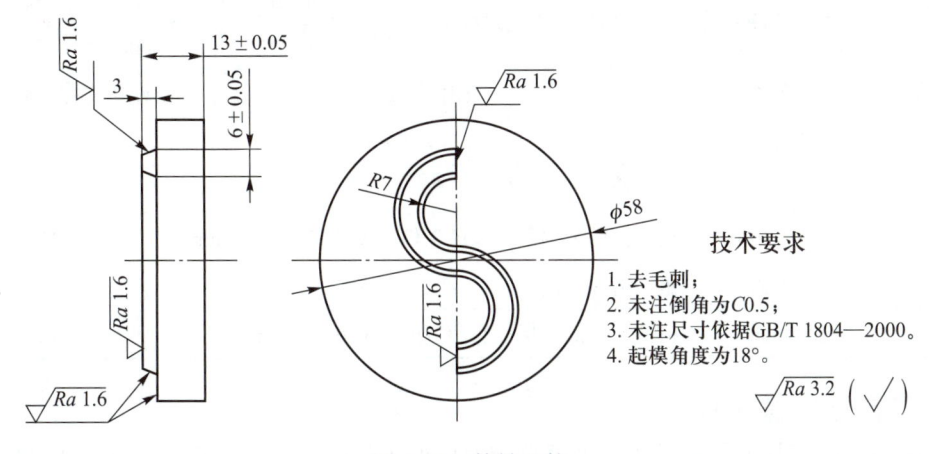

技术要求
1. 去毛刺;
2. 未注倒角为 C0.5;
3. 未注尺寸依据 GB/T 1804—2000。
4. 起模角度为 18°。

图 4-23　简易 S 件

1. 工艺分析

加工所选用的机床设备、工量夹具和刀具见表4-24，简易S件的机械加工工艺路线见表4-25。

表4-24 机床设备、工量夹具、刀具清单

序号	名称	规格及型号	数量
1	五轴加工中心		1
2	自定心卡盘	$\phi 150$	1
3	游标卡尺	0～200 mm	1
4	外径千分尺	50～70 mm	1
5	铣刀	$\phi 6$ 立铣刀	1

注：表格中"数量"是按一组学生配备的，建议一组学生数量为1～5人。

表4-25 简易S件的机械加工工艺路线

工序号	工序内容	定位基准
10	备料	
20	粗、精铣底面和外圆	毛坯顶面、外圆
30	翻面，粗、精铣S顶面	底面、外圆
40	粗、精铣S侧面	底面、外圆
50	精铣S底面	底面、外圆

分析确定机床设备、工量夹具、刀具以及机械加工工艺路线后，可知先以毛坯顶面和外圆为基准铣底面和外圆，后以底面和外圆为基准铣S顶面、S侧面、S底面。简易S件的机械加工工艺过程卡见表4-26。

表4-26 简易S件的机械加工工艺过程卡

零件名称	简易S件	机械加工工艺过程卡	毛坯种类	棒料	共1页
			材料	6061	第1页
工序号	工序名称	工序内容		设备	工艺装备
10	备料	$\phi 60$ mm×15 mm，材料为6061铝合金			
20	铣底座	粗、精铣底面及外圆			自定心卡盘
30	翻面铣S顶面	粗、精铣S顶面，保证工件高度（13±0.05）mm			自定心卡盘
40	铣S侧面	粗、精S侧面			自定心卡盘
50	铣S底面	精铣S底面，保证底面宽度（6±0.05）mm			自定心卡盘

2. 项目转化任务分解

本项目依据简易S件的功能与特征确定对应的工作任务和技能要求，见表4-27。

表 4-27　工作任务和技能要求

工作任务	任务内容	技能要求
工艺准备	模型建立； 加工 CAM 编程	机械加工工序卡、机械加工刀具卡
工件加工	加工中心加工与零件精度检测； 底座加工； S 面加工	完成铣底面、外圆、S 顶面、S 侧面及 S 底面各工步的加工； 完成零件精度检测
机床操作维护	机床维护和常规故障处理	检查润滑油液面、气压、卡盘扳手限位保护； 熟悉加工中心基本操作

为了便于教学，本项目根据工艺流程分简易 S 件建模与编程和简易 S 件五轴加工两个任务完成。

3. 设备与环境

参见 1.1.2 相关内容。

4.4.3　项目实施

1. 任务一：简易 S 件建模与编程

1）简易 S 件的建模

（1）打开 CAD 软件，新建"简易 S 件 .prt"文件。

（2）在建模模块中，单击"草图"命令，弹出"创建草图"对话框，选择 XOY 平面为草图平面。

（3）在草图平面上先画直径为 58 mm 的底座外圆，再确定 S 的上、下半圆的圆心，半圆圆心与底面中心距离为 10 mm。

（4）以 S 上、下半圆的圆心分别画直径为 14 和 26 的同心圆，画过底面象限点的辅助线，利用剪切命令完成 S 件的底面作图，完成草图。

（5）按照图样尺寸，拉伸底座和 S 侧面。再利用在建模界面上的"拔模"命令创建 S 侧面的起模斜度，在"拔模"对话框按图 4-24 所示进行设置，完成简易 S 件的建模。

2）加工编程

（1）建立加工毛坯，单击"包容体"命令，在"包容体"对话框中，按照图 4-25 所示进行毛坯设置。

（2）单击"文件"→"加工"，进入加工界面。

（3）建立加工坐标系。在几何视图下，建立正、反两个加工坐标系，如图 4-26 所示。

（4）选择包容体作为毛坯，S 面和底座作为部件。

（5）创建刀具。刀具参数：直径为 ϕ6 mm，立铣刀，刀号为 11。

第二篇　智能制造专业实践

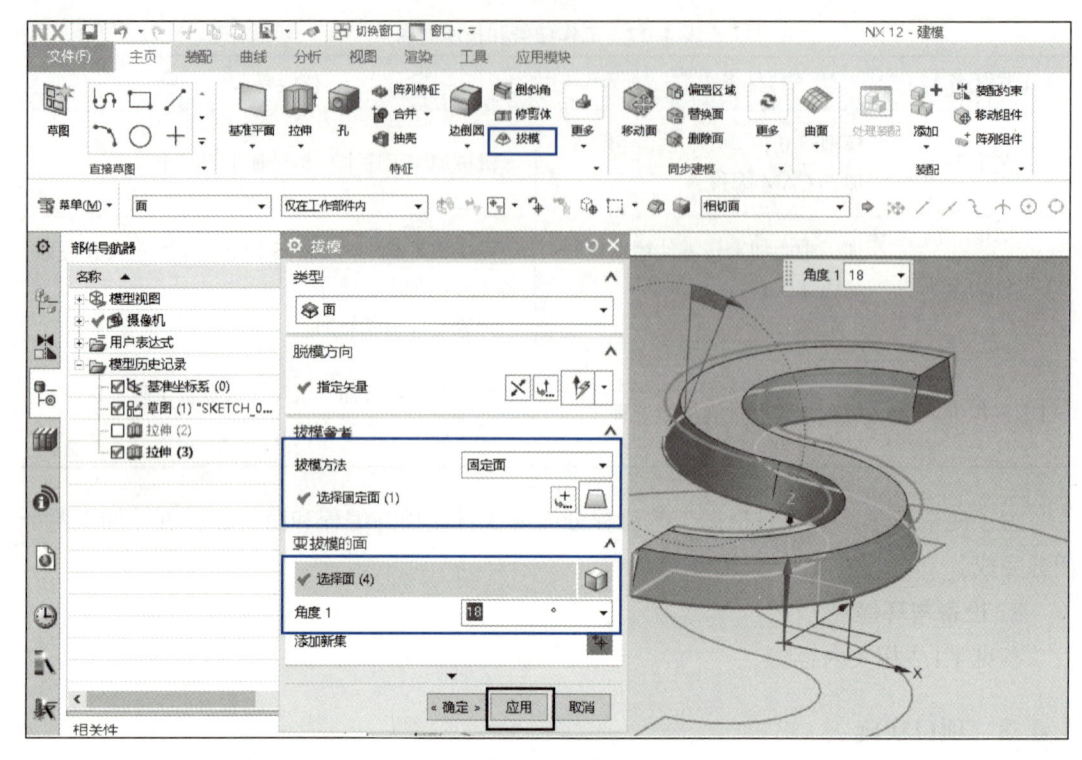

图 4-24　S 侧面的起模角度的设置

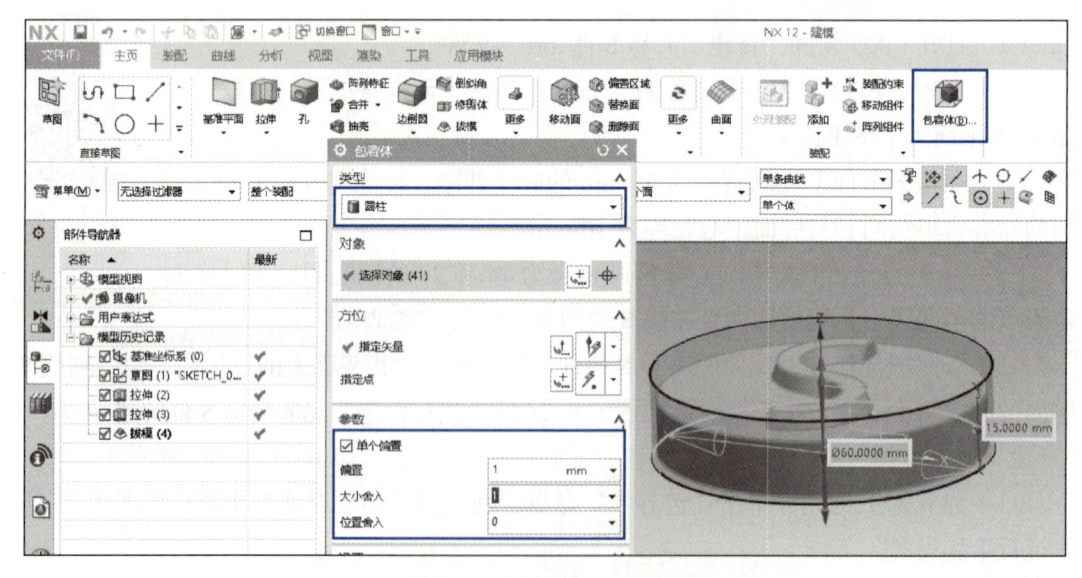

图 4-25　"包容体"对话框

（6）创建加工工序。选择"mill_contour"，刀具选择直径为 $\phi 6$ mm 的立铣刀，刀号为 11，几何体选择"WORKPIECE"，进入型腔铣完成底座底面和侧面的粗、精加工，如图 4-27 所示。

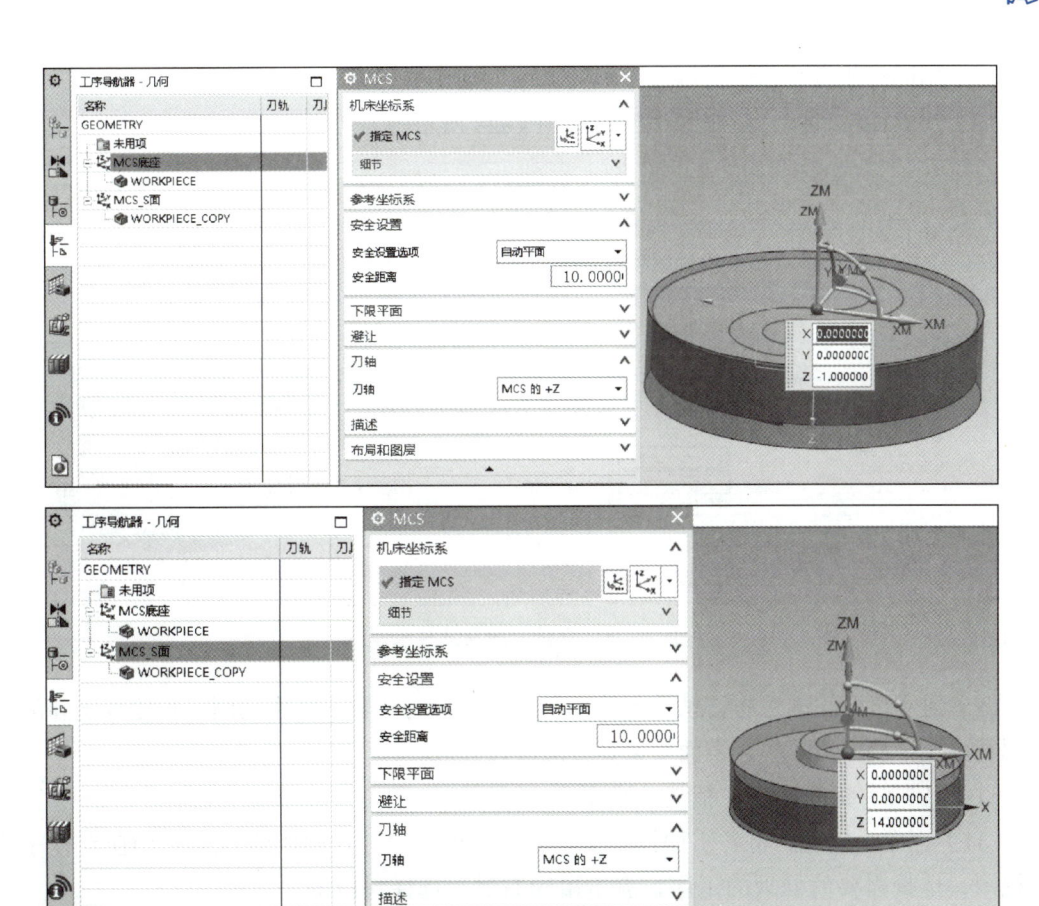

图 4-26 建立加工坐标系

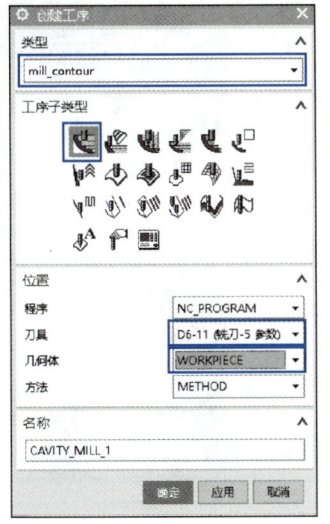

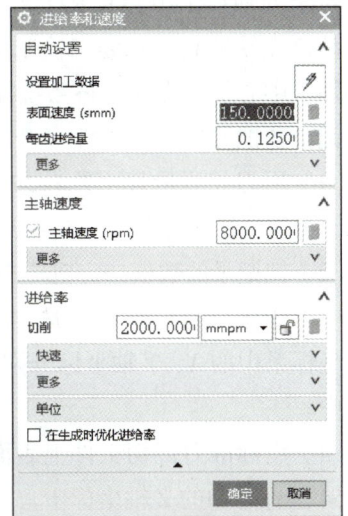

图 4-27 型腔铣设置

（7）用同样的方法，选择以 S 顶面为基准的加工坐标系，对 S 侧面进行粗加工。

（8）建立面铣工序，精铣 S 顶面，如图 4-28 所示。

图 4-28　面铣工序及铣 S 顶面

（9）建立可变轮廓工序，精铣 S 侧面。此时，请与三轴策略中的固定轴轮廓铣和深度轮廓铣比较，从加工效率、表面质量等方面进行分析。

（10）建立平面铣工序，精铣 S 底面。

（11）程序后处理，将各工序按照工艺要求顺序组合并处理成 G 代码。切换至程序顺序视图，选择需要后处理的工序，点击鼠标右键，选择对应的后处理，以 O 开头的文件名保存加工程序。

3）加工仿真

五轴加工中心的加工仿真参看 4.3 节相关内容。

2. 任务二：简易 S 件五轴数控加工

由于五轴加工中心有 RTCP 刀尖跟随功能，其控制核心逻辑是控制点轨迹和刀具姿态控制（刀长和刀具长度矢量），所以五轴加工中心对刀操作是将系统控制点"对刀"到工件坐标系，同时记录各把刀具长度补偿。

（1）用刀长测量仪（图 4-29）测量各把刀的长度，也可以使用百分表、Z 轴对刀仪（图 4-30）测量刀长。

图 4-29　刀长测量仪

（2）把记录的数值一一对应地输入到长度补偿值中。

（3）选择一把刀具（作为标准刀）进行对刀，将对刀后得到机床坐标系中的 X、Y 轴坐标分别填在 G54 坐标系中的 X、Y 轴坐标中。

（4）用标准刀试切工件上表面，并将试切的 Z 轴坐标值填在 G54 坐标系中的 Z 轴坐标中。

（5）在外部零点偏置的 Z 轴值填入标准刀的负刀长值。

图 4-30　Z 轴对刀仪

4.4.4 项目总结

本项目主要介绍了简易 S 件的五轴加工中心加工过程。通过本项目的训练，学生能够深入了解国际标准的重要性，同时学习五轴加工中心的操作和编程技能，以及刀具长度补偿的应用。请各位同学熟悉并严格遵守机床操作规程，按规定穿戴好工作服和防护用品。

思考题

（1）当机床运行时突发异常该如何进行处理？

（2）在自动编程中，如何充分利用机床的五轴功能，以最大程度地简化程序和优化刀路？

（3）对于具有复杂曲面的零件，如何选择合适的精加工策略（包括可变轮廓铣中的驱动方法、刀轴控制和投影矢量）以实现高精度的加工？

第五章

工业机器人应用技术实践

常用的工业机器人示教有两种方法，即在线示教和离线编程。本章通过对工业机器人的搬运、码垛等典型行业应用进行程序编写及调试，学习工业机器人应用中的示教编程、离线编程以及调试方法，能够进行任务复杂度不高的工业机器人离线编程。通过机器人编程、视觉应用和集成应用，掌握工业机器人控制原理和视觉技术集成应用方法，提升对工业机器人的应用能力、创新能力和实践能力。

5.1　工业机器人示教编程

5.1.1　项目描述

示教编程是通过手动引导机器人来记录其动作轨迹，然后对这些轨迹进行保存和再次执行。这种编程方法不需要具备复杂的编程知识，通常只需要操作员通过操作工业机器人的示教器或者其他输入设备，让机器人在实际操作中完成任务。本项目先通过程序认知及管理以及常用编程指令认知两个任务来熟悉示教编程基础，再通过工业机器人轨迹规划示教编程和搬运应用示教编程两个典型应用，进行示教编程训练。

5.1.2　项目准备

华数 III 型控制系统供用户使用的程序是 PRG 文件，支持 PRG 程序调用其他的 PRG 程序，即调用方为"主程序"，被调用方为"子程序"。

机器人程序分为三个模块：轴初始化、变量声明以及主程序，其结构如图 5-1 所示。轴初始化模块是绑定业务层及轴组，变量声明模块是定义坐标变量，主程序模块是添加程序语句。

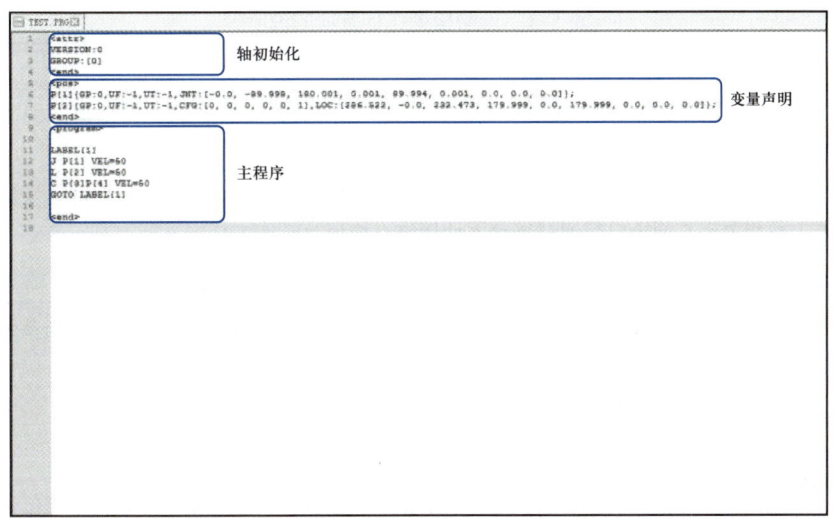

图 5-1　程序结构

5.1.3　项目实施

1. 任务一：程序认知及管理

本任务以华数Ⅲ型工业机器人为例，介绍工业机器人的程序结构、示教点位坐标类型设置以及文件管理导航器，并通过新建程序、打开程序、编制程序、加载程序、运行程序等子任务来进行程序管理的训练。

运行程序的操作方法如下：

（1）设置机器人运动模式、调节合适的运行速度倍率、设置机器人运行方式、使能机器人，并加载需要运行的程序。

（2）点击示教器左侧"运行"键，程序按照设置运行。

（3）若中途需要暂停，点击示教器左侧"暂停"键；若程序执行完成，需要退出，点击示教器左侧"停止"键。

2. 任务二：常用编程指令认知

1）运动指令

运动指令实现以指定速度、特定路线模式等将工具移动到指定位置。

机器人的运动指令有关节运动 J 指令（也称 MOVE 指令）、直线运动 L 指令（也称 MOVES 指令）以及画圆弧 C 指令（也称 CIRCLE 指令）。运动指令操作栏如图 5-2 所示，图中各标签项的说明见表 5-1。

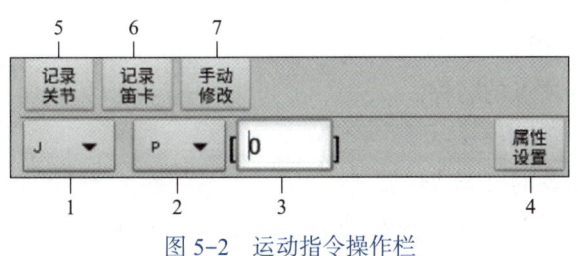

图 5-2　运动指令操作栏

表 5-1　运动指令各标签项的说明

标签项	说明
1	选择指令。有 J、L、C 三种指令可选择。当选择 C 指令时，对话框会弹出两个点用于记录位置
2	可通过新建一个 JR 寄存器或者 LR 寄存器保存该新增加点的值，可在变量列表中查找相关值，便于以后通过寄存器使用该点位值
3	新记录的点的名称，光标移至此处时可点击记录关节坐标或记录直角坐标
4	属性设置，可在"属性设置"对话框中添加删除点对应的属性，在编辑参数后，点击"确认"，将该参数对应到该点
5	为该新记录的点赋值为关节坐标
6	为该新记录的点赋值为直角坐标
7	点击后打开一个"修改坐标"对话框，可手动修改坐标值（需先记录点位信息，修改的坐标对应记录的坐标类型）

（1）J 指令。J 指令是基于轴的运动，机器人以指定速度围绕所属轴的方向，运动到目标位置。工具的 J 指令运动路径通常是非线性的，沿着最快的路径从当前位置向终点运动，如图 5-3 所示。

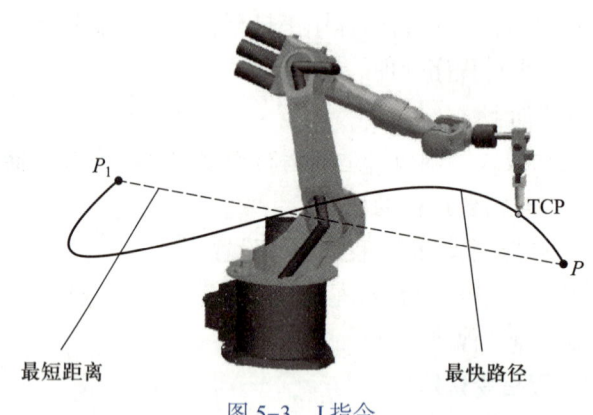

图 5-3　J 指令

指令示例：J P[1]

上述指令表示机器人以关节运动方式运动到 P_1 点。

操作方法如下：

① 选择需要插入的行的上一行。

② 选择"指令"→"运动指令"→"J"。

③ 输入点位名称，即新增点的名称。

④ 设置指令的属性。

⑤ 手动移动机器人到需要的姿态或位置。

⑥ 在图 5-2 中文本框 3 中记录关节坐标或者记录笛卡儿坐标，即把当前点的坐标记

录到点位里。

⑦点击操作栏中的"确定"按钮，添加 J 指令完成。

（2）L 指令。L 指令以机器人当前位置为起点，控制其在笛卡儿空间内进行直线运动，常用于对轨迹控制有要求的场合，如图 5-4 所示。该指令的控制对象只能是机器人组。

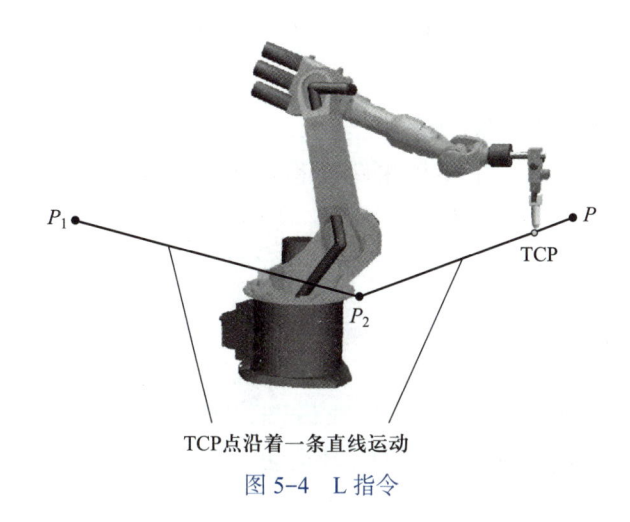

图 5-4　L 指令

指令示例：L P[2]

上述指令表示机器人以直线运动方式运动到 P_2 点。

L 指令的操作方法与 J 指令类似。

（3）C 指令。C 指令以当前位置为起点，CIRCLEPOINT 为中间点，TARGETPOINT 为终点，控制机器人在笛卡儿空间内进行圆弧轨迹运动（三点成一个圆弧），同时附带姿态的插补，如图 5-5 所示。

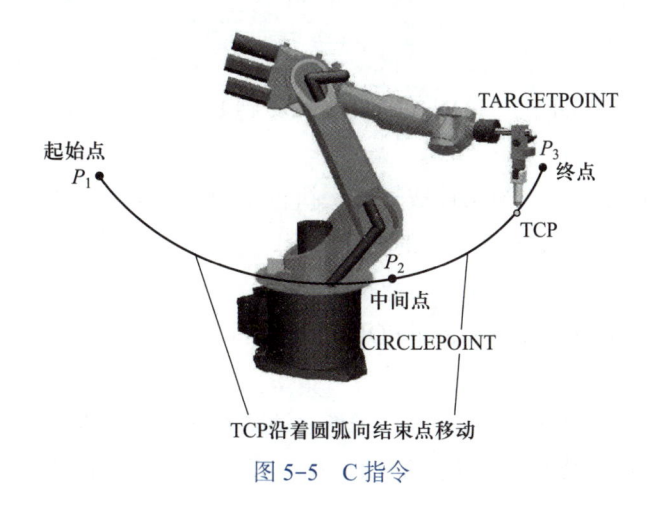

图 5-5　C 指令

指令示例：C P[2] P[3]

该指令表示机器人沿着 P_1、P_2、P_3 三点构成的圆弧，从 P_1 点运动到 P_3 点。

C 指令的操作方法与 J 指令类似，只是需要记录两个点的坐标。

2）流程指令

流程指令用来控制程序的执行顺序，控制程序从当前行跳转到指定行去执行。流程指令包括两大类指令：CALL 指令和 GOTO LBL［］指令。

（1）CALL 指令用于子程序调用，执行子程序的程序内容。

指令示例：CALL SON.PRG

上述指令表示调用 SON.PRG 子程序。

（2）GOTO LBL［］指令主要用来跳转程序到指定标签位置（LBL）处。要使用 GOTO 关键字，必须在程序中定义 LBL 标签，且 GOTO 与 LBL 必须在同一程序块中。

指令示例：
LBL[1]
J P[1]
J P[2]
GOTO LBEL[1]

上述指令表示，在 P_1 点和 P_2 点之间循环运动。

3）条件指令

条件指令用于机器人程序中的运动逻辑控制，有 IF…，GOTO LBL［］、IF…，CALL 两种。

（1）IF…，GOTO LBL［］指令。当 IF 条件成立时，执行 GOTO 部分代码块；条件不成立时，顺序执行 IF 下行的程序。

指令示例：
IF DI[1]=ON,GOTO LBL[1]
J P[1]
LBL[1]
DI[1]=OFF

上述指令表示如果 DI［1］=ON，则直接跳转到 LBL［1］后开始执行；否则，从上往下顺序执行。

（2）IF…，CALL 指令。当条件成立时，执行子程序 .PRG 代码内容，之后再顺序往下执行；条件不成立时，执行 IF 下行的程序内容，忽略调用的子程序。

4）循环指令

循环指令包含了 WHILE 指令和 FOR 指令，可以用逻辑条件判断，执行程序块循环。

（1）WHILE 指令。WHILE 指令根据条件表达式判断循环是否结束，条件为真时，持续循环，条件为假时，退出循环体。WHILE 指令以最近的一个 END WHILE 为结尾构成一个循环体。

（2）FOR 指令。FOR 指令定义一个变量的初始值、最终值以及步进值（即每次值递增的大小），判断循环变量值位于初始值与最终值之间，若为真则执行循环，若为假则退出循环体，以最近的一个 END FOR 为结尾构成一个循环体。

5）IO 指令

IO 指令分为 DI/DO、WAIT、WAIT TIME 三种。

（1）DI/DO 指令。DI/DO 指令用于输出信号的操作、IO 之间的映射。

（2）WAIT 指令。WAIT 指令用来等待某一输入、输出状态或 R 值是否等于设置的值，若条件不满足，则程序会一直阻塞在此行，直到条件满足才往下执行。

（3）WAIT TIME 指令。WAIT TIME 指令的作用是延时程序（任务）的执行，最短延时时间为 1，单位 ms。

6）赋值指令

赋值指令分为寄存器指令、坐标系指令等。

（1）寄存器指令。华数Ⅲ型系统预先定义了几组不同类型的寄存器供用户使用，包含浮点型的 R 寄存器、关节坐标类型的 JR 寄存器和笛卡儿坐标类型的 LR 寄存器。一般情况下，用户将预先设置的值赋值给对应索引号的寄存器，如：R［0］=1，JR［0］=JR［1］，LR［0］=LR［1］，寄存器可以直接在程序中使用。寄存器指令包含 R［］、JR［］、LR［］、JR［］［］、LR［］［］、P［］、P［］［］。

（2）坐标系指令。坐标系指令分为基坐标系（UFRAME）和工具坐标系（UTOOL），在程序中可以选择定义的坐标系编号，切换坐标系，工具、工件坐标系编号为 0~15，默认坐标系一为 -1。该指令用于程序调用工具、工件坐标系（注：程序中记录点位，若使用了工具或工件，需把工具基坐标系添加至程序中）。

3. **任务三：工业机器人轨迹规划示教编程**

本任务以机器人写字编程为例，学习了解如何开展轨迹规划示教编程。通过本任务的训练，学生能够更加深入掌握运动指令编辑、程序示教和调试的方法。本任务是利用示教器编写图 5-6 所示的字母轮廓轨迹程序。

1）示教前的准备

在对工业机器人进行写字编程轨迹规划示教编程之前，需要构建必要的编程环境，必须先设定好运动坐标模式、运行模式及相应的工具坐标系和基坐标系。

在进行轨迹规划示教编程之前，还需要进行如下准备和确认：

（1）确保气路正常供气且通畅。

（2）确保写字板正确摆放。

2）绘图笔工具坐标系标定

参照 2.4.3 任务一中的介绍，完成绘图笔工具坐标系的标定。

图 5-6　字母轮廓轨迹

3）写字板基坐标系标定

参照 2.4.3 任务二中的介绍，完成写字板基坐标系的标定。

4）运动规划

（1）动作规划。字母轮廓轨迹规划的写字动作可分解为"移到写字板上方""移到贴近写字板""下笔在写字板上""抬笔到安全位置"等一系列动作。

（2）路径规划。以"空心D字"为例，其轨迹规划的运动路径可以按图5-7所示分解。

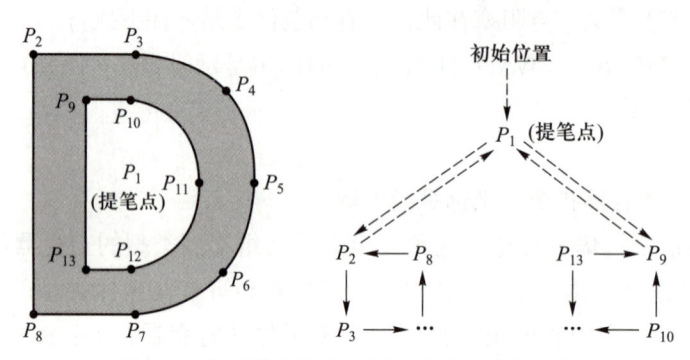

图5-7 字母轮廓轨迹规划运动路径分解示例

5）示教编程

为了使工业机器人写字过程能够再现，就必须将机器人的运动轨迹规划和动作编成程序。利用工业机器人的手动控制功能完成写字动作，并记录其动作。

上述"空心D字"外轮廓轨迹规划程序见表5-2。

表5-2 "空心D字"外轮廓轨迹规划程序

序号	程序	说明
1	JP［1］	提笔点
2	LP［2］	"空心D字"外轮廓
3	LP［3］	
4	CP［4］P［5］	
5	CP［6］P［7］	
6	LP［8］	
7	LP［2］	
8	LP［1］	
9	JJR［0］	运动回工业机器人工作原点

6）程序调试

程序编写完成后，还需要调试程序，以保证程序的正常运行。程序调试操作步骤如下：

（1）检查程序指令格式。

（2）检查机器人动作规划。

（3）加载程序，查看机器人是否报错。

（4）将机器人运行速度倍率调整至 10%，开单步运行程序。

（5）如无问题，将运行速度倍率调整到 30%，手动运行程序。

（6）如无问题，将运行速度倍率调整到 10%，自动运行程序。

（7）完成程序调试及运行。

4. 任务四：工业机器人搬运应用示教编程

本任务通过搬运码垛程序的示教编程，实现工件的搬运码垛过程，使学生深刻了解运动指令、IO 指令、流程指令、赋值指令、条件指令，并在这些指令的使用过程中，熟悉位置数据、定位路径的设置方法，掌握程序示教和调试的方法，最终完成工件的整个搬运码垛过程。本任务具体要求如下：

（1）编程实现把料仓上的工件搬运到工作台上。

（2）利用条件判断及 IO 配置实现料仓对应位置有工件才搬运、无工件不搬运的功能。

1）示教前准备

在进行工件搬运示教编程之前，还需要进行如下准备和确认：

（1）确保气路正常通畅。

（2）确保料仓中有正确放置的工件。

（3）确保工作台未放置工件。

2）运动规划

以图 5-8 中 1 个工件的搬运为例来进行搬运操作与编程任务的实施。

（1）动作规划。本任务中，工件搬运分解为取工件和放工件两个动作。

（2）路径规划。工业机器人进行工件搬运的路径规划可参考图 5-8 所示。

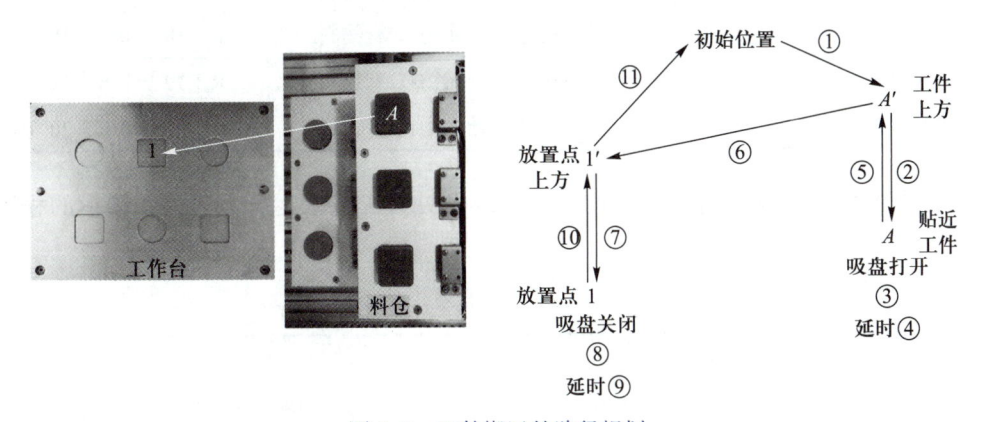

图 5-8 工件搬运的路径规划

3）示教编程与调试

搬运工件会用到运动指令、IO 指令等，根据图 5-8 所示的路径规划，得到其程序，见表 5-3。

表 5-3　工件搬运程序示例

序号	程序	说明
①	L P [1]	运动到工件上方位置 A' 点
②	L P [2]	运动到工件处 A 点
③	DO [12] = ON	气动吸盘打开，吸取工件
④	WAIT TIME 500	延时 500 ms
⑤	L P [1]	运动到工件上方位置 A' 点
⑥	L P [3]	运动到工件放置点上方位置 $1'$ 点
⑦	L P [4]	运动到工件放置点 1 点
⑧	DO [12] = OFF	气动吸盘关闭，放置工件
⑨	WAIT TIME 500	延时 500 ms
⑩	L P [3]	运动到工件放置点上方位置 $1'$ 点
⑪	J JR [0]	运动回工业机器人工作原点

上述程序只实现了工件搬运，还未实现有工件才搬运、无工件不搬运。结合料仓工件处的光电传感器可实现有无工件的判断，光电传感器的判断值可以写入 R 寄存器，以便于程序编辑。料仓光电传感器配置见表 5-4。

表 5-4　料仓光电传感器配置

地址	状态	说明	控制指令
R [15]	0/1	料仓 A 处无物料/有物料	R [15] = 0/R [15] = 1
R [16]	0/1	料仓 A 处无物料/有物料	R [16] = 0/R [16] = 1
R [17]	0/1	料仓 A 处无物料/有物料	R [17] = 0/R [17] = 1
R [18]	0/1	料仓 A 处无物料/有物料	R [18] = 0/R [18] = 1
R [19]	0/1	料仓 A 处无物料/有物料	R [19] = 0/R [19] = 1
R [20]	0/1	料仓 A 处无物料/有物料	R [20] = 0/R [20] = 1

结合光电传感器及 R 寄存器的配置，实现 A 处有工件搬运、无工件不搬运的程序见表 5-5。

表 5-5　工件搬运（有工件搬运、无工件不搬运）程序

序号	程序	说明
①	IF R [15] = 1, GOTO LBL [1]	若 A 处有工件，则运动到 LBL [1] 行，执行搬运工件的指令
②	LBL [1]	
③	L P [1]	运动到工件上方位置 A' 点
④	L P [2]	运动到工件处 A 点
⑤	DO [12] = ON	气动吸盘打开，吸取工件

续表

序号	程序	说明
⑥	WAIT TIME 500	延时 500 ms
⑦	L P [1]	运动到工件上方位置 A' 点
⑧	L P [3]	运动到工件放置点上方位置 1' 点
⑨	L P [4]	运动到工件放置点 1 点
⑩	DO [12]= OFF	气动吸盘关闭，放置工件
⑪	WAIT TIME 500	延时 500 ms
⑫	L P [3]	运动到工件放置点上方位置 1' 点
⑬	J JR [0]	运动回工业机器人工作原点

5.1.4 项目总结

通过本项目的训练，学生建立坚实的示教编程基础，掌握工业机器人编程所需的关键技能。在示教编程过程中，请留意程序具体框架，掌握示教编程的基本概念、步骤和技术，并将其与实际工业机器人运动相结合，以实现从编程到工业实现流程的融会贯通。

思考题

（1）程序打开和程序编辑有什么区别？

（2）什么情况下会用到 WAIT TIME 指令？

（3）请利用坐标系标定和切换，通过示教编程，写出如图 5-9 所示的字母轮廓。

（4）若要工业机器人把工作台上的工件搬运到料仓内，并且料仓上各仓位可能随机放置有工件，需要做到一个仓位最多只能放置一个工件，该如何通过编程实现？

图 5-9　示教编程拓展训练

5.2　工业机器人离线编程

5.2.1　项目描述

工业机器人离线编程是利用计算机图形学构建加工场景的三维虚拟模型，结合相应的规划算法，通过对仿真图形的控制驱动，实现在离线状态下进行加工轨迹规划的技术方法。机器人离线编程软件包括虚拟加工场景搭建、离线编程、运动仿真、后置处理等基本功能。

通过离线编程，用户可以根据仿真情况，发现加工过程中会出现的问题，及时对路径进行调整与优化，最后生成工业机器人程序。利用离线编程的可视化、可调整布局方案，以及精确的工业机器人运动轨迹，能够很好地保证产品的加工质量，进而降低生产风险。

本项目的主要目标是通过离线编程软件，使机器人完成仿真上下料、仿真喷涂、仿真打磨等综合训练任务。通过离线编程软件，将工业机器人的编程工作离线化，从而提高工业机器人的工作效率，减少其故障率。

5.2.2 项目准备

1. 工业机器人上下料工作站离线编程与仿真

使用离线编程软件构建一个工业机器人上下料工作站的模拟场景，学习使用工业机器人完成上下料任务的流程和技巧。通过实践操作，掌握离线编程软件的使用方法，根据上下料的需求，进行点位设置和编程，完成机器人的动作路径规划和优化。

1）机器人加工环境创建

（1）机器人模型导入。InteRobot 软件为用户提供了机器人库的功能模块，包括各种型号机器人的新建、编辑、存储、导入、预览、删除等功能，用户能够通过这些功能实现对机器人库的管理。图 5-10 是机器人库的主界面，该界面提供了机器人基本参数显示、机器人品牌选择、机器人轴数选择、自定义机器人、导入/导出机器人文件、属性编辑、机器人预览、导入视图添加节点等功能。

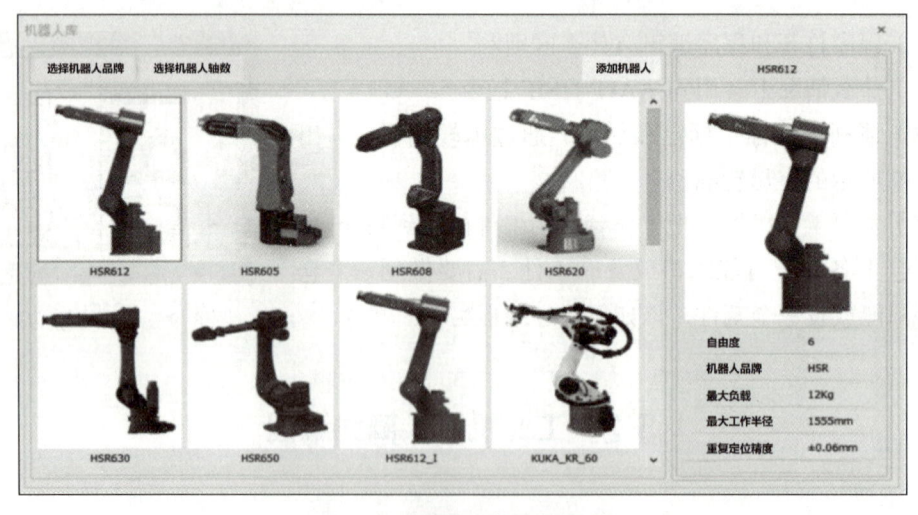

图 5-10　机器人库的主界面

（2）工具库介绍。在"工作站"导航树中，用户单击已经导入的机器人节点。选中该节点后，菜单栏的"工具库"菜单变为可用状态，然后单击菜单栏中的"工具库"选项打开"机器人工具库"主界面，如图 5-11 所示。

2）工作站周边模型的导入与位置调整

导入模型界面提供了将模型导入机器人离线编程软件的接口，导入的模型可以是工件、机床以及其他加工场景中用到的模型文件，支持的三维模型格式有 stp、stl、step、igs

图 5-11 "机器人工具库"主界面

等四种标准格式。将导航栏切换至"工作场景"导航树,选中工件组节点,此时菜单栏中的"导入模型"菜单变为可用状态,单击"导入模型"菜单,弹出导入模型界面,或者用户也可以在工件组节点上点击鼠标右键,在弹出的快捷菜单中选择导入模型。

在导入模型界面完成导入模型的位置、姿态、名称及颜色的设置之后,单击"选择模型"按钮,在文件对话框中选择要导入的模型文件,单击"确定"完成模型的导入。用户没有导入工件前,工作场景导航树中只有一个工作场景根节点以及该节点下的一个工件组子节点。导入场景模型后,视图中出现选中的模型文件的三维模型,并且在工作场景导航树中,在"工序组"节点下创建了以该工件名为名称的子节点,如图 5-12 所示。

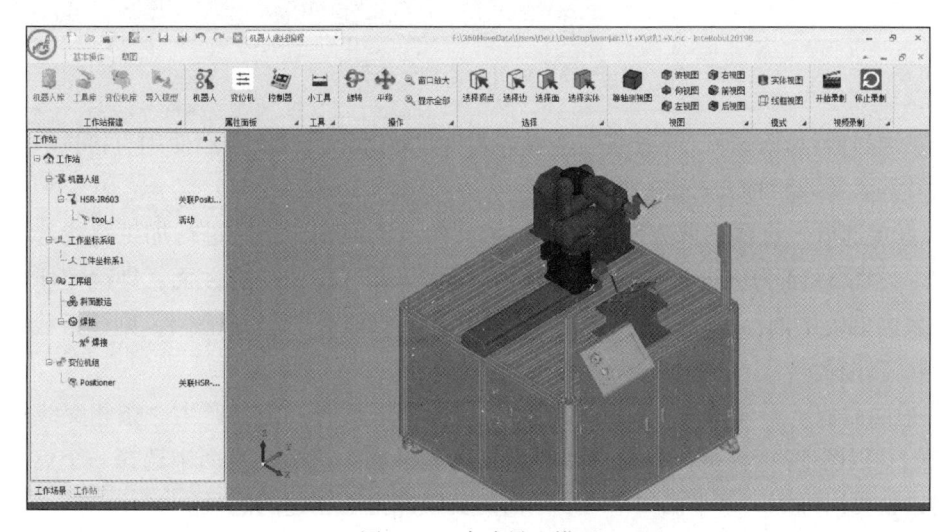

图 5-12 完成导入模型

3）路径自动添加方式

路径自动添加方式，即识别工艺模型的特征曲面实现轨迹创建。这种路径添加方式可以一次性完成所有路径点位的添加，所添加的路径也具有明确的规律。根据加工路径点创建原理的不同，软件为用户提供了"通过面"与"通过线"两种生成方式。

（1）通过面。在使用"通过面"生成方式创建加工路径点时，在基准面、曲面外侧方向、加工方向以及轨迹生成方法设置完成之后，软件就能够生成一条完整的运动路径。由于工业机器人的运动是通过逐个计算目标点关节角的变化量而实现的，即工业机器人是不能够按照一条连续的路径去计算其关节角的，因此就需要对软件所生成路径进行离散操作，即单击"离散"按钮，如图 5-13 所示。

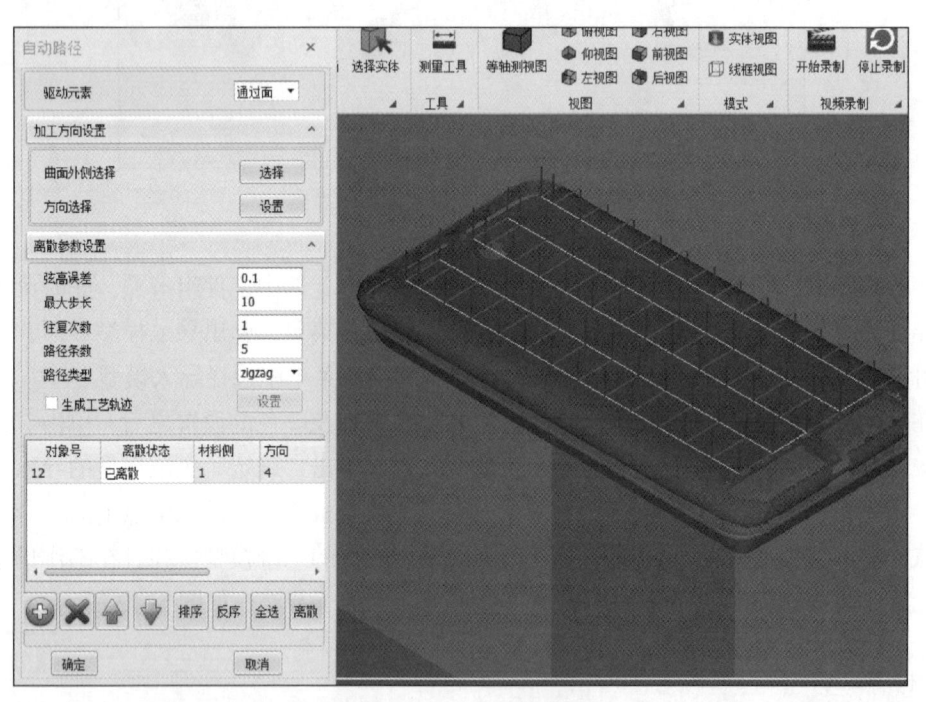

图 5-13 通过面添加轨迹路径

（2）通过线。在选择"通过线"生成方式创建轨迹路径时，可以使用直接选取、平面截取以及等参考线三种方式进行操作。

① 直接选取。直接选取方法是在用户定义的范围面中，直接进行加工路线选取的操作方法。以图 5-14 为例进行说明，首先通过"选择面"按钮点选 A 面，即确定所生成的路径在该面的范围内。之后通过"选择线"按钮在 A 面内选择一条线 a，则该条线即为所创建的轨迹路径。

② 平面截取。平面截取方法是利用两个平面不平行时一定会产生一条相交线的原理而实现的。以图 5-15 为例，首先选择平面 A 为基准面，之后在平面中选择一个点并确定其法向，就可以确定一个平面 B，两个平面的交线即为所创建的路径。

③ 等参考线。等参考线方法是在选中基准面后，基于用户所设定的生成参数，在面

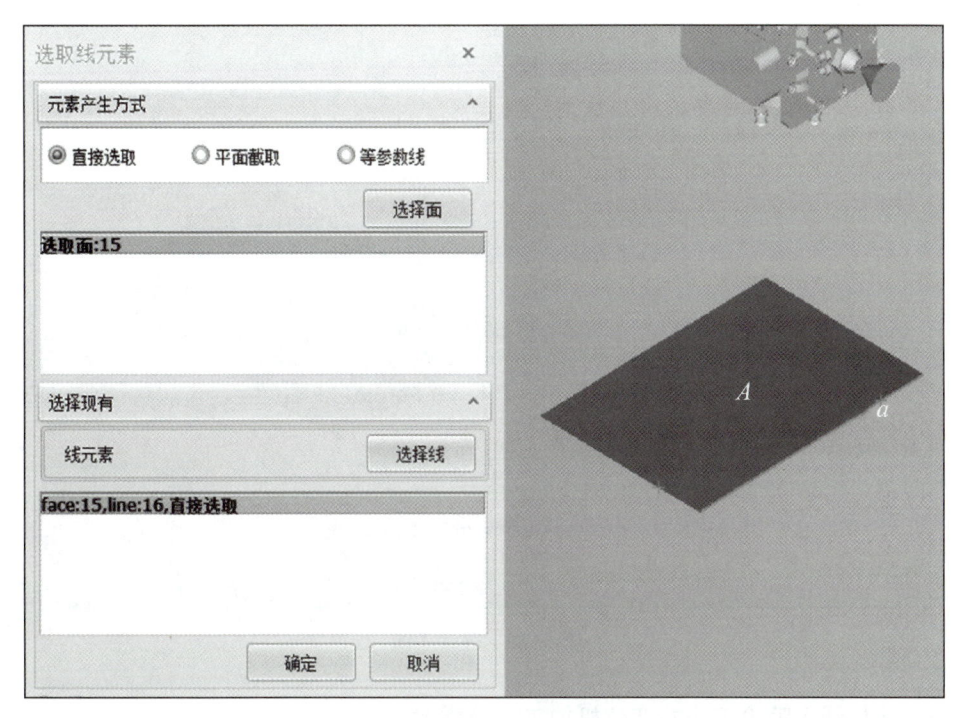

图 5-14　直接选取

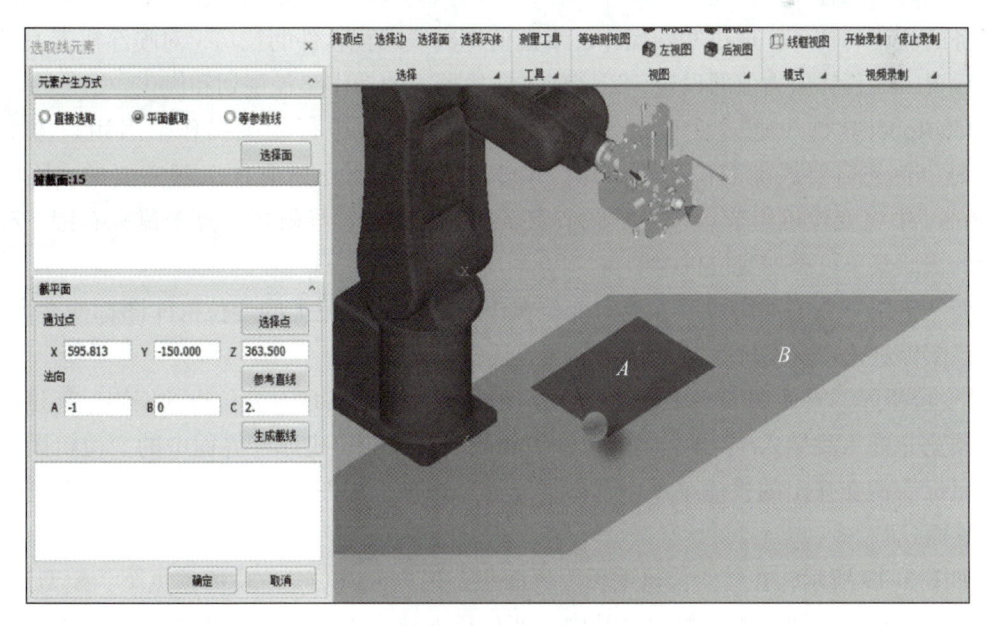

图 5-15　平面截取

内生成相应的轨迹路径。以图 5-16 为例，在选择 A 面为基准面后，通过设置"参考方向"为"U 向"及"参数值"为"0.2"，就能够在 A 面内生成轨迹线 C。

参数值的设置原理是将平面在 U、V 方向的长度视为 1，通过所填写数值按百分数比例生成对应的加工轨迹，因此参数值选项中的取值范围为 0～1。

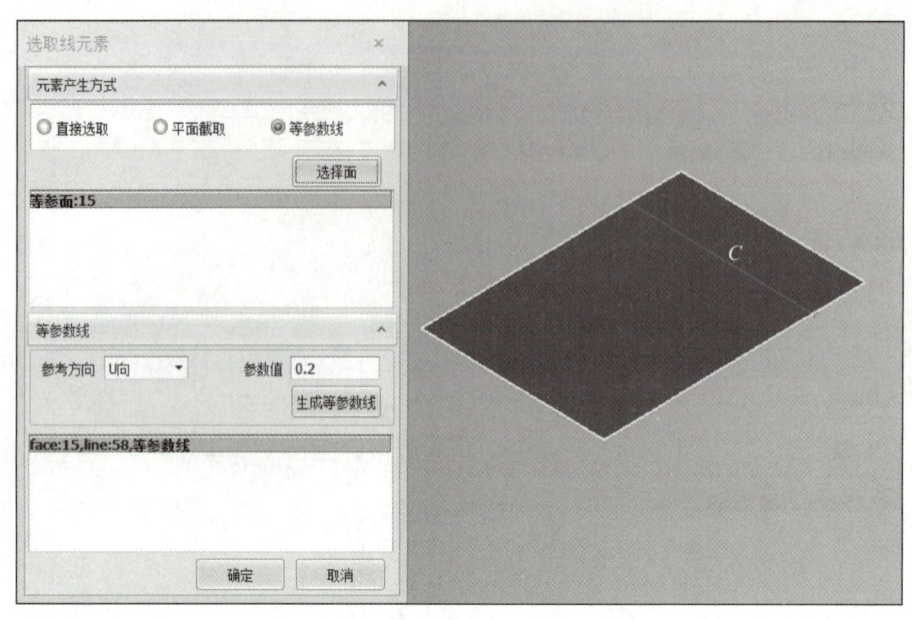

图 5-16　等参考线

2. 工业机器人喷涂工作站变位机加工环境搭建

使用离线编程软件创建一个喷涂工作站的模拟场景，学习如何使用工业机器人完成喷涂任务的流程和技巧。通过实践操作，掌握使用离线编程软件的技巧，对喷涂机器人进行点位设置、编程和压力值的设定，以完成工业机器人的动作路径规划和优化。

InteRobot 软件中通过变位机库对仿真变位机模型进行相关操作，当用户添加变位机时，首先需要添加变位机组节点。由于变位机并不是所有加工都需要的，因此在 InteRobot 中将变位机组节点作为扩展节点。在"工作站"导航树上点击鼠标右键，利用弹出的快捷菜单可添加变位机组节点。

变位机组节点添加完成后，单击变位机组节点，菜单栏上的变位机库图标便会高显，单击该图标进入"变位机库"界面。

"变位机库"界面如图 5-17 所示，用户可在此界面中实现对变位机的编辑、新建、删除、预览、导入和导入/导出变位机文件等功能。在"变位机库"界面中的变位机图标上点击鼠标右键在弹出的快捷菜单中选择"属性"选项，如图 5-18 所示，进入"变位机编辑"界面。

如图 5-19 所示，在"变位机编辑"界面中，用户可以对变位机的预览图、模型参数、建模参数、运动参数等进行修改。其中，变位机的建模参数主要有"Base"建模参数与"Axis"建模参数。"Base"建模参数决定变位机建模坐标系相对于世界坐标系的位置，修改该参数会改变变位机的位置；"Axis"建模参数决定变位机转轴的位置，其数值为相对于变位机建模坐标系的数值，改变"Axis"建模参数，转轴位置会发生变化。

变位机运动参数包括了运动方式、运动方向、最小限位、最大限位、初始位置等。"运动方式"包括了静止与旋转；"运动方向"规定了变位机转轴的旋转方向，可选其为绕

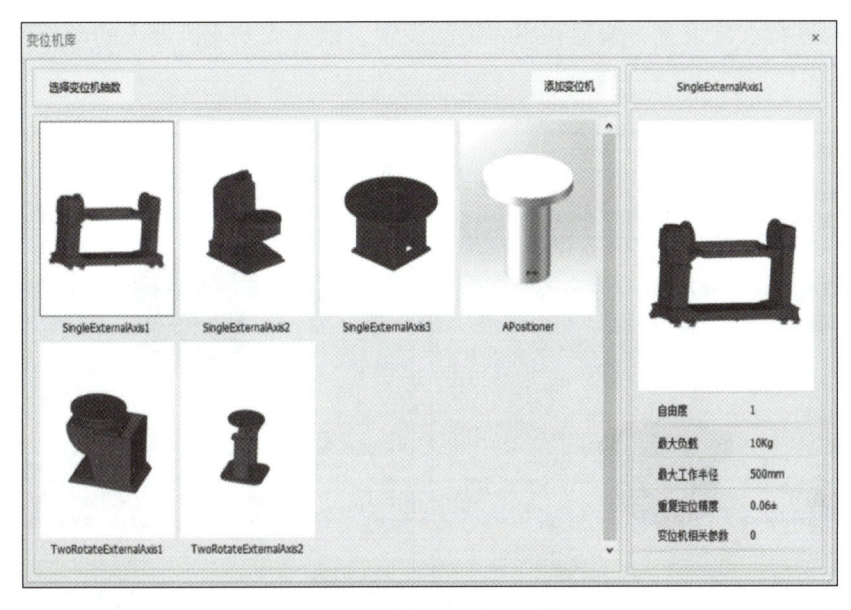

图 5-17 "变位机库"界面

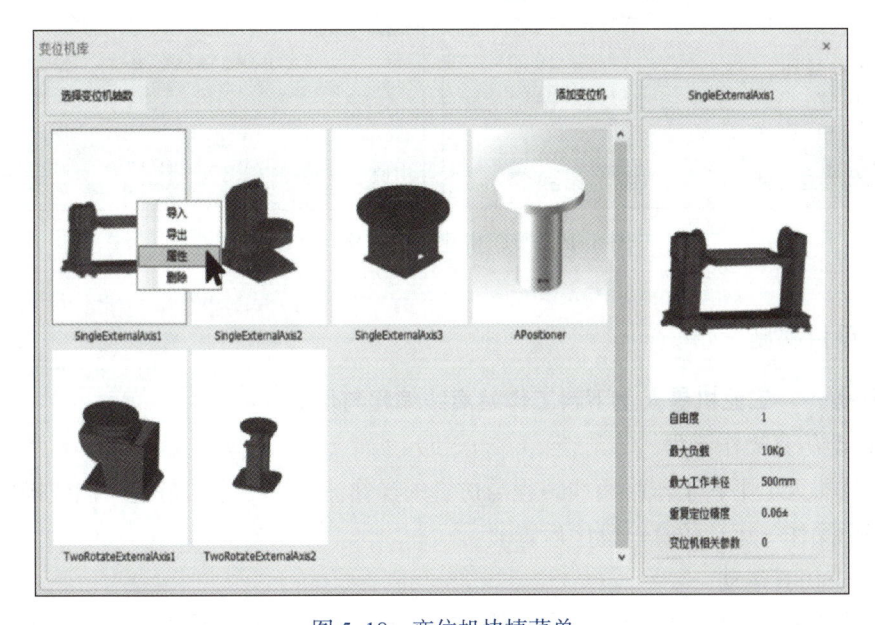

图 5-18 变位机快捷菜单

世界坐标系的 X、Y、Z 轴顺时针或逆时针（分别以 +、- 号表示）的旋转；"最小限位"与"最大限位"参数值规定了在工业机器人加工过程中变位机转轴所能到达的角度范围；"初始位置"表示变位机转轴初始的默认角度。

3. 工业机器人打磨工作站离线编程与仿真

使用离线编程软件，创建一个打磨工作站的模拟场景，学习如何使用工业机器人完成打磨任务的流程和技巧。通过实践操作，学生能够掌握使用离线编程软件的技巧，对打磨机器人进行点位设置、编程和压力值的设定，以完成工业机器人的动作路径规划和优化。

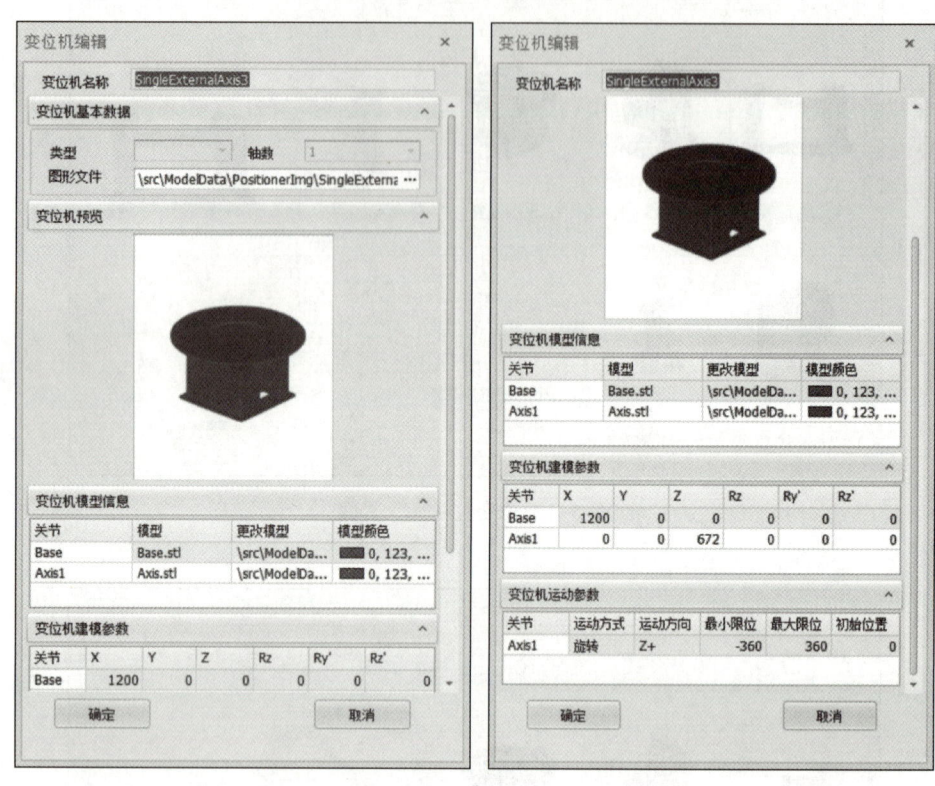

图 5-19　变位机建模参数及运动参数

5.2.3　项目实施

1. 任务一：工业机器人上下料工作站离线编程与仿真

1）运动仿真操作流程

工业机器人上下料工作站离线编程与仿真的操作流程：工作站搭建→创建操作→路径添加→编辑操作→运动仿真→程序后置。

2）检查仿真运动

在运动仿真操作步骤完成后，先对整个动作流程进行初步的检查，检查是否有轨迹错误、模块之间的碰撞等问题，从而保证上下料动作的流畅性、完整性，条件等待的时间建议在 500 ms 以上，在调试运行时，先降低仿真运行速度，确定没有问题后再输出控制代码，保证设备与操作者的安全。

2. 任务二：工业机器人喷涂工作站离线编程与仿真

1）运动仿真操作流程

工业机器人喷涂工作站离线编程与仿真的操作流程：工作站搭建→创建操作→路径添加→编辑操作→运动仿真→程序后置。

2）检查仿真运动

在运动仿真操作步骤完成后，先对整个动作流程进行初步的检查，检查是否有轨迹错误、模块之间的碰撞等问题，从而保证喷涂动作的流畅性、完整性，条件等待的时间建议在 500 ms 以上，在调试运行时，先降低模拟仿真运行速度，确定没有问题后再输出控制代码，保证设备与操作者的安全。

3. **任务三：工业机器人打磨工作站离线编程与仿真**

1）运动仿真操作流程

工业机器人打磨工作站离线编程与仿真：工作站搭建→创建操作→路径添加→编辑操作→运动仿真→程序后置。

2）检查仿真运动

在运动仿真操作步骤完成后，先对整个动作流程进行初步的检查，检查是否有轨迹错误、模块之间的碰撞等问题，从而保证打磨动作的流畅性、完整性，条件等待的时间建议在 500 ms 以上，在调试运行时，先降低模拟仿真运行速度，确定没有问题后再输出控制代码，保证设备与操作者的安全。

5.2.4 项目总结

本项目以上下料、喷涂、打磨等典型应用案例介绍了工业机器人离线编程技术，包括工作站搭建、路径编辑、运动仿真、程序后置等。通过本项目的训练，学生能够掌握离线编程软件的使用方法，熟悉基于工业机器人作业任务编制控制程序的作业流程，具备使用工业机器人解决典型应用需求的能力。

思考题

（1）比较离线编程与在线示教编程的优、缺点，在什么情况下选择哪种编程方法？

（2）工具库在本项目中的作用是什么？如何管理和选择适合的工具？

（3）在机器人离线编程中，如何确保机器人在实际生产中的安全运行？有哪些预防措施和安全标准？

5.3 工业机器人视觉检测

5.3.1 项目描述

现代化产线的生产流程中会涉及各种各样的检验，人眼是无法做到连续、稳定地识别这些高度重复性的工作。由于对产品的需求不同，要想完成这些功能就需要视觉系统来帮助其完成图像采集和分辨，视觉系统完成这些工作就须将硬件和软件功能配合在一起。对于机器视觉系统来说，硬件搭建完成后，软件就可以根据从硬件得来的图像信息进行处理。

5.3.2 项目准备

1. 相机标定

1）相机标定的作用

图像测量过程以及机器视觉应用中，为确定空间物体表面某点的三维几何位置与其在图像中对应点之间的相互关系，必须建立相机成像的几何模型，这些几何模型参数就是相机参数。在大多数条件下这些参数必须通过试验与计算才能得到，这个求解参数的过程就称之为相机标定。无论是在图像测量还是在机器视觉应用中，相机标定都是非常关键的环节，其标定结果的精度及算法的稳定性直接影响相机工作结果的准确性。因此，做好相机标定是做好视觉识别工作的前提。

2）常用相机标定方法

由于工业机器人坐标系和相机坐标系不重合，相机计量单位为像素，工业机器人计量单位为 mm，常用九点标定法换算。视觉软件通过九点标定法，将图像坐标系与工业机器人坐标系建立关系，进行工件位置的识别。通过模板匹配的方法，定位到目标物的坐标并传送给工业机器人控制器，引导工业机器人抓取已定位的目标。

相机标定前须进行相应准备，步骤如下：

（1）先将工业机器人以吸嘴为中心，新建一个工具坐标系，如 Tool10。

（2）准备一张标有 9 个圆圈位置的标定板，如图 5-20 所示。

（3）切换工业机器人工具坐标系为步骤（1）新建的工具坐标系，并选择世界坐标系操控工业机器人。

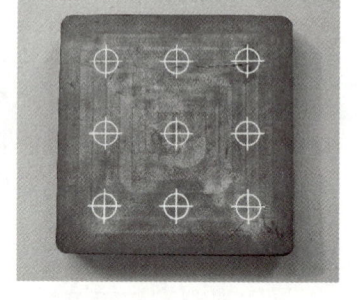

图 5-20 标定板

2. 工件形状识别

在工业机器人关节装配任务中，工件形状识别是完成法兰盘工件和减速器工件的区分，引入视觉系统之后，需要采用机器视觉自动区分两种不同类型的工件，以引导工业机器人完成不同的装配动作。在当前系统中进行工件形状识别，需要进行识别流程创建、工件识别模板制作及测试。通过本任务，熟悉视觉系统工件形状识别流程、工件形状参数设置的方法，最终完成法兰盘、减速器工件形状的识别。

1）机器视觉形状检测方法

机器视觉就是以机器代替人眼视觉完成观察和检测任务的系统，常用于大批量生产的产品质量检测、目标定位，如外观和缺陷等检测、工件精确定位等一些环境危险或者人眼视觉难以满足要求的场合。采用机器视觉系统可以很大程度上提高检测精度和检测效率。

2）工件形状检测识别原理

机器视觉应用比较广泛的形状检测方法是基于几何特征的模板匹配算法。该算法对于光照的影响不是很敏感，且可以有效地处理遮挡问题，对于非刚性变形（伸缩、旋转等）也可以得到满意的效果。该算法首先提取出模板的特征信息，如边缘、角点、模板重心，并对特征进行训练，通过训练后得到的特征对目标图像进行特定搜索匹配。

基于几何特征的模板匹配算法具有鲁棒性好、抗干扰性强；对于复杂情况如遮挡和部分隐藏的情况也可以得到预想的匹配效果；可以很好地处理旋转、伸缩变形、微小畸变的情况。

3. 工件颜色识别

工件在视觉系统中位置坐标确定后，通过拍照获取图像，然后取出每个工件的 RGB 值，根据 RGB 各分量值进行颜色识别，但是同一种颜色的工件，它返回来的 RGB 值也存在一定的差异，为了保证颜色识别准确，必须做相应的处理。解决方法是将背景板设置成纯黑色，RGB 值都为 0，减小背景色的干扰。然后在每次进行颜色判断时，在工件中心点坐标附近按一定的间隔取出多个像素点的 RGB 值，通过对这些值求平均值来判断颜色。

4. 视觉检测系统

在华数工业机器人应用编程一体化教学平台上，视觉检测系统的拍照触发、状态数据、识别结果等信息都存储在工业机器人的 R 寄存器中。部分视觉数据的存储位置及功能见表 5-6。

表 5-6　部分视觉数据的存储位置及功能

R 寄存器	功能
R［99］	视觉-拍照 1
R［100］	视觉-拍到 1/没拍到 2
R［101］	视觉-白色 1/黄色 2/蓝色 3
R［102］	视觉-X 坐标值
R［103］	视觉-Y 坐标值
R［104］	视觉-θ 坐标值
R［105］	视觉-法兰盘 1/减速器 2

1）视觉系统数据流

视觉系统的触发由工业机器人设置相应的 R 寄存器值进行控制。一方面视觉系统的拍照识别结果存储到工业机器人的相应寄存器中，PLC 通过 Modbus 通信协议获取工业机器人相关寄存器的值，将数据存储到 PLC 端，人机界面（human machine interface，HMI）依据不同的识别结果完成界面显示；另一方面，PLC 端需要判断当前识别的结果是否与 HMI 用户输入的工件类型及颜色一致，并将判断结果反馈给工业机器人，以引导工业机器人执行不同的动作。

2）视觉控制工业机器人程序

工业机器人的视觉识别子程序的参考代码如下：

```
UTOOL_NUM = 10
UFRAME_NUM = -1
L LR[98]
LR[99][0] = R[102]
LR[99][1] = R[103]
L LR[99]
LR[100][0] = R[102]
LR[100][1] = R[103]
L LR[100]
WAIT TIME = 100
DO[12] = ON
WAIT TIME = 100
L LR[99]
L LR[98]
L LR[102]
J LR[105]
LR[106][3] = -163.897-R[104]
L LR[106]
LR[107][3] = -163.897-R[104]
L LR[107] VEL = 100
WAIT TIME = 100
DO[12] = OFF
WAIT TIME = 100
L LR[106]
L LR[112]
L LR[109] VEL = 100
L LR[106]
L LR[107] VEL = 100
WAIT TIME = 100
DO[12] = ON
WAIT TIME = 100
L LR[110]
WAIT TIME = 100
DO[12] = OFF
WAIT TIME = 100
L LR[111]
J LR[102]
WAIT TIME = 100
R[99] = 0
R[100] = 0
R[101] = 0
R[102] = 0
R[103] = 0
R[104] = 0
R[105] = 0
UTOOL_NUM = -1
UFRAME_NUM = -1
```

5.3.3 项目实施

1. 任务一：相机标定任务实施

按照相机标定步骤，绘制相机标定流程图，进行相关参数设置，用九点标定法完成相机标定，生成并保存标定文件。

1）标定流程

拖动软件左侧工具栏的相机图像、高精度特征匹配、N点标定控件至界面，创建相机标定流程图，如图5-21a所示。

2）相机图像

双击流程图中的相机图标，设置参数："选择相机"为"Hikvision MV-CA060-10G"，"像素格式"为"MONO8"，"触发源"为"SOFTWARE"，如图5-21b、c所示。

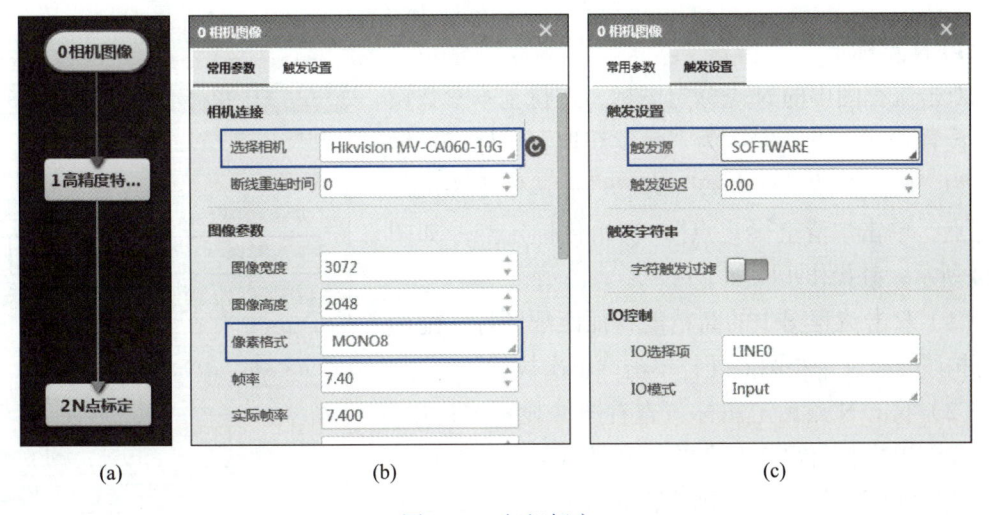

图 5-21 相机标定

3）高精度特征匹配

单击视觉软件界面单次执行工具，双击流程图中的高精度特征匹配图标设置参数。

（1）创建特征模板。单击创建，弹出如图5-22所示的对话框，完成下述操作步骤。

① 单击"选择当前图像"，新建模板。

② 用圆形框或矩形框选中小圆圈。

③ 选择模型匹配中心。

④ 选择小圆中心点，如果有其他非圆弧边界，用橡皮擦去除。

⑤ 单击对勾图标，生成模型。

⑥ 单击"确定"按钮。

（2）设置运行参数。"最大匹配个数"设置为9，如图5-23所示。

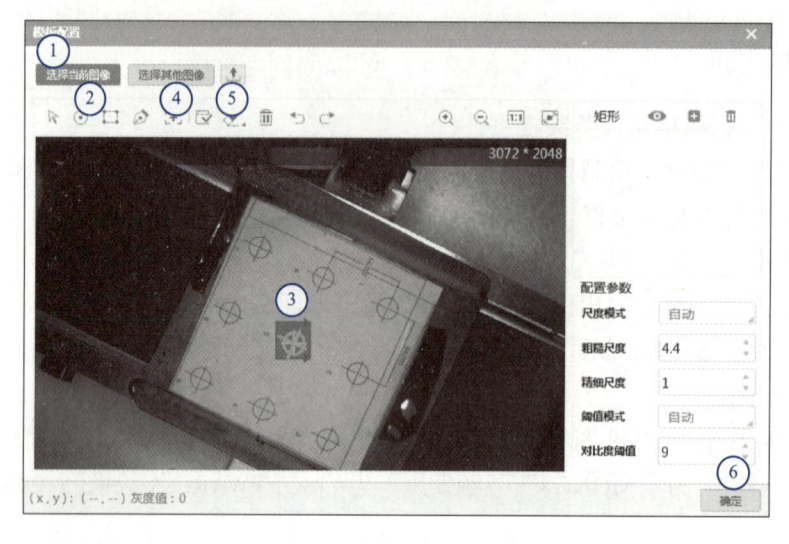

图 5-22　创建特征模板

4）N 点标定

双击流程图中的 N 点标定图标，进行基本参数设置。设置"标定点获取"为"触发获取"，"标定点输入"为"按点"，"平移次数"为"9"。选中不相关的标定点，单击"清空标定点"，初始化标定点。如图 5-24 所示，其操作步骤如下：

（1）双击流程图中的高精度特征匹配图标，拖动蓝色拍照框至 9 个小圆圈处，单击"单次执行"。

（2）双击 N 点标定图标，查看图像显示窗口中，上个步骤单次执行后 9 个点的轨迹是否与图像窗口显示的轨迹匹配，如果不正确，清空标定点后，重复上一步。如果正确，单击"旋转次数"后面的笔形图标，弹出"编辑标定点"表格，如图 5-25 所示。

图 5-23　设置运行参数

图 5-24　设置 N 点标定

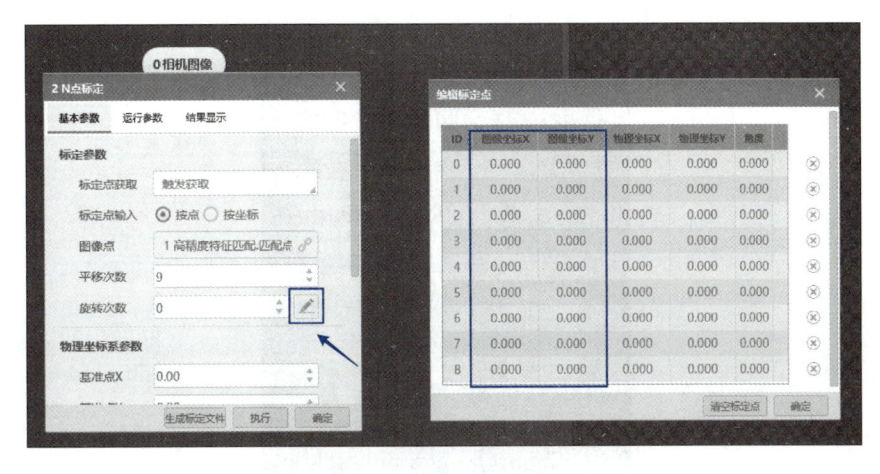

图 5-25　编辑 9 个标定点

（3）左侧"图像坐标 X""图像坐标 Y"会自动填写，工业机器人按顺序依次运行到每个小圆圈的中心点，用 LR 寄存器记录坐标值，机器人姿态如图 5-26 所示。

（4）把寄存器中保存 X、Y 坐标值填入"编辑标定点"表格的"物理坐标 X""图像坐标 Y"中，如图 5-27 所示。

图 5-26　机器人姿态　　　图 5-27　编辑标定点示意图

（5）单击"确认"按钮。
（6）单击"执行"按钮，生成标定文件，保存在文件夹中。
（7）标定完成。

2. 任务二：工件形状识别任务实施

1）创建形状识别流程图

新建工艺流程图，通过选取工具栏相应的模块，创建如图 5-28 所示的用于工件形状的识别流程图或法兰盘、减速器工件种类的识别流程图。

2）工件形状识别参数设置

（1）相机常用参数设置，设置参数：选择相机为"Hikvision MV-CA060-10G"，像素格式为"MONO8"，触发源为"SOFTWARE"，如图 5-29 所示。

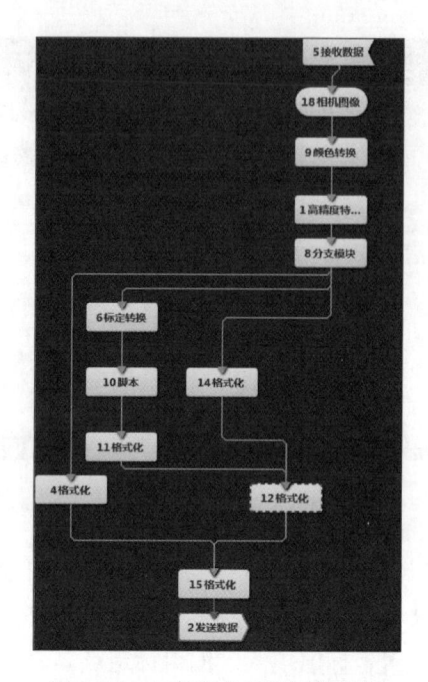

图 5-28 工件形状的识别流程图

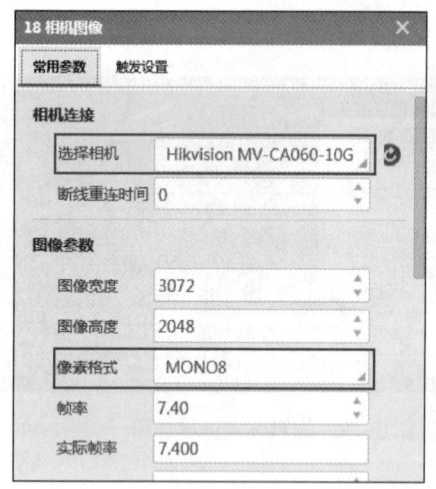

图 5-29 工件形状识别参数设置

（2）对工件进行"高精度特征匹配"→"特征模板"定义，创建模板。模板创建需要将相机设置为灰色，选择当前图像，进行模板创建，创建完成后，将相机设置为彩色 RGB。

创建模板时，将工件放在摄像头照射中心位置，缺口方向与装配的放置方向重合。模板 1 为法兰盘、模板 2 为减速器，分别创建。具体配置参数如图 5-30 和图 5-31 所示。

（3）对工件进行"高精度特征匹配"→"运行参数"定义，输入角度范围为 -45°～45°。运行参数设置如图 5-32 所示。

（4）对工件进行"标定转换"→"基本参数"定义与设置，加载任务一保存的标定文件。

（5）工件脚本信息编制，具体如图 5-33 所示。

第五章 工业机器人应用技术实践

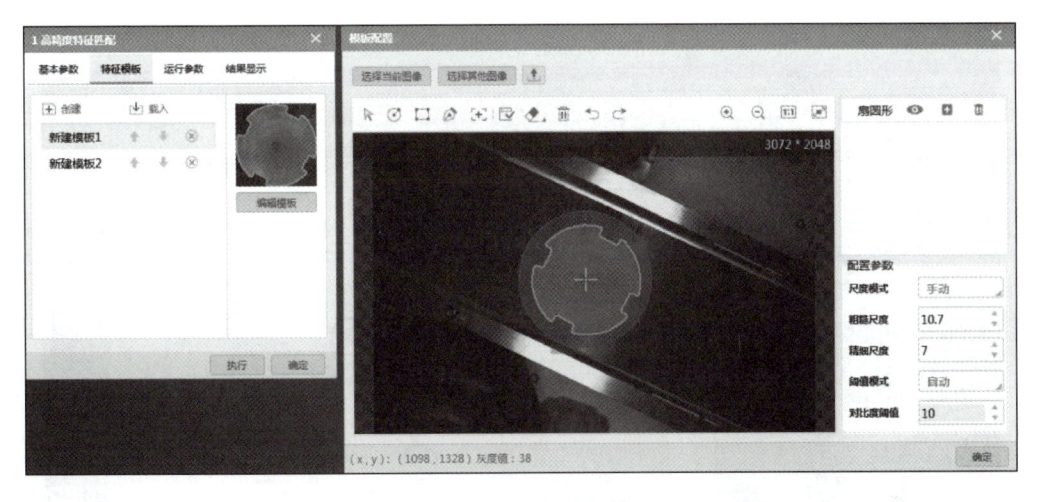

图 5-30 法兰盘特征模板

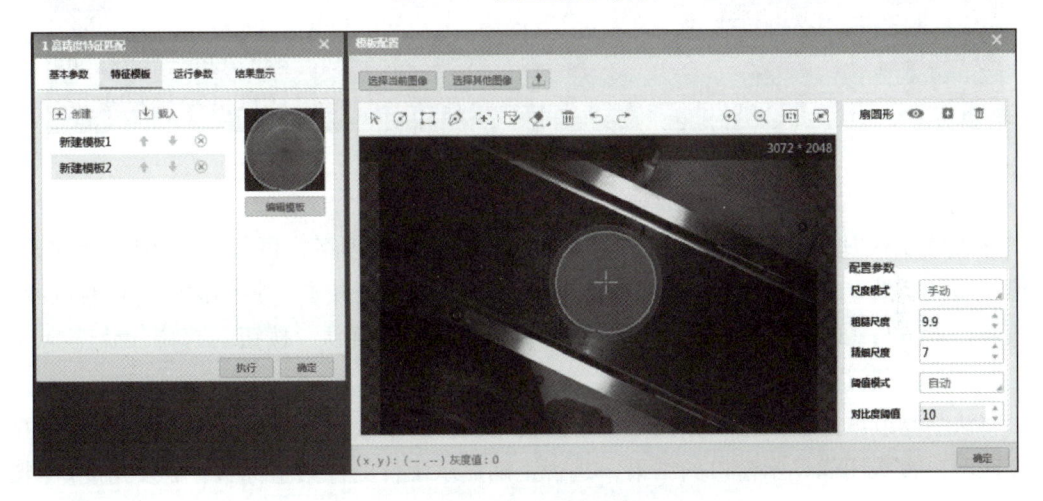

图 5-31 减速器特征模板

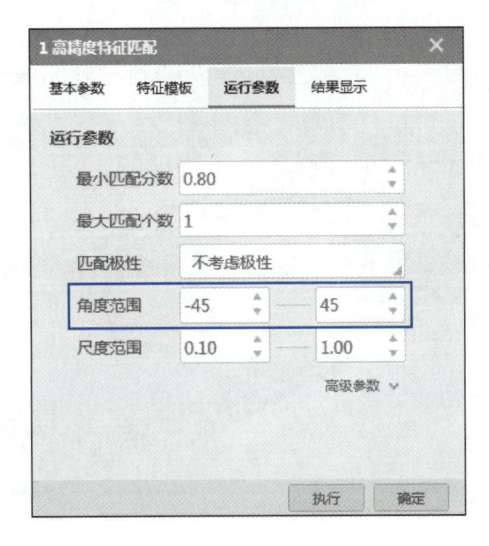

图 5-32 运行参数设置

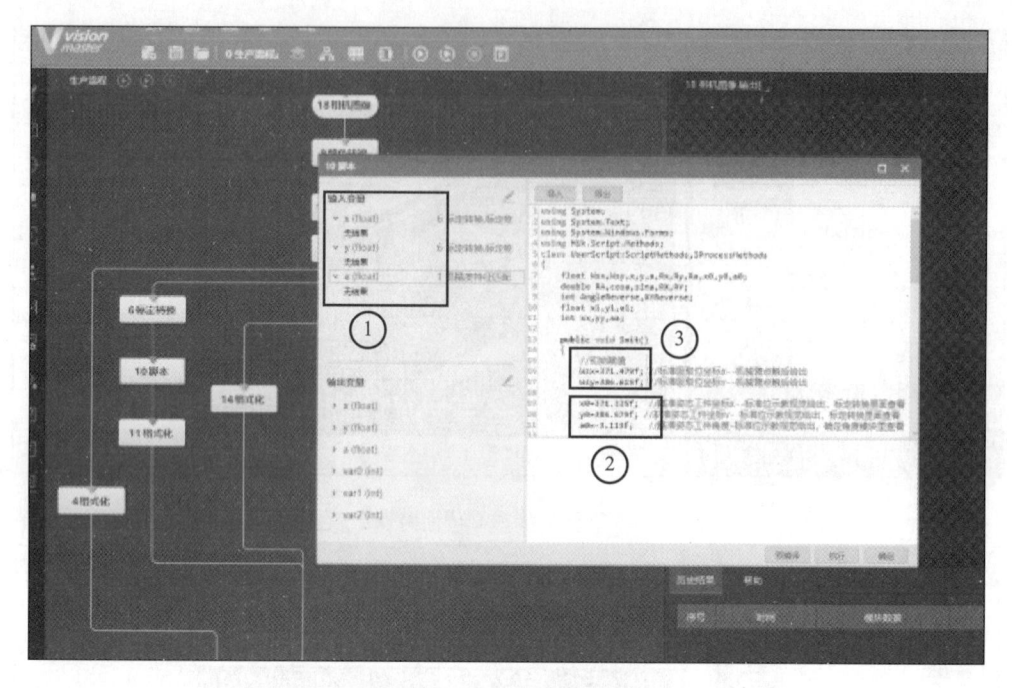

图 5-33 工件脚本信息编制

在创建模板时，进行视觉拍照后，不要动工件，打开脚本，将图 5-33 中①处的 3 个数值填写到②处，然后移动机器人 T10 工具坐标到工件的正中心，将到达中心处时机器人的实际位置填写到③处，然后单击"预翻译""执行"和"确认"按钮。

3）工件形状识别的测试

将法兰盘或减速器放置在相机下，单击视觉软件的单次执行工具，选择流程图中的高精度匹配，查看图像显示窗口的结果，是否正确显示工件的像素坐标 X、Y 及角度。测试结果如图 5-34 所示。

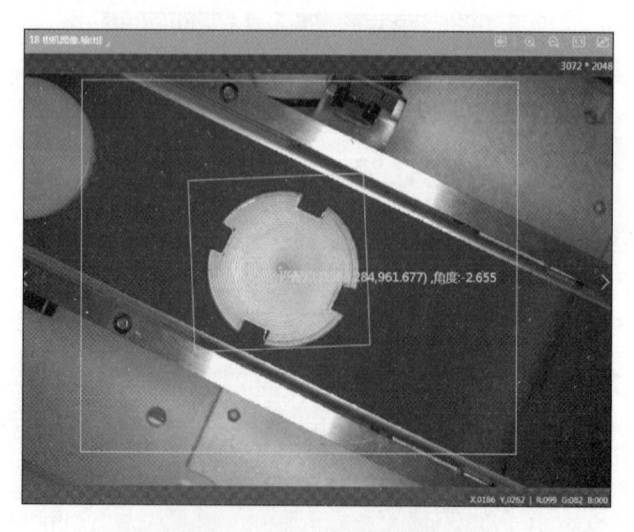

图 5-34 工件形状识别的测试结果

3. 任务三：工件颜色识别任务实施

1）创建颜色识别流程图

此步骤是通过颜色判断，将工件自身的颜色转换到不同的通道（R/G/B），进行颜色区分。创建的颜色识别流程图如图 5-35 所示。

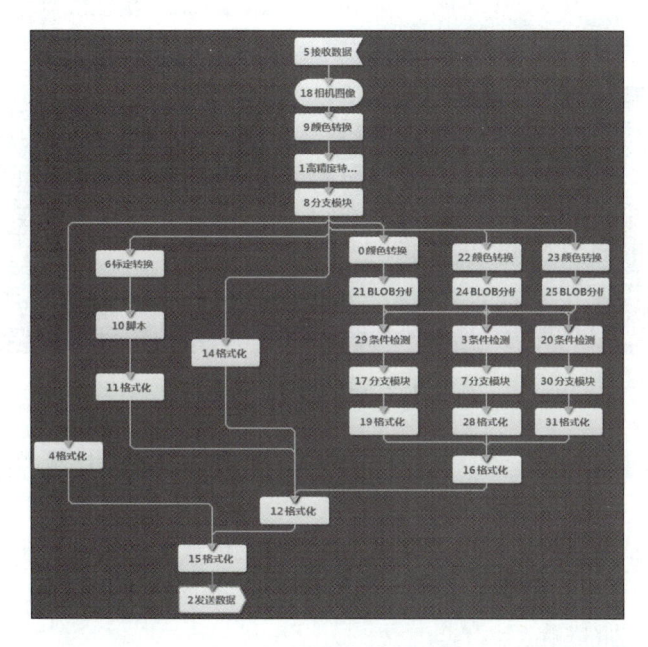

图 5-35　颜色识别流程图

2）工件颜色识别参数设置

（1）颜色转换。将工件自身的颜色转换到不同的通道（R/G/B），进行颜色区分，其他两个颜色转换控件的转换比例设置为 G 通道、B 通道。

（2）BLOB 分析。通过 BLOB 分析得到当前的阈值，根据视觉图像窗口中工件的 R、G、B 值，设置极值和低阈值参数，如图 5-36 所示。

图 5-36　BLOB 分析

(3）条件检测。通过 3 个通道的阈值进行条件有效范围的设置，如图 5-37 所示。

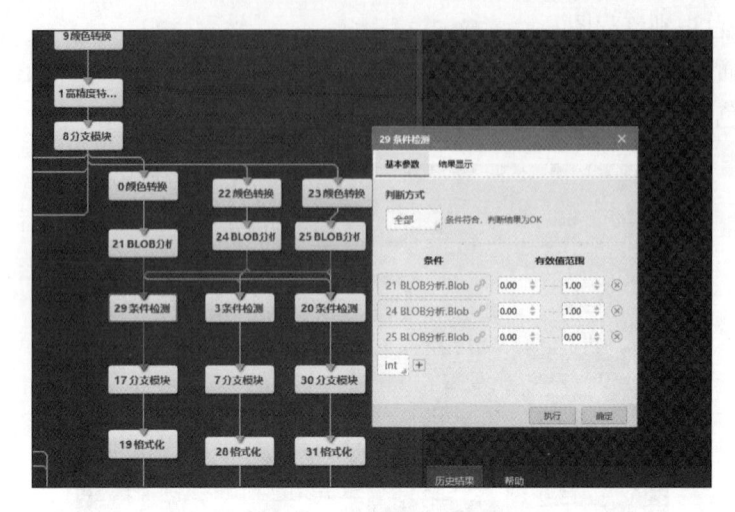

图 5-37　条件检测

（4）分支模块。设置 3 个分支模块控件的输入参数为对应条件检测的结果，并将条件输入值设置为 1。

（5）格式化。依据条件检测中的范围，设置分支模块下格式化控件的基本参数：白色为 1，黄色为 2，蓝色为 3。

3）工件颜色识别的测试

在颜色识别的测试流程图（图 5-38）中选择格式化控件，单击单次执行按钮，查看图像显示窗口中的检测结果。

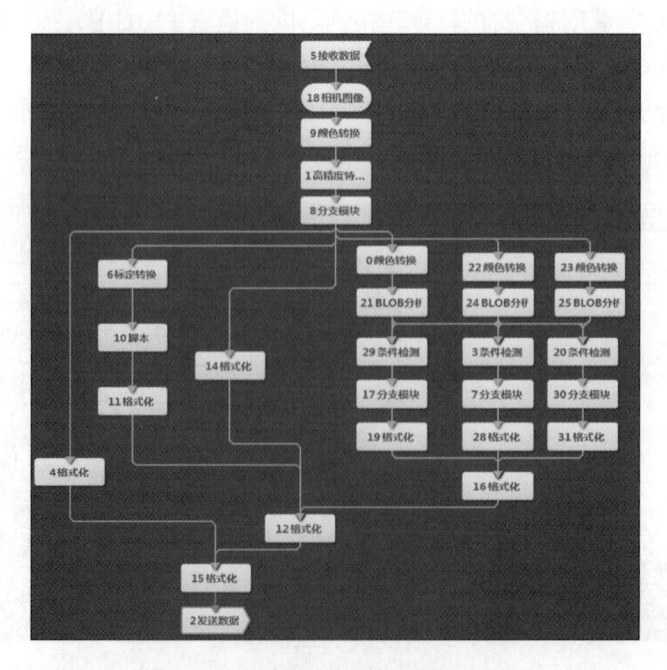

图 5-38　工件颜色识别的测试流程图

在视觉拍照位置放置黄色法兰盘工件,工件颜色识别的测试结果如图 5-39 所示。

图 5-39　工件颜色识别的测试结果

4. 任务四：视觉系统与机器人联调

本任务通过视觉系统与机器人的联调,实现电动机的装配。视觉系统已完成形状、颜色的识别后,将结果通过通信软件发送到机器人中,主要完成电动机法兰盘的装配。具体操作步骤如下：

（1）视觉系统识别工件颜色、形状,并将相应的参数值返回到机器人寄存器中。各寄存器中对应的内容：R［99］——是否触发拍照,R［100］——是否拍摄到物品,R［101］——颜色值,R［102］——X 坐标值,R［103］——Y 坐标值,R［104］——旋转角度值,R［105］——形状值。

（2）机器人根据视觉系统返回的值进行判断,若未拍摄到,不做任何处理动作,若拍摄到进行到第（3）步。

（3）判断是否为需要的法兰盘。若是,进行到第（4）步；若不是,进行第（6）步。

（4）机器人根据相应寄存器存储的坐标系,调整好姿态,进行法兰盘的抓取。

（5）将法兰盘装配到电动机中。

（6）若不是需求的法兰盘,将其放入其他位置。

5.3.4　项目总结

本项目主要介绍了机器人视觉技术的基本概念、操作方式以及在自动化产线中的应用。通过本项目的训练,学生掌握图像采集、分辨和识别方法,以及进行相机标定、工件形状识别、工件颜色识别等操作技术,培养学生对机器人视觉系统的应用能力。

思考题

（1）相机标定在视觉系统中扮演着什么角色？有哪些不同的相机标定方法？

（2）视觉系统在工业自动化中的未来趋势是什么？是否有正在发展的新技术和方法？

第六章

智能制造产线核心技术实践

物联网技术是产线的核心，网络化技术通过实现万物互联，使信息数据以前所未有的方式在不同企业、不同系统之间充分流动。各类要素资源能够通过网络进行高效组织，智能装备通过网络进行集成通信。本章主要针对智能制造产线通信网络进行训练，学习掌握智能制造中设备的互联互通，为今后开展智能制造产线运维打下基础。通过产线产品质量在线检测，深入了解智能制造产线如何使用在线测头实现加工产品质量的在线检测；通过在线检测或离线检测的方式，对产品生产精度进行质量分析，了解智能制造产线质量控制的规律；通过智能制造产线健康状态监管，全面了解智能生产逻辑过程，并进行可视化呈现；从智能制造产线故障诊断分析入手，简要分析智能装备工作原理，熟悉故障诊断和排除方法。

6.1 智能制造产线通信网络构建

6.1.1 项目描述

在一个典型切削加工智能生产单元中，各设备都不是独立运行的，需要联合运行，相互协作。其中的 MES 软件、数控机床、工业机器人、PLC、RFID 等设备需要进行数据交互。本项目通过支持智能装备的通信协议应用实现设备之间的互联互通，为智能生产单元联调生产运行做准备。本项目涉及 Modbus TCP 和 Modbus RTU 两种通信协议，Modbus TCP 是以太网方式连接，Modbus RTU 是以串口方式连接，通过这两种通信协议，实现数据的双向交互。

6.1.2 项目准备

1. 网络拓扑结构设计准备

1）常见的网络拓扑结构

常见的网络拓扑结构有总线型、星型、环型、树型、混合型、网状型、蜂窝型等形式。

（1）总线型拓扑结构采用一个公用信道作为传输媒体，所有站点都通过相应的硬件接口直接连接到公用信道上，这一公用信道称为总线。

（2）星型拓扑结构是目前局域网最常见的形式。星型拓扑结构有中央节点，它与周围各个节点连接，各节点与中央节点通过点对点方式连接，周围节点呈辐射状排列在中央节点周围。

（3）环型拓扑结构是由一些中继器和连接到中继器的点到点链路组成的一个闭合环。在环型拓扑结构的网络中，所有的通信共享一条物理通道。

（4）树型拓扑结构是星型拓扑结构的拓展，在一个结构复杂的网络中，星型拓扑结构的分层罗列也就构成了树型拓扑结构。从原理上说，树型拓扑结构又是总线型拓扑结构的延伸。

（5）混合型拓扑结构是将上述某两种单一拓扑结构混合、取两者的优点构成的拓扑结构。常用的混合型拓扑结构有两种：一种是由星型拓扑结构和环型拓扑结构混合成的星-环式拓扑结构；另一种则由星型拓扑结构和总线型拓扑结构混合成的星-总式拓扑结构。

（6）网状型拓扑结构中，由于节点之间有许多条路径相连，可以为数据流的传输选择最佳路径，从而避开有故障的部件或过忙的节点。

2）拓扑结构的选择

选择拓扑结构需考虑的主要因素如下。

（1）网络既要易于安装，又要易于扩展。

（2）网络的可靠性是重要因素。要易于故障诊断和隔离，以使网络的主体在局部发生故障时仍能正常运行。

（3）拓扑结构的选择还会影响传输媒体的选择和媒体访问控制方法的确定，这些因素又会影响各个站点的运行速度和网络软、硬件接口的复杂性。

总之，一个网络的拓扑结构应根据需求，综合诸因素做出合适选择；要整体磨合，不能顾此失彼。

2. MES 与 PLC 通信配置准备

1）Modbus 通信协议

MES 与 PLC 是使用 Modbus TCP/IP 协议进行通信的。Modbus 是一种国际通用的、应用于工业现场控制上的通信协议，用该协议时要求 MES 软件与 PLC 作为通信双方同时按照协议约定进行编程。本项目中，MES 软件经过软件工程师的编程已经配置好 Modbus 通信功能，西门子 S7-1200 PLC 本身具备通信功能，其中就包括了 Modbus 通信。

那么 Modbus 通信协议具体是什么呢？ Modbus 通信协议没有定义标准的物理接口，因此不同类型的物理接口衍生出不同类型的通信协议，本项目采用 Modbus TCP/IP 通信协议，其接口是 RJ45 水晶头，但不同接口类型的 Modbus 通信都遵循相同的信息帧编码格式，如图 6-1 所示。

```
          ADU
┌────────┬────────┬────────┬────────┐
│ 地址域  │ 功能码  │  数据   │ 校验码 │
└────────┴────────┴────────┴────────┘
         └──────── PDU ─────┘
```

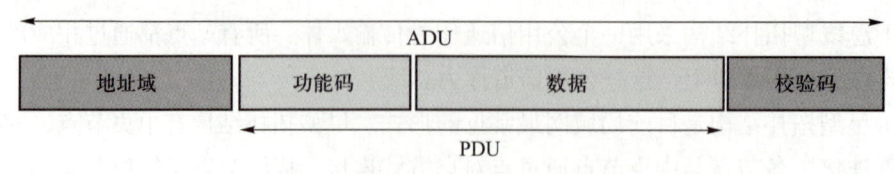

图 6-1　Modbus 的信息帧编码形式

信息帧本质是由一串按通信协议编码的逻辑 0 和 1 构成，其作用是传送信息和数据，由地址域、功能码、数据、校验码等部分组成。各部分的作用分别如下。

地址域：对于 Modbus TCP/IP 通信协议，地址域为目标设备的 IP 地址及服务器端口号。

功能码：不同功能码具备不同功能，例如读、写、诊断等。功能码由 Modbus 通信协议规定，所有类型 Modbus 通信协议遵守相同的功能码，见表 6-1。

表 6-1　功 能 码

数据长度	寄存器类型	功能	功能码（十六进制）
单比特访问	物理离散量输入	读输入离散量	02
	内部比特或物理线圈	读线圈	01
		写单个线圈	05
		写多个线圈	0F
16 比特访问	输入存储器	读输入寄存器	04
	内部存储器或物理输出存储器	读多个寄存器	03
		写单个寄存器	06
		写多个寄存器	10
		读/写多个寄存器	17
		屏蔽写寄存器	16
文件记录访问		读文件记录	14
		写文件记录	15

数据：要发送或接收的信息。

校验码：确保接收或发送的数据无误。

2）客户端与服务器

Modbus TCP/IP 通信协议规定通信双方分别为客户端和服务器。

客户端：发出数据请求的一方，根据不同功能码实现不同功能。例如功能码 16#03 是读服务器的多个寄存器、16#10 是将数据写入服务器的多个寄存器。

服务器：被动响应客户端的数据请求，例如客户端要读取服务器内部 Modbus 寄存器的数值，就被动发送；写入服务器内部 Modbus 寄存器数值，就被动写入。

在本项目 PLC 与 MES 的通信中，MES 端是作为客户端来实现两者的通信。

3. RFID 设备与 PLC 通信准备

1) RFID 系统

RFID 是射频识别（radio frequency identification）的缩写，一套完整的 RFID 系统由卡片阅读机、电子标签（也就是所谓的应答器）及天线三部分组成。

在智能制造系统中 RFID 常用于智能仓库管理，完全有效地解决了仓库里与货物流动有关的信息管理。射频卡是贴在货物所通过的工位，读写器和天线放在叉车上，每个货物都贴有条码，所有条码信息都被存储在仓库的中心计算机里，该货物的有关信息都能在计算机里查到。当货物被装走运往别地时，由另一读写器识别并告知计算中心货物被放在哪个拖车上。这样管理中心可以实时地了解已经生产的产品数量和已发送的产品数量，并可自动识别货物，确定货物位置。

2) Modbus RTU 通信协议

（1）协议类型。Modbus RTU 通信协议适用于嵌入式电能表的实时通信。本协议旨在规定终端设备（从站）与总线接口单元（主站）之间的数据交换以 Modbus 的 RTU（remote terminal unit）模式实现。协议采用异步主从半双工方式通信，通信由主站发起，从站在接收到主站请求后作出相应的应答，通信响应时间 <0.2 s。

（2）物理层。

传输接口：RS-485
通信地址：0～247
通信波特率：600～38 400 bps
通信介质：屏蔽双绞线

（3）数据链路层。

传输方式：异步主从半双工方式
数据帧格式：一位起始位，8 位数据，偶校验位，一位停止位

数据包格式见表 6-2。

表 6-2 数据包格式

地址域（address）	功能码（function）	数据（data）	校验码（CRC）
8 bit	8 bit	$n\times 8$ bit	16 bit

数据包的发送序列总是相同的，即地址域、功能码、数据以及校验码，其中每个数据包需作为一个连续的位流传输。当主站数据包到达从站后，与数据包中地址域相匹配的从站将接收数据，从站对数据校验后，如果没有错误，就执行数据包中的请求，并将响应数据组包后发给主站，从站返回的响应数据包中包含有以下内容：从站地址域（address）、执行的功能码（function）、功能执行生成的请求数据（data）和校验码（CRC）。

地址域在数据包的开始部分，由一个 8 bit 数据组成。这个数据表示主站指定的从站地址，总线上每个从站地址是唯一的，从站的有效地址范围为 0～247。当主站发送数据包后，只有与主站查询地址相同的从站才会有响应。

功能码描述了从站所执行功能。部分功能码的定义和具体功能见表 6-3。

表 6-3 部分功能码的定义和具体功能

功能码	定义	具体功能
03H	读数据	读取一个或多个变量的当前二进制值
10H	预置多寄存器	用特定的二进制值改写多个变量的值

数据包含从站执行特定功能所需要的数据或从站响应主站查询时采集到的数据。数据的内容可能是地址代码或数值等。

校验码是主站、从站在 CRC 校验传输数据时形成的 16 bit 的校验数据。由于通信中存在各种干扰，因此通信中传输的数据可能会发生改变，CRC 校验能够有效保证主站、从站不会响应传输过程中失真的数据，提高了系统的安全性和效率。

3）应用层功能详解

（1）读数据命令（功能码 03H）。

读数据下行帧格式：

设备通信地址（0~247）	功能代码（03H）	数据域起始地址高字节	数据域起始地址低字节	数据域长度高字节	数据域长度低字节	CRC 校验低字节	CRC 校验高字节

读数据应答帧格式：

设备通信地址（0~247）	功能代码（03H）	数据长度字节数	数据内容	数据内容	数据内容	CRC 校验低字节	CRC 校验高字节

示例：抄读三相电压数据下行帧为

设备地址	03H	10H	00H	00H	03H	校验低	校验高

应答帧为

设备地址	03H	06H	数据 1	数据 2	…	校验低	校验高

（2）预置多寄存器命令（功能码 10H）。

预置多寄存器下行帧格式：

设备地址 0~247	功能代码（10H）	变量起始地址高字节	变量起始地址低字节	变量数高字节	变量数低字节	数据字节数 n	数据字节 1	数据字节 n	CRC 校验低字节	CRC 校验高字节

预置多寄存器应答帧格式：

设备地址 0~247	功能代码（10H）	变量起始地址高字节	变量起始地址低字节	变量数高字节	变量数低字节	CRC 校验低字节	CRC 校验高字节

示例：设置 PT 变比为 1234.5678 的下行帧为（其中 12345678 的十六进制表示为 00BC 614EH）

| 设备地址 | 10H | 00H | 02H | 00H | 02H | 04H | 00H | BCH | 61H | 4EH | 校验低 | 校验高 |

应答帧为

| 设备地址 | 10H | 00H | 02H | 00H | 02H | 校验低 | 校验高 |

4）CRC 校验方法

冗余循环校验码（CRC）包含两个字节，即 16 位二进制。CRC 由发送设备计算，放置于发送信息的尾部。接收信息的设备再重新计算接收到信息的 CRC，比较计算得到的 CRC 是否与接收到的相符，如果两者不相符，则表明出错。

CRC 的计算方法是，先预置 16 位寄存器全为 1。再逐步把每 8 位数据信息进行处理。在进行 CRC 计算时只用 8 位数据位，起始位及停止位（如有奇偶校验位，也包括奇偶校验位）都不参与 CRC 计算。

在计算 CRC 时，8 位数据与寄存器的数据相异或，得到的结果向低位移一字节，用 0 填补最高位。再检查最低位，如果最低位为 1，把寄存器的内容与预置数相异或，如果最低位为 0，不进行异或运算。

这个过程一直重复 8 次。第 8 次移位后，下一个 8 位再与现在寄存器的内容相异或，这个过程与以上一样重复 8 次。当所有的数据信息处理完后，最后寄存器的内容即为 CRC。CRC 中的数据发送、接收时低字节在前。

计算 CRC 的步骤如下：

（1）预置 16 位寄存器为十六进制 FFFF（即全为 1），称此寄存器为 CRC 寄存器。

（2）将第一个 8 位数据与 16 位 CRC 寄存器的低位相异或，把结果放于 CRC 寄存器。

（3）将寄存器的内容右移一位（朝低位），用 0 填补最高位，检查最低位。

（4）如果最低位为 0，重复第 3 步（再次移位）；如果最低位为 1，CRC 寄存器与多项式 A001（1010 0000 0000 0001）相异或。

（5）重复步骤（3）和（4），直到右移 8 次，这样整个 8 位数据全部进行了处理。

（6）重复步骤（2）到步骤（5），进行下一个 8 位数据的处理。

（7）最后得到的 CRC 寄存器值即为 CRC 码。

6.1.3 项目实施

1. 任务一：网络拓扑结构设计任务实施

（1）图 6-2 所示为一套典型智能生产单元设备布局图，请描述各设备在此单元中的功能作用，并填写表 6-4。

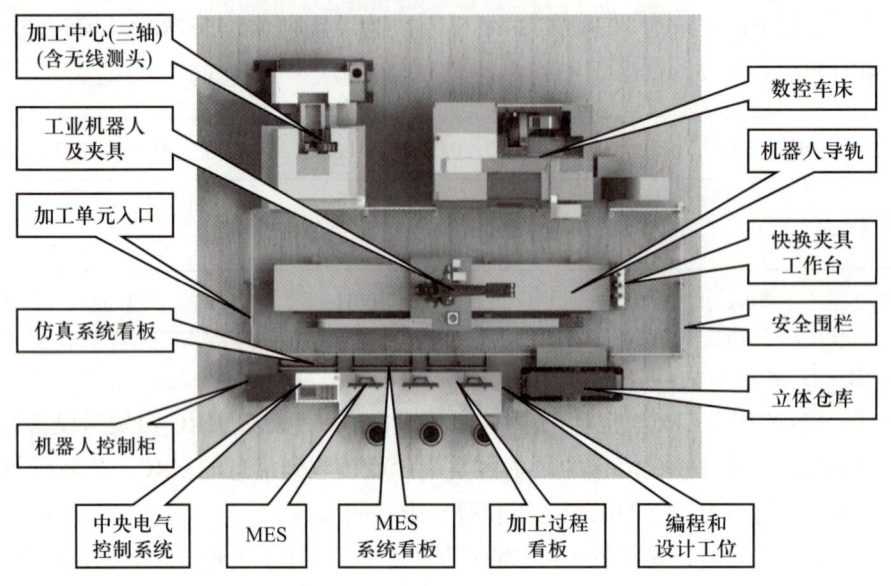

图 6-2　典型智能生产单元设备布局图

表 6-4　智能生产单元相关设备

序号	设备名称	功能表述
1	主控系统 PLC	
2	主控 HMI 触摸屏	
3	RFID 模块	
4	机器人	
5	MES 部署计算机	
6	数控机床	
7	数控加工中心	
8	编程计算机 1	
9	编程计算机 2	

（2）主要模块 IP 地址分配见表 6-5。

表 6-5　主要模块 IP 地址分配

序号	名称	IP 地址分配和预设	备注
1	主控系统 PLC	192.168.8.10	
2	主控 HMI 触摸屏	192.168.8.11	
3	RFID 模块	192.168.8.12	
4	机器人	192.168.8.103	
5	MES 部署计算机	192.168.8.99	
6	数控机床	198.168.8.15	

续表

序号	名称	IP 地址分配和预设	备注
7	数控加工中心	198.168.8.16	
8	编程计算机 1	192.168.8.97	
9	编程计算机 2	192.168.8.98	

（3）请根据切削加工智能生产单元生产集成要求及上述 IP 地址规划，设计并绘制网络拓扑图。

2. 任务二：MES 与 PLC 通信配置任务实施

设备 IP 地址规划与各模块型号见表 6-6。

表 6-6　设备 IP 地址规划与各模块型号

序号	设备	IP 地址
1	MES 部署计算机	192.168.8.99
2	PLC 计算机	192.168.8.98
3	PLC	192.168.8.10
4	HMI 触摸屏	192.168.8.11

序号	模块型号	订货号
1	通信模块型号：CM1241（RS422/485）	6ES7 241-1CH32-0XB0
2	CPU 模块型号：1215C DC/DC/DC	6ES7 215-1AG40-0XB0
3	数字量模块型号：DI 16×24VDC/DQ 16×Relay	6ES7 223-1PL32-0XB0
4	数字量模块型号：DI 16×24VDC/DQ 16×Relay	6ES7 223-1PL32-0XB0
5	数字量模块型号：DI 16×24VDC	6ES7 221-1BH32-0XB0
6	数字量模块型号：DI 16×24VDC	6ES7 221-1BH32-0XB0

1）设备组态过程

（1）在创建项目时，添加用户名和注释后，单击"创建"。

（2）项目创建完成后，可以利用当前界面中的"设备与网络"添加设备，也可以在项目视图里进行设备组态。

（3）单击"设备与网络"，然后单击"添加新设备"，在控制器中寻找与硬件设备相对应的 PLC 的 CPU 型号，这里用 SIMATIC S7-1200 CPU 1215C DC/DC/DC，订货号为 6ES7 215-1AG40-0XB0，版本选择 V4.1，单击"添加"。

（4）添加完成后，自动打开项目视图，如图 6-3 所示。若需要更改 CPU 的 IP 地址，可以单击 CPU，在下方巡视窗口中属性栏里面，找到以太网地址，IP 地址更改为 192.168.8.10，子网掩码默认即可：255.255.255.0。

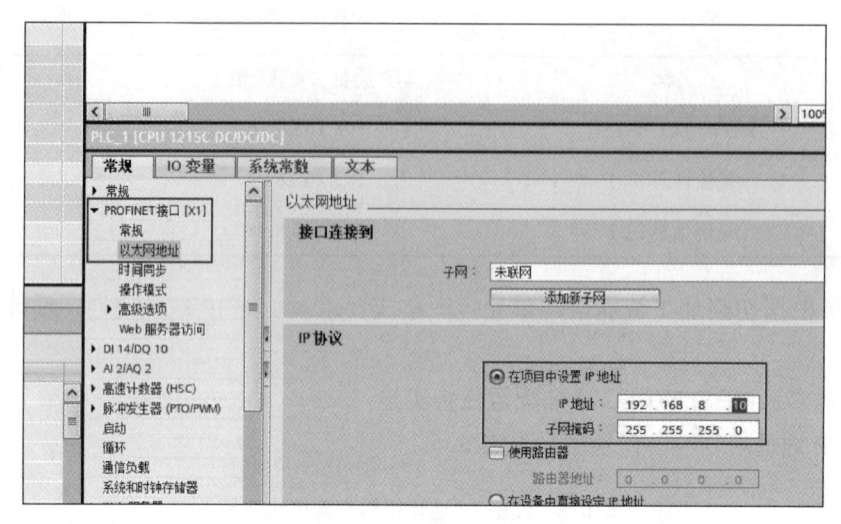

图 6-3 IP 地址修改

（5）在右侧依次添加两个 DI/DQ 模块、两个 DI 模块，两个 DI/DQ 模块型号为 DI 16×24VDC/DQ 16×Relay，订货号为 6ES7 223-1PL32-0XB0，版本为 V2.0，两个 DI 模块型号为 DI 16×24VDC，订货号为 6ES7 221-1BH32-0XB0，版本为 V2.0。选中新添加的 DI/DQ 模块，在下方巡视窗口中属性栏里面，找到 I/O 地址，第一个 DI/DQ 模块输入、输出地址的起始地址改为 2，结束地址自动更新，第二个 DI/DQ 模块输入、输出地址的起始地址改为 4。选中新添加的 DI 模块，在下方巡视窗口中属性栏里面，找到 I/O 地址，第一个 DI 模块输入地址的起始地址改为 8，结束地址自动更新，第二个 DI 模块输入地址的起始地址改为 10。

（6）在左侧添加一个通信模块，型号为 CM 1241（RS422/485），订货号为 6ES7 241-1CH32-0XB0，版本为 V2.2。选中新添加的通信模块，在下方巡视窗口中属性栏里面，端口组态里，将波特率改为 115.2 kbps，如图 6-4 所示。

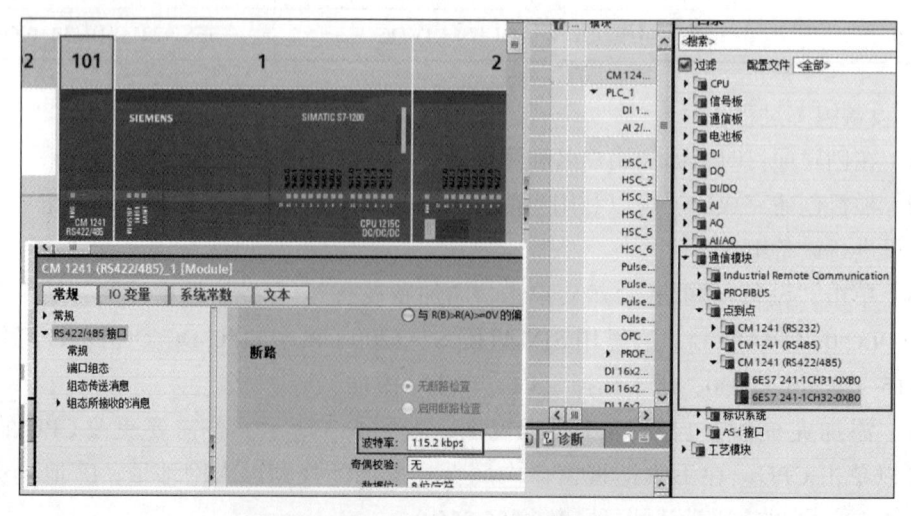

图 6-4 RFID 通信模块添加

2）编写通信程序

（1）完成组态后，可以开始编写 PLC 程序了。在右侧指令栏里，"通信"→"其它"→"MODBUS TCP-MB_SERVER"，PLC 是作为服务器和 MES 进行通信。

MB_HOLD_REG 引脚上填写的 P#DB100.DBX0.0 WORD 250 是用来寻址的固定格式。其中，DB100 是存储寄存器数据的数据块标号；DBX0.0 中 DB 是格式，从 X0.0 开始读取或写入；WORD 说明数据类型为字，16 位；250 代表总共进行 250 个字的寻址。

通信块管脚定义可参考软件帮助功能进行查阅。

（2）根据 MES 与 PLC 的信号交互表，新建一个数据块，双击左侧添加新块，选择数据块 DB，编号选择手动，填 100，单击"确认"。

（3）单击新创建的数据块，单击"属性"，取消勾选优化的块访问。这样就可以进行绝对寻址了。然后根据 MES 与 PLC 的信号表，完整无误地添加整个信号表，单击"编译"。

（4）最后把软件中的程序下载到西门子 PLC 硬件中。单击工具栏中的下载按钮，设定好 PG/PC 接口，单击开始搜索，选中搜索到的设备，单击"下载"。

3. 任务三：RFID设备与PLC通信任务实施

1）设备 IP 地址规划与设备型号（参考本节任务二）

2）设备组态（参考本节任务二）

3）编写 RFID 与 PLC 通信程序

（1）建立 RFID 与 PLC 通信，首先需要组态 Modbus 的端口，如图 6-5 所示，在右侧指令栏中，单击"通信"→"通信处理器"→"MODBUS（RTU）"→"Modbus_Comm_Load"，组态 Modbus 的端口只需要依次组态即可，所以"Modbus_Comm_Load"指令的启动信号只需要首次启动时启动一次。MB_DB 引脚填的是"Modbus_Master"指令的背景数据块中的 MB_DB。

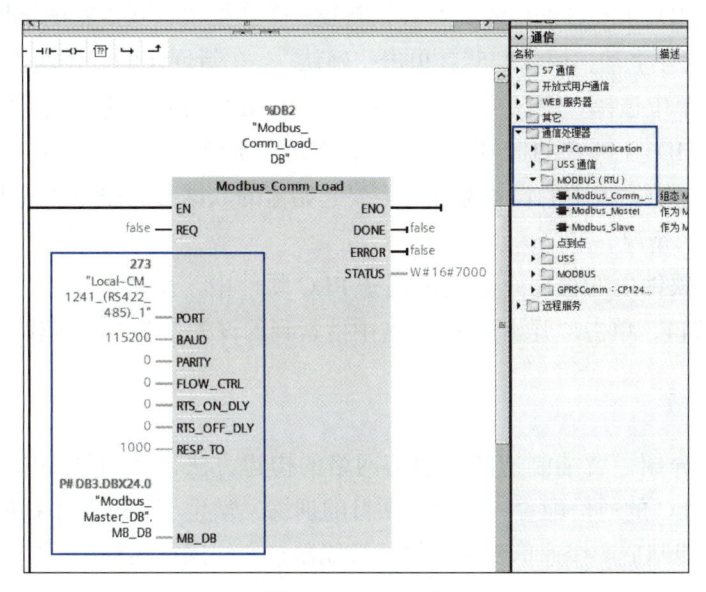

图 6-5　端口组态

通信块管脚定义可参考软件帮助功能进行查阅。

（2）编写 RFID 通信模块指令时，要将组态端口指令的背景数据块中的"MODE"改为 16#04。

（3）组态 Modbus 端口完成后，开始编写作为 Modbus 主站通信的程序，如图 6-6 所示。

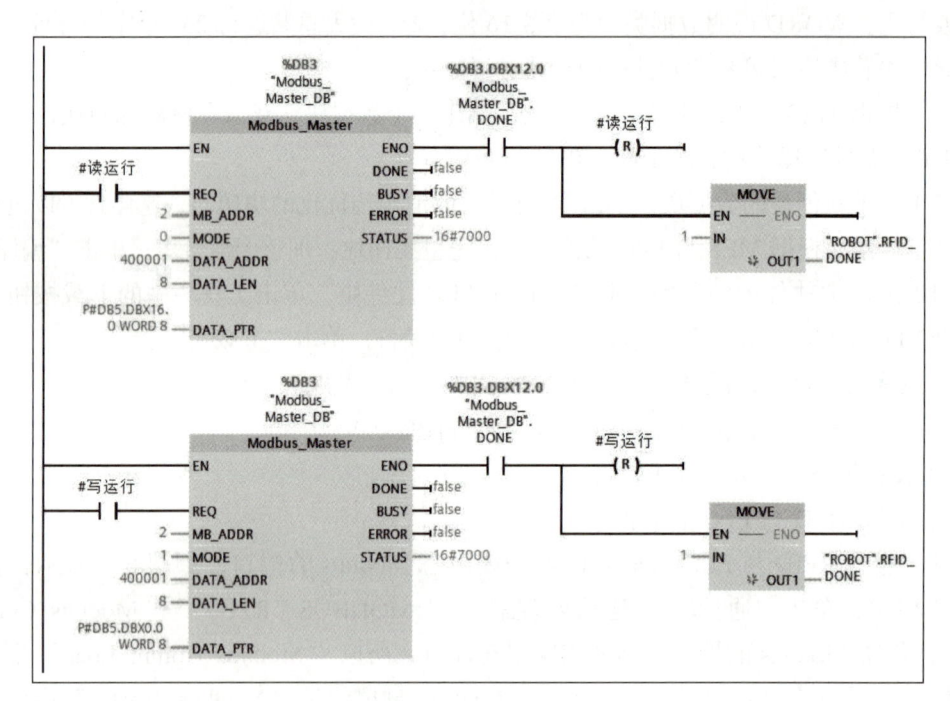

图 6-6　通信程序

（4）根据 RFID 与 PLC 的信号交互表，新建一个数据块，双击左侧添加新块，选择数据块 DB，编号选择手动，填入"5"，单击"确认"。在新创建的数据块上点击鼠标右键，在弹出的快捷菜单中选择"属性"项，取消勾选优化的块访问。这样就可以进行绝对寻址了。然后根据 RFID 与 PLC 的信号表，完整无误地添加整个信号表。单击"编译"，就会出现一个偏移量。数据表中的设备地址等需要起始值的数据必须按照变量表填写，否则会出现通信不成功的情况。

（5）最后把软件中的程序下载到西门子 PLC 硬件中。单击工具栏的"下载"按钮，设定好 PG/PC 接口，单击"开始搜索"，选中搜索到的设备，单击"下载"。

6.1.4　项目总结

本项目主要介绍了智能制造产线通信网络的构建方法，特别是 MES 与 PLC 的通信配置、RFID 与 PLC 的通信配置。通过本项目的训练，学生了解网络拓扑的含义和结构形式，能够根据智能制造产线通信要求，设计智能制造产线网络拓扑图，实现设备之间的互联互通，为智能生产单元联调与生产运行做准备。

思考题

（1）Modbus TCP 和 Modbus RTU 通信协议的选择是基于什么考虑？

（2）在总线型、星型、环型、树型等拓扑结构中，哪种适合实现智能生产单元的要求？

（3）如何判断 MES 和 PLC 之间的通信配置是否正确？

6.2　智能制造产线产品质量检测

6.2.1　项目描述

在智能制造中，通过传统的游标卡尺等检测工具已无法满足生产要求，需要通过在线检测装置对零件加工尺寸进行检测，本项目以在线测头作为在线检测装置实现加工中心完成零件加工后的质量检测。

6.2.2　项目准备

1. 测头准备

1）测头的组成

测头主要组成有测头本体、接收器，其作用分别为触碰物体发出信号和接收信号。

2）测头的工作原理

（1）打点，通过测量不同点位坐标达到目的。

（2）测针触碰待测点，达到触发力时，测头给接收器发送电磁波信号，测量设备收到接收器信号后读取当前坐标值，如图 6-7 所示。

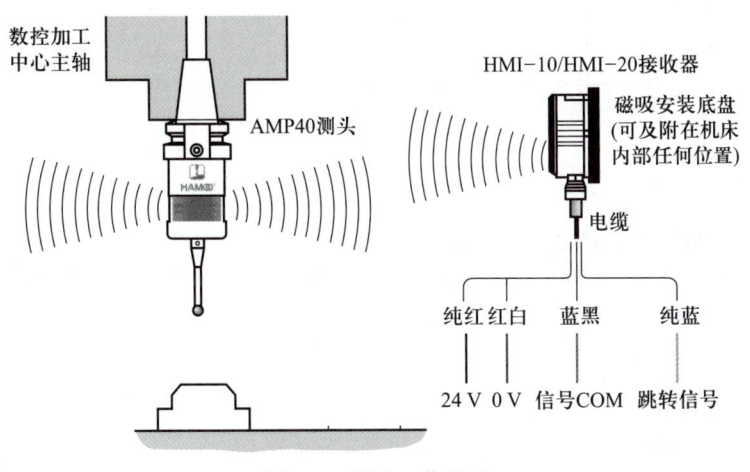

图 6-7　测头工作原理

2. 在线检测装置标定

1）在线检测装置标定的作用

测头固定到机床的刀柄或刀座上时，最好能使测针机械地对中以减少主轴和刀具定向误差的影响。没有标定的测头的偏心将导致不准确的测量，测头的偏心结果通过标定将被准确地计算出来。"用镗孔标定测头"循环（宏程序 O9802）生成此偏心数据。

由于每一个 HAMOO 测头系统都是独特的，因此在下列情况下标定测头是很重要的：

（1）第一次使用测头时。

（2）测头上安装了新的测针。

（3）怀疑测针弯曲或测头发生碰撞时。

（4）定期对机床的机械变化进行误差补偿时。

（5）如果测头柄重新定位的重复性差，每次选用测头时都要对其重新标定。

2）测头标定的宏程序

可以通过三个不同的操作来标定测头：长度标定 O9801；偏心值标定 O9802；半径标定 O9803。

（1）长度标定 O9801，如图 6-8 所示。在一个已知的参考平面上标定测头的长度会存储测头基于电子触发点的长度，它不同于测头组件的物理长度。在使用长度标定时，系统直接基于机床坐标系进行计算，故不能使用 G43 刀具长度偏置。

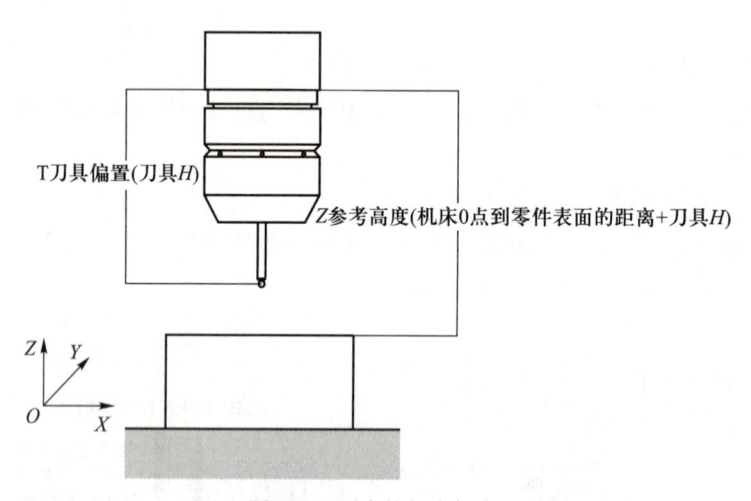

图 6-8 测头的长度标定

格式：G90/G91　G65　P9801　Z_　H_　(F_)
Z：标定表面的公称位置，可以用 G90 或 G91 的方式进行设定，但必须保证 Z 轴的目标位置在负方向。
动作：
a. Z 轴由当前点向目标点移动；
b. 碰触到标准平面后；
c. 返回测量初始点，测量结束。
结果：计算出测量得到的位置与公称位置的差值并将其保存到 #54104 以及 H 代表的刀偏中。

（2）偏心值标定 O9802，如图 6-9 所示。

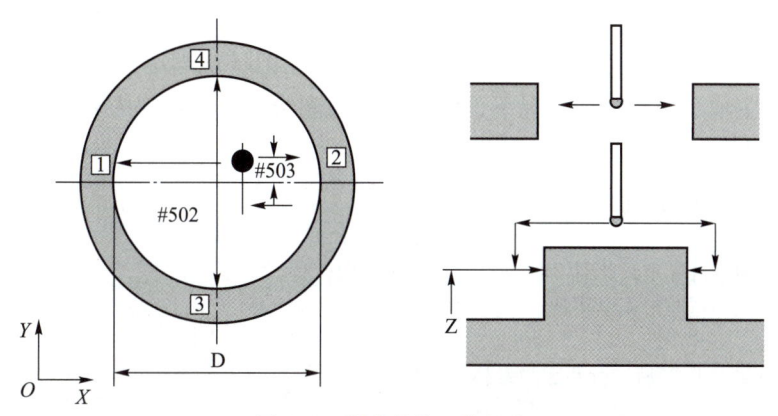

图 6-9 测头的偏心值标定

用镗孔标定测头将自动存储测头相对主轴中心的偏心。存储的数据将自动被测量循环使用。用它来补偿测量结果以获得相对于主轴中心的位置。先用一把镗刀镗出一个孔，以便知道孔的准确中心位置。然后把待标定的测头定位到孔内，并在主轴定向有效的情况下把主轴定位到已知的中心位置。一定要保证主轴中心在圆心位置上才能开始测量。

格式：G90/G91　G65　P9802　D_（F_　Z_　R_）
D：镗孔的直径尺寸，不需要很精确
Z：允许用圆柱的外表面进行标定，此时该值为测量点的 Z 方向位置。
R：使用圆柱外边测量时的安全距离
动作：
a. X 负方向、X 正方向先后进行两次测量移动
b. 返回起始点
c. Y 负方向、Y 正方向先后进行两次测量移动
d. 返回起始点
结果：计算 X 和 Y 两个方向的偏心值，并将其保存到 #54105、#54106（不用根据系统而定）中。

（3）半径标定 O9803，如图 6-10 所示。

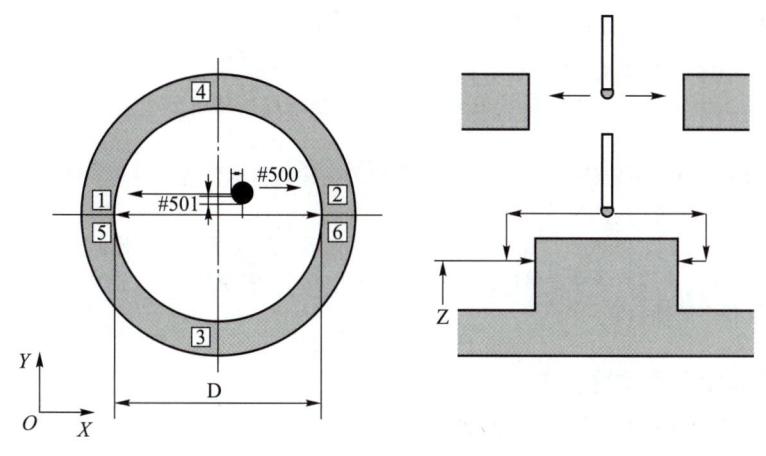

图 6-10 半径标定

用直径已知的环规标定测头将自动存储测头的半径值。存储的数据自动被测量循环使用以得到型面的真实尺寸。这些值也被用来获得单个平面的真实位置。存储的半径值是基于真实的电子触发点，它们不同于物理尺寸。首先把环规固定到机床工作台上近似的已知位置。在主轴定向有效的情况下，将待标定的测头定位到环规内靠近中心的位置开始测量。

格式：G90/G91　G65　P9803　D_（F_ Z_ R_）
D：环规的精确尺寸
Z：允许用外表面进行标定，此时 Z 值为测量点的 Z 方向位置。
R：使用圆柱外边测量时的安全距离
动作：
a. X 负方向、X 正方向先后进行两次测量移动；
b. 返回两个碰触点的中心位置，保证测头在 X 方向中心点上；
c. Y 负方向、Y 正方向先后进行两次测量移动；
d. 返回两个碰触点的中心位置，保证测头在 Y 方向中心点上；
e. X 负方向、X 正方向再次进行两次测量移动；
f. 返回两个碰触点的中心位置。
结果：
计算出测头在 X、Y 两个方向的触发半径值，并将其保存到 #54107、#54108 中。

3）测头基本移动宏程序

测头有两个基本移动程序，分别是保护定位移动 O9810 和测量移动 O9726。

（1）保护定位移动 O9810。在测头使用的过程中，机床除手动移动及测量程序移动之外必须使用 O9810 进行移动。O9810 的移动过程中，若测头触碰到非预期的障碍物，则机床立刻停止移动，程序停止，需要将轴手动离开障碍物。

格式：G90/G91　G65　P9810　X_ Y_ Z_ （F_）
X/Y/Z：测头移动的目标位置，同时输入多个轴时，差补移动。
动作：测头以 F 的速度移动到目标位置，若中途碰触到非预期的障碍物，则后退 4 mm 之后 Z 轴回零并报警。

（2）测量移动 O9726。此移动为所有测量过程中使用的基本二次测量循环，无须单独调用，可以根据需要对测量移动的相关参数进行修改。

格式：G90/G91　G65　P9726　X_ Y_ Z_ （F_）
X/Y/Z：测量移动的目标位置，只能输入单个轴，否则不进行任何移动。
动作：
测头以 F 的速度向目标位置定位移动，实际的目标位置为输入目标位置 + 越程距离，越程距离默认为 10 mm，可在程序中修改。
碰触到目标位置后，回退 2 mm，回退距离可在程序中修改，以保证测头退出碰触点。测头回退完成后，重新以 #54109 慢速向前运动 2 倍的回退距离，即 4 mm；再次碰触后，找到了精确的位置，停止移动，等待后续程序处理数值。

3. X/Y/Z 单个平面位置测量

平面测量程序 O9811 的使用方法如下。
在主轴定向，测头刀具长度偏置有效的情况下，将测头定位移动或手动移动到需要测量的平面或交点的旁边（保证离各个平面都有一定的距离）之后开始测量。

格式：G90/G91　G65　P9811　X_　Y_　Z_　(S_　H_　F_)
X/Y/Z：测量起始点与测量点的公称距离（G91）或测量点的位置（G90）。
S：要设定的工件坐标系号，1~6 对应 G53~G59。
H：要设置的刀偏号，不能与 S 同时输入。
F：测量定位速度。（默认 f=1 000 mm/min，f≤2 000 mm/min，否则报警）
动作：
（1）Y、Z 方向同时移动设定 Y、Z 距离的 2 倍，此为 X 方向测量起始点。
（2）从 X 方向测量起始点，开始 X 方向测量，完成后返回 X 方向测量起始点。
（3）返回起始点。
（4）X、Z 方向同时移动设定 X、Z 距离的 2 倍，此为 Y 方向测量起始点。
（5）从 Y 方向测量起始点，开始 Y 方向测量，完成后返回 Y 方向测量起始点。
（6）返回起始点。
（7）X、Y 方向同时移动设定 X、Y 距离的 2 倍，此为 Z 方向测量起始点。
（8）从 Z 方向测量起始点，开始 Z 方向测量，完成后返回 Z 方向测量起始点。
（9）返回起始点。
注意：过程中在调用程序时未输入的 X/Y/Z 距离在移动中将忽略该方向的测量过程，例如仅输入 Y、Z 值，不输入 X 值，那么过程（1）~（3）将不执行，过程（4）和（7）中都无 X 方向的移动。
结果：将测出的位置写入设定的坐标系中，或将测出位置与公称位置的偏差写入设定的刀补数据中，并输出相关数据至宏变量。

6.2.3　项目实施

1. 任务一：在线检测装置装调任务实施

1）设备准备

设备准备工作见表 6-7。

表 6-7　设备准备工作

序号	主要配置	作用
1	CNC 系统导入宏变量文件及报警文件	用于编写所需宏程序
2	在 PLC1 中编写 PLC 程序	1. 用于系统接收信号后读值 2. 跳段功能
3	导入宏程序	用户调用宏程序以使用测头
4	在线检测装置 1 套	
5	杠杆千分表	
6	内六角扳手一副	
7	数控铣床	

2）接收器安装

安装接收器时，让公插的凹槽对准红点，把螺旋扣旋紧。图 6-11 所示为接收器安装示意图。

图 6-11　接收器安装示意图

3）接收器线路连接

接收器线路一般接入数控系统中，由 5 根线组成。

（1）纯红色线：电源 +24 V。

（2）红白线：电源 0 V。

（3）纯蓝线：PLC 输入（跳转信号 X3.6，根据机床系统 PLC 的定义）。

（4）蓝白线：信号 0 V 可以与电源 0 V 并接在一起。

（5）黄绿线：地线。

打开机床 PLC 电气图，通过 PLC 中查找到 R335.1（不同设备地址不一样），确认测头接收器连接的输入 X 点。

4）测头安装

（1）安装刀柄拉钉和紧定螺钉，如图 6-12 所示。

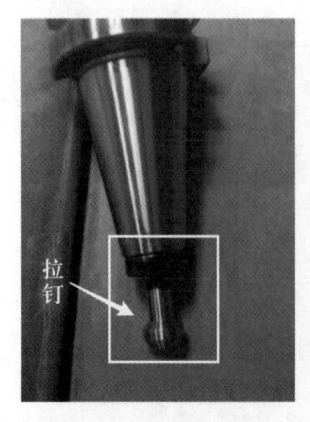

图 6-12　刀柄安装示意图

（2）松开测头的4颗调节螺钉，把刀柄和测头连接，并旋紧2颗紧定螺钉和4颗调节螺钉，注意让刀柄和测头尽量保持同心，如图6-13所示。

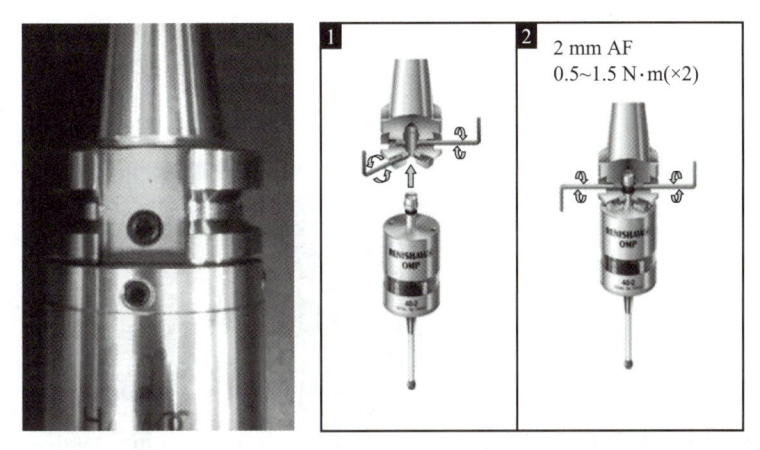

图6-13 测头安装示意图

（3）安装测头电池，如图6-14所示。

图6-14 测头电池安装示意图

注意区分正、负极，锁紧电池盖（必须把电池盖旋紧，否则容易造成漏水并损坏测头）。

（4）安装测针，如图6-15所示。需要用扳手轻轻锁紧，用力过度会造成测头损坏。

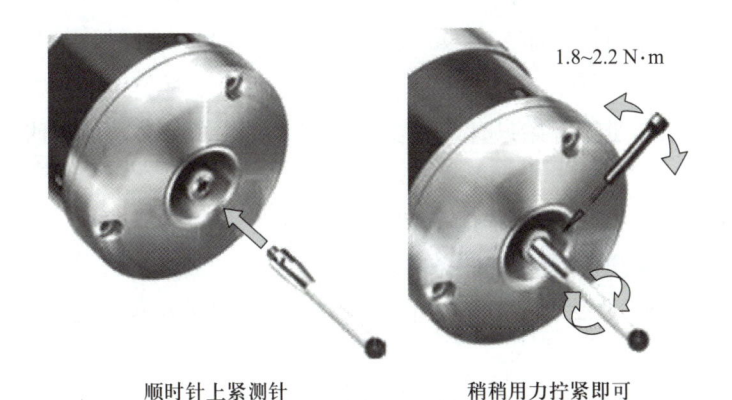

顺时针上紧测针　　　　稍稍用力拧紧即可

图6-15 测针安装示意图

安装完成的测头如图 6-16 所示。

5）测头找正

使用杠杆千分表测量测针球头的偏摆，通过 4 个调节螺钉进行调整，如图 6-17 所示。

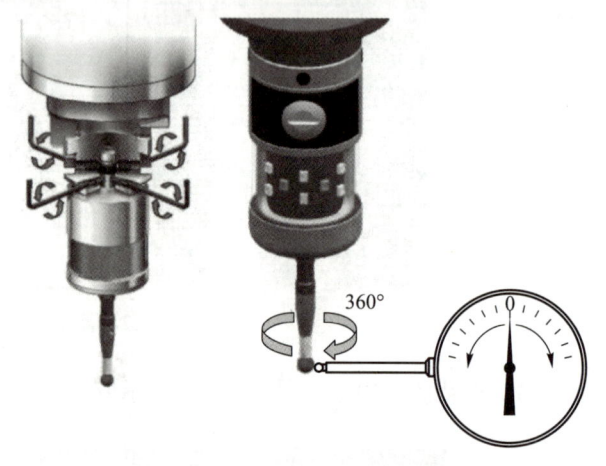

图 6-16　安装完成的测头　　　　　　　　图 6-17　测头找正方法示意图

需要提醒注意的是：

（1）需使用杠杆千分表进行找正。

（2）找正测量位置，即测头位置。

（3）刀摆调节到 0.01 mm 以内。主要通过调节螺钉调节。若偏差非常大，则需要调节紧定螺钉，注意调节时不要掉落测头而使其损坏。

（4）拧动调节螺钉时不要太大力锁死，否则可能损坏测头。

6）跳段功能校验

在 MDI 模式下输入以下两行：

G91　G31　L4　G01　X100　F100
Y100

（1）按循环启动，坐标开始只有 X 轴变化，按下测针，变成只有 Y 轴变化，证明 G31 跳转功能正常。

（2）指令字 L 数值由 PLC 编程指令 ESC BLK 决定。

2. 任务二：在线检测装置标定任务实施

在工件坐标系 G59 中设定 X、Y、Z 值，测头安装在刀库 6 号，光面环规直径为 25。

1）测头长度标定

使用在线检测装置及环规，编写测头长度标定的程序并运行，得到长度标定的数值。测头长度标定 O9801 应用参考程序见表 6-8。

表 6-8　测头长度标定参考程序

%1234	注释
M6　T6	换到测头
G17　G40　G49　G80　G90　G59	各组 G 模态初始化
M19	主轴定向
G01　G65　P9810　X15　Y0　F1000	XY 平面定位
G01　G65　P9810　Z5　F1000	Z 平面定位
G01　G65　P9801　Z0　F400	长度标定
G28　G91　Z0	Z 轴回原点
M20	主轴定向取消
M30	程序结束

2）测头偏心标定

使用在线检测装置及环规，编写测头偏心值标定的程序并运行。

测头偏心值标定 O9802 应用参考程序见表 6-9。

表 6-9　测头偏心值标定参考程序

%1234	注释
M6　T6	换到测头
G17　G40　G49　G80　G90　G59	各组 G 模态初始化
M19	主轴定向
G01　G65　P9810　X0　Y0　F1000	XY 平面定位
G01　G65　P9810　Z-5　F1000	Z 平面定位
G01　G65　P9802　D25　F400	偏心值标定
G28　G91　Z0	Z 轴回原点
M20	主轴定向取消
M30	程序结束

3）测头半径标定

使用在线检测装置及环规，编写测头半径标定的程序并运行。

测头半径标定 O9803 应用参考程序见表 6-10。

表 6-10　测头半径标定参考程序

%1234	注释
M6　T6	换到测头
G17　G40　G49　G80　G90　G59	各组 G 模态初始化
M19	主轴定向
G01　G65　P9810　X0　Y0　F1000	XY 平面定位
G01　G65　P9810　Z-5　F1000	Z 平面定位

续表

%1234	注释
G01　G65　P98023　D25　F400	半径标定
G28　G91　Z0	Z轴回原点
M20	主轴定向取消
M30	程序结束

3. 任务三：X/Y/Z 单个平面位置测量任务实施

1）编写凸台检测示例程序

测量表面两个检测点（例如被测物体高度为 8 mm）的高度，如图 6-18 所示。凸台检测示例程序见表 6-11。

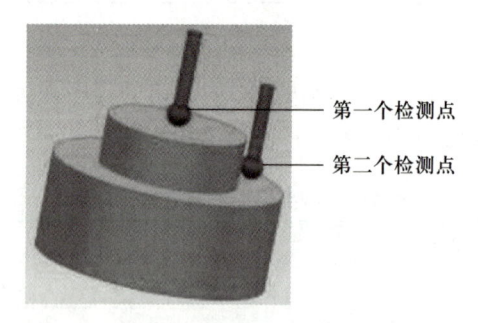

图 6-18　测量示意图

表 6-11　凸台检测示例程序

%1234	注释
G28　G91　Z0	Z轴回零
M6　T01	调用测头
G17　G40　G49　G80　G90　G69	各组 G 模态初始化
G54	调用工件坐标系
M19	主轴定向
M26	开启测头
G04　X2	等待 2 s
G0　X48　Y-5	定位至第一个检测点上方
G43　G01　Z100　F1000　H13	定位至第一个检测点上方 100 mm
G65　P9810　Z5　F500	受定位保护移动至第一个检测点上方 5 mm 位置
G65　P9811　Z0	定位至第一个检测点
#501＝#632	测量第一个检测点数据赋值
G65　P9810　Z5	受定位保护移动至第一个检测点上方 5 mm 位置
G0　X15　Y-5	定位至第二个检测点上方
G65　P9810　Z0	受定位保护移动至 Z 轴坐标为 0 mm 位置
G65　P9811　Z-8.2	定位至第二个检测点

续表

%1234	注释
#502 = #632	测量第二个检测点数据赋值
#500 = #501-#502	计算得出实际高度
G65　P9810　Z50	受定位保护移动至 50 mm 位置
G91　G28　Z0	Z 轴回零
M27	关闭测头
M30	程序结束

2）记录数据

如图 6-18 所示，在三个不同位置测量凸台（高度为 8 mm）的尺寸，将结果填写在表 6-12 中。

表 6-12　凸台尺寸测量记录

序号	测头安装的刀具号	测量结果实际值
1		
2		
3		

6.2.4　项目总结

本项目主要介绍了智能制造产线产品质量检测的训练内容，包括测头的组成与工作原理、在线检测装置的装调与标定以及单侧平面位置的测量。通过本项目的训练，学生深入了解智能制造产线如何使用在线测头实现加工产品质量的在线检测。由于检测精度直接关系产品质量的高低，在进行项目训练时，详细阅读相关设备的用户手册和标定指南，以确保操作正确。

思考题

（1）选择使用在线检测装置的技术是否是最合适的？还有其他可行的技术选择吗？

（2）如何处理和管理大量的检测数据？是否需要建立数据库或使用数据分析工具？

（3）需要定期更换的部件是什么？如何保证备件的供应？

6.3　智能制造产线健康状态监管

6.3.1　项目描述

为了提高智能制造产线的生产效率，缩短设备停机维护时间，需要采用某些智能化功能进行预测性维护，对智能制造产线中的智能装备进行健康监控，从而提前发现并解决问题。本项目以数控机床装备作为预测性维护的主体，进行装备的健康状态监测与管理等训练。

6.3.2 项目准备

（1）数控机床进给轴负载测试报告一份（可自拟报告形式）。

（2）智能刀具寿命管理与实施报告一份（可自拟报告形式）。

（3）数控机床健康保障与检测报告一份（可自拟报告形式）。

6.3.3 项目实施

1. 任务一：数控机床进给轴负载测试任务实施

以华中数控 8 型数控系统为例，单击"维护"→"权限管理"→选择"系统管理员"→"登录"，输入密码"HNC8"。

（1）开启进给轴负载图功能。选择"维护"→"参数设置"→"NC 参数"界面设置"000370 智能化功能开关"参数，该参数第 4 位置 1，设为"0x10"，打开进给轴负载图功能，保存并重启，如图 6-19 所示。

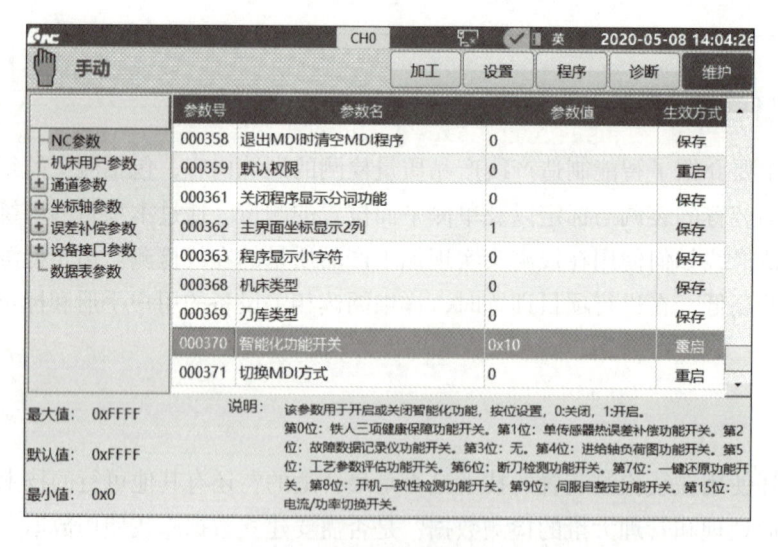

图 6-19 智能化功能开关

（2）分别设置"补偿轴 0"～"补偿轴 2"中的"螺距误差补偿起点坐标（mm 或度）""螺距误差补偿点数"和"螺距误差补偿间距（mm 或度）"三个参数来确定直线轴的起始点坐标、测量点个数和区间长度，如图 6-20 所示。

（3）选择"诊断"→"丝杠负荷"→"设置"，如图 6-21 所示。

（4）设置各轴"始点""个数""间距"和"软限位"，单击"确认"按钮，设置完毕，如图 6-22 所示。

（5）启动数控机床，进行负载测试。

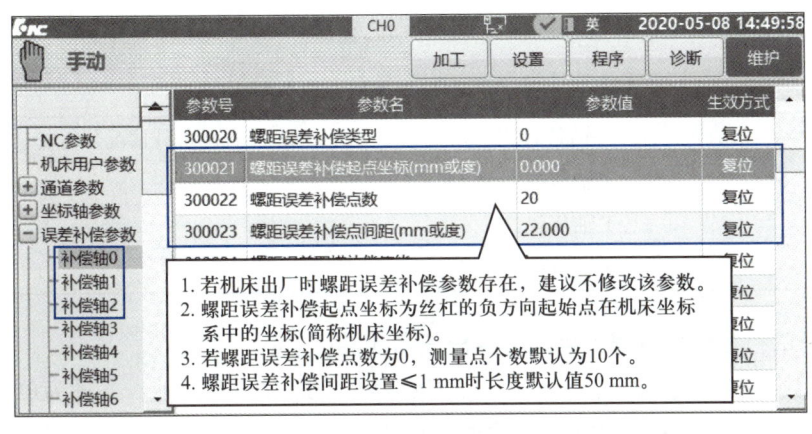

第六章 智能制造产线核心技术实践

图 6-20 误差补偿设置

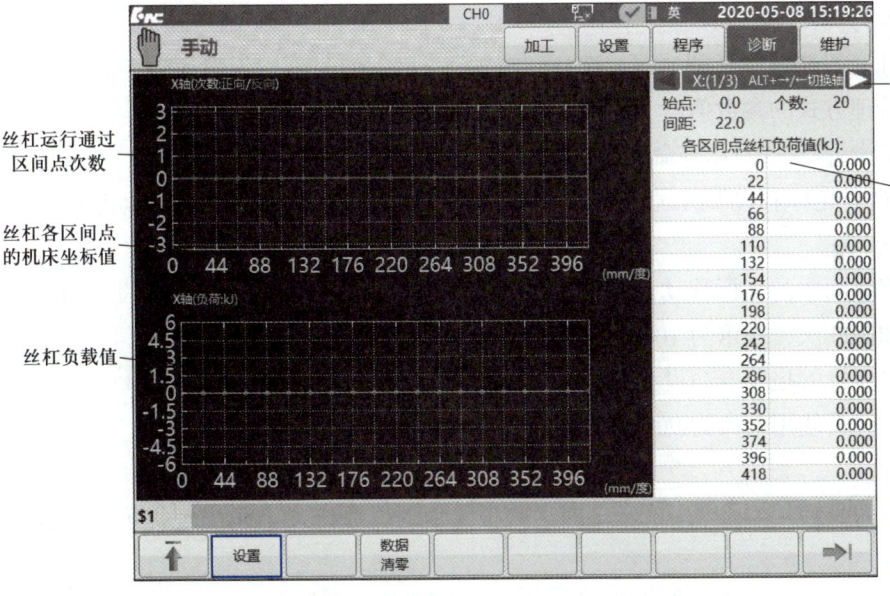

图中标注：
1. 若机床出厂时螺距误差补偿参数存在，建议不修改该参数。
2. 螺距误差补偿起点坐标为丝杠的负方向起始点在机床坐标系中的坐标（简称机床坐标）。
3. 若螺距误差补偿点数为0，测量点个数默认为10个。
4. 螺距误差补偿间距设置≤1 mm时长度默认值50 mm。

图 6-21 丝杠负载诊断界面

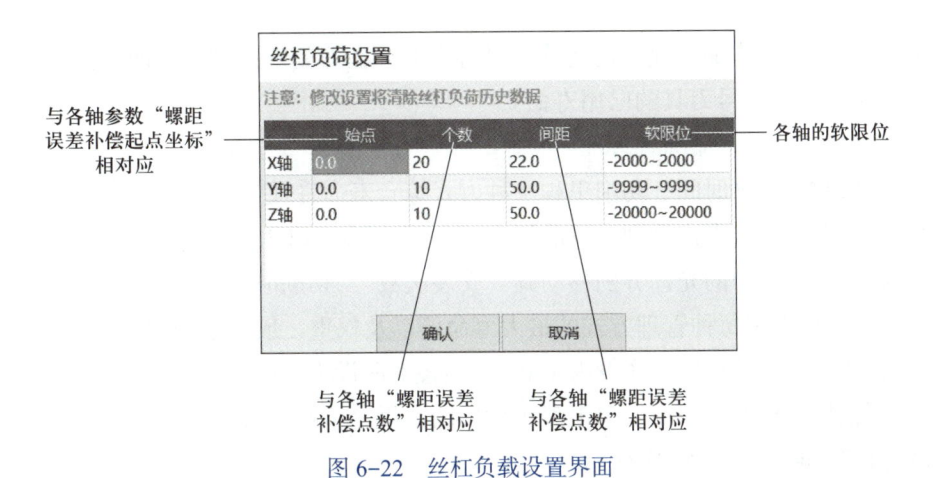

左侧标注：
- 丝杠运行通过区间点次数
- 丝杠各区间点的机床坐标值
- 丝杠负载值

右侧标注：
- 可通过"ALT+←"或"ALT+→"组合键来回切换不同的逻辑轴。
- 第一列：各区间点机床坐标值。
- 第二列：丝杠负载值

图 6-22 丝杠负载设置界面

标注：
- 与各轴参数"螺距误差补偿起点坐标"相对应
- 与各轴"螺距误差补偿点数"相对应
- 与各轴"螺距误差补偿点数"相对应
- 各轴的软限位

(6)根据运行的结果,填写各轴复杂情况记录表,见表 6-13。

表 6-13 各轴复杂情况记录表

序号	轴名	各轴负载情况分析
1	X 轴负载	
2	Y 轴负载	
3	Z 轴负载	

2. 任务二:智能刀具寿命管理与实施任务实施

以华中数控 8 型数控系统为例,智能刀具寿命管理方式有两种:一种为单一方式刀具寿命管理,另一种为多种方式刀具寿命综合管理。

1)单一方式寿命管理

以安装次数为例:

(1)首先开启智能刀库管理功能,选择"维护"→"参数设定",设置通道参数 040130 号,刀具寿命管理方式的参数值设 1,保存并复位。

(2)选择"设置"→"刀具寿命",进入系统刀具寿命管理界面。

(3)将界面中光标移动到 1 号刀具"设置"处,并按 Enter 键,进入刀具寿命设定界面。

(4)将弹框界面中的光标移动到"安装次数"处并单击"确定"按钮,再设定刀具最大寿命值,比如 100 次,权重为 100%,最后单击"确定"按钮。

(5)将 1 号刀具的报警寿命设为 100%,预警寿命设为 90%。

(6)当 1 号刀具使用寿命为 90%,即达到预警值时,系统左上角出现提示"刀具寿命预警"。

(7)当 1 号刀具使用寿命为 100%,即达到报警值时,系统左上角出现提示"刀具寿命已完"。

(8)当 1 号刀具寿命已完,再次调用 1 号刀具运行程序时,系统出现报警提示"1 号刀具寿命已完"。

(9)当 1 号刀具寿命已完,需清除刀具寿命时,在刀具寿命管理界面,按 1 号刀具处"清除"可快速清空 1 号刀具的已用寿命。

2)多种方式刀具寿命综合管理

以安装次数、切削时间、切削里程三种方式综合寿命管理为例。

(1)参考单一方式寿命管理设置的第(1)~(3)步,以 3 号刀为例。

(2)将弹框界面中的光标分别移动到"安装次数""切削时间""切削里程"处并单击"确定"按钮,再设定每种管理方式的最大寿命值以及权重,最后单击"确定"按钮。

(3)将 3 号刀具的报警寿命设为 100%,预警寿命设为 80%。

(4)可根据现场实际情况,单击菜单栏中的"报警策略"按钮,进入报警策略设置弹框中设定报警策略,如图 6-23 所示。

第六章　智能制造产线核心技术实践

综合刀具寿命管理方式中所有方式寿命完成，系统才会提示"刀具寿命已完"

综合刀具寿命管理方式中任何一种方式寿命完成，系统就会提示"刀具寿命已完"

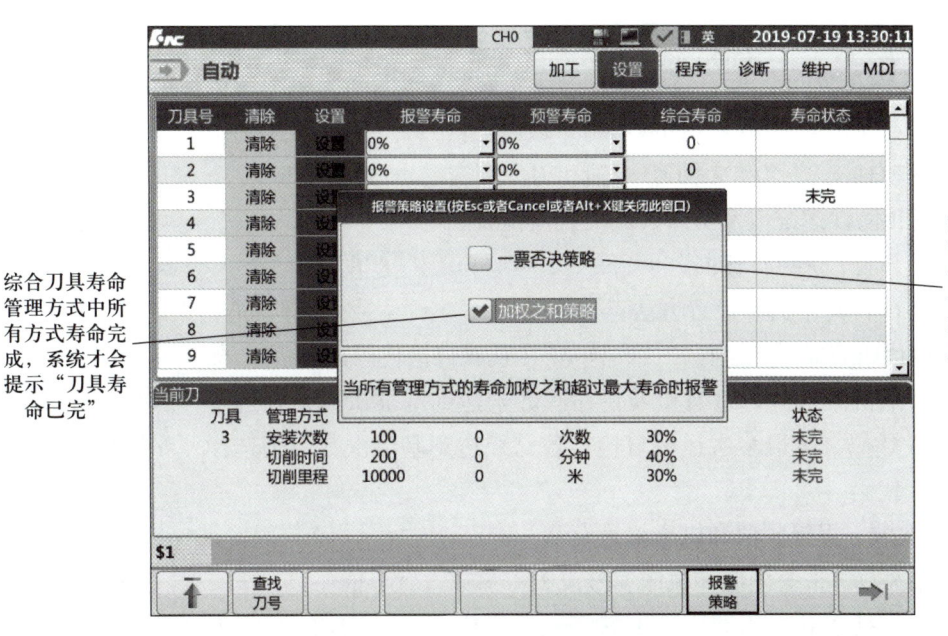

图 6-23　报警策略

选择"加权之和策略"报警策略时的计算公式：（方式 1 的已用寿命/最大寿命）*权重+（方式 2 的已用寿命/最大寿命）*权重+…+（方式 n 的已用寿命/最大寿命）*权重，示例如图 6-24 及表 6-14 所示。

图 6-24　刀具寿命计算界面

表 6-14　刀具寿命计算表

管理方式	单一寿命	权重寿命
安装次数	60%	60%×0.3＝18%
切削时间	75%	75%×0.4＝30%
切削里程	50%	50%×0.3＝15%
综合寿命	75%	63%

3. 任务三：数控机床健康保障与检测任务实施

1）检测界面设置

设置原则：通过采集数控和伺服的指令域电控信号，对采集的指令域电控信号进行分析诊断，对运动轴（X、Y 和 Z 轴）、主轴和刀库等容易出故障的部件进行健康体检，通过健康指数实现预防性运维以及机床装配一致性检验。

（1）设置方法。选择"诊断"→"下一页"→"自检"→"配置"。

（2）自检 G 代码生成。设置方法：选择"返回"→"生成代码"，进行生成自检代码相关操作。自检代码完成后，选择"代码预览"，查看自检代码内容。

注意：如果机床未进行过自检或自检次数未达到基准次数，则选择"N"生成 M99 结束的自检 G 代码，可以多次运行自检；若已经达到基准次数，则选择"Y"生成 M30 结束的自检 G 代码。

2）基准次数、报警阈值和机床编号设置

进入基准次数、报警阈值和机床编号设置等参数设置界面。

基准次数：指建立机床健康基准时需运行自检程序的次数。默认值为 3 次（一般设 20~30 次）。

报警阈值：当机床的健康指数小于该设定值时触发报警，一般设为 80。

机床编号：可根据机床铭牌编号设置。

设置方法：将光标移动到基准次数→确认→输入数值→确认。
　　　　　将光标移动到报警阈值→确认→输入数值→确认。
　　　　　将光标移动到机床编号→确认→输入数值→确认。

3）机床健康基准设定

机床调试完成后，通过采集机床电控信号，建立机床健康数据库，作为机床健康基准为机床后续健康体检参照。

设置方法：运行自检程序，选择"加工"→"选择程序"→"系统盘"→"选择程序【O99999】"→Enter 键，程序运行次数要大于设定的基准次数。

选择"诊断"→"下一页"→"自检"，进入自检界面就可以看到机床健康状态雷达图（图 6-25）。（自检程序运行次数大于设定基准次数，界面才会显示健康基准指数。）

再通过上下键切换显示机床各项的健康指数。

区域①：机床整体健康状态雷达图或各项健康指数变化趋势图。

区域②：机床当前各项健康指数值。

区域③：勾选相应状态表示当前数据加入基准数据或是横向比较。

4）机床健康体检

机床使用一段时间后，运行自检程序，进行机床健康体检，检查机床相关部件健康状态。进行此项操作的前提是机床健康基准已经建立。

设置方法：选择"加工"→"选择程序"→"系统盘"→"选择程序【O99999】"→Enter 键，将程序运行一遍。

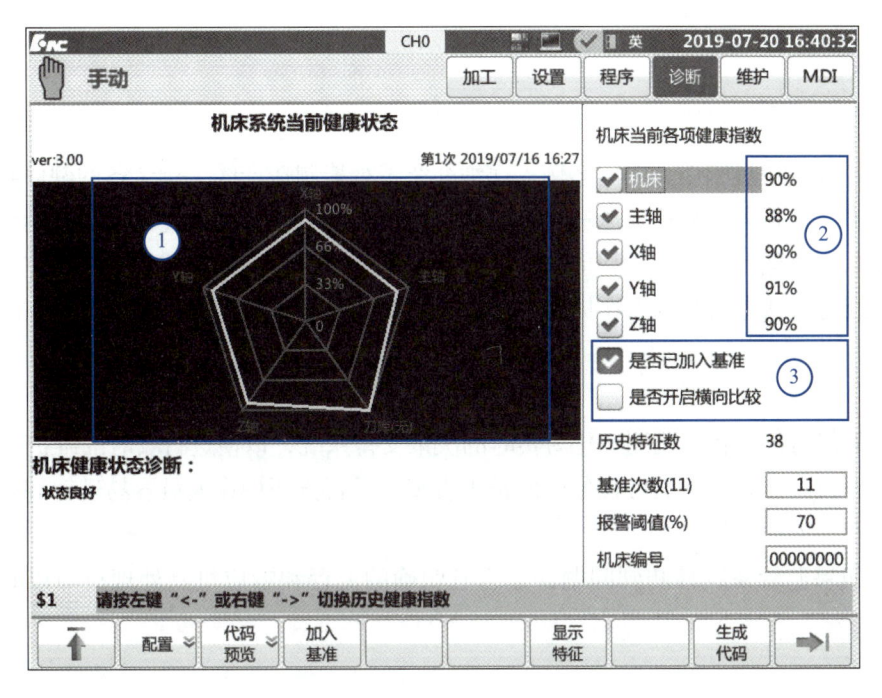

图 6-25　机床健康状态雷达图

选择"诊断"→"下一页"→"自检",再通过上、下键切换显示机床各项健康指数。通过左、右键切换历史健康指数。将测得的健康指数填入表 6-15 中,并分析数控机床的健康情况。如果机床健康特征超出基准范围,健康指数会变低,同时会在区域①位置给出诊断结果。

表 6-15　数控机床健康分析表

主轴健康指数	X 轴健康指数	Y 轴健康指数	Z 轴健康指数

数控机床健康情况分析:

5)横向比较功能

功能适用范围:同类型同批次相同配置的机床一致性比较。

使用方法:批量装机时,选取一台装配质量较好的机床作为模板,复制其他机床自检数据,与模板机床对比,假设模板机床为 A,对比机床为 B。

设置方法:复制 B 机床数据:选择"维护"→"数据管理"→选择示波器数据→Enter 键→"U 盘"→选择 standard_file.SV 文件→"备份"→文件备份到 U 盘。

B 机床数据载入 A 机床:选择"维护"→"数据管理"→选择示波器数据→Enter 键→"U 盘"→"窗口切换"→选择 U 盘中的"standard_file_20190716171802.SV"文件→"重命名"→将文件名改为"standard_fileHOR.SV"→"载入"。

开启横向比较功能:选择"诊断"→"下一页"→"自检"→选择界面是否开启横向比

较选项→Enter 键，通过上、下键可以切换显示机床各项的健康指数变化趋势图。

6.3.4 项目总结

本项目以数控机床作为应用案例，详细介绍了智能制造产线关键装备的健康状态监测与管理技术，包括分析数控机床进给轴负载、刀具寿命管理等。通过本项目的训练，学生能够有效掌握智能制造产线对智能装备健康状态监测的工作原理和使用方法，充分理解智能制造产线健康状态监测技术在提高生产效率、缩短设备停机维护时间方面的作用。

思考题

（1）如何将健康状态监测转化为实时的决策支持系统，以便进行及时的维护和修复？

（2）项目中监管系统的可视化界面是否直观？是否方便操作人员容易理解和操作？若不直观方便，如何优化？

（3）如果监管系统检测到问题，是否有明确的流程和响应机制处理故障以确保及时修复？

6.4 智能制造产线故障诊断分析

6.4.1 项目描述

在智能制造生产中，根据智能装备的运行数据分析生产过程中会发生哪些常见的运行故障及其原因，对于保障产线正常运行有重要意义，本项目以不同装备的故障诊断为例，完成智能制造生产中常见故障的诊断与分析的训练。

机器人与 PLC 交互数据定义见表 6-16。

表 6-16 机器人与 PLC 交互数据定义

PLC Modbus 通信地址	功能	定义功能	值说明
机器人发给总控 PLC			
30001	PLC 读机器人	A1 轴实时坐标值	A1 轴实时坐标值
30002	PLC 读机器人	A2 轴实时坐标值	A2 轴实时坐标值
30003	PLC 读机器人	A3 轴实时坐标值	A3 轴实时坐标值
30004	PLC 读机器人	A4 轴实时坐标值	A4 轴实时坐标值
30005	PLC 读机器人	A5 轴实时坐标值	A5 轴实时坐标值
30006	PLC 读机器人	A6 轴实时坐标值	A6 轴实时坐标值

续表

机器人发给总控 PLC			
PLC Modbus 通信地址	功能	定义功能	值说明
30007	PLC 读机器人	E1 轴实时坐标值	E1 轴实时坐标值
30008	PLC 读机器人	机器人状态	机器人状态
30009	PLC 读机器人	机器人 HOME 点确认	机器人 HOME 位
30010	PLC 读机器人	机器人模式	机器人模式
30011	PLC 读机器人	机器人运行状态 忙/空闲	R［90］ 0：空闲 1：忙
30012	PLC 读机器人	取料位置响应	R［11］
30013	PLC 读机器人	放料位置响应	R［12］
30014	PLC 读机器人	设备号响应	R［13］
30015	PLC 读机器人	RFID 位置	R［14］
30016	PLC 读机器人	机器人功能 R［24］	1：请求读 RFID 2：请求写 RFID 3：车床卡盘松开 4：车床卡盘加紧 5：铣床夹具夹紧 6：铣床夹具松开 7：机床启动 11：车床放料完成 12：车床取料完成 13：CNC 放料完成 14：CNC 取料完成 15：料仓放料完成
总控 PLC 发给机器人			
PLC Modbus 通信地址	功能	定义功能	值说明
40001	PLC 写给机器人	取料位	R［15］
40002	PLC 写给机器人	放料位	R［16］
40003	PLC 写给机器人	设备号	R［17］ 1：车床 2：铣床
40004	PLC 写给机器人	RFID 读写完成	R［18］
40005	PLC 写给机器人	车床安全门	R［19］ 0：打开； 1：关闭
40006	PLC 写给机器人	加工中心安全门	R［20］ 0：打开； 1：关闭
40007	PLC 写给机器人	手爪类型	R［21］
40008	PLC 写给机器人	备用	备用
40009	PLC 写给机器人	RFID 开始读写	R［23］

续表

总控 PLC 发给机器人			
PLC Modbus 通信地址	功能	定义功能	值说明
40010	PLC 写给机器人	确认信号	R［25］
40011	PLC 写给机器人	车床卡盘信号	R［26］ 0：打开 1：夹紧
40012	PLC 写给机器人	CNC 卡盘信号	R［27］ 0：打开 1：夹紧
40013	PLC 写给机器人	备用	R［28］
40014	PLC 写给机器人	备用	R［29］
40015	PLC 写给机器人	HMI 信号	R［31］ 1：HMI 发出的指令（不执行机床启动）
40016	PLC 写给机器人	机器人运行功能	系统数据

总控 PLC 与数控车床信号地址分配与定义见表 6-17。

表 6-17　总控 PLC 与数控车床信号地址分配与定义

	地址	定义		地址	定义
总控 PLC 端输入信号	%I2.0	车床已联机	数控车床对应输出信号	Y4.0	车床已联机
	%I2.1	车床卡盘有工件		Y4.1	车床卡盘有工件
	%I2.2	车床在原点		Y4.2	车床在原点
	%I2.3	车床运行中		Y4.3	车床运行中
	%I2.4	车床加工完成		Y4.4	车床加工完成
	%I2.5	车床报警		Y4.5	车床报警
	%I2.6	车床卡盘张开状态		Y4.6	车床卡盘张开状态
	%I2.7	车床卡盘夹紧状态		Y4.7	车床卡盘夹紧状态
	%I3.0	车床开门状态		Y5.0	车床开门状态
	%I3.1	车床允许上料		Y5.1	车床允许上料
	地址	定义		地址	定义
总控 PLC 端输出信号	%Q2.0	车床联机请求信号	数控车床对应输入信号	X6.0	车床联机请求信号
	%Q2.1	车床启动信号		X6.1	车床启动信号
	%Q2.2	车床响应信号		X6.2	车床响应信号
	%Q2.3	机器人急停		X6.3	机器人急停
	%Q2.4	车床安全门控制		X6.4	车床安全门控制
	%Q2.5	车床卡盘控制信号		X6.5	车床卡盘控制信号
	%Q2.6	车床急停		X6.6	车床急停
	%Q2.7	车床吹气		X6.7	车床吹气

总控 PLC 与加工中心信号地址分配与定义见表 6-18。

表 6-18　总控 PLC 与加工中心信号地址分配与定义

	地址	定义		地址	定义
总控PLC端输入信号	%I4.0	加工中心已联机	加工中心对应输出信号	Y4.0	加工中心已联机
	%I4.1	加工中心卡盘有工件		Y4.1	加工中心卡盘有工件
	%I4.2	加工中心在原点		Y4.2	加工中心在原点
	%I4.3	加工中心运行中		Y4.3	加工中心运行中
	%I4.4	加工中心加工完成		Y4.4	加工中心加工完成
	%I4.5	加工中心报警		Y4.5	加工中心报警
	%I4.6	加工中心虎钳卡盘张开状态		Y4.6	加工中心虎钳卡盘张开状态
	%I4.7	加工中心虎钳卡盘夹紧状态		Y4.7	加工中心虎钳卡盘夹紧状态
	%I5.0	加工中心开门状态		Y5.0	加工中心开门状态
	%I5.1	加工中心允许上料		Y5.1	加工中心允许上料
	%I5.2	加工中心零点卡盘夹紧到位		Y5.2	加工中心零点卡盘夹紧到位
	%I5.3	加工中心零点卡盘松开到位		Y5.3	加工中心零点卡盘松开到位
	地址	定义		地址	定义
总控PLC端输出信号	%Q4.0	加工中心联机请求	加工中心对应输入信号	X4.0	加工中心联机请求
	%Q4.1	加工中心启动信号		X4.1	加工中心启动信号
	%Q4.2	加工中心响应信号		X4.2	加工中心响应信号
	%Q4.3	CNC 零点卡盘控制		X4.3	CNC 零点卡盘控制
	%Q4.4	加工中心安全门控制		X4.4	加工中心安全门控制
	%Q4.5	加工中心虎钳卡盘控制信号		X4.5	加工中心虎钳卡盘控制信号
	%Q4.6	加工中心急停		X4.6	加工中心急停
	%Q4.7	加工中心吹气		X4.7	加工中心吹气

6.4.2　项目准备

1. 数控机床夹具控制与启动运行故障诊断及排除分析

在智能生产单元中，数控车床与数控铣床、上料与下料基本属于镜像对称关系，以下知识准备特以数控车床上料流程为例。

1）工业机器人对数控车床上料流程

工业机器人对数控车床上料流程如图 6-26 所示。

确保数控车床门打开和卡盘松开 → 运动到卡盘夹持点 → 确保卡盘夹紧工件 → 工业机器人退出数控车床 → 启动数控车床加工

图 6-26　工业机器人对数控车床上料流程

在智能制造产线中，工业机器人运行程序充分体现了工作流程，以机器人程序为切入点，利于准确理解工作流程。工业机器人上料运行程序见表 6-19。

表 6-19 工业机器人对数控车床上料运行程序

行号	机器人程序	注释
1	R［24］=4	请求 PLC 控制数控车床卡盘夹紧
2	WAIT TIME 2000	等待 2 s
3	R［24］=3	请求 PLC 控制数控车床卡盘张开
4	WAIT R［26］=0	确保数控车床卡盘张开
5	WAIT R［19］=0	确保数控车床安全门打开
6	J JR［7］	运动到数控车床对应地轨点
7	J JR［8］	运动到过渡点
8	L LR［6］+LR［36］	运动到偏移点
9	L LR［6］	运动到卡盘夹持精确点
10	WAIT TIME 1000	等待 1 s
11	R［24］=4	请求 PLC 控制数控车床卡盘夹紧
12	WAIT R［26］=1	确保数控车床卡盘夹紧
13	WAIT TIME 1000	等待 1 s
14	DO［2］=OFF	手爪夹紧关
15	DO［3］=ON	手爪松开开
16	WAIT TIME 1000	等待 1 s
17	L LR［6］+LR［36］	回退到偏移点
18	J JR［8］	回退到过渡点
19	J JR［7］	回退到数控车床地轨点
20	IF R［32］=1，GOTO LBL［1］	如果 R［32］=1，跳转至 LBL1
21	R［24］=7	请求 PLC 启动数控车床加工
22	WAIT R［19］=1	等待数控车床门关闭
23	LBL［1］	跳转标识符：LBL1
24	R［24］=11	发给 PLC 信号：数控车床上料完成

2）工业机器人对数控车床上料工作原理

工业机器人程序可以分为运动和信号两大部分。

（1）运动部分。运动部分主要将机器人运动点位分为 4 种类型，分别为"地轨点""过渡点""偏移点"和"精确点"，并按照顺序依次运行，但需要注意以下两点。

① 一般将工业机器人各轴区分为本体轴和附加轴两个轴组，地轨点通常指地轨轴对应的位置，而本体轴位于原点。因此，地轨点通常包含了回原点这一功能。

② 过渡点是工业机器人从原点无法直接到达目标点而引入的中间点，根据实际情况可以是多个点，也可以不设定。

（2）信号部分。信号归类见表6-20。

表 6-20 信 号 归 类

工业机器人与PLC交互信号		手爪信号
R［24］	3：请求PLC控制数控车床卡盘松开 4：请求PLC控制数控车床卡盘夹紧 7：请求PLC启动数控车床加工 11：告知PLC数控车床上料完成	手爪松开： DO［2］=OFF DO［3］=ON 手爪夹紧： DO［2］=ON DO［3］=OFF
R［32］	0：启动加工　　1：空跑不加工	
R［19］	0：门开　　　　1：门关	
R［26］	0：卡盘松开　　1：卡盘夹紧	

在智能生产单元中，数控车床的远程控制只由PLC决定。而工业机器人想要远程控制数控车床卡盘松夹、启动等动作需要给PLC发送相关信号，PLC在其中发挥信号传递和信号处理的作用。PLC、数控车床、工业机器人的通信关系如图6-27所示。

图 6-27 PLC、数控车床、工业机器人的通信关系

以工业机器人远程控制数控车床卡盘为例，其控制信号流程如图6-28所示。

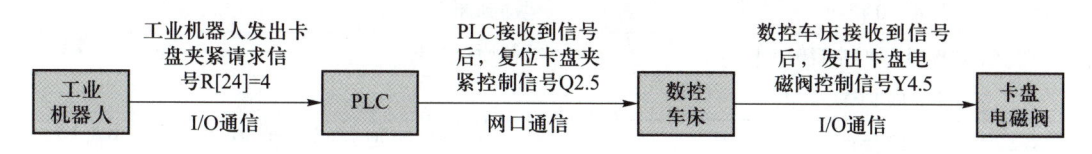

图 6-28 工业机器人对数控车床卡盘的控制信号流程

图6-27描述了机器人如何控制卡盘，但从机器人角度来看，达到控制目的应以收到相应传感器信号为准。因此，卡盘传感器反馈信号传递流程如图6-29所示。

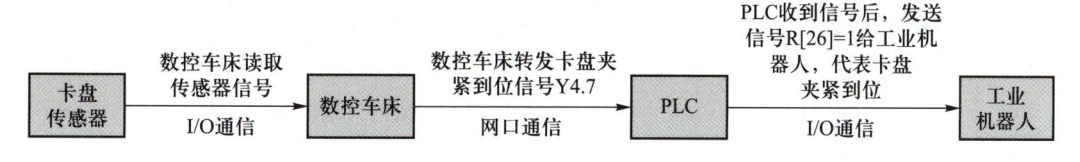

图 6-29 卡盘传感器反馈信号传递流程

2. 工业机器人停机不运行故障与排除准备

在使用工业机器人主程序和料仓取料程序之前要先理解机器人程序。

工业机器人主程序的逻辑框图如图6-30所示。

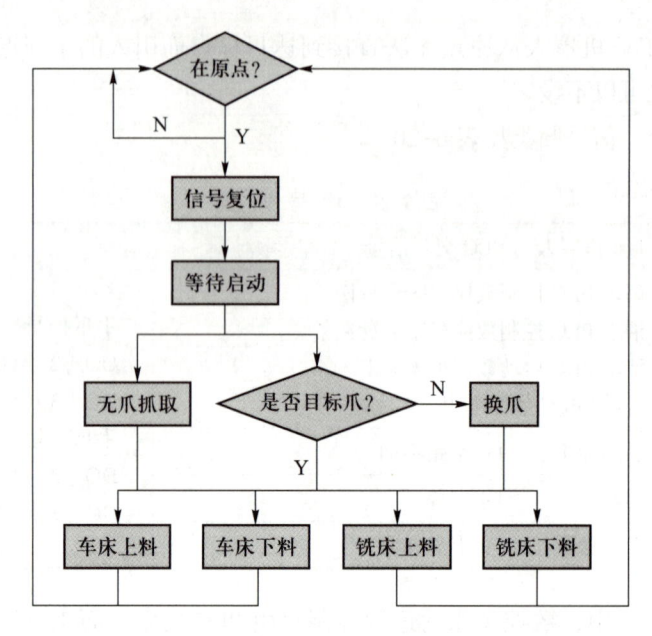

图 6-30 工业机器人主程序的逻辑框图

工业机器人主程序及其注释见表 6-21。

表 6-21 工业机器人主程序及其注释

行号	工业机器人主程序	注释
1	MAIN	程序名
2	LBL 1	跳转标识符 LBL1
3	J JR [0]	运动到原点
4	WAIT DO [110]=1	等待原点信号
5	R [11]=0	发送给 PLC 的信号复位清 0，R [11]、R [12]、R [13] 为订单信息响应，R [14] 为 RFID 当前位置，R [24] 为机器人命令码，R [90] 为机器人空闲
6	R [12]=0	
7	R [13]=0	
8	R [14]=0	
9	R [24]=0	
10	R [90]=0	
11	WAIT R [25]=1	等待 PLC 发来启动信号
12	R [11]=R [15]	转存 PLC 发来的订单信息
13	R [12]=R [16]	
14	R [13]=R [17]	
15	R [32]=R [31]	转存模拟加工信号
16	R [90]=1	发送机器人繁忙状态给 PLC
17	IF R [10]=0,CALL QZ	R [10] 为机器人当前爪号，为 0 代表无爪，调用取爪程序

续表

行号	工业机器人主程序	注释
18	IF R［10］<>R［21］,CALL HZ	R［21］为PLC发给机器人的目标爪号，当前爪≠目标爪，则执行换爪程序
19	IF R［11］<>0 AND R［12］=0 AND R［13］=1,CALL CS	通过转存PLC发来的订单信息，执行符合条件的流程，分别为车床上料、车床下料、铣床上料、铣床下料
20	IF R［11］=0 AND R［12］<>0 AND R［13］=1,CALL CX	
21	IF R［11］<>0 AND R［12］=0 AND R［13］=2,CALL XS	
22	IF R［11］=0 AND R［12］<>0 AND R［13］=2,CALL XX	
23	GOTO LBL1	跳转回程序头等待下次订单

料仓取料程序及其注释见表6-22。

表6-22 料仓取料程序及其注释

料仓取料		
点位规划： 地轨点：JR［5］ 过渡点：JR［6］ 偏移点： LR［34］Y+150 Z+50 LR［35］Z+50 行偏距：LR［60］Z-230 列偏距：LR［61］X+160 精确点： LR［5］：料仓1号 R［28］：PLC发行偏数 R［29］：PLC发列偏数	程序 DO［2］=OFF；手爪夹紧 DO［3］=ON；手爪松开 J JR［5］；运动到地轨点 J JR［6］；运动到过渡点 '料仓取料精确点计算 LR［52］=LR［5］+R［28］*LR［60］+R［29］*LR［61］ L LR［52］+LR［34］；运动到取料斜上方 L LR［52］+LR［35］；运动到取料正上方 L LR［52］；运动到取料精确点 WAIT TIME 1000；等待1s DO［2］=ON；手爪夹紧 DO［3］=OFF	WAIT TIME 1000 L LR［52］+LR［35］ L LR［52］+LR［34］ J JR［6］ J JR［5］；原路回退至原点

通过程序可以看出，当机器人出现停机运行状况时，需要从以下几个方面进行故障诊断与排除：

（1）WAIT指令后所跟的条件是否不满足；

（2）IF语句后所跟的条件是否不满足R［10］=0；

（3）机器人急停有无释放；

（4）机器人是否出现报警信息。

3. 智能制造产线 MES 下单运行故障诊断与分析准备

在设备调试完成后，进行智能制造产线生产运行，则需要先对单机设备做基本的功能测试和产线基本功能测试，然后循序递进开启产线。

以下任务实施以智能生产单元切削加工为例。

1）单机设备基本功能测试方法

（1）总控柜联机旋钮旋至单机状态。

（2）手动控制工业机器人各轴，检查各轴能否正常运动。

（3）手动开关机床安全门、主轴、卡盘、换刀等，检查基本功能是否正常。

（4）打开各工位计算机中的 MES、PLC、CAD/CAM 等工业软件，检查是否正常运行。

（5）通过 MES 软件左上角设备在线状态和"设置/网络设置"里的网络拓扑功能检查网络状态。

（6）检查各手爪是否能抓取和夹紧、松开。

2）HMI 功能测试方法

（1）HMI 控制机床的界面如图 6-31 所示。

① 将总控柜联机旋钮由单机模式切换为联机模式，画面联机指示灯能明显指示处于联机状态。

② 按下机床急停按钮，画面报警指示灯能指示报警状态，随即松开，指示灯恢复。

③ 在联机状态下，按下门、卡盘等机构的控制按钮，这些机构能有对应动作。

④ 单击"相机手动清理"，相机摄像头开始吹气。设置吹气时间和间歇时间后，单击"相机自动清理"，相机摄像头开始自动吹气。

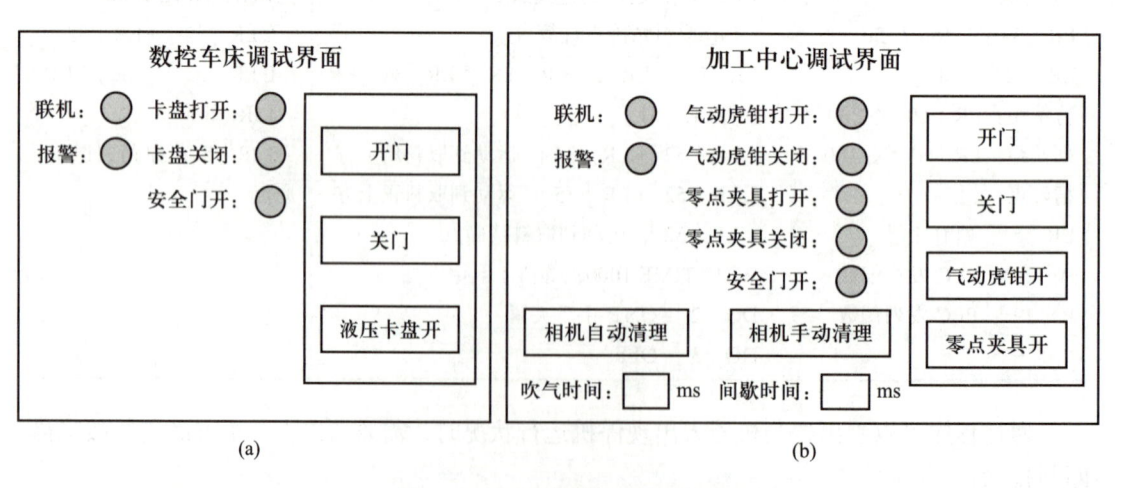

图 6-31 HMI 控制机床的界面

（2）RFID 读写画面。手动移动机器人，将读写头对准电子标签。从写 RFID 的四个框中输入任意信息，按下写 RFID 后，再次按下读 RFID，观察读出信息是否与写入一致。若一致，则说明 RFID 读写功能正常。

（3）进入机器人调试界面。

① 手动移动各轴，检查画面各轴运动度数是否与实际一致。

② HMI 订单生产，选择立体仓库任一仓位，按下仓库取料、机床放料旋钮，机器人能够完成机床上料动作。按下机床取料、仓库放料按钮，机器人能够完成机床下料动作。期间，按下机器人暂停按钮，机器人能够暂停，按下机器人恢复按钮，机器人能够恢复运动。

3）MES 系统

（1）智能制造产线 MES 系统简介。智能制造产线 MES 系统是部署在计算机上的、控制智能生产单元生产运行的系统。它对产线上的机床、机器人、测量仪等设备的运行进行监控，并提供可视化界面展示测量的数据。同时，MES 系统可以完成数据的上传下达，将数据（报工、状态、动作、刀具等）上报、将生产任务和命令（CNC 切入切出控制指令、加工任务）下发到设备。

（2）MES 界面如图 6-32 所示。

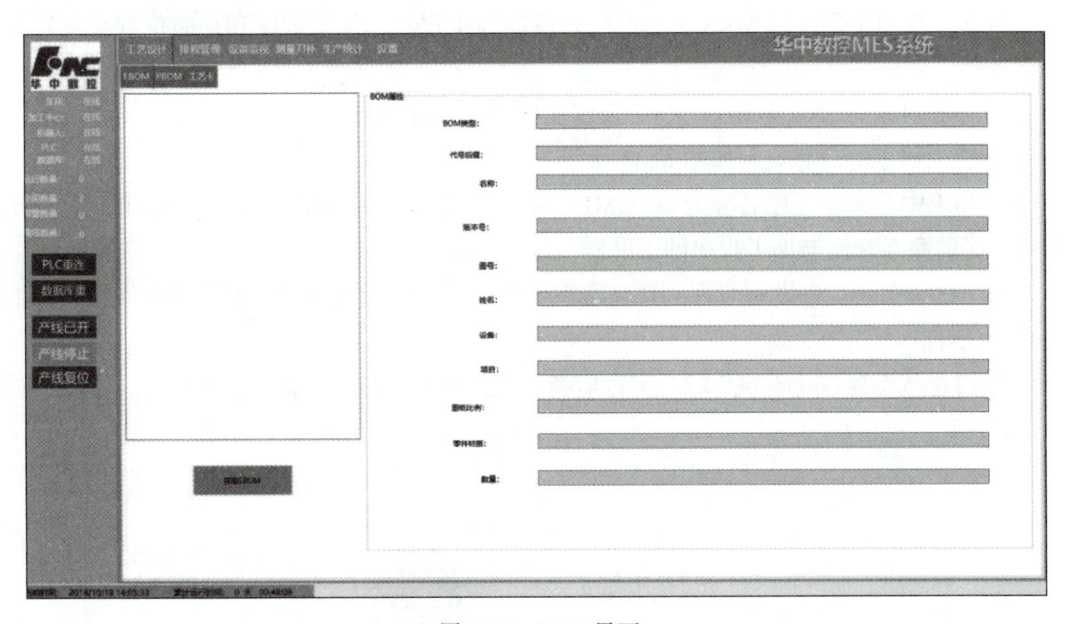

图 6-32　MES 界面

菜单栏：包括文件选择按钮、编辑按钮、查看按钮、参数按钮和帮助按钮。其中，编辑按钮可以按需要更换软件背景色和进行中英文的切换，帮助按钮可查看软件版本。

机床运行状态：实时显示当前机床的运行状态，包括离线、空闲、运行、报警状态。

设备在线状态：实时显示当时机床、PLC、机器人的在线状态。

标签栏：显示各个功能页面的标签。

功能显示和设置区：显示当前功能标签下的主要内容，包括相关数据的显示和设置。

系统时间：显示当前系统、系统累计运行时间以及报警信息。

PLC 重连：当 PLC 显示状态为离线时，单击"PLC 重连"按钮，MES 软件会尝试连接 PLC。

产线启动：单击"产线启动"按钮，产线启动，可下发订单进行加工，按钮变为"产线已开"；"产线启动"按钮在用户登录下有效，用户如果没有登录，产线启动时会给出登录提示。

产线停止：单击"产线停止"按钮，产线停止，不能下发订单。

产线复位：单击"产线复位"按钮，机床执行 HOME 程序，复位设备。

（3）用户管理。设置页面里的用户管理，即注册和登录。新用户需要在注册区输入用户名和密码来注册用户，注册完成后在登录区登录即可。未登录时当前用户为游客，不能启动产线生产。

（4）加工程序。加工程序有两种方式派发：自动派发和手动方法。

在订单页面，单击"订单下发"按钮后，MES 会自动搜索并匹配响应的加工程序文件，如果 MES 没有匹配的文件，则会提示"没有匹配的加工程序，下发订单失败"；如果存在匹配的加工程序文件，则将文件下发并加载到机床。

自动派发加工程序时 MES 需要匹配相应的加工程序，加工程序和存储位置必须遵循以下规定：

① 存放目录为"C 盘/用户/公用/公用文档/加工程序目录"。

② 加工程序的命名规则如图 6-33 所示。

③ 加工中心回零程序名称为 OHOMECNC.nc，车床回零程序名称为 OHOMEL.nc，此回零程序的命名规则与加工程序的不一样。

（5）数字料仓。在设备监视—料仓监视界面中可以设置页面用来显示料仓信息，控制料仓五色灯。

① 料仓状态监视（图 6-34）。实时监视、跟踪并记录 30 个仓位物料信息，并以不同颜色显示。

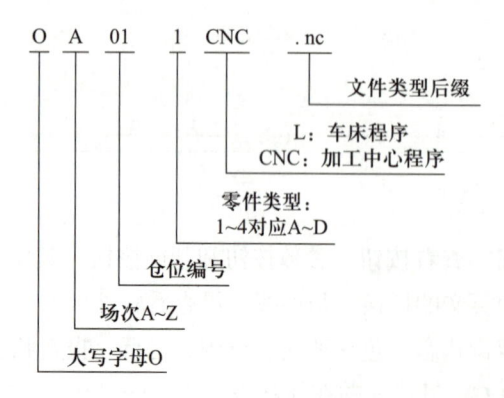

图 6-33 加工程序命名规则

图 6-34 料仓状态监视

② 信息同步：单击"信息同步"按钮后，MES 将仓位信息同步给 PLC。

③ 料仓盘点：单击"料仓盘点"按钮，工业机器人与 PLC 协同轮询 30 个 RFID，将 MES 设置的仓位信息同步给 PLC 并写入 RFID 芯片，同时将信息同步给 MES，达到

MES、HMI、RFID 信息完全一致。该功能开始前需打开信息同步功能。

④ 料仓初始化：单击"初始化"按钮，设定选定仓位的物料初始化为默认状态，场次为 A、材质为铝、类型为 0，状态为 0。

单击"整体初始化"按钮，30 个仓位的物料全部初始化为默认状态，场次为 A，材质为铝，类型为 0，状态为 0。

⑤ 五色灯控制。控制料仓上五色灯的开启和关闭。

显示五色灯的通信状态，包括串口关闭、串口开启、串口关闭失败、串口开启失败等状态。

单击"开启通信"按钮，开启五色灯通信；单击"关闭通信"按钮，关闭五色灯通信。

（6）生产排程。

① 生成订单。用于配置并生成订单。

仓位：要生产的订单绑定的仓位号。该仓位号不能与订单下发列表中的仓位号重复。

工序一：选择第一道工序，"无"表示没有第一道工序，"车工序"表示第一道工序是车加工，"铣工序"表示第一道工序是铣加工。

工序二：同工序一，工序一和工序二不能为相同工序。

生成订单：单击"生成订单"后，将根据配置生成一个订单，在订单下发和订单跟踪表格生成对应的订单，要求两个工序不能相同。

② 订单下发。选择好对应订单号后，选择目标工序、操作，单击"确定"即可下发。

车床的状态包括未开始、上料中、上料完成、加工中、加工完成、下料中、下料完成。

加工中心的状态包括未开始、上料中、上料完成、加工中、加工完成、下料中、下料完成。

③ 手动与自动排程。MES 有手动和自动两种排程模式。

手动排程：勾选手动排程选项后，若加工模式切换为自动加工，手动任务将不能下发。

自动排程：勾选自动排程选项后，开始按钮激活，MES 根据排程参数进行排产，并将任务下发到设备，直到所有自动状态的订单全部执行完毕。

暂停：单击暂停按钮后，自动加工暂停，不再下发任务到设备。

自动模式下，订单会执行，如果执行过程出现以下情况自动模式停止并切换回手动模式：

① 关闭 MES 界面上的自动排程。

② 所有自动模式订单执行完成。

③ PLC 或者机床离线。

④ 机床报警。

⑤ 当前要执行的订单没有匹配的加工程序。

⑥ 测量不合格。

⑦ 将要执行加工的仓位上没有物料。

6.4.3 项目实施

1. 任务一：数控机床装备生产故障诊断与排除任务实施

根据表 6-23 中的故障现象，完成故障诊断并排除相关故障。

表 6-23 数控车床常见故障现象及原因

故障现象	常见故障原因
故障现象一：无法控制机床卡盘松开与夹紧	1. 系统未处于联机状态。 2. 第一次开机运行时，未产生控制信号上升沿。 3. 机床未收到相关信号
故障现象二：无法启动数控机床	1. 系统未处于联机状态。 2. 系统未处于加工程序界面。 3. 错误发送模拟加工信号。 4. 数控机床有报警
故障现象三：无法获取数控机床门与卡盘正确状态	1. 传感器工作异常。 2. PLC 程序不正确

在确保人身和设备安全前提下，完成通过 HMI 执行车床放料工作，根据运行过程中故障现象自主诊断并排除。以下为各故障诊断及排除方法。

1) 无法控制机床卡盘松开与夹紧

（1）系统未处于联机状态。进行远程控制前需要将数控机床处于联机状态。

检测方法：处于联机状态时，机床将切换至自动模式，通过测试能否切换为手动模式的方法检验。若能，则证明机床未处于联机状态，否则反之。

排除方法：按图 6-35 所示的流程排查故障。需要注意的是，在不明确故障源的前提下，切忌莽撞行事，要有安全意识。

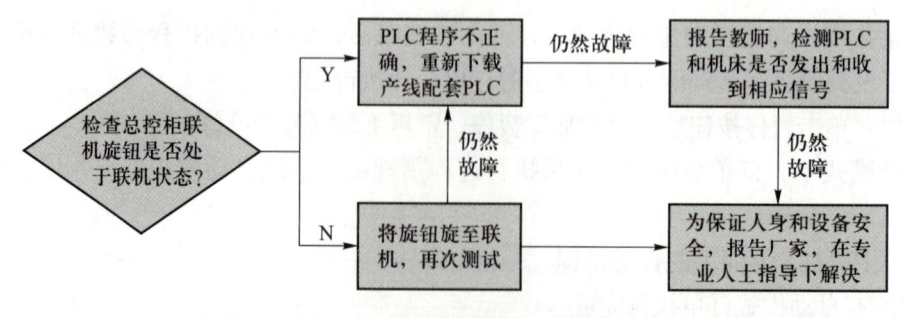

图 6-35 联机故障排查流程图

（2）第一次开机运行时，未产生控制信号上升沿。机床卡盘由数控机床 PLC 程序直接控制，程序要求开机后第一次控制时，需要先控制卡盘夹紧再松开，产生一次上升沿信号。因此在排除联机故障后，检查机器人程序是否编写 L1~L3 这 3 行程序。

（3）机床未收到相关信号。经过（1）、（2）的诊断和排除后，检查总控 PLC 硬件是否发出相关控制信号以及机床 PLC 是否收到相应信号。若 PLC 未发出信号，则下载正确 PLC。若机床 PLC 未收到相应信号，检查硬件接线。

2）无法启动数控机床

（1）系统未处于联机状态。检查方法如上所述。

（2）系统未处于加工程序界面。检查数控系统界面是否处于加工界面，以及加工程序名是否正常。

（3）错误发送模拟加工信号。检查机器人变量列表 R 寄存器，R［32］是否等于 1。若是，则机器人程序将会跳过启动，解决办法是手动更改为 0，再次加载启动。

（4）数控机床有报警。通过诊断界面查看并解决报警信息。

3）无法获取到数控机床门与卡盘正确状态

（1）传感器工作异常。机床安全门传感器处于安全门上端、卡盘传感器处于主轴末端，在教师指导下找到对应传感器的位置，进行如下测试工作。

① 将产线处于单机模式，将机床切换至手动模式。

② 通过操作面板功能按键手动控制卡盘及安全门，观察传感器是否产生信号。

③ 若传感器功能正常但信号不正确，则可以通过合适工具调整传感器至合适位置。

（2）PLC 程序不正确。在排除传感器工作异常后，重新下载正确的总控 PLC 程序。再次控制门和卡盘的机器人端输入端寄存器信号是否正确。

2. 任务二：工业机器人装备生产故障与排除任务实施

根据表 6-24 中的故障现象，完成故障诊断并排除相关故障。

表 6-24　工业机器人装备常见故障现象及原因

故障现象	常见故障原因
故障现象一：机器人运行程序不正确	1. 程序调用逻辑不正确。 2. 发送错误信号
故障现象二：机器人运行点位不正确	1. 未正确示教记录点位。 2. 点位计算错误。 3. 偏移点坐标不正确
故障现象三：机器人不运动	1. 程序不正确。 2. 信号不正确

在确保人身和设备安全前提下，完成通过 HMI 执行车床放料任务，其程序正确运行顺序为取爪→读 RFID →料仓取料→车床放料，根据运行过程中故障现象自主诊断并排除。以下为各故障诊断及排除方法。

1）机器人运行程序不正确

（1）程序调用逻辑不正确。检查主程序和对应子程序的程序调用逻辑。例如错误程序：IF R［10］=0，CALL DRFID。

当 R［10］=0 时，代表当前机器人无爪，需要调用取爪程序，而示例程序错误调用了 DRFID 程序。结合机器人运行过程，确定哪一块程序调用错误并修改。

（2）发送错误信号。机器人订单生产由 PLC 直接控制，通过 HMI 启动车床上料这一流程时，PLC 发送的有关信号见表 6-25。车床上料流程的正确信号为 R［15］=取料位、R［16］=0、R［17］=1、R［21］=1、R［25］=1、R［31］=1，检查 HMI 界面信号是否正确和机器人端是否收到对应信号。如果 HMI 界面操作正确，重新下载产线配套 PLC 和 HMI 程序。

表 6-25　订单生产相关信号

序号	信号	注释
1	R［15］	取料位
2	R［16］	放料位
3	R［17］	设备号
4	R［21］	手爪号：1—小圆爪；2—大圆爪；3—方料爪
5	R［25］	生产启动确认
6	R［31］	模拟加工：0—启动加工；1—不启动加工

2）机器人运行点位不正确

（1）未正确示教记录点位。观察程序运行到哪一点位时发生错误，检查程序所调用点位是否正确。若是，则手动运行至错误点位，检查该点示教是否正确。若不正确，重新示教点位并及时保存。

（2）点位计算错误。在智能生产单元中，料仓共有 30 个仓位，若示教每一个仓位，则效率太低，通常采用坐标计算的方式得到对应仓位精确点的坐标。若错误点位的坐标为计算所得，检查计算公式和相关信号是否正确。例如仓位精确点计算公式：

$$LR［52］=LR［5］+R［28］*LR［60］+R［29］*LR［61］$$

检查基准点 LR［5］、行偏数 R［28］、行偏距 LR［60］、列偏数 R［29］、列偏距 LR［61］是否正确。

（3）偏移点坐标不正确。偏移点运行不正确，先要检查偏移点对应的精确点是否正确，再检查偏移坐标是否正确。

例如料仓取料时，直线运动到取料点斜上方位置：L LR［52］+LR［34］。

检查精确点 LR［52］和偏移坐标 LR［34］是否正确。

3）机器人不运动

（1）程序不正确。机器人程序错误，可能导致即使发送正确的信号也可能跳转不到任意子程序中。

（2）信号不正确。在机器人程序正确的前提下，如果机器人不运动是因为信号不符合条件。例如：

J JR[0]
WAIT DO[110] = 1

若机器人运行配置未将 DO［110］与 JR［0］相关联，则会导致机器人运行至原点也无法发出对应信号。

IF R[11]<>0 AND R[12] = 0 AND R[13] = 1,CALL CS；% 调用车床上料程序
IF R[11] = 0 AND R[12]<>0 AND R[13] = 1,CALL CX；% 调用车下料程序
IF R[11]<>0 AND R[12] = 0 AND R[13] = 2,CALL XS；% 调用加工中心上料程序
IF R[11] = 0 AND R[12]<>0 AND R[13] = 2,CALL XX；% 调用加工中心下料程序

若 HMI 发送订单信号不正确，则不符合流程调用条件，机器人跳转不进子程序也会导致机器人不运动。

WAIT R[19] = 0
WAIT R[26] = 0

执行车床放料时，若机床安全门未打开或卡盘未打开均会导致条件不满足，不执行车床放料。如此保证了设备安全，工业机器人不会在门关状态下执行机床放料。

3. 任务三：数字化立体仓库装备生产故障诊断与排除任务实施

根据表 6-26 中的故障现象，完成故障诊断并排除相关故障。

表 6-26　数字化料仓常见故障现象及原因

故障现象	常见故障原因
故障现象一：检测不到料仓有料	1. 光电传感器异常。 2. PLC 程序不正确
故障现象二：RFID 电子标签读写错误	1. 不在电子标签感应范围内。 2. PLC 程序不正确
故障现象三：五色灯状态不正确	1. MES 软件操作不正确。 2. 接口松动

在确保人身和设备安全前提下，完成订单生产过程中立体料仓发生故障，要求能够通过 MES 手动排程下发订单；根据运行过程中故障现象自主诊断并排除。以下为各故障现象的诊断排除方法。

1）检测不到料仓有料

（1）光电传感器异常。物料放置于仓位，光电传感器黄灯、橙灯没有同时亮，则证明光电传感器异常。先用手近距离遮挡光电传感器光源部分，若仍然没有信号，则报告教师存在线路或传感器损坏问题。若有信号，通过标识符为 min-max 旋钮，使用平口螺丝刀调节旋钮来调节感应范围，使物料恰好放置于料仓时有信号，拿走时无信号。

（2）PLC 程序不正确。在排除（1）的情况下，打开信息同步，若仓位监视画面中仍然检测不到物料，说明 PLC 程序不正确。这是因为传感器信号线接入 PLC，只有 PLC 知道料仓是否有料，PLC 未把这一状态转发 MES 系统。这一情况下，重新下载正确配套

PLC 程序再次测试。

2）RFID 电子标签读写失败

（1）不在电子标签感应范围内。RFID 电子标签的感应距离为 0～30 mm，要求读写头正对电子标签 30 mm 以内才可感应到。且感应到时，读写器上的指示灯会由绿色变为蓝色。

（2）PLC 程序不正确。在排除（1）的情况下，RFID 读写器的读写功能由 PLC 控制，PLC 程序不正确会直接导致读写失败。在教师指导下，监控 PLC 程序，观察 RFID 通信指令块的状态码 STATUS，并选中指令按 F1 键进入信息帮助系统查询对应状态码的含义，若为报错状态码，则下载正确 PLC 程序重试。

3）五色灯状态不正确

（1）MES 软件操作不正确。检查 MES 软件是否正确开启五色灯通信以及信息同步功能。打开之后，通过 MES/设置/验证/料仓测试功能，改变不同仓位下的状态，检查五色灯颜色是否同步更新。

（2）接口松动。若 MES 系统无法开启串口通信功能，说明通信接口存在问题。检查串口转 USB 模块是否接入主机或存在松动。

4. 任务四：智能制造产线 MES 下单运行故障诊断与分析任务实施

根据表 6-27 中的故障现象，诊断并排除相关故障。

表 6-27　智能产线生产过程常见故障现象及原因

故障现象	常见故障原因
故障现象一：生产前准备工作未完成	1. 设备报警未清除。 2. 各单机设备未准备就绪。 3. 产线未开启和复位
故障现象二：MES 系统无法派发订单	订单派发条件不满足

1）产线生产运行调试步骤

（1）设备无报警且准备就绪。

（2）测试 HMI 界面—机器人监控、RFID 监控、机床监控等画面。

（3）生产运行调试步骤。

① 不带爪、不带料、不加工，HMI 下单。
② 带爪、带料、不加工，HMI 下单。
③ 带爪、带料、带加工，HMI 下单。
④ 带爪、带料、带加工，MES 手动排产。
⑤ 带爪、带料、带加工，MES 自动排产。

调试步骤遵循"循序渐进，安全第一"原则进行，任何可以设置速度的设备，首次运行时将速度调低以确保出现异常现象时能够及时停止。步骤（1）要求手拿示教器，卸下快换台手爪和料仓物料，通过 HMI 下单，验证运行流程和机器人点位无错，确保安全。

后续调试步骤循序递进，逐渐开始带爪、带料、带加工、带 MES，直到实现最终的 MES 自动排程。

2）故障诊断与排除

在确保人身和设备安全前提下，排除智能制造产线订单生产过程中立体料仓的故障，要求能够通过 MES 手动排程下发订单；根据运行过程中故障现象自主诊断并排除。以下为故障诊断及排除方法。

（1）生产前准备工作未完成。

① 设备报警未清除。检查并排除工业机器人报警；检查并排除数控机床报警；检查料仓和主控系统急停。

② 各单机设备未准备就绪。工业机器人若有爪，要求手动取爪并清零 R［10］信号；要求工业机器人切换为自动模式并加载程序、打开使能；料仓对应仓位要求有料；快换台要求有爪；数控机床要求无报警、门打开、卡盘松开、主轴不旋转；安全围栏要求门处于关闭状态；要求管控计算机 C 盘/用户/文档/加工程序目录里的加工程序和机床复位程序正确；要求总控柜联机旋钮处于联机状态。

③ 产线未开启和复位。打开 MES 系统开启产线；打开 MES 系统启动产线复位功能。

（2）MES 系统无法派发订单。

订单派发要求满足以下条件：MES 界面上的"产线启动"按钮按下；订单所需机床必须在线；PLC 在线；工业机器人在 HOME 点，并且空闲；对应机床运行显示为 0；对应仓位要有加工程序。

6.4.4 项目总结

本项目主要介绍了智能制造产线中智能装备的常见故障，简要分析智能装备的工作原理、故障诊断和排除。通过本项目的训练，为今后学生开展智能制造产线联调和维护打下基础。考虑到智能装备的运行和数据是交互存在的，在训练过程中，请注意各个传感器与 PLC 系统之间信息交互的流程与顺序，并仔细分析其含义。

思考题

（1）对机器故障的诊断有多种方法，请列举几个并分析其优、缺点。

（2）故障诊断分析系统是否需要与其他系统（例如生产计划、维护管理）进行集成？如何集成？

第三篇
智能制造综合实践

第七章

数控加工高级综合训练

高精度、高效率、高可靠性是制造技术不懈追求的目标。近年来，随着数控机床朝着复合、多轴、高速、高精、高可靠性等方向发展，各项先进的数控加工技术不断得到推广和应用。结合数字孪生的新一代智能机床深度融合工业互联网、大数据、云计算、人工智能等技术，能实现自主感知、自主学习、自主优化与决策、自主控制与执行。图 7-1 所示为华中数控新一代智能机床（iMT）的控制框图。

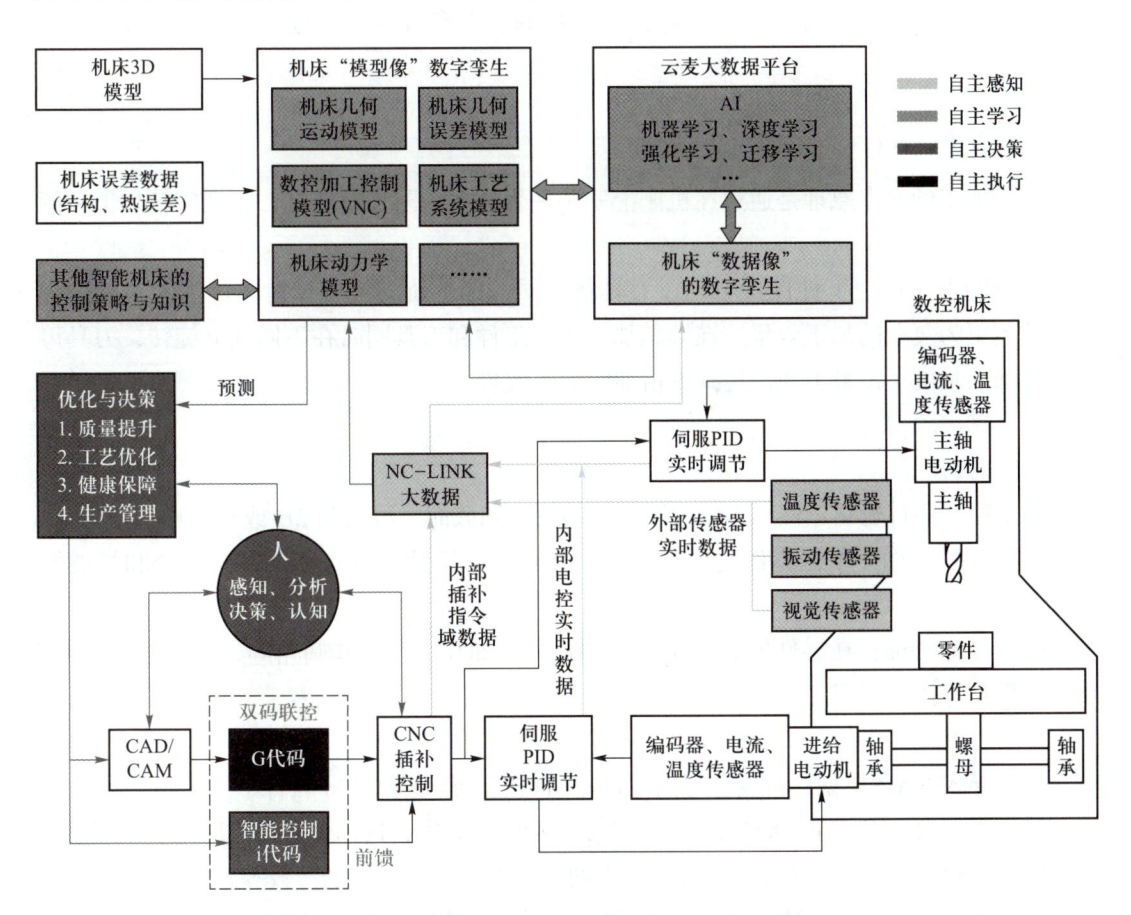

图 7-1　华中数控新一代智能机床（iMT）的控制框图

本章通过五轴高速加工、复杂曲面加工、薄壁件加工等典型加工项目训练，实现以下训练目标：①熟悉高速加工应用要求及适用环境；②掌握高速加工工艺分析思路；③掌握五轴探头测量以及薄壁高速加工技术；④了解铣削粗加工工艺参数优化背景和现存问题；⑤熟悉铣削粗加工工艺参数优化的基本原理和解决方案。

7.1 连接板零件四轴高速加工

7.1.1 项目描述

通过使用四轴高速数控机床对连接板零件进行加工，练习复杂零件的加工技能。零件毛坯尺寸为 $\phi60$ mm×36 mm，通过 Unigraphics NX 软件（简称 NX）进行零件建模，依据制订的加工工艺，应用 NX 完成零件的 CAM 编程，定义加工路径和刀具路径，选择合适的加工策略和速度参数。使用 VERICUT 软件进行虚拟加工仿真，验证加工刀路的正确性，以防止产生加工干涉。

如图 7-2 所示，需要加工的零件在五棱柱侧面上有台阶、浮雕等特征，需进行四轴加工。

7.1.2 项目准备

多轴加工的基本原理是通过在机床上安装一个或多个附加旋转轴，实现旋转加工和倾斜加工。

在旋转加工中，工件保持不动，刀具在不同的轴上旋转，实现对工件不同角度的加工，达到更为复杂的加工效果。在倾斜加工中，工件和刀具同时在不同轴上旋转，刀具可以在不同的角度下接触工件，达到更精细的加工效果。

1. 连接板加工流程

1）零件建模

（1）绘制零件轮廓：使用 NX 绘制零件的轮廓和截面，可绘制 2D 或 3D 图。

（2）创建草图：根据零件轮廓和特征创建草图，后续可进行如切割、融合和扩展等操作。

（3）添加特征：在零件轮廓上添加各种特征，如孔、凸台和圆角等，可以通过拉伸、旋转、倒角等操作实现。

2）零件编程

（1）导入 CAD 模型：将设计好的零件 CAD 模型导入到 CAM 软件中。

（2）创建刀具库：在 CAM 中创建所需要使用的刀具库，选择合适的刀具类型和尺寸。

（3）创建工艺库：在 CAM 中创建所需的工艺库，包括各切削参数等。

（4）选择加工方式：选择合适的加工方式，包括铣削、钻孔、车削等。

第七章　数控加工高级综合训练

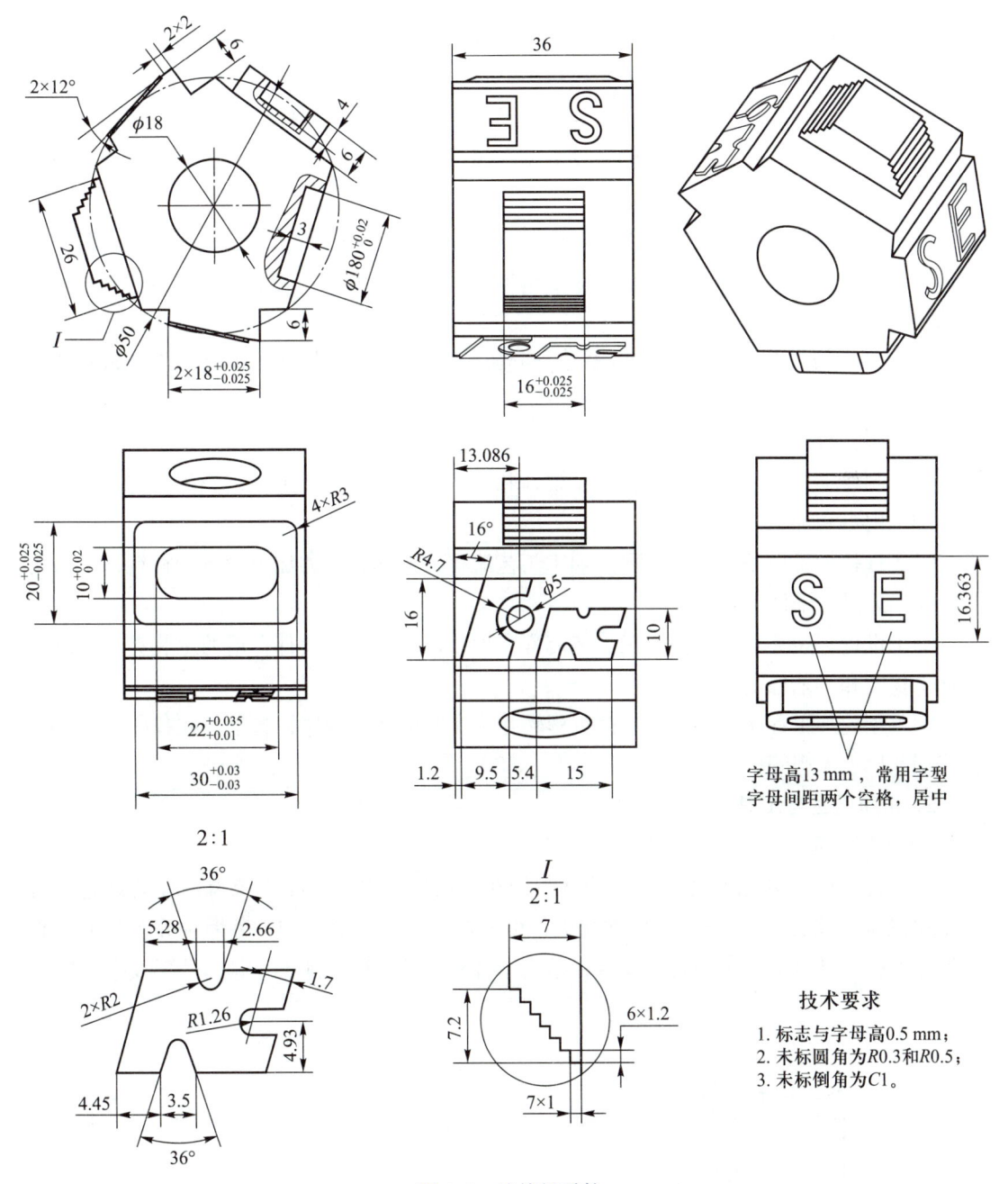

图 7-2　连接板零件

（5）设定坐标系：设定零件加工的坐标系，即确定加工过程中的原点和坐标轴方向。

（6）创建加工路径：根据所选的加工方式和刀具，使用 CAM 软件创建合适的加工路径。

（7）生成 G 代码：使用 CAM 软件根据创建好的加工路径和切削参数，生成相应的 G 代码程序。

3）零件加工仿真

（1）导入 G 代码：将编好的 G 代码程序导入 CAM 软件中。

（2）设定仿真参数：设定仿真过程中的加工速度、进给速度、刀具尺寸和加工物料等参数。

（3）创建材料库：创建虚拟加工材料库，包括材料类型、硬度、密度等参数。

（4）创建虚拟工件：根据导入的 G 代码程序，使用 CAM 软件创建虚拟工件模型。

（5）创建刀具库：选择所需的刀具类型和尺寸创建刀具库，根据需要对刀具进行调整和优化。

（6）加工路径：根据所选的刀具和加工方式，使用 CAM 软件创建合适的加工路径。

（7）开始仿真：启动仿真过程，对虚拟加工过程进行模拟，观察刀具的运动轨迹和加工效果。

（8）分析仿真结果：对仿真结果进行分析，检查加工过程中出现的问题，如刀具干涉、加工深度过浅或过深等。

4）工艺设计

（1）制订加工工艺流程。根据产品设计和加工方法，制订加工工艺流程，包括加工顺序、加工内容和加工参数等。

（2）选择加工设备和材料。根据加工工艺流程，选择合适的加工设备和材料，包括数控机床、刀具、辅助工具等。

（3）设计工装夹具。根据加工工艺流程和加工设备选型，设计合适的工装夹具，以确保加工精度和工艺稳定性。

（4）创建加工程序。将加工工艺流程转化为实际的加工程序，包括数控程序、手工操作流程和检验流程等。

2. 机床设备与工具

1）机床设备

本项目选用带 A 轴回转工作台的 AVL650 立式加工中心，此机床为一种高效通用的自动化机床。该机床具有 CNC 标准功能，可完成铣、镗、钻、铰、攻螺纹等多种工序的切削加工，并且附带 A 轴回转工作台，适用于各种复杂零件的加工。具体外形及参数如图 7-3 所示。

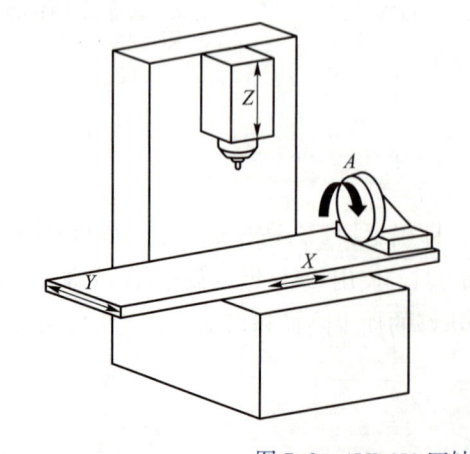

AVL650技术参数	
$X/Y/Z$轴行程/mm	620/520/520
A轴	360°回转
主轴最高转速/(r/min)	10 000

图 7-3 AVL650 四轴立式加工中心及其参数

2）毛坯准备

毛坯尺寸如图 7-4 所示。毛坯材料采用铝合金 2A12，中心通孔有较高精度要求，以保证毛坯装夹的精度。

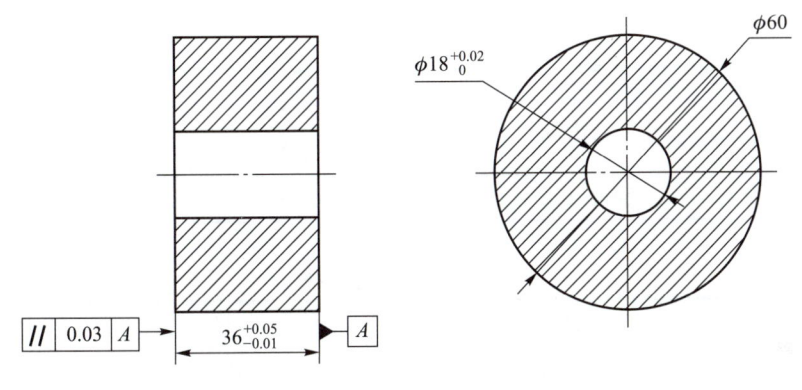

图 7-4　毛坯尺寸

3）夹具准备

采用轴套夹具，其材料为钢件，此轴类零件中心轴有同心度要求，可使用车床一次精车加工保证。夹具尺寸如图 7-5 所示。

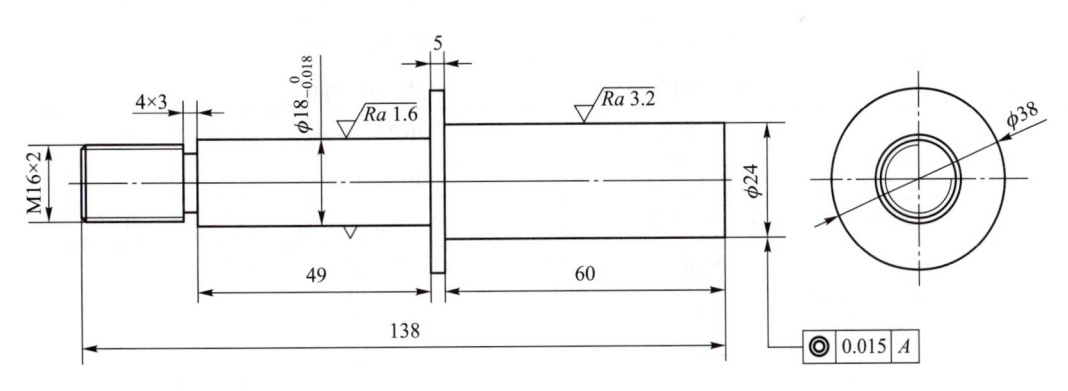

图 7-5　夹具尺寸

4）刀具清单

（1）刀具选择是数控加工工艺中的重要环节，合理选用刀具可以提高机床的加工效率和加工质量。加工的零件材料为铝合金 2A12，可以选择铝用三刃立铣刀来粗、精加工矩形轮廓槽，用 $\phi2$ 铣刀精加工标志和字母。因为铝合金的材料强度较低、较软，如果使用四刃立铣刀容易形成切屑瘤附着在刀具表面，轻则影响表面加工效果，重则导致刀具断裂并使零件报废，所以应该采用有大容屑槽的铝用三刃立铣刀进行加工，以利于排屑。

① 对于零件的主体特征可以选用 $\phi8$ 立铣刀进行粗加工（俗称开粗），提高开粗效率。

② 对于标志和字母特征可以选用 $\phi2$ 铣刀。

③ 在零件的边缘处可以使用 $\phi6$ 的 90° 中心钻倒角刀进行倒角。

（2）在满足零件加工要求的前提下，尽量减少所需刀具的数量，一方面可以减少换刀的次数，提高加工效率，另一方面可使整个加工成本降低，提高加工经济性。刀具清单见表 7-1，工、量具清单见表 7-2。

表 7-1　刀　具　清　单

序号	名称	规格	数量
1	平底立铣刀	$\phi 8$	2
2		$\phi 2$	1
3	倒角刀	$\phi 6\text{-}90°$	1

表 7-2　工、量具清单

序号	名称	规格	数量
1	百分表	自定	1
2	杠杆百分表	自定	1
3	磁力表座	自定	1
4	外径千分尺	0～25 mm	1
5		25～50 mm	1
6	内径千分尺	0～25 mm	1
7	游标卡尺	0～150 mm	1
8	深度千分尺	0～100 mm	1
9	圆孔塞规	$\phi 6H7$、$\phi 8H7$	1
10	光电寻边器	10 mm 直径	1
11	Z 轴设定器	50mm 长	1
12	油石	自定	1
13	毛刷	自定	1
14	棉布	自定	1
15	胶木榔头	自定	1
16	活动扳手	自定	1
17	锉刀	自定	1
18	卸刀扳手	自定	1
19	DNC 连线及通信软件	自定	1
20	计算机	自定	1

7.1.3　任务实施

1. 任务一：连接板零件三维建模

（1）整体外形特征的建立。

（2）侧面特征的建立：依次建立台阶特征、"字母"凸台特征、长方体凸台特征、凹槽特征和标志特征。

2. 任务二：连接板零件编程

1）加工方案制订

根据所提供的机床结构及夹具、毛坯特征，确定的装夹方案如图 7-6 所示。

2）加工工艺制订

考虑机床的功能和加工刀具，选用 $\phi 8$ 立铣刀对零件侧面特征进行粗加工。对于无法进刀的标志和字母特征，选用 $\phi 2$ 立铣刀进行二次开粗；采用 $\phi 8$、$\phi 2$ 立铣刀进行特征精加工。根据加工工艺，零件的加工刀具路径（简称刀路）如图 7-7 所示。对应的机械加工工序卡见表 7-3。

图 7-6 零件装夹方案

(a) 定轴开粗($\phi 8$立铣刀)　(b) 定轴二次开粗($\phi 2$立铣刀)　(c) 定轴精加工($\phi 8$立铣刀)　(d) 定轴二次精加工($\phi 2$立铣刀)

图 7-7 零件的加工刀路

表 7-3 零件的机械加工工序卡

工序号	程序编号	夹具名称	使用设备	数控系统	车间

工步号	工步内容	刀具	刀具规格	转速/(r/min)	进给量/(mm/r)	背吃刀量 a_p/mm	备注
1	定轴开粗	铣刀	$\phi 8$	5 500	2 500	1	
2	定轴二次开粗	铣刀	$\phi 2$	7 000	600	0.5	
3	定轴精加工	铣刀	$\phi 8$	7 500	1 500	0	
4	定轴精加工	铣刀	$\phi 2$	7 500	600	0	

3）数控编程

选择 Unigraphics NX 作为本项目的加工编程软件。如图 7-8 所示，编程流程为刀路编程预设置→定轴加工→仿真验证、输出程序。

4）仿真验证

在完成零件加工编程后，通过 VERICUT 软件进行零件数控加工刀路仿真，检验加工过程中是否会发生碰撞与过切等问题。

（1）机床模型与控制系统的导入。

```
刀路编程预设置              定轴加工
创建加工坐标系              定轴开粗；
和安全平面；       ⟹      定轴二次开粗；    ⟹    仿真验证、输出程序
创建几何体与               定轴精加工
毛坯；
创建刀具
```

图 7-8　数控编程流程图

（2）刀具参数的编辑。

根据刀具参数（表 7-4）创建刀具。

表 7-4　刀 具 参 数　　　　　　　　　　　　　　mm

	刀长	刃长	直径	伸出长度
$\phi 8$ 立铣刀	75	25	8	50
$\phi 2$ 立铣刀	50	15	2	30
$\phi 6\text{-}90°$ 倒角刀	50	12	6	30

（3）毛坯的装夹与加工坐标系的编辑。

（4）加工过程仿真。

7.1.4　项目总结

本项目主要介绍了使用四轴高速数控机床对连接板零件进行加工的过程。通过本项目的训练，学生掌握多轴加工的基本原理和技术，学习如何在数控机床上安装附加旋转轴实现旋转加工和倾斜加工。具备使用 Unigraphics NX 等软件进行零件建模和 CAM 编程的能力，具备根据设计要求创建合适的加工路径和刀具路径的能力，提升对复杂零件加工技术的理解和应用能力。

思考题

（1）数控编程过程主要有哪些步骤？

（2）连接板零件的建模过程中需要考虑零件的哪些特征？

（3）根据四轴数控加工工艺设计与程序编制的任务要求，填写相应加工工艺卡、数控加工工序卡、数控铣刀调整卡。

7.2　叶片零件曲面五轴加工

7.2.1　项目描述

叶片是一种广泛应用于机械、汽车、航空航天、船舶等领域的零件，属于将流体动能

转换为机械动能的核心部件。一般通过对叶片进行加工、修整、磨削等工艺,以满足叶片在使用过程中的各种要求。

7.2.2 项目准备

五轴加工过程中,刀具轴线的控制设定非常关键。曲面五轴加工的刀路方式很多,需根据曲面结构形式及其与相关参考特征间的关系选用合适的刀路方式。对于与周侧无其他特征关联限制的曲面,主要可用沿面五轴、曲面五轴、平行切削等刀路方法,如图 7-9 所示。此类曲面五轴加工采用的刀路方式因关联限制较少,只需要选择加工曲面后设置走刀控制的流线方向,包括主切削方向、步进方向等,其刀轴(法向刀轴)控制直接选择参照加工曲面即可,如图 7-10 所示。

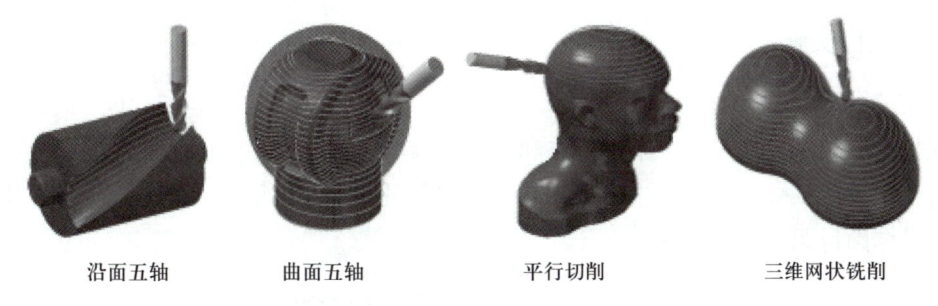

图 7-9 非关联限制曲面的五轴加工方法

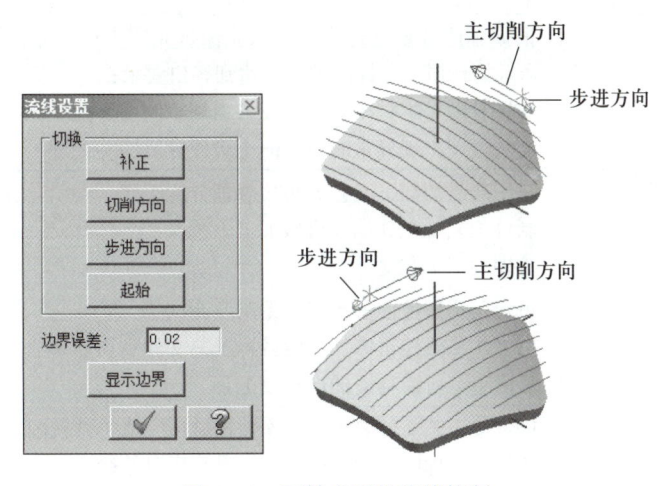

图 7-10 五轴走刀的流线控制

对受周侧其他特征关联限制的曲面进行五轴加工,可用沿边五轴、平行到曲线、平行到曲面、两曲线之间以及两曲面之间等多种刀路方式,如图 7-11 所示。由于加工曲面受周侧其他特征的关联限制,其加工曲面、限制边界、刀轴控制等,应视选用的刀路方式选取,错误的选择将导致错误的刀路结果。

对于叶轮槽的加工,既可选用两曲面之间刀路方式,也可选用两曲线之间刀路方式,还可选用平行到曲面刀路方式。选用两曲面之间或两曲线之间刀路方式时,主要加工面是槽底面，考虑到可能会与两侧曲面发生干涉，需要构建一刀轴控制的串连线，并选择"串连"刀轴控制以限制刀轴摆转的角度；或分析刀轴与底部曲面法向垂直时与侧壁曲面间的角度差，在选择"曲面"刀轴控制时，设定刀轴相对侧边的限制角度。使用串连线刀轴控制的两曲面之间或两曲线之间刀路方式很难实现对两侧曲面的精确加工。

图 7-11 有关联限制曲面的五轴加工方法

7.2.3 项目实施

1. 任务一：生产小组组建

根据生产任务要求，结合个性特点和专长，参考企业生产小组的管理形式，对小组成员进行任务分工，分别划分为生产组长、工艺编制员、数控编程员、机床操作员、质量检测员，具体岗位职责见表 7-5。

表 7-5 生产学习小组岗位职责分配

岗位	姓名	岗位任务	备注
生产组长		1. 根据生产计划进行生产，保质保量完成生产任务，提升合格率，降低物料损耗，提高效率，达到客户要求； 2. 现场管理、维护车间秩序及各项规章制度、推进 5S 进程； 3. 生产过程出现异常时及时向上级领导反馈并处理	
工艺编制员		1. 组织产品的加工工艺分析、合理分配工序； 2. 制订工艺规程并编写机械加工工艺卡； 3. 管理加工工艺文件	
数控编程员		1. 负责公司数控设备程序的编制及调试； 2. 负责汇总数控机床加工的各种工艺文件和切削参数； 3. 负责生产所需物资的申报及汇总	
机床操作员		1. 负责按工艺文件要求，操作数控铣床完成零件铣削工序； 2. 按品质管理的检测频度对产品进行质量检验； 3. 调整、控制铣削加工部分的产品质量	
质量检测员		1. 负责按产品的技术要求对产品质量进行检验和入库； 2. 提出品质管理的建议和意见； 3. 说明产品生产中质量控制点和经常出现的质量问题	

2. 任务二：叶片零件编程

1）叶片零件的加工工艺分析

叶片零件加工工艺分析见表 7-6。

表 7-6 叶片零件加工工艺分析

序号	项目	分析内容	备注
1	叶片零件图样分析	仔细审图,重点关注尺寸公差、表面粗糙度、几何公差与技术要求	
2	叶片零件结构工艺分析	加工难点: 1. 叶片的加工和倒角清根的衔接时需要注意避免产生刀痕; 2. 如何使叶片上的刀路均匀分布	
3	选用夹具分析	从零件分析得知,为了便于拆装零件,可选自定义卡盘夹具,其中三个爪换成软爪,并且在爪上车削出一个台阶,便于夹住圆柱毛坯和顶住工件端面	毛坯工装示意图如图 7-12 所示
4	加工刀具分析	根据零件图样信息分析,应选择圆鼻铣刀 $\phi16R2$、球刀 $\phi10$、$\phi6$ 等刀具才可以较好地完成零件的加工	
5	切削用量分析	零件的叶片比较薄,因此在粗加工时切削量不能太大,还需选择黏度较低的切削液	
6	产品质量检测分析	从零件的技术要求得知,叶片的表面粗糙度与叶片厚度有较高的要求。用到的量具有游标卡尺、表面粗糙度仪等	

图 7-12 叶片毛坯工装示意图

2)零件的加工步骤

根据零件的特点,按照加工工艺的安排原则,确定工步安排,见表 7-7。

表 7-7 工 步 安 排

序号	工步名称	图示
1	粗加工叶片右侧面:使用定向型腔铣的加工方式,对叶片左侧进行粗加工	

续表

序号	工步名称	图示
2	粗加工叶片左侧面：使用定向型腔铣的加工方式，对叶片右侧进行粗加工	
3	半精加工叶片：采用可变轮廓铣的加工方式对叶片进行半精加工	
4	半精加工叶片圆角：采用可变轮廓铣的加工方式对叶片圆角部分进行半精加工	
5	精加工叶片：采用可变轮廓铣的加工方式对叶片进行精加工	
6	精加工叶片圆角：采用可变轮廓铣的加工方式对叶片圆角部分进行精加工	
7	精加工底面：采用可变流线铣的加工方式对叶片底面进行精加工	

3）小组讨论

（1）如何保证将叶片圆角 $R5$ 的曲面特征完全加工到位？

（2）如何实现叶片的加工和倒角清根的衔接编程并避免产生刀痕？

（3）除了以上参考的夹具方案，请制订其他的装夹方案，并完成装夹设计。

4）编制工艺卡

请结合叶片零件加工工艺分析和零件的加工步骤完成机械加工工艺卡的编制。

5）加工仿真

运行所有编制的加工程序进行加工仿真，其结果如图 7-13 所示。

图 7-13　仿真加工结果

7.2.4　项目总结

本项目主要介绍了叶片零件曲面五轴加工的相关内容。叶片作为机械、汽车、航空航天和船舶等领域的重要零部件，不仅对加工精度有着严苛的要求，还存在复杂的曲面，因此与传动轴、轴承座等零部件数控加工相比，存在更大的数控加工难度。通过本项目的训练，学生深入了解关于叶片零件曲面五轴加工的基本原理和方法。通过对叶片零件图的仔细审查和结构工艺分析，能进一步确定加工难点和加工要求。针对叶片加工，具备刀路规划和刀具轴线控制设定的能力。

思考题

（1）叶片加工刀具选择原则有哪些？

（2）如何优化叶片加工程序？

（3）根据五轴联动数控加工工艺设计与程序编制任务要求，填写相应机械加工工艺卡、数控加工工序卡、数控铣刀调整卡。

7.3　薄壁零件铣削加工振动特性分析

7.3.1　项目描述

本项目分为刀具与薄壁零件的模态分析实验、薄壁零件的有限元模态分析、薄壁零件的铣削与分析三个任务。

任务一：采用薄壁零件侧铣加工方式，考虑给定刀具和给定零件，能够关联这两个对象动力学特性因素，依据实验模态分析理论和实验结果，得出刀具为刚体，薄壁为柔性体的推断结果，判定薄壁工件为薄弱环节。

本任务要求通过给定的加速度传感器、力锤及模态分析系统，使用所学知识，完成对刀具和薄壁零件的锤击实验；并对采集到的实验数据进行模态分析，得到刀具和薄壁零件的模态频率和模态振型。

任务二：在薄壁薄弱的前提下，铣削过程中的振动在薄壁长度方向会产生差异，利用 Ansys Workbench 软件进行有限元分析，得到薄壁零件的模态分析结果，掌握理解相应薄壁件固有频率和关联振型的有限元分析图表。能够推断铣削过程中，薄壁振动是由薄壁固有模态中被铣削激发各模态的不同加权合成结果，该结果将体现在薄壁铣削表面粗糙度值上。

对于薄壁零件而言，模态分析可以分以下三个步骤进行。

（1）前处理：几何模型的构建、材料定义、有限元模型的构建。

（2）求解：加载接触关系与边界条件。

（3）后处理：结果查看、结果评估、修正结果。

任务三：针对薄壁零件铣削加工振动和加工表面粗糙度关联分析，设定薄壁零件铣削加工，装夹薄壁零件，安装千分表位置打表，铣削加工编程，对刀，同时掌握切削激励频带能量的设定流程，选取两组切削参数，采用对应薄壁零件不同固有频带的激励力，进行侧铣加工，并对零件加工表面按仪器型号 Mitutoyo 进行表面质量测量，给出薄壁铣削加工振动和加工表面粗糙度关联结果分析。

在本任务中，通过给定的切削参数范围选择切削参数进行切削加工，测量切削后的零件表面粗糙度，比较不同的切削位置处的表面粗糙度值的大小，并分析与零件模态的关系，以及不同切削参数与表面粗糙度的关系。

7.3.2 项目准备

1. 刀具与薄壁零件的模态分析实验

1）模态分析的基本原理

首先，考虑一根悬臂梁，假设在梁的自由端受到一个脉冲激励。梁自由端的响应将包含系统所有模态的响应。通过傅里叶变换，将梁自由端的时域响应从时域变换到频域。频域表达通常称为频响函数，或者简写成 FRF，注意图中的峰值对应系统的固有频率。

悬臂梁有许多阶固有频率，在每一阶固有频率处，结构都将以一种确定的模式发生变形，这种变形称为模态振型。对于这根梁，图 7-14 中，1 阶为弯曲模态，2 阶为弯曲模态，3 阶为弯曲模态。当然，还有其他高阶模态没有给出，这里仅仅讨论前三阶模态。模态空间可以更易于用单自由度系统去描述结构系统。

系统总响应来自各阶模态的贡献，图中的总响应由 1 阶、2 阶和 3 阶模态的响应组成。不管是在时域还是频域描述系统，这个结论总是成立的。可以在梁的自由端测量由脉冲引起的总响应，然后滤波得到系统各阶模态的响应。

2）模态辨识的基本理论

如图 7-15 所示，给平板施加一个大小按正弦规律变化的外力（又称激励力），改变外

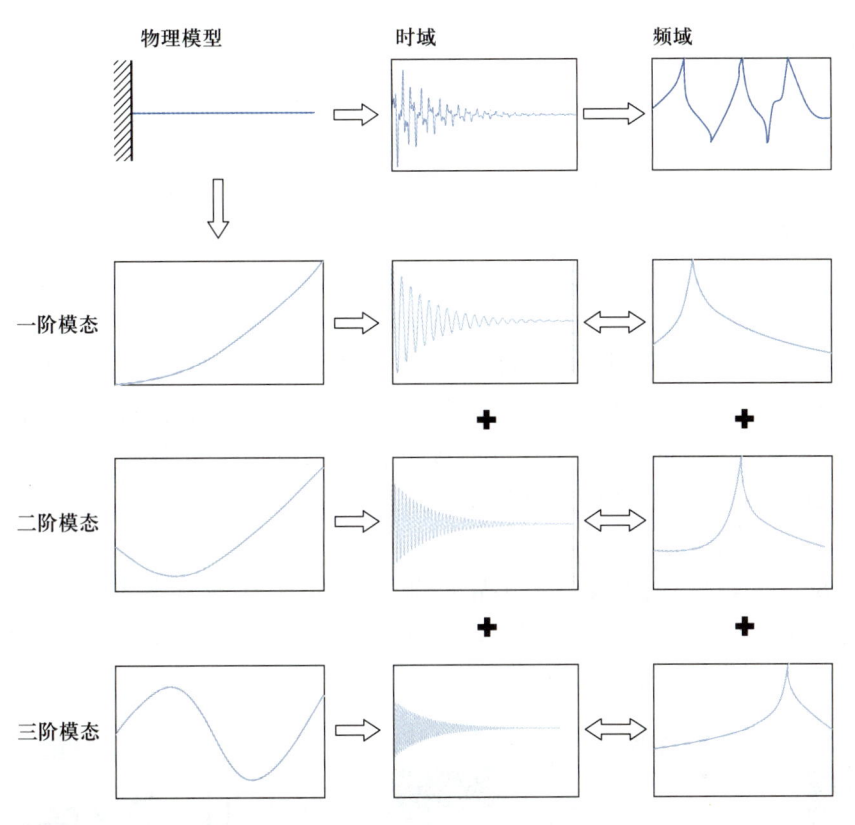

图 7-14　悬臂梁的模态分析示意图

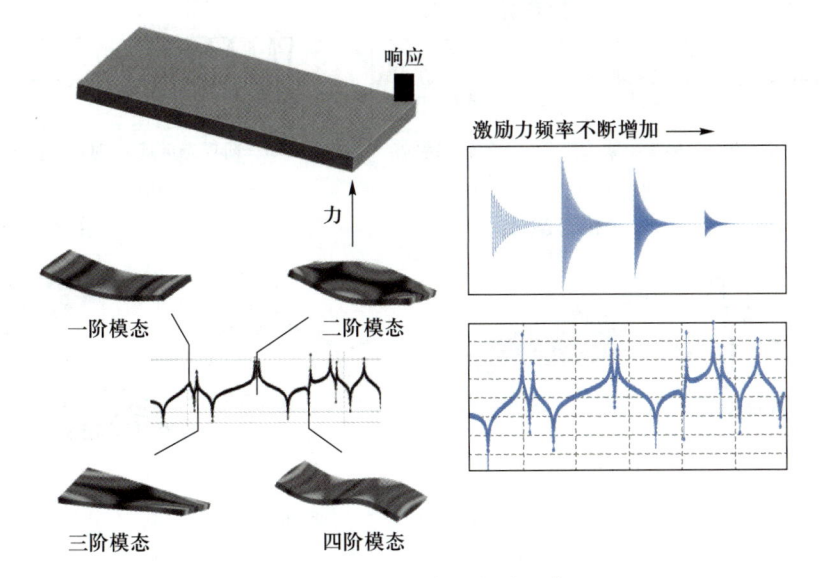

图 7-15　薄壁零件的频响函数

力的频率，幅值保持不变。注意到平板响应的幅值随着激励力的频率变化而变化。当外力的振动频率越来越接近系统的固有频率（或者共振频率）时，响应幅值会越来越大，当激励力的振动频率等于共振频率时达到最大值。如果将频响函数叠加于时域波形之上，会发现时域波形幅值达到最大值时的振动频率等于频响函数峰值处的频率。很显然，可以使用时域信号出现最大幅值时确定系统的固有频率，也可以使用频响函数确定这些固有频率，当然频响函数更易于确定系统的固有频率。

图 7-16a 中给出的激励是能激起结构所有频率的随机激励，响应通常是那些输入激起的所有模态的线性叠加。

用一个频率刚好等于平板的 1 阶固有频率的正弦信号激励该系统，系统的一条频响函数曲线如图 7-16b 所示。可以看出频响函数由 1 阶模态和 2 阶模态两者的贡献共同组成；也可以看出响应的主要贡献，不管是在时域还是频域，都是以 1 阶模态为主。如果激励主要是激起 1 阶模态，那么工作变形图将看起来与 1 阶模态振型非常相像。同理图 7-16c 中，响应以 2 阶模态为主。

图 7-16d 中，当激励远离某一个共振频率时，在 1 阶与 2 阶模态之间的某个频率处激励。此时系统的响应主要是 1 阶和 2 阶模态振型的某种组合，实际上还有其他阶模态，但主要是 1 阶和 2 阶模态参与系统响应。

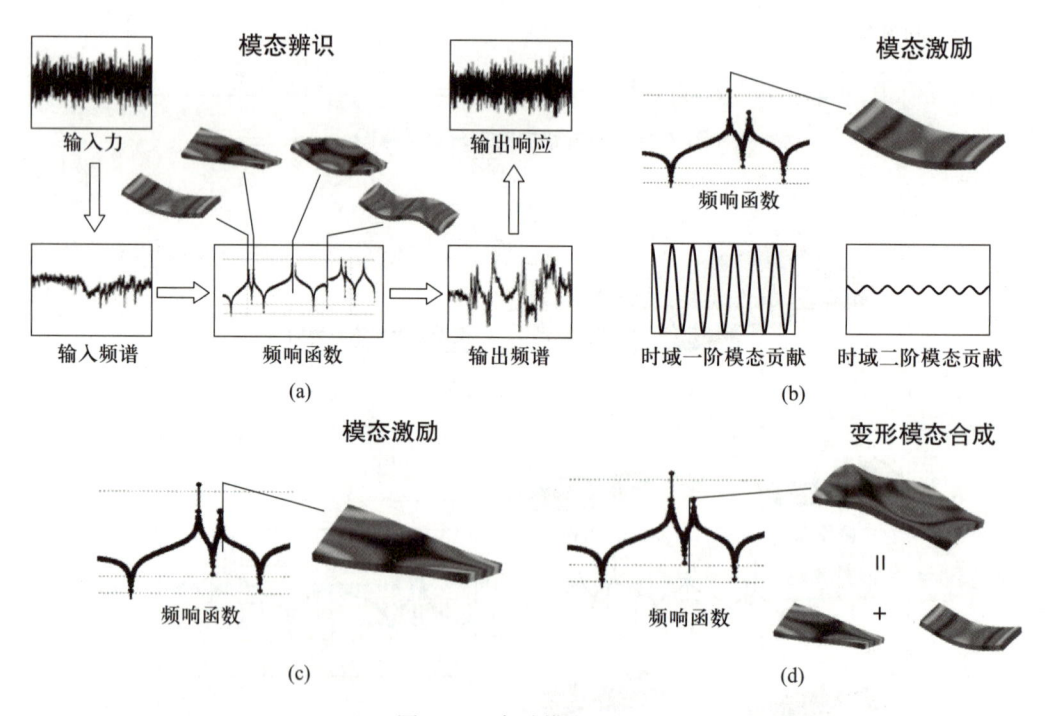

图 7-16 各阶模态的叠加

3）薄壁零件铣削过程分析

铣削工艺系统主要由铣刀与工件组成，铣刀铣削工件表面时，每个刀齿经过一个近似圆弧路径，同时铣削过程中切削厚度的变化是一个间断、周期性变化的过程，从而导致切削力和切削厚度分别在工件进给方向（X向）、法向进给方向（Y向）和轴向切深方向（Z向）不断动态变化。由于薄壁零件具有质量轻、刚性低等特点，在薄壁零件铣削加工系统中，其刚度低于铣刀刀具的刚度。

由于切削过程中铣刀自身转速相对工件的进给速度很高，工件材料的去除过程相对于铣刀的转速是一个缓慢时变过程，其结构动力学特性不会因为材料的去除而发生显著变化。

本任务将分别对铣刀和薄壁零件进行模态分析实验，从而判定薄壁零件为薄弱环节，并依据模态分析得出刀具为刚体，薄壁为柔性体结论。

实验仪器见表7-8。

表7-8 实 验 仪 器

序号	准备内容
1	力锤
2	加速度传感器
3	DH5930模态测试分析系统
4	计算机
5	薄壁零件
6	铣刀

2. 薄壁零件有限元模态分析

1）有限元分析前处理

（1）对所分析薄壁零件进行模型构建，该步骤可在三维建模软件或Ansys自带建模模块中进行（不推荐）。在外部构建完薄壁零件模型后，需要将外部所构建的薄壁零件另存为通用格式文件（如Parasolid格式）导入Ansys Workbench分析模块中，可在"SpaceClaim"界面查看零件模型。

（2）完成模型构建及导入后，需要对零件材料进行定义，一般材料可在Ansys材料库中选择，若没有，则需要创建新材料，输入参数包括密度、杨氏模量、泊松比等。

（3）若零件存在较多圆角、不规则曲面、螺纹等特征，则需要对这些特征进行删除，以免影响网格划分质量。网格质量平均值在0.8左右即可满足求解要求，若网格质量太差，则需要重新进行网格划分，通常需要减小网格尺寸。

2）有限元分析模型构建

（1）在Ansys Workbench软件中可对加载条件与边界条件进行设置。由于进行的是模态分析，因此不需要设置载荷，只需要根据零件装夹关系对边界条件进行设置。

（2）在模态分析求解设置中，需要添加所需要的分析结果，如求解阶数、变形大小等，阶数的选择与所关注的频带有关，若选择的最大阶数所对应的模态频率小于所关注的频率最大值，可以适当增加模态阶数。

3）模态分析求解及后处理

在这一步中，主要需要查看分析结果，可与实验结果进行对照，对有限元模型进行必要修正，以获得准确的分析结果。

任务准备包括 Ansys Workbench 软件、待加工薄壁零件三维模型和已知零件装夹条件。

3. 薄壁零件的铣削与分析

1）选择切削参数进行切削实验

（1）参数选择。在加工薄壁零件过程中容易产生振动，应该在给定范围内选定加工参数。图 7-17 所示为薄壁零件侧面铣削加工示意图，部分铣削参数已在图中标注，加工参数如下：

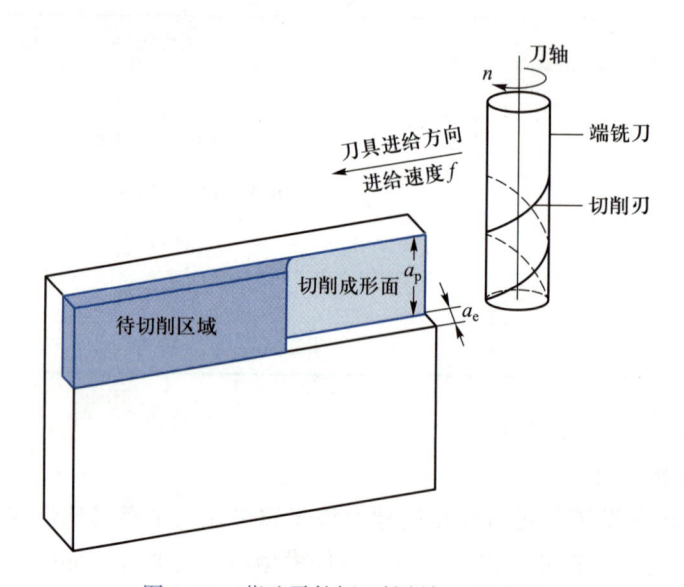

图 7-17　薄壁零件侧面铣削加工示意图

n 为主轴转速，r/min；

f 为进给速度，mm/min；

N 为刀具齿数；

a_p 为轴向切削深度，mm；

a_e 为径向切削深度，mm；

f_t 为每齿进给量，

$$f_t = \frac{n}{fN}$$

选择 f_t 时应该使其尽量小，但是太小会影响加工效率。

各参数建议范围：

$n \leqslant 5\,000$ r/min

$f \leqslant 600$ mm/min

5 mm ≤ a_p ≤ 10 mm

0.2 mm ≤ a_e ≤ 2 mm

0.1 mm/齿 ≥ f_t

（2）切削加工。首先对刀，然后编写机加工代码。图 7-18 所示为机加工代码示例（以 FANUC 机床系统为例）。

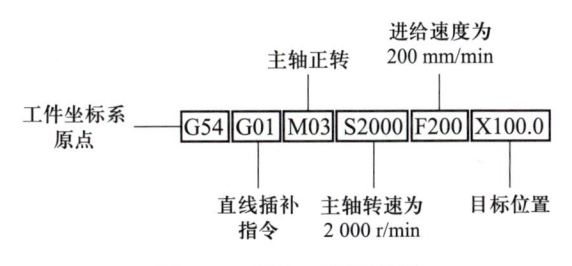

图 7-18　机加工代码示例

2）测量表面粗糙度

如图 7-19 所示，使用 Mitutoyo 表面粗糙度测量仪对五个区域进行表面粗糙度测量，结合工件模态分析不同部位表面粗糙度不一致的原因。

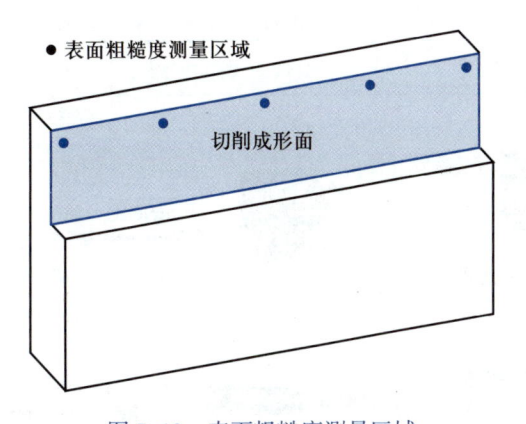

图 7-19　表面粗糙度测量区域

对比不同的切削参数下相同位置的表面粗糙度，并分析切削参数对表面粗糙度的影响。

任务准备包括数控铣床、平端铣刀和 Mitutoyo 表面粗糙度测量仪。

7.3.3　项目实施

1. 任务一：刀具与薄壁零件的模态分析实验

实验步骤：

1）正确安装传感器、力锤和 DH5930 模态测试分析系统

将传感器按图 7-20 所示安装，注意方向的问题，传感器的方向应在软件中进一步设置；力锤也应连接到模态分析系统上。传感器和力锤的连接和参数设置见表 7-9。

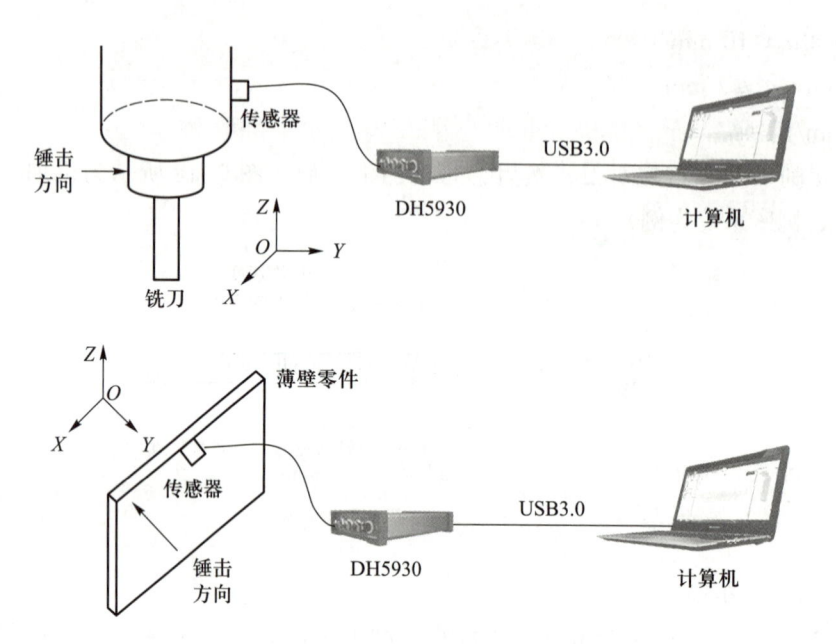

图 7-20　薄壁零件模态分析实验中设备的连接

表 7-9　传感器和力锤的连接和参数设置

实验设备	传感器类型	连接示例	参数设置
传感器	磁电式速度传感器	BNC线	测量类型：电压测量 输入方式：AC
力锤	IEPE 力锤	BNC线	测量类型：电压测量 输入方式：IEPE

2）正确设置软件

（1）启动软件。如图 7-21 所示，打开软件和仪器，若软件中设置的仪器名称不是 DH5930，软件将提示"未找到设备"，单击"硬件"按钮，选择"接口类型"项，在弹出的"硬件设置"对话框中，根据连接的仪器选择正确的接口类型（USB 接口）和仪器型号（DH5930），单击"确定"按钮，弹出提示框，选择"是"，软件将自动重新启动并查找设备。

（2）仪器连接正常后，打开软件，进入如图 7-22 所示的参数管理界面。

单击"测量"按钮，进入"存储规则"设置界面，可在此界面内设置存储路径、存储方式、工程名和测试名，软件数据组成格式为单个工程文件下可记录多批工况测试。

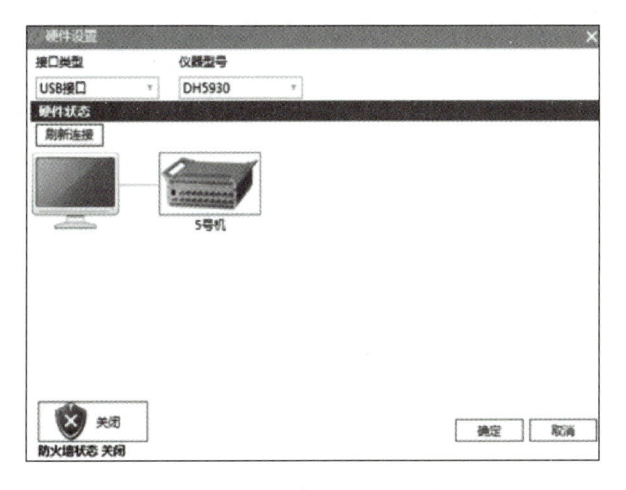

图 7-21 "硬件设置"对话框

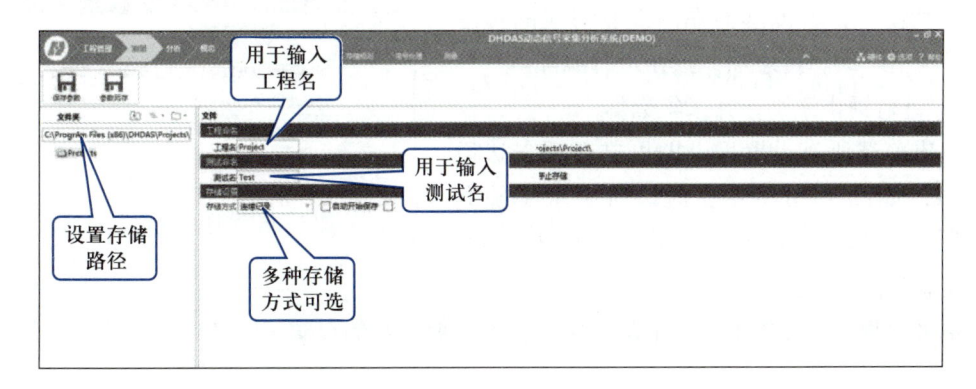

图 7-22 参数管理

（3）通道设置。选择"参数设置"，软件会显示如图 7-23 所示的测量通道设置界面，双击对应通道的"开/关"项打开和关闭对应通道。根据所测信号选择合适的采样频率（图 7-24a），图 7-24a 中的分析频率＝采样频率÷2.56。还可进行平衡清零操作，有图 7-24b 所示的选项。

图 7-23 测量通道设置界面

如图 7-25 所示，在"通道设定"对话框中单击"通道设置"按钮，再单击"传感器"标签，根据选择的传感器类型、型号和编号，软件将从传感器库内自动搜索到对应的灵

第三篇　智能制造综合实践

图 7-24　测量设定

敏度、测量量和单位，并输入对应通道参数项，无须手动输入；若传感器库内没有对应的传感器，可单击"编辑传感器"按钮进行添加。

3）进行锤击激励，并采集数据

完成前述所有设置后，即可进行锤击法模态测试，如图 7-26 所示。锤击时要求干脆利落，用力不能太大。至少进行 3 组锤击实验，每组实验锤击 5 次。

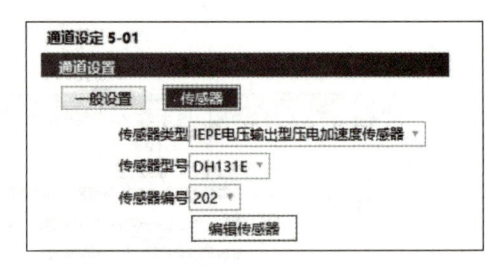

图 7-25　"通道设定"对话框

单击"测量"标签下的"采集"按钮，将根据设置的存储规则开始存储数据。

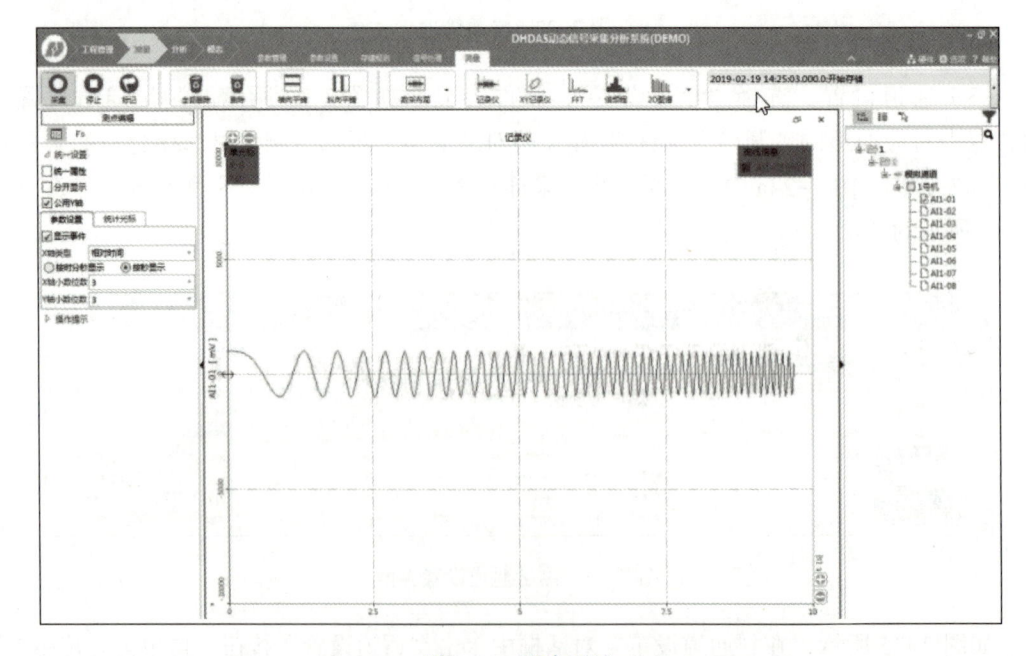

图 7-26　锤击测试

4）进行模态分析

通过软件中的模态分析模块对获得的数据进行分析，计算频响函数，并选取模态频率得到模态参数。

选择"测量"→"设置"→"信号处理"，程序会显示信号处理方法设置界面。

在信号处理方法设置界面上可以选择多种算法，例如单击"频谱分析"，自动弹出参数配置窗口，设置相关参数。

输出管理：单击"输出"标签进入输出参数设置界面，可选择多种输出文件格式，包括工作表、MATLAB、纯文本、通用格式、word、图片。

2. 任务二：薄壁零件有限元模态分析

1）前处理

（1）几何模型的构建。进入 Ansys workbench 界面，将 Model 模块拖入右侧项目区，创建模态分析工程项目。

右击 Model 项目块 A3 栏，选择导入几何体，将外部所构建的薄壁零件通用格式文件（如 Parasolid 格式）导入"Geometry"单元，再次右击该栏，选择在 Space Claim 中编辑几何体，并进入 Space Claim 中查看零件模型。

（2）材料的定义。双击进入工程项目中 A2 栏"Engineering Data"，在"Engineering Data Sources"界面中单击选择"General Materials"，单击工件对应材料旁的"+"号将对应材料添加进工程项目材料库中。

2）构建有限元系统模型

（1）双击 Model 项目 A4 栏，进入有限元模型中，单击项目树中"Geometry"栏下对应的几何体名称，在下方项目细节中，单击刚度行为，选择模型的刚柔性。（确保分析均采用默认的柔性体。）

（2）在项目树下方的项目细节中，单击 Material 中选择前面已添加进工程项目材料库的材料，进行材料赋值，此处选择铝合金。

（3）单击项目数中检查接触关系，删除不必要的接触。（适用于装配体，单个零件没有接触这一栏。）

（4）网格划分并检查网格质量，单击项目树中网格模块，右击"插入"→"尺寸"，单击新增的尺寸项，分别点击项目上方工具栏中选择点、线、面、体等，为几何体各处网格划分分配合理的网格尺寸，随后单击单元尺寸（此处选择整个薄壁体），选择一较小值（根据薄壁尺寸选择，可设为薄壁厚度的 1/4 左右）。再次单击工具栏中的"Generate"按钮，生成网格。

在项目树中单击"Mesh"后再单击下方项目细节中"Quality"栏，在"Mesh Metric"中，选择"Element Quality"，查看网格质量。网格质量均值在 0.8 以上比较理想，否则需要在上一步中选择更小的网格尺寸。

3）求解

（1）设定边界条件。由于本任务是进行模态分析，因此不需要设置载荷，只需要根据零件装夹关系对边界条件进行设置。右击"Model"→"Insert"→"Fixed Support",随后在"Fixed Support"中选择装夹固定面(此处需要先确保项目上方"Face"按钮处于激活状态中),随后单击"Apply"按钮。

(2)求解设置。在"Model"—"Analysis Setting"中设置模态阶数为10阶。

(3)后处理。右键"Model"—"Solve",多选右下角"Tabular Data"中所计算出的10阶模态,右击"Create Mode Shape Result",随后右击"Solution"模块,单击"Evaluate All Results",即可查看各阶频率所对应模态的振型,单击"Animation"中的播放按钮便可以观察振型。

3. 任务三:薄壁零件的铣削与分析

1)工件装夹与对刀

工件装夹如图7-27所示,装刀/换刀如图7-28所示,对刀如图7-29所示。

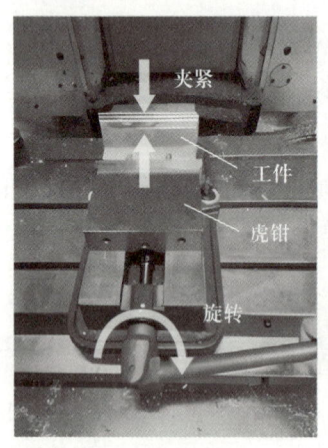

图7-27 工件装夹

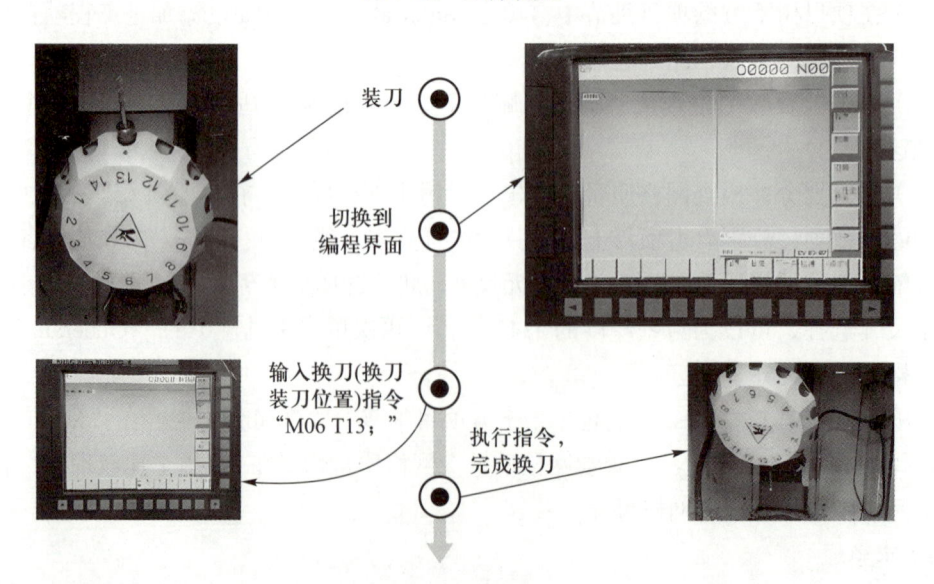

图7-28 装刀/换刀

第七章　数控加工高级综合训练

切换到编程界面

主轴正转
输入指令
"G54 G01 M03 S2000；"

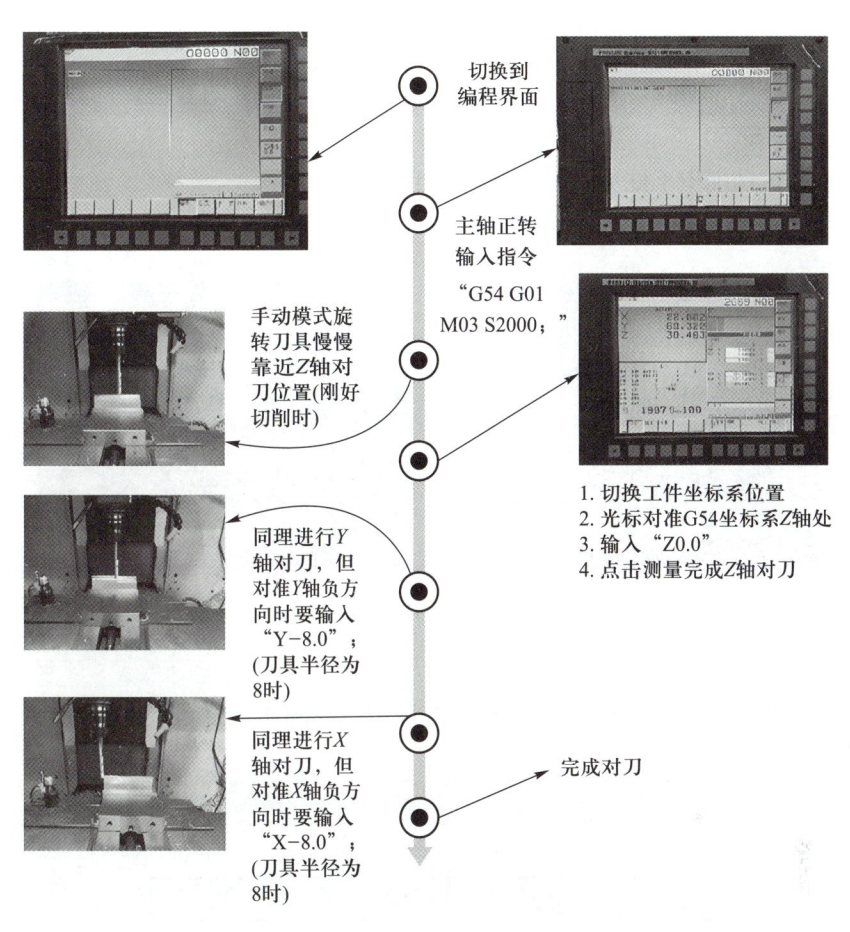

手动模式旋转刀具慢慢靠近Z轴对刀位置(刚好切削时)

1. 切换工件坐标系位置
2. 光标对准G54坐标系Z轴处
3. 输入"Z0.0"
4. 点击测量完成Z轴对刀

同理进行Y轴对刀，但对准Y轴负方向时要输入"Y-8.0"；(刀具半径为8时)

同理进行X轴对刀，但对准X轴负方向时要输入"X-8.0"；(刀具半径为8时)

完成对刀

图 7-29　对刀

2）工件的切削

工件切削如图 7-30 所示。

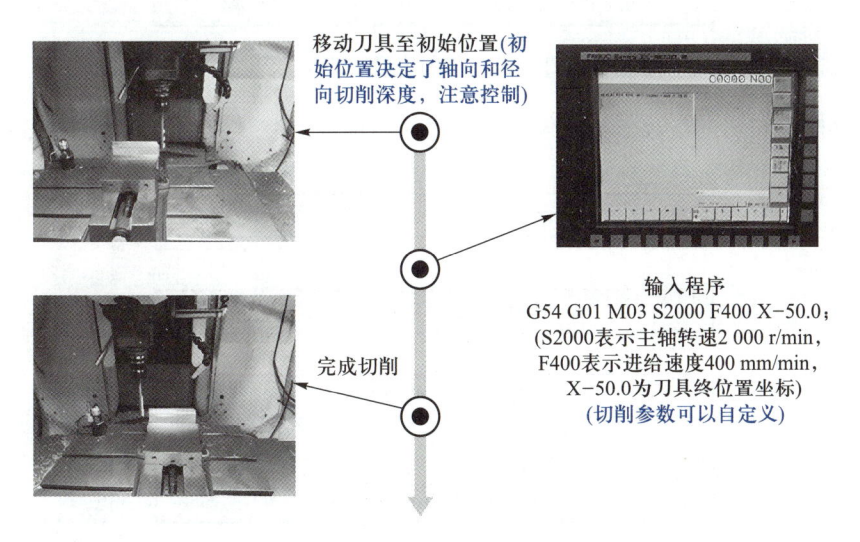

移动刀具至初始位置(初始位置决定了轴向和径向切削深度，注意控制)

输入程序
G54 G01 M03 S2000 F400 X-50.0；
(S2000表示主轴转速2 000 r/min，
F400表示进给速度400 mm/min，
X-50.0为刀具终位置坐标)
(切削参数可以自定义)

完成切削

图 7-30　工件切削

3）更换切削参数再次铣削

更改图 7-30 中的程序，即修改主轴转速 S 和进给速度 F 的数值，例如程序 G54 G01 M03 S2000 F200 X-50.0。

4）测量两次铣削中工件五个部位的表面粗糙度

表面粗糙度的测量如图 7-31 所示。

图 7-31　表面粗糙度的测量

5）分析数据

（1）分析不同位置处表面粗糙度的差异及原因，如图 7-32 所示。

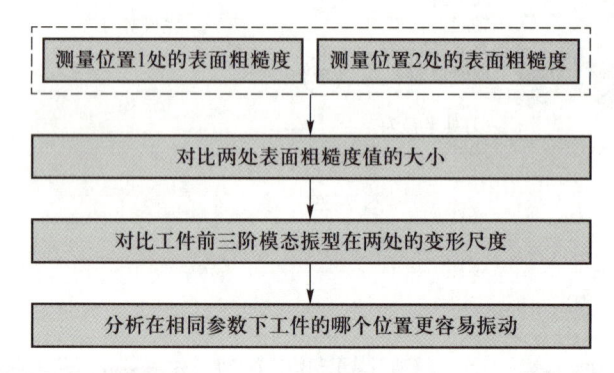

图 7-32　切削位置的影响

（2）分析不同切削参数下相同位置处的表面粗糙度的差异及原因，如图 7-33 所示。

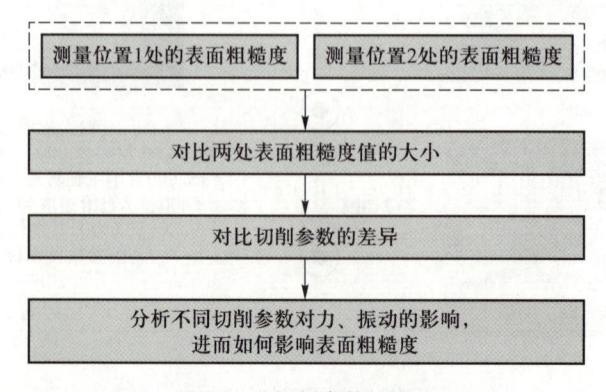

图 7-33　切削参数的影响

（3）分析不同工件的表面粗糙度的差异及原因，如图 7-34 所示。

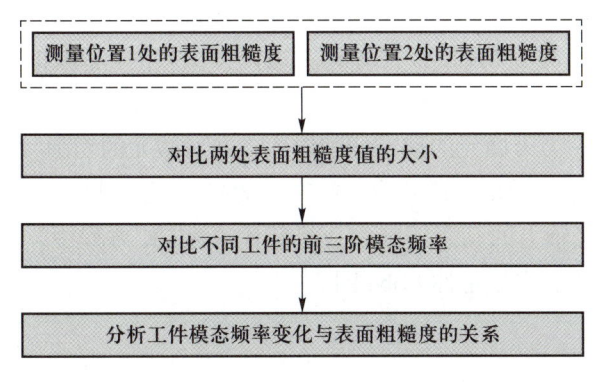

```
┌─────────────────────────┬─────────────────────────┐
│  测量位置1处的表面粗糙度  │  测量位置2处的表面粗糙度  │
└─────────────────────────┴─────────────────────────┘
                      ↓
        ┌─────────────────────────────┐
        │   对比两处表面粗糙度值的大小   │
        └─────────────────────────────┘
                      ↓
        ┌─────────────────────────────┐
        │   对比不同工件的前三阶模态频率 │
        └─────────────────────────────┘
                      ↓
        ┌─────────────────────────────────┐
        │ 分析工件模态频率变化与表面粗糙度的关系 │
        └─────────────────────────────────┘
```

图 7-34　工件的影响

7.3.4　项目总结

本项目主要介绍了薄壁零件铣削加工的振动特性分析方法，并通过实验和有限元分析，探讨了薄壁零件的动力学特性和振动对加工表面粗糙度的影响。通过本项目的训练，学生充分了解刀具与薄壁零件的模态分析原理，并具备使用 Ansys Workbench 进行薄壁零件模态分析的能力。针对薄壁零件加工过程，掌握优化切削参数方法以降低振动影响，提高工件的表面质量和加工效率。

思考题

（1）学习软件 Ansys Workbench 的基本操作，构建有限元系统模型。
（2）详细分析不同切削参数下相同位置处表面粗糙度的差异及其产生的原因。

7.4　铣削系统加工参数优化

7.4.1　项目描述

在大切削用量的铣削加工过程中，加工系统易发生颤振等不稳定现象，造成工件表面质量降低以及刀具磨损加剧等危害。为了避免铣削过程中颤振现象的发生，须对加工系统进行稳定性分析，准确预测稳定性边界，以进行切削过程参数优选。通过锤击实验，获取系统的频率响应函数（简称频响），对频响进行分析得到系统的动力学参数；将动力学参数代入稳定性模型中，求解系统的稳定性边界，实现主轴转速、切削深度等参数的优选。本项目主要围绕机床铣削系统的动力学参数辨识和稳定性分析展开。

通过给定的机床铣削系统、力锤、加速度传感器以及数据采集系统，根据模态锤击实验流程获取系统的频响函数，并使用频响分析软件辨识得到系统的动力学参数，为后续的稳定性分析提供数据。

以配备环形铣刀的三轴铣床加工镍铝青铜合金材料为例,首先建立铣削系统的动力学模型(即MCK方程),对于MCK方程等式左边,将7.3节中获取的模态参数代入即可得到MCK矩阵;对于MCK方程等式右边,需要建立动态切削力模型:首先针对环形铣刀的几何特征,计算任一刀刃微元的动态切削厚度,并对微元的切削状态进行判断,根据切削力与动态切厚的函数关系得到微元力,将微元力投影至工件坐标系的X、Y轴,对微元力积分即可得到X、Y轴上的动态切削力,将其代入MCK方程中,使用全离散算法进行稳定性边界的求解,绘制出稳定性Lobe图。

7.4.2 项目准备

1. 铣削系统动力学参数辨识方法

以刀具单自由度系统的动力学方程(MCK方程)为例:

$$m\ddot{x} + c\dot{x} + kx = f$$

式中,m为系统的质量,c为阻尼,k为刚度,x为运动位移,f为激励力。

对上式作傅里叶(Fourier)变换:

$$(-\omega^2 m + \mathrm{j}c\omega + k)X(\omega) = F(\omega)$$

进一步,得到激励力与系统的响应之比:

$$H(\omega) = \frac{X(\omega)}{F(\omega)} = \frac{1}{-\omega^2 m + \mathrm{j}c\omega + k}$$

式中,$H(\omega)$为系统的频率响应函数(FRF),表示系统在单位激励下的响应。

因此,要得到铣削系统的动力学参数,最直接的方法是测量系统在一已知激励力下的响应,得到频响函数(FRF),分析出模态频率、阻尼及留数(振型)等模态参数。

模态分析是振动领域常用的一种系统辨识方法,被广泛运用于系统动力学特性研究中。一个振动系统通常可分解为三个元素:振动激励、系统特性和响应,三个元素相互串联,已知其中两个即可求解出第三个。模态实验通过将采集的激励信号和响应信号进行一系列分析处理来辨识系统的模态参数。对确定的实验对象,模态分析实验通常包含以下四个步骤:

(1)安装实验装置。固定实验对象,将传感器、激励系统等与硬件连接到采集系统对应接口,固定系统结构件,将传感器安装在结构件测点位置。

(2)选择合适的激励方式。采取适当的激励方式并利用采集系统收集激励和响应的信号。

(3)采集、处理信号。将传感器等采集到的激励和响应信号传入采集系统,采集系统根据传感器的灵敏度将获得的模拟信号转为数字信号,同时根据需求进一步将时域数字信号转换成频域信号。

(4)分析数据,获取结果。对获得的时域信号或频域信号进行处理分析,计算系统的模态参数或物理参数。

1）振动测试传感器

振动测试传感器常使用运动传感器。运动传感器主要用来获取结构在激励信号作用下的运动响应，如位移、速度、加速度。针对机床系统，目前常用的传感器是压电加速度传感器，它利用晶体的压电效应来转化信号，具有轻便、灵敏度高、频响范围宽、容易测得振动信号等特点。同时相对机床系统，加速度传感器质量很小，对被测系统的影响可忽略不计。当压电加速度传感器感受到振动时，其内部晶体因受外力而产生变形，使其晶面上产生电荷，经过转换，其输出端将会输出与所受加速度成一定比例的电压或电荷量，由此获得响应信号。

2）脉冲激振测试系统

模态测试有多种激励方法，包括快速正弦扫描激励、脉冲激励、随机激励等。其中脉冲激励法以脉冲激励力对系统进行激励，易于操作、灵活、迅速，是激振的常用方法。

脉冲力 $F(t)$ 在 $t=a$ 时，产生一个大小为 P 的冲量，可表示为

$$F(t)=P\delta(t-a)$$

式中，$\delta(t-a)$ 称为脉冲函数，满足以下条件：

$$\begin{cases} \delta(t-a)=\begin{cases} 0, & t\neq a \\ \infty, & t=a \end{cases} \\ \int_{-\infty}^{+\infty}\delta(t-a)\mathrm{d}t=1 \end{cases}$$

脉冲函数的频谱在 $(-\infty \sim +\infty)$ 上是连续恒定的，相当于包含了所有频率的谐波，理想情况下可激发被测系统所有的模态。

在实际中用锤击实现脉冲激振，其基本测试系统如图 7-35 所示。

锤击不会给结构带来附加质量，因此不会影响被测对象的动态特性。锤击产生的瞬时冲击是非理想的近似脉冲函数，为保证锤击结果的准确性，在锤击过程中要保证力锤与试件的接触时间尽可能短，同时避免二次锤击带来的误差以及锤击力过大导致结构的非线性变形。

3）振动信号的采集与处理分析

要对采集到的振动信号进行分析，需要信号分析系统的支持。将传感器信号和力锤信号通过接线传入信号分析仪系统中，经 A/D 转换器转换为数字量。分

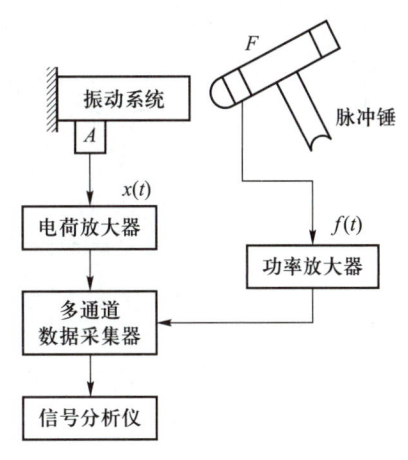

图 7-35 锤击实验基本测试系统

析系统进一步对数字量信号进行频域转换、频响计算等操作来辨识系统的参数。本实验采用图 7-36 所示的 m+p 测试仪及其软件 m+p Analyzer 作为信号分析系统，m+p 测试仪专为分析振动噪声、进行振动可靠性实验、采集动态信号而开发，可根据被测系统实际需求进行加窗、滤波、选择测试带宽等操作。

4）模态参数识别

根据得到的测试信号，在 m＋p Analyzer 软件中得到被测系统的频率响应函数（简称频响函数）。利用软件中模态参数分析功能模块，根据频响函数可以经计算得到被测系统的模态参数，包括固有频率、阻尼比以及模态质量。

图 7-36　m＋p 测试仪

任务准备包括 HNC-818BM 数控铣床、加速度传感器、力锤、m＋p 测试仪及其软件 m＋p Analyzer。

2. 铣削系统加工参数优化

1）铣削系统的动力学建模

可将铣削系统视作由两个弹簧-阻尼器组成的二自由度振动系统，铣削系统发生颤振是由动态切削厚度的变化引起，如图 7-37 和图 7-38 所示。由于沿刀轴矢量方向（对于三轴机床而言是 Z 方向）的动刚度较好，所以在建立其动力学模型前做假设时仅需要考虑 X、Y 方向的动态特性，不需要考虑 Z 方向的动态特性。

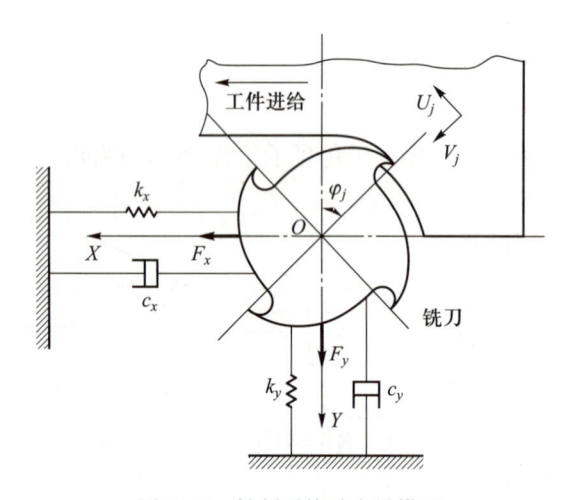

图 7-37　铣削系统动力学模型 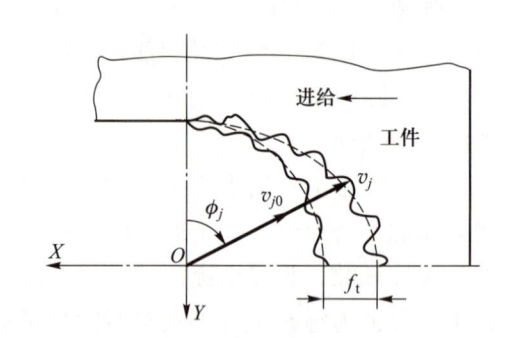　　图 7-38　切削厚度的动态变化

刀具端 X、Y 方向的动态位移分别是 $x(t)$、$y(t)$，则不考虑交叉项的二自由度铣削系统的 MCK 方程可表示为

$$\begin{bmatrix} m_x & 0 \\ 0 & m_y \end{bmatrix} \begin{bmatrix} \ddot{x}(t) \\ \ddot{y}(t) \end{bmatrix} + \begin{bmatrix} 2m_x\xi_x\omega_x & 0 \\ 0 & 2m_y\xi_y\omega_y \end{bmatrix} \begin{bmatrix} \dot{x}(t) \\ \dot{y}(t) \end{bmatrix} + \begin{bmatrix} m_x\omega_x^2 & 0 \\ 0 & m_y\omega_y^2 \end{bmatrix} \begin{bmatrix} x(t) \\ y(t) \end{bmatrix} = \begin{bmatrix} F_x \\ F_y \end{bmatrix}$$

(7-1)

对于 MCK 方程左边：ω_x、m_x、ξ_x 分别为刀具系统 X 方向主模态的固有频率、模态质量和阻尼比，ω_y、m_y、ξ_y 分别为刀具系统 Y 方向主模态的固有频率、模态质量和阻尼比，完成任务一即可获取。对于 MCK 方程右边：F_x、F_y 分别表示刀具在 X、Y 方向所受到的

动态切削力，需要针对特定刀具和工件材料对动态切削力进行建模。

2）动态切削力建模

（1）环形铣刀的几何分析。刀具的几何模型如图 7-39 所示。刀齿数为 N，齿间角为 $2\pi/N$，刀具直径为 D，刀片半径为 r，公称螺旋角为 β，右旋。以切宽方向为 Y 方向，Z 方向为沿刀轴向上，X 方向通过右手定则判定，依此建立刀具坐标系 $OXYZ$。

P 点为切削刃上高度为 z_i 的切削微元，通过 P 点建立一个与刀具轴线垂直的平面，此平面与轴线的交点即为 P 点的旋转中心，将 Y 轴投射到该平面，则投射后的 Y 轴绕刀具轴线沿旋转方向 n 旋转到与 P 点重合，所旋转的角度即为瞬时径向接触角 $\varphi_{ij}(z_i)$。$\mathrm{d}F_\mathrm{r}$、$\mathrm{d}F_\mathrm{a}$ 和 $\mathrm{d}F_\mathrm{t}$ 分别为此切削微元所受的径向、轴向和切向微元力，$\kappa(z_i)$ 为轴向接触角。

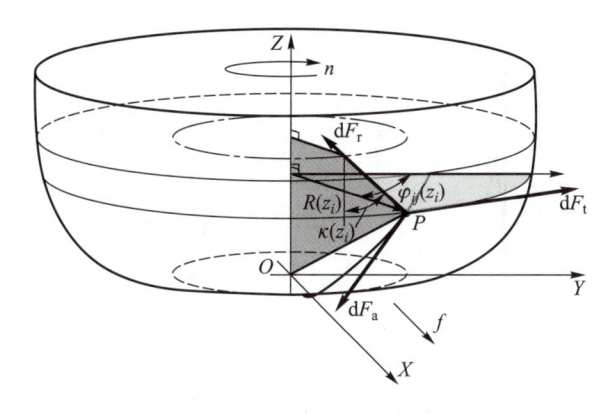

图 7-39　环形铣刀的几何模型

（2）刀刃微元切削状态判定。发生切削的区域是当前刀齿包络面与前一刀齿包络面、工件的交集，如图 7-40 中的阴影部分。根据环形铣刀的几何模型和刀具运动过程，定义 $g[\varphi_{ij}(z_i)]$ 为判断切削微元是否参与切削的阶跃函数，当切削微元位于阴影部分内，即该切削微元参与切削时，其值为 1，微元上受切削力作用；当切削微元位于阴影部分外时，其值为 0，微元上不受切削力作用。

$$g[\varphi_{ij}(z_i)]=\begin{cases} 1, & \varphi_\mathrm{en}<\varphi_{ij}(z_i)<\varphi_\mathrm{ex} \\ 0, & \text{otherwise} \end{cases}$$

（3）动态切削厚度计算。如图 7-41 所示，动态切削厚度是指由于刀具的振动而引起的切削厚度变化值，与当前切削刀齿的振动和前一切削刀齿的振动相关（此处假设刀具为柔性体，工件为刚性体，故不考虑工件的振动量）。将两次振动在 X、Y 方向上的振动量分别作差，并将两个差值向量向切削厚度方向（O_iP 方向）进行投影，得到动态切削厚度表达式：

$$h(\varphi_{ij})=\Delta x\sin[\varphi_{ij}(z_i)]\sin[\kappa(z_i)]+\Delta y\cos[\varphi_{ij}(z_i)]\sin[\kappa(z_i)]$$

$$\begin{cases} \Delta x=x_\mathrm{t}(t)-x_\mathrm{t}(t-T) \\ \Delta y=y_\mathrm{t}(t)-y_\mathrm{t}(t-T) \end{cases} \quad (7\text{-}2)$$

其中，$x_\mathrm{t}(t)$ 和 $y_\mathrm{t}(t)$ 分别是当前切削刀齿在 X 和 Y 方向的振动量，$x_\mathrm{t}(t-T)$ 和 $y_\mathrm{t}(t-T)$ 分别

(a) 逆铣

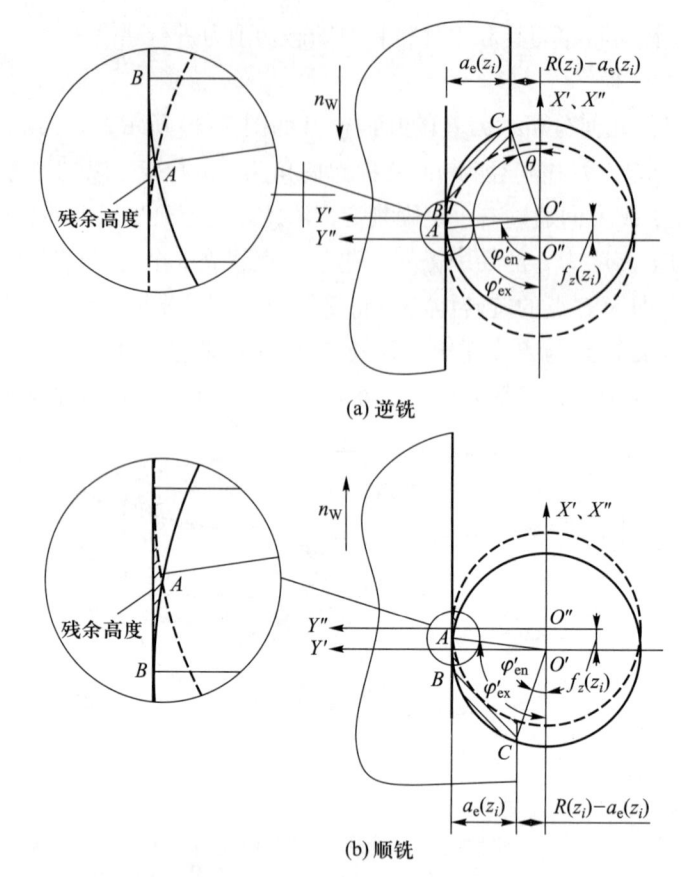

(b) 顺铣

图 7-40 逆铣、顺铣切削区域判定

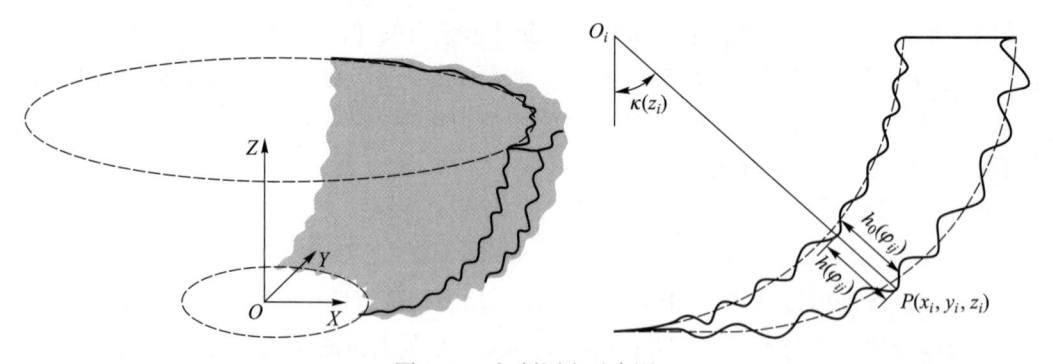

图 7-41 切削厚度示意图

是刀具在上一切削刀齿在 X 和 Y 方向的振动量。

（4）动态切削力计算。将刀刃沿刀具轴向离散成 n_0 个轴向微元，每一微元的轴向长度为 dz，则任意刀刃微元的切削厚度为 $dz/\sin[\kappa(z_i)]$，根据力学模型中切削力与切削厚度成正比的假设，切向微元动态切削力 $dF_t(\varphi_{ij})$ 和径向微元动态切削力 $dF_r(\varphi_{ij})$ 可表示为

$$\begin{cases} dF_t(\varphi_{ij}) = K_t h(\varphi_{ij}) dz/\sin[\kappa(z_i)] \\ dF_r(\varphi_{ij}) = K_r h(\varphi_{ij}) dz/\sin[\kappa(z_i)] \end{cases}$$

其中，K_t、K_r 分别为切向、径向切削力系数，MPa。常用材料的切削力系数可以通过查找手册和数据库获得，对于镍铝青铜材料而言，根据切削力系数标定实验结果，其大小为

$$K_t = 1\,309.5 \text{ MPa}, \quad K_r = 2\,566 \text{ MPa}$$

将切向、径向微元动态切削力投影到坐标轴 X、Y 上，得到沿坐标轴的微元动态切削力 $dF_x(\varphi_{ij})$ 和 $dF_y(\varphi_{ij})$：

$$\begin{bmatrix} dF_x(\varphi_{ij}) \\ dF_y(\varphi_{ij}) \end{bmatrix} = \begin{bmatrix} -\cos[\varphi_{ij}(z_i)] & -\sin[\varphi_{ij}(z_i)]\sin[\kappa(z_i)] \\ \sin[\varphi_{ij}(z_i)] & -\cos[\varphi_{ij}(z_i)]\sin[\kappa(z_i)] \end{bmatrix} \begin{bmatrix} dF_t(\varphi_{ij}) \\ dF_r(\varphi_{ij}) \end{bmatrix}$$

将所有的微元受到的动态切削力叠加即可得到整个刀具在任意时刻所受到的总切削力：

$$\begin{bmatrix} F_x \\ F_y \end{bmatrix} = \begin{bmatrix} \sum_{j=1}^{N}\sum_{i=1}^{n_0} dF_x(\varphi_{ij}) \\ \sum_{j=1}^{N}\sum_{i=1}^{n_0} dF_y(\varphi_{ij}) \end{bmatrix}$$

代入后可得到如下形式的动态切削力：

$$\begin{bmatrix} F_x \\ F_y \end{bmatrix} = \begin{bmatrix} a_{11} & a_{12} \\ a_{21} & a_{22} \end{bmatrix} \begin{bmatrix} \Delta x \\ \Delta y \end{bmatrix} \qquad (7-3)$$

$$a_{11} = \sum_{j=1}^{N}\sum_{i=1}^{n_0} dz g(\varphi_{ij})(-K_t \sin\varphi_{ij}\cos\varphi_{ij} - K_r \sin^2\varphi_{ij}\sin\kappa)$$

$$a_{12} = \sum_{j=1}^{N}\sum_{i=1}^{n_0} dz g(\varphi_{ij})(-K_t \cos^2\varphi_{ij} - K_r \sin\varphi_{ij}\cos\varphi_{ij}\sin\kappa)$$

$$a_{21} = \sum_{j=1}^{N}\sum_{i=1}^{n_0} dz g(\varphi_{ij})(K_t \sin^2\varphi_{ij} - K_r \sin\varphi_{ij}\cos\varphi_{ij}\sin\kappa)$$

$$a_{22} = \sum_{j=1}^{N}\sum_{i=1}^{n_0} dz g(\varphi_{ij})(K_t \sin\varphi_{ij}\cos\varphi_{ij} - K_r \cos^2\varphi_{ij}\sin\kappa)$$

其中 κ 为 $\kappa(z_i)$ 的缩写。

3) 稳定性时域全离散求解

将式（7-2）和式（7-3）代入 MCK 方程 [式（7-1）] 右端：

$$M \begin{bmatrix} \ddot{x}(t) \\ \ddot{y}(t) \end{bmatrix} + C \begin{bmatrix} \dot{x}(t) \\ \dot{y}(t) \end{bmatrix} + K \begin{bmatrix} x(t) \\ y(t) \end{bmatrix} = \begin{bmatrix} a_{11} & a_{12} \\ a_{21} & a_{22} \end{bmatrix} \begin{bmatrix} x(t) - x(t-T) \\ y(t) - y(t-T) \end{bmatrix}$$

其中：

$$M = \begin{bmatrix} m_x & 0 \\ 0 & m_y \end{bmatrix}, \quad C = \begin{bmatrix} 2m_x\xi_x\omega_x & 0 \\ 0 & 2m_y\xi_y\omega_y \end{bmatrix}, \quad K = \begin{bmatrix} m_x\omega_x^2 & 0 \\ 0 & m_y\omega_y^2 \end{bmatrix}$$

全离散法将考虑了再生效应的动态铣削过程的基本数学模型表示为具有单离散时滞的线性时间周期系统，定义向量：

$$X(t) = \begin{bmatrix} q(t) \\ M\dot{q} + Cq/2 \end{bmatrix}$$

可将 MCK 方程变形成如下状态空间表达式：

$$\dot{X}(t) = A_0 X(t) + A(t) X(t) + B(t) X(t-T)$$

其中：

$$q(t)=\begin{bmatrix} x(t) \\ y(t) \end{bmatrix}, A_0=\begin{bmatrix} -M^{-1}C/2 & M^{-1} \\ CM^{-1}C/4-K & -CM^{-1}/2 \end{bmatrix}$$

$$A(t)=\begin{bmatrix} 0 & 0 & 0 & 0 \\ 0 & 0 & 0 & 0 \\ a_{11} & a_{12} & 0 & 0 \\ a_{21} & a_{22} & 0 & 0 \end{bmatrix}, B(t)=\begin{bmatrix} 0 & 0 & 0 & 0 \\ 0 & 0 & 0 & 0 \\ -a_{11} & -a_{12} & 0 & 0 \\ -a_{21} & -a_{22} & 0 & 0 \end{bmatrix}$$

利用时间离散化的方法，直接积分计算系统的响应，并利用全离散化方法求解响应的 Duhamel 项（即积分项）。在每个小的时间间隔内，用线性插值法同时逼近周期项和时滞项，而这一过程与系统状态实时相关。在得到状态转移在一个时间间隔上的离散映射后，构造了系统转移矩阵的封闭形式表达式，根据弗洛凯（Floquet）定理，若系统转移矩阵的所有特征值的模小于 1，则系统稳定。于是就能够判断给定主轴转速-切削深度组合参数条件下，系统是否稳定。对所需主轴转速-切削深度参数段进行扫描，判断该参数段内系统的稳定性情况，即可绘制出如图 7-42 所示的稳定性 Lobe 图。

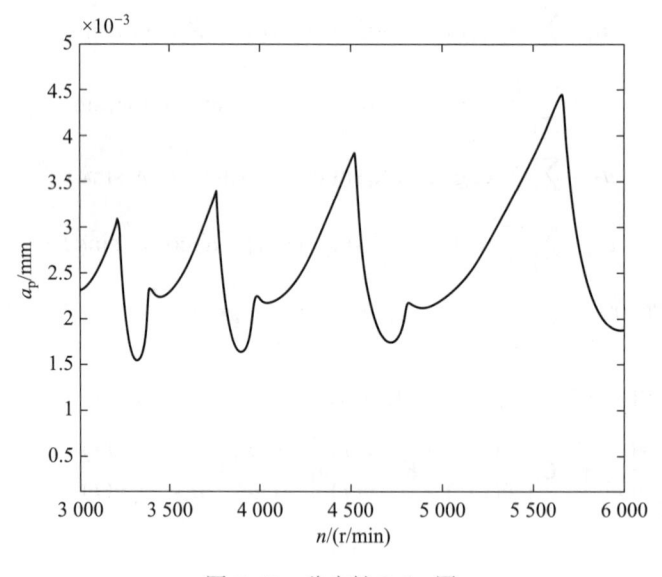

图 7-42　稳定性 Lobe 图

4）主轴转速-切削深度参数优选

根据图 7-42 所示的稳定性 Lobe 图，选择位于稳定域之内（即曲线下方）的主轴转速-切削深度参数组合，在保证铣削过程的稳定条件下，结合具体工况选用合适的主轴转速和切削深度。

以环形铣刀铣削如大型船用螺旋桨（材料为镍铝青铜合金）为例：环形铣刀多用于曲面类零件（如大型船用螺旋桨）的粗加工，粗加工重视效率，通常需要选用较大的进给量和切削深度（简称切深）。选用较大的进给量则意味着需要选用更大的主轴转速以确保每齿进给量保持不变（切削力幅值与每齿进给量成正比，过大的切削力会增大刀具的振动，降低加工表面质量）。但是也不能选用过大的主轴转速，主轴转速越高，刀具磨损越快，增加换刀时间和刀具使用成本。因此，可以选用机械设计手册中数控铣刀切削用量的推荐值（表7-10）。

表 7-10　数控铣刀切削用量

工件材料		硬度（HBW）	切削速度 v/(m/min)	
			高速钢铣刀	硬质合金铣刀
低、中碳钢		<200	21～40	60～150
		225～290	15～36	54～115
		300～425	9～15	36～75
高碳钢		<200	18～36	60～130
		225～325	14～21	53～105
		325～375	8～12	36～48
		375～425	6～10	35～45
合金钢		<220	15～35	55～120
		225～325	10～24	37～80
		325～425	5～9	30～60
工具钢		200～250	12～23	45～83
灰铸铁		110～140	24～36	110～115
灰铸铁		150～225	15～21	60～110
		230～290	9～18	45～90
		300～320	5～10	21～30
可锻铸铁		110～160	42～50	100～200
		160～200	24～36	83～120
		200～240	15～24	72～110
铸钢	低碳	100～150	18～27	68～105
	中碳	100～160	18～27	68～105
		160～200	15～21	60～90
		200～240	12～21	53～75
	高碳	140～240	9～18	53～80
铝合金			180～300	360～600
铜合金			45～100	120～190
镁合金			180～270	150～600

对于装有硬质合金刀片的直径 $D=25$ mm 环形铣刀加工镍铝青铜合金，切削速度推荐值为 $v=360～600$ m/min，根据主轴转速计算公式：

$$n = 1\,000\,v/(\pi D)$$

可得 $n=4\,586\sim7\,643$ r/min，根据稳定性 Lobe 图，考虑到主轴转速波动和计算误差等，留有一定的安全裕度，选用主轴转速为 5 600 r/min，轴向切深为 3.7 mm，选用参数点在 Lobe 图中的位置如图 7-43 所示。

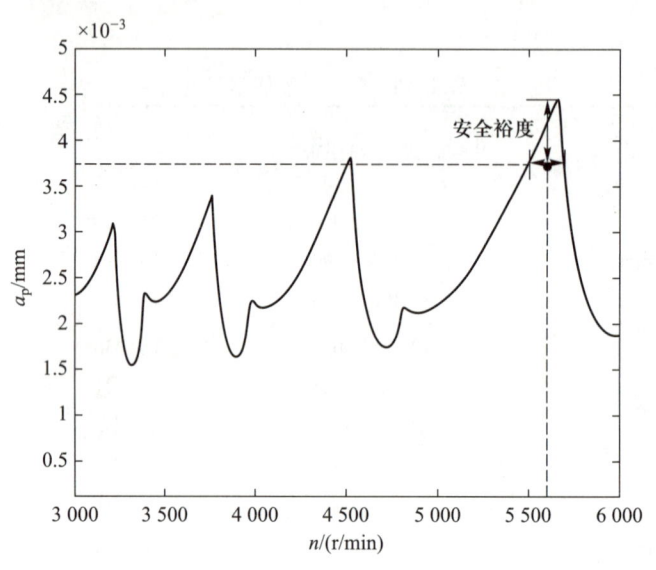

图 7-43　选用参数点在 Lobe 图中的位置

7.4.3　项目实施

1. 任务一：铣削系统动力学参数辨识

1）模态实验装置

对于机床系统，主要针对刀具端进行机床刀具模态辨识，将加速度传感器传感端胶接在刀具末端，力锤在刀具另一侧进行脉冲激振。一般需要得到 X/Y 两个方向上刀具的模态参数，因此要注意两次实验装置的布置。如图 7-44 所示，测量的是刀具 X 方向的动态特性，Y 方向同理布置。

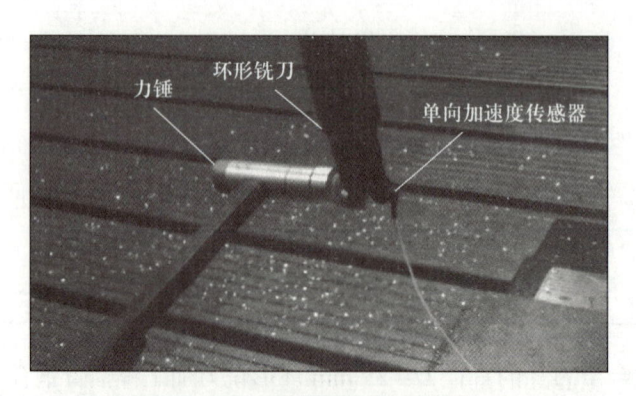

图 7-44　实验装置的布置（一）

在分析硬件准备方面，力锤和加速度传感器的另一端端口接在 m+p 测试仪的模拟量输入接口。m+p 测试仪通过网线与计算机连接，以便计算机中的 m+p Analyzer 软件读取数据进行模态分析，如图 7-45 所示。在连接好设备后，需要在软件中设置力锤接口为激励，加速度传感器接口为响应，并且正确配置它们的灵敏度。还可以根据实际需求进行加窗、滤波、选择测试带宽、测试次数等。

2）力锤脉冲激振

为保证力锤的锤击信号尽可能接近脉冲信号，保证模态测试结果的准确性，锤击过程要

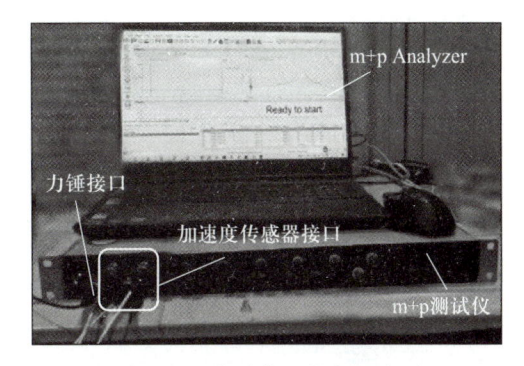

图 7-45 实验装置的布置（二）

迅速，保证力锤与试件的接触时间尽可能短，同时避免二次锤击带来的误差以及锤击力过大导致结构的非线性。

在 m+p Analyzer 软件启动测试，出现"waiting for trigger"提示后进行锤击。观察力锤以及加速度传感器测量信号，如果力锤信号只出现一个瘦高的尖峰（即接近脉冲信号），并且加速度传感器信号以横轴为中心未出现偏移（即锤击力大小合适），说明本次实验比较成功，可以保存实验结果，否则需要重新进行锤击实验。另外，可以设置多次锤击取平均的方式降低测量结果的随机误差。

3）模态分析

选择实验效果较好的一组数据，针对其得到的频率响应函数在 m+p Analyzer 软件中进行模态分析。

以某对象的频响函数为例，进行模态参数的辨识工作。首先选取计划分析的带宽，如图 7-46 所示。然后基于 MIF 函数，进行模态个数分析判断，选择计算的模态个数应大于实际模态个数，以提高模态分析的准确性，如图 7-47 所示。

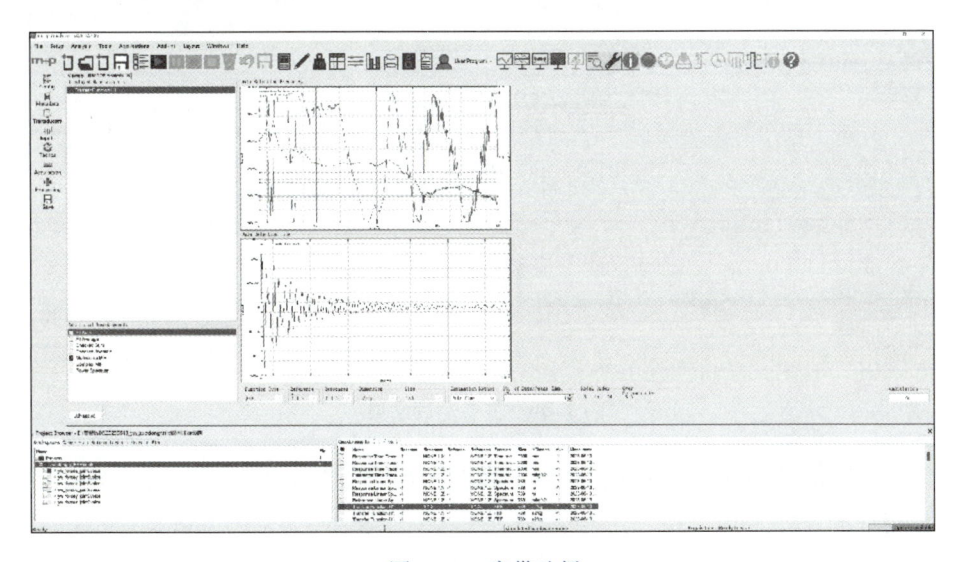

图 7-46 宽带选择

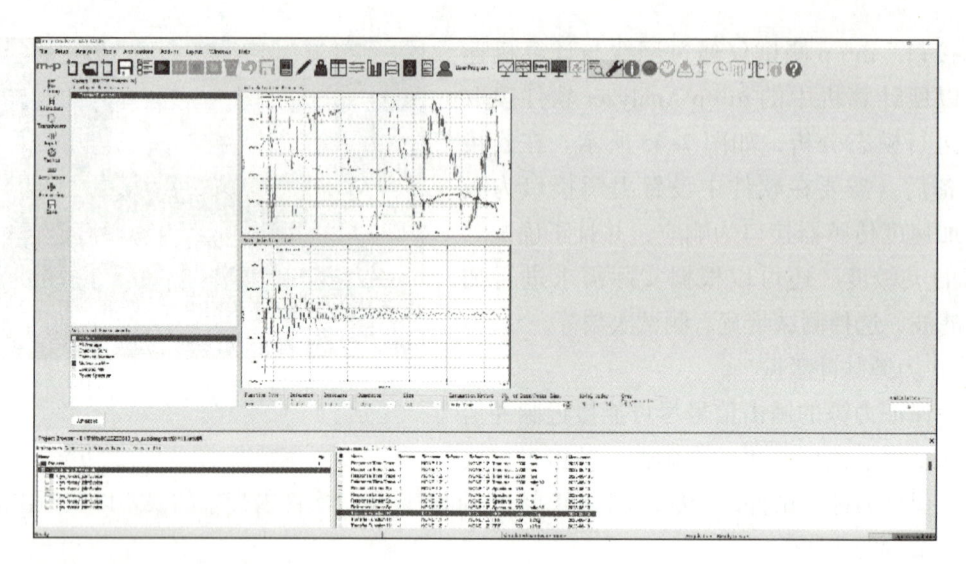

图 7-47　判断模态个数

最后进行极点留数计算（图 7-48），并给出模态测试结果（图 7-49）。

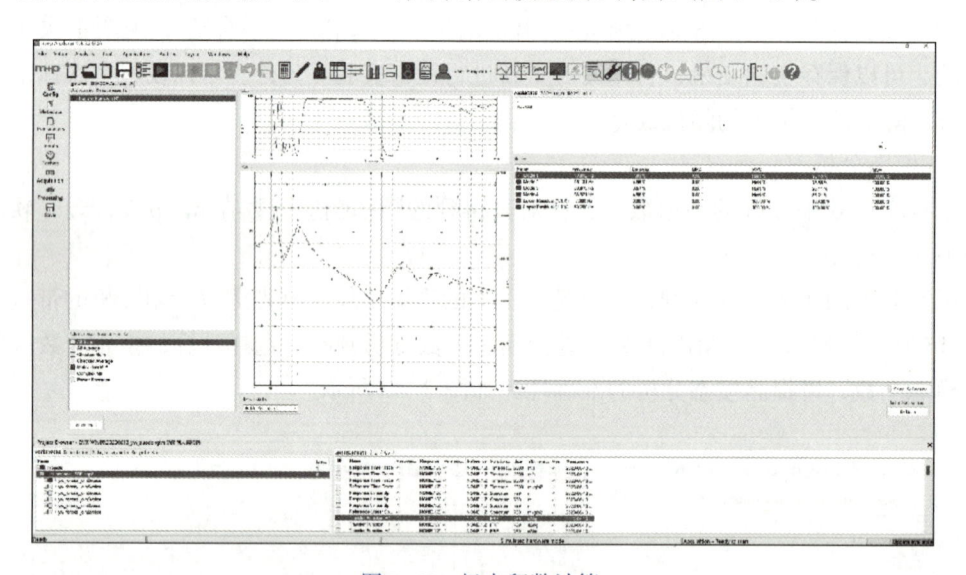

图 7-48　极点留数计算

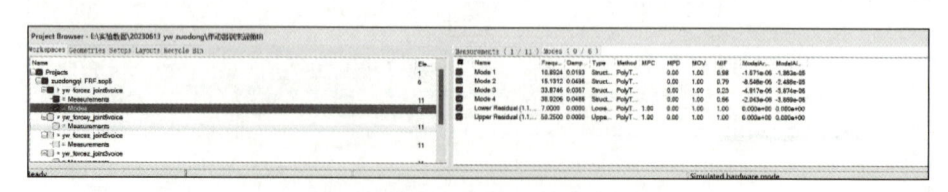

图 7-49　模态测试结果

最终获得被测件的固有频率、阻尼比、留数等模态参数，可用于共振频率确定以及后续颤振稳定性的计算。

根据计算得到的模态参数结果，按表 7-11 所示记录模态参数。

表 7-11　模 态 参 数

频响函数	固有频率	阻尼比	模态质量
G_{xx}	1 123.915	3.473×10^{-2}	0.391
G_{yy}	1 111.710	0.626×10^{-2}	1.840

2. 任务二：铣削系统加工参数优化

编写 MATLAB 程序（以下为参考程序）：

```
clear;
tic % 计时
% 模型参数
N = 2;                      % 齿数
Kt = 6e8;                   % 切向、径向切削力系数
Kn = 2e8;
w0 = 922*2*pi;              % 自然频率
zeta = 0.011;               % 阻尼
m_t = 0.03993;              % 质量
aD = 0.05;                  % 径向铣削深度
% 判断顺、逆铣，给切入角、切出角赋值
up_or_down = -1;
if up_or_down == -1
    fist = 0;
    fiex = acos(1-2*aD);
elseif up_or_down == 1
    fiex = pi;
    fist = acos(1-2*aD);
end

stx = 20;                   % 转速细分数
sty = 10;                   % 切深细分数
w_st = 0e-3;                % 初始铣削深度
w_fi = 10e-3;               % 最终铣削深度
o_st = 5e3;                 % 初始转速和最终转速
o_fi = 25e3;
% 计算参数，构造 D 矩阵
m = 40;                     % 单个周期时间的离散间隔
D = zeros(m+2,m+2);
d = ones(m+1,1);
d(1:2) = 0;
D = D+diag(d,-1);           %diag 函数，D 矩阵的数放到对角线上
D(3,1) = 1;

% 瞬时切削力离散
for i = 1 : m+1
    dtr = 2*pi/N/m;         % 单个刀齿通过周期内时间离散值
```

```
            h(i)=0;
            for j=1 : N
                fi=i*dtr+(j-1)*2*pi/N;
                if fi>=fist&&fi<=fiex
                    g=1;
                else
                    g=0;
                end
                h(i)=h(i) + g*(Kt*cos(fi)+Kn*sin(fi))*sin(fi);% 动态切削厚度
            end
        end
        % 参数代入
        A0=[-zeta*w0,1/m_t;m_t*((zeta*w0)^2-w0^2),-zeta*w0];
        I=eye(size(A0));
        invA0=inv(A0);
        % 扫描频率和切深，求解每一个转速和切深下的状态转移矩阵 D，根据 D 的特征值来判断稳定性边界
        for x=1 : stx+1
            o=o_st+(x-1)*(o_fi-o_st)/stx;
            tau=60/o/N;
            dt=tau/m;
            %--------
            Fi0=expm(A0*dt);
            Fi1=invA0 * (Fi0 - I);
            Fi2=invA0 * (Fi0 * dt - Fi1）;
            Fi3=invA0 * (Fi0 * dt * dt - 2 * Fi2);
            for y=1 : sty +1
                w=w_st + (y-1) * (w_fi-w_st)/sty;
                Fi=eye(m+2,m+2);
                for i=1:m
                    A0k=[0 0; -w*h(i+1) 0];
                    A1k=[0 0; w*(h(i+1)-h(i))/dt 0 ];
                    F01=Fi2*A0k/dt+Fi3*A1k/dt;
                    Fkp1=(Fi1 - Fi2/dt)*A0k+ (Fi2 - Fi3/dt)*A1k;
                    inv0fImFkp1=inv(I-Fkp1);
                    D(1:2,1:2)=inv0fImFkp1 * (Fi0+F01);
                    D(1:2,m+1)=-inv0fImFkp1 * Fkp1(1:2,1:1);
                    D(1:2,m+2)=-inv0fImFkp1 * F01(1:2,1:1);
                    Fi=D * Fi;
                end
                ss(x,y)=o;
                dc(x,y)=w;
                ei(x,y)=max (abs(eig(Fi)));
            end
        stx+1-x                        % 倒计时
        end
        toc
```

```
figure;
% 绘制等高线图
contour(ss,dc,ei,[1,1])
```

7.4.4 项目总结

本项目主要介绍了机床铣削系统的动力学参数辨识和主轴转速-切削深度参数优选方法，并以镍铝青铜合金材料的铣削加工为例进行了实际应用。通过本项目的训练，学生能够了解模态分析与系统频响函数建模实验流程，掌握机床铣削系统的动力学参数辨识和稳定性分析方法，具备求解系统稳定性边界以及主轴转速-切削深度组合参数优选的能力，通过实际应用加深对其在铣削加工过程中的重要性和应用价值的理解。

思考题

（1）分析动力学参数辨识公式变换。
（2）模态分析实验需要哪些步骤？

7.5 切削负载自适应控制

7.5.1 项目描述

在实际生产中，由于加工工件的切削余量分布不均、材质分布差异以及工件外形复杂等原因，加工人员往往采用比较保守的进给速度，这会严重影响加工效率。使用切削负载自适应控制系统能够建立进给速度和切削负载的实时调控模型，具有切削优化和主轴保护等功能，可以根据切削负载的变化自动优化进给速度，确保切削负载恒定，从而提高加工效率，提升加工质量。

（1）切削优化：在进行前期多个样本的模式识别和深度学习后，得到切削负载实时调控模型，在该监控段范围内的工进阶段，实时对比加工负载与切削负载调控模型。当加工负载低于切削负载调控模型时，提高进给倍率；当加工负载高于切削负载调控模型时，降低进给倍率。

（2）主轴保护：系统实时监测主轴切削负载的大小，当达到主轴转动装置最大允许值时自动降低进给倍率，在必要时停止机床，防止主轴和机床损坏，并提醒操作人员检查。

本项目主要围绕案例——"切削负载自适应控制操作及原理"展开。

（1）切削负载信号采集。通过给定的自适应控制系统，使用所学知识，完成自适应控制系统的参数设置及切削负载信号的初步采集。

（2）分析控制参数对自适应控制过程的影响。切削负载自适应控制系统中，对负载信号进行分析学习之前，需要根据已加工负载信号曲线进行控制参数输入，包括主轴启动等待时间、切入等待时间、空转学习时间、结束等待时间、切入增量等,以便监控学习模型能够准确识别该段加工信号曲线的稳定空转部分、实际切削部分、过渡部分以及是否缺刀等;同时包括标准负载设置比例,负载比例小范围上、下限,空转过程进给倍率,切削过程进给倍率上、下限等参数,以便对加工过程进行合理的自适应控制。理解这些重要参数对切削负载自适应控制过程的影响程度,并进行相应调整。

(3)自适应控制加工与分析。在完成参数输入、信号采集以及样本学习后,依托自适应控制系统,对接下来的加工进行自适应控制,并与非自适应控制加工过程进行比较和分析。

7.5.2 项目准备

1. 切削负载信号采集

1)自适应控制系统操作面板

如图7-50所示,操作面板可划分为指示灯区、电源开关、数字键区、编辑控制键区、方向键区、功能键区和显示区。

(1)指示灯区:包括电源指示灯和报警指示灯,开机后电源指示灯为绿色,发生报警时报警指示灯为红色。

(2)电源开关:用于开启和关闭电源,注意在机床运行过程中不要关闭电源。

(3)数字键区:输入数字,用于修改数值。在输入工序名称时,可以通过按下Shift键切换数字与字母输入。

图7-50 操作面板

(4)编辑键区:包括Shift键、空格键、Enter键、删除键,不同的界面其作用不同,详见界面上的操作提示;如Shift键可用于新建工件、工序,也可用于切换数字与字母输入,还可用于新建系统参数备份。

(5)方向键区:上下键用于逐项滚动、波形纵坐标缩放;左右键用于翻页、波形横坐标缩放。

(6)功能键区:用于选择不同的菜单项。

(7)显示区:提供用户操作界面以及实时显示切削负载以及优化后的进给倍率。

2)自适应控制系统常用操作

(1)工件、工序划分。

① 本系统将加工过程分割为工件、工序进行监控,需要先编制工件和工序。

② 工件和工序均通过加工程序中的M代码自动选择;工件编号从700到719,不再使用的工件可以删除;工序编号从600到853,根据加工程序进行编制、设定。

(2)NC程序添加监控代码。

① 监控代码见表7-12。

表 7-12 监 控 代 码

序号	监控 M 代码	使用描述	备注
1	M600~M853	工序监控开始代码	与 M900 成对使用
2	M900	工序监控结束代码	

② 范例：新添加 M 代码。

```
/////////////////////////////
……
M03
M600---------------------- 工序监控开始代码
(X+...Y-)
G90G0X[200]Y[-850/2]S500
……
M900---------------------- 工序监控结束代码
/////////////////////////////
```

（3）重新学习。由于 NC 程序修改、优化，加工工序发生改变，需要重新学习。按下 0 键，提示"是否确定重新学习？回车键-确定，删除键-取消"。

（4）新建工件、工序。

① NC 程序中添加新的监控开始代码和监控结束代码。

② 按下 F1 键切换到工序参数界面，使用下键切换到最后一个工序，按下 Shift 键新建工件、工序，按下 Enter 键分别键入工件名称、工序编号和工序名称，其中工序编号必须与 NC 程序中监控开始代码编号一致。

③ 在工序参数界面切换到切削参数栏，修改主轴转速、进给速度，根据当前加工工序设置。

（5）参数设置。在主界面按下 F1 键进入设置界面，其中包括系统参数、用户权限、许可管理 3 个选项，默认进入系统参数界面。其中主要的操作有以下几种。

① 按上、下键滚动选择，按左键切换至左侧参数类别列表，按右键进入对应类别的参数内容列表。选中参数类别以青色高亮显示，选中参数以蓝色高亮显示，右侧栏为对应的解释说明。

② 按 Enter 键进入修改模式，按数字键进行修改，再按 Enter 键退出修改模式。

③ 当左侧参数类别列表选项以蓝色高亮显示时，按 Enter 键就可输入参数序号，再次按下 Enter 键后可以查找对应参数。工序准备参数见表 7-13。

表 7-13 工序准备参数

序号	参数类别	参数名称	默认值
1	切削参数	主轴转速/(r/min)	—
		进给速度/(mm/min)	—
		刀具类型	—

续表

序号	参数类别	参数名称	默认值
2	时间参数	是否识别切入切出	0
		切削过程判断/(%%)	
		主轴启动等待/ms	0
		空转学习时间/ms	0
		结束等待时间/ms	0
3	切削控制	是否开启自适应控制	0，1
		是否重新学习	0
		标准负载设置/%	—
		负载比例小范围上限/%	103
		负载比例小范围下限/%	92
		粗、精加工判断	0
		空转过程进给倍率/%	—
		切削过程进给倍率下限/%	—
		切削过程进给倍率上限/%	—

2. 分析控制参数对自适应控制过程的影响

1）重要控制参数分析

（1）切削过程判断（%%）。该参数为复合参数，包括高4位和低4位两部分，高4位表示"过小幅值"，低4位表示"切入增量"。

高4位"过小幅值"用于设置破损门限、过载门限参考的切削负载幅值下限，防止由于加工过程切削负载幅值过小，导致学习的破损门限过小。

低4位"切入增量"用于区分空转和切削过程，该参数需大于空转幅值的波动量，当实际切削负载大于"切入增量"时，即认为切削开始。

注意：如图7-51所示，实际过程中，若是设置过高，会将实际切削状态误识别为空转状态；若是设置过低，会将空转状态误识别为实际切削状态。

（2）主轴启动等待时间。如图7-52所示，该参数用于描述工进开始后主轴启动过渡时间，防止监控开始时刻，由于工进开始或者主轴转速不稳定导致的信号波动对监控结果产生不良影响。

（3）空转学习时间。该参数用于描述工进开始后，监控系统对空转阶段内信号幅值的学习时间。模型学习完空转值后，与切入增量进行对比，以便识别出加工段中空转稳定阶段和切削阶段。

（4）结束等待时间。该参数用于描述结束工进时刻，往前忽略的信号时间段，防止由于工进结束导致的信号波动对监控结果产生干扰。

（5）标准负载设置比例、负载比例小范围上限、负载比例小范围下限。如图7-53所

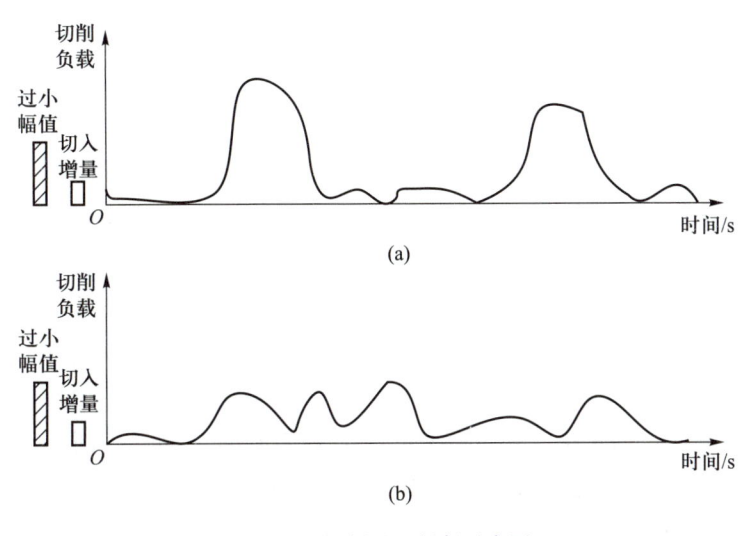

图 7-51 切削过程判断示意图

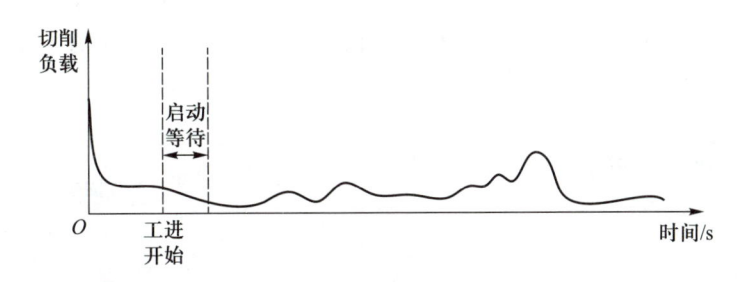

图 7-52 主轴启动等待时间示意图

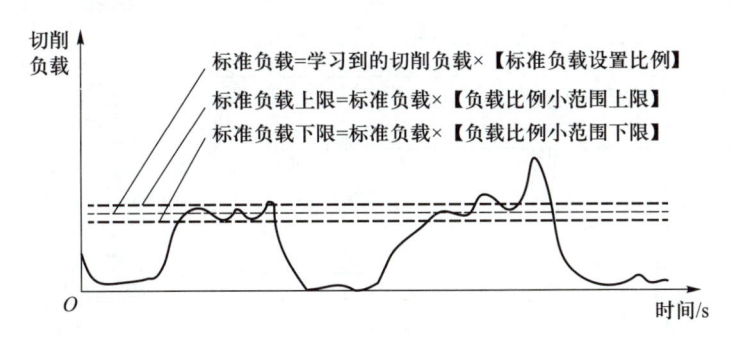

图 7-53 标准负载设置比例

示,自适应控制加工以学习过程的切削负载大小为参考,通过标准负载设置比例进行修正加工过程的标准负载,以反映该工序的最佳加工能力。而负载比例小范围上限、负载比例小范围下限用于设置标准负载的"公差",当加工过程中切削负载大于此标准负载上限,则降低进给倍率;小于此标准负载下限,则增加进给倍率。

(6)空转过程进给倍率、切削过程进给倍率下限、切削过程进给倍率上限。这 3 个参数之间的关系:空转过程进给倍率≥切削过程进给倍率上限≥切削过程进给倍率下限。

粗加工、半精加工过程中,加工余量较大,这样的加工过程可以提高加工效率。假定未使用自适应控制功能时进给倍率为90%，那么使用自适应控制功能加工时，空转过程进给倍率、切削过程进给倍率下限、切削过程进给倍率上限可以分别设置为120%、50%、110%。

精加工过程中加工余量较小，仅个别位置加工余量很大，容易断刀，这样的加工过程以保证加工质量为主，其间自适应控制起到保护刀具的作用，通常不提高加工效率。假定未使用自适应控制功能时进给倍率为90%，那么使用自适应控制功能加工时，空转过程进给倍率、切削过程进给倍率下限、切削过程进给倍率上限可以分别设置为90%、30%、90%。

2）参数调整

针对实际负载信号的采集效果对相关重要参数进行调整。准备内容包括加工中心或数控铣床，MS刀具状态监控系统和待加工零件。

3. 自适应控制加工与分析

系统默认操作模式为自动模式，当机床开始运行NC程序、主轴开始转动、系统接收到工序开启M代码时，自动进入如图7-54所示的监控功能。分析比较以下两种加工方式。

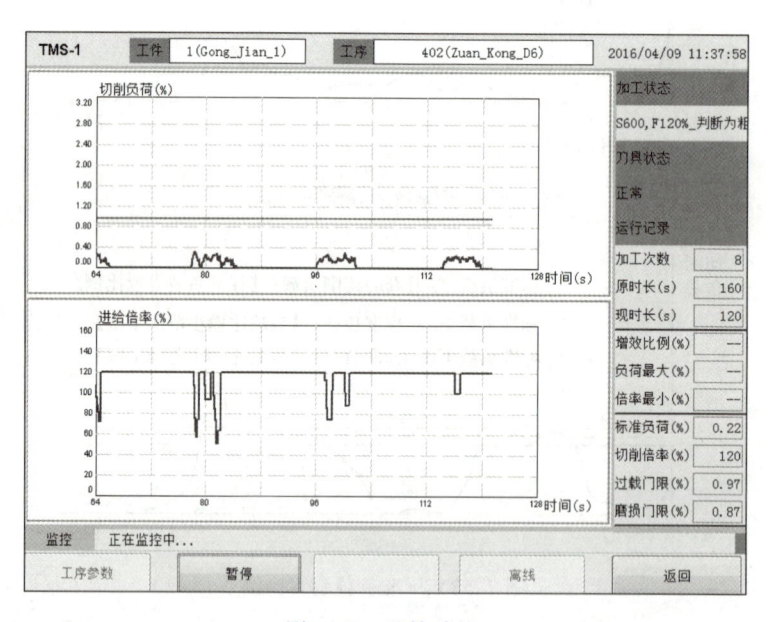

图7-54 监控功能

1）非自适应控制加工

"是否开启自适应控制"参数设置为"0"，表示不控制机床，进入监视运行模式。对加工件进行非自适应控制加工，统计加工时间。

2）自适应控制加工

（1）注意事项。

①"是否开启自适应控制"参数设置为"1"，开启自适应控制，进入监控运行模式。

对加工件进行自适应控制加工，统计加工时间。

② 每个工序首次加工为学习过程，获取整个加工过程的切削负载曲线，作为后续监控的参考。学习过程只显示实时曲线，不控制机床进给倍率，不显示过载门限值；在完成最小学习次数的加工过程学习之后，并默认自动开启实时监控，实时优化加工倍率，并显示过载门限值。

③ 系统运行方式为示教方式，首次学习过程必须为完整的加工过程，中途不得暂停，否则学习到的过程不正确，必须重新学习。在监控停止界面，按下"0"键，根据消息框的提示按下 Enter 键，即可重新学习。

④ 学习完成后开启监控，系统将根据切削负载大小实时优化进给倍率；一旦发生刀具过载，刀具状态栏以红色高亮提示"过载"，并点亮报警指示灯。

⑤ 在监控停止时，将显示原时长、现时长、增效比例、本次加工切削负载最大值以及进给倍率最小值等。

（2）自适应控制过程。准备内容包括数控铣床，切削负载自适应控制系统和待加工零件。

7.5.3 项目实施

1. 任务一：切削负载信号采集

1）M 代码的添加

参照范例，在数控机床的程序中添加监控 M 代码。

2）工序建立

新建工序文件，在操作界面按下 F1 键切换到工序参数界面，按下 Shift 键新建工序，进行相关设置；如系统中已存在工件及工序设置，则需确保所选工件和工序与当前加工一致。

3）参数输入

输入正确的切削参数、时间参数、切削控制参数、其他监测参数等。

（1）切削参数：主轴转速、进给速度。

（2）时间参数：主轴启动等待时间、空转学习时间、结束等待时间、切削过程判断、切削等待开始时刻、切削等待持续时间。

（3）切削控制参数：是否开启自适应控制、标准负载设置比例、负载比例小范围上限、负载比例小范围下限、空转过程进给倍率、切削过程进给倍率下限、切削过程进给倍率上限。

4）开启监控、采集数据及样本学习

系统默认操作模式为自动模式，当机床开始运行 NC 程序、主轴开始转动、系统接收到工序开启 M 代码时，即自动进入监控功能。

2. 任务二：分析控制参数对自适应控制过程的影响

1）分析重要控制参数对自适应控制过程的影响

分析不同重要控制参数对切削负载自适应控制过程的影响程度，对比实际负载信号的采集效果分析原因以及调整方案。

2）针对实际负载信号效果调整相关控制参数

针对实际负载信号的初步采集效果以及重要参数的设置方案，对相关重要参数进行调整。确保信号采集显示正确，正常进入信号自适应控制模式。

3. 任务三：自适应控制加工与分析

系统默认操作模式为自动模式，当机床开始运行 NC 程序、主轴开始转动、系统接收到工序开启 M 代码时，即自动进入监控功能。分析比较以下两种加工方式。

1）非自适应控制加工

"是否开启自适应控制"参数设置为"0"，表示不控制机床，进入监视运行模式。

对加工件进行非自适应控制加工，统计加工时间。

2）自适应控制加工

"是否开启自适应控制"参数设置为"1"，开启自适应控制，进入监控运行模式。

对加工件进行非自适应控制加工，统计加工时间。

3）对比分析

分析比较两种加工方式的加工效率。

7.5.4　项目总结

本项目主要介绍了切削负载自适应控制系统的操作和原理，包括采集切削负载信号、分析控制参数的影响以及设计自适应控制加工。通过本项目的训练，学生能够具备操作切削负载自适应控制系统的能力，并通过实际应用加深对其优化加工效率和提高加工质量的理解，具备准确识别加工信号曲线和熟练应用自适应控制策略的能力。

思考题

（1）描述参数设置及信号采集过程。

（2）完成非自适应控制加工和自适应控制加工。

（3）对非自适应控制加工和自适应控制加工两种方式进行比较和分析。

第八章

工业机器人高阶技术综合训练

工业机器人高阶技术是通过工业机器人与视觉和力等传感方式融合、多机器人协作控制等方法，完成较复杂操作与交互任务的一门技术。本章将从工业机器人柔顺操作、协作机器人安全顺应操作、工业机器人测量加工一体化、人与机器人交互运动控制以及智能建造机器人制作与控制5个方面开展实训。

通过机器人柔顺操作实训，了解力控柔顺操作的基本原理和操作方法；通过协作机器人安全顺应操作，加深对协作机器人与人、协作机器人与协作机器人之间的交互原理的理解；通过工业机器人测量加工一体化实训，掌握工业机器人测量加工一体化技术的操作方法以及数据处理软件的使用，熟悉机器人与测量设备的配合操作；通过利用主、从机器人开展遥操作实验验证，直观了解主、从遥操作的基本原理，体验遥操作的优势，加深对人与机器人自然物理交互的深层次体会与理解；最后通过智能建造机器人制作与控制项目，让学生们了解机器人在结构设计、加工、装配、调试的基本方法和流程。

8.1 工业机器人柔顺操作

8.1.1 项目描述

当前，机器人在诸多领域应用日益广泛。许多场合要求机器人具有接触力的感知和控制能力，并能够实现机器人柔顺操作。柔性末端执行器是一种安装在机器人末端并能够实现主动力控的装置，因其具有响应迅速、适应性强、维修成本低、性价比高等优点，被越来越多应用于机器人柔顺操作任务中。本项目主要围绕模拟汽车门把手的拉力实验和机器人跟随零件轮廓去毛刺操作两个典型场景展开，通过系列实验，体验柔性末端执行器在设计、加工等不同场景中的用途，以及机器人力控柔顺拖动的基本原理与操作方法。

8.1.2 项目准备

1. 机器人及相关实验装置

本项目采用的机器人及相关实验装置见表 8-1。

表 8-1 本项目采用的机器人及相关实验装置

序号	准备内容
1	六轴机器人
2	柔性末端执行器
3	模拟车门装置
4	锥形磨头
5	待加工工件

实验采用如图 8-1 所示的 UR10 机器人，该机器人提供了两种运动控制方式：一种是在移动选项卡界面，如图 8-2 所示，通过平移/旋转机器人工具或逐个移动机器人关节来移动机器人手臂；另一种是按住自由驱动按键，或按住示教器背后使能按钮，抓取机器人并将其拉至所需位置。

2. 接触力设置

在设计汽车车门时，需要考虑使用者通过门把手拉开车门所需的拉力。拉力过大会降低人操作的舒适感，使用体验变差；拉力过小则车门易开，不够安全。因此，在设计车门时，需测试其打开所需要的拉力大小。在本项目中，以机器人装夹柔性末端执行器来模拟拉车门的动作。自主规划实验，通过多次实验找到能使车门打开的拉力临界值。

本实验采用了气动式力控装置（pneumatic force control device，PFCD），如图 8-3 所示。

图 8-1 UR10 机器人

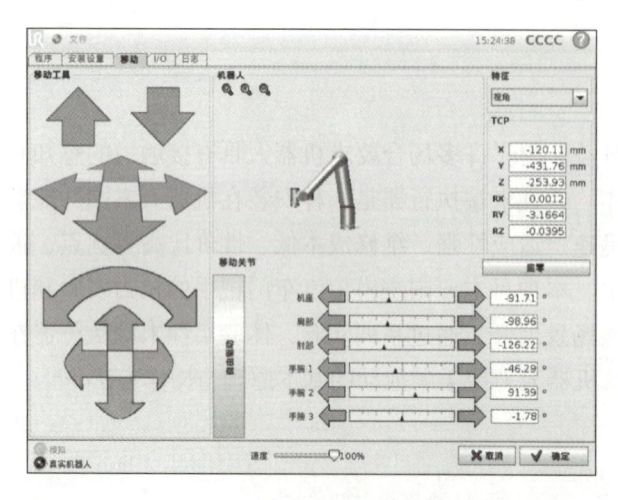

图 8-2 机器人操作界面

图 8-3 气动式力控装置（PFCD）

该装置包括末端执行器与控制箱，上位机采用 RJ-45 网线连接控制箱，以标准 Modbus TCP 协议进行通信，在上位机上使用其配套软件可以实现接触力等参数的设定。

力控软件界面如图 8-4 所示，分为工具栏、曲线展示区、力控参数设定区、信息栏、运行参数显示区、模式选择区、系统状态区和功能设定区等部分。

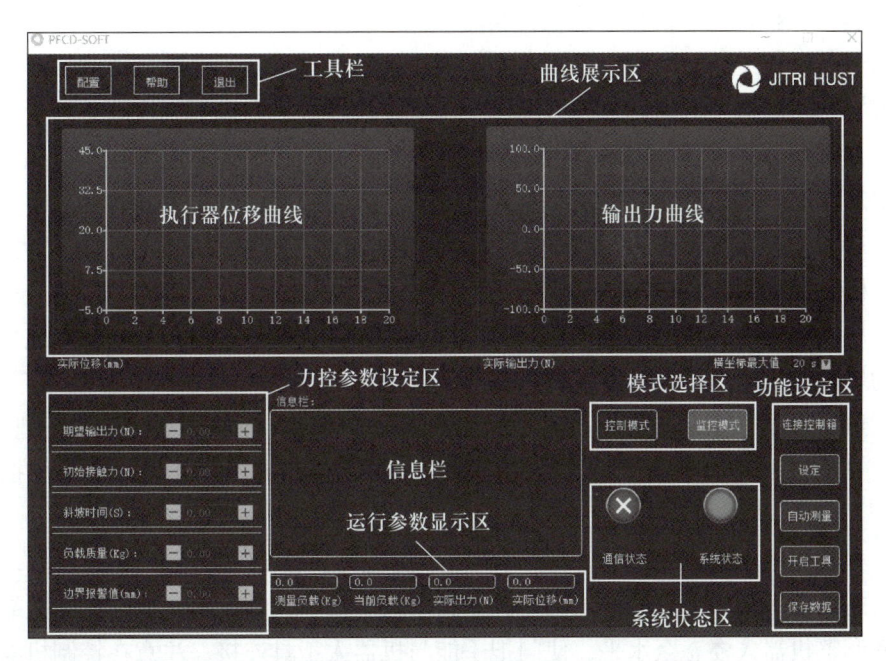

图 8-4 力控软件界面

PFCD 的使用包括以下几个步骤。

（1）连接控制箱。修改计算机的 IP 地址为 192.168.5.10，确保计算机和控制箱连接无误后，打开力控软件。单击"连接控制箱"按钮，若线缆连接正确，则界面的系统状态区中通信状态红色信号灯变为绿色，此时曲线展示区中的执行器位移曲线与输出力曲线开始显示。

（2）重力补偿。软件成功连接控制箱后，系统默认为监控模式，此时无法在上位机端进行力控参数设定，信息栏会给出红字提醒"现在处于监控状态，不可设定输出力"。单击"控制模式"按钮，转为由上位机软件控制力控装置。调整机器人姿态，使 PFCD 在机器人端处于竖直向下的状态，单击"自动测量"按钮，即开启自动测量功能，此时信息栏会出现红色字，提示此时处于自动测量状态，测量结束后，测量负载显示框和信息栏均会显示测量结果，此测量结果为 PFCD 的所有活动部分总质量。将结果输入力控参数设定区的"负载质量"一栏中即可。当 PFCD 并没有处于竖直向下状态时，单击"自动测量"按钮，此时信息栏会提示调整 PFCD 的状态。

（3）设定接触力。处于控制模式时，可通过键盘直接在"期望输出力"栏输入力的大小或单击输入框两侧的"＋""－"按钮进行调节，支持到小数点后两位。初始接触力不得大于期望输出力的十分之一，如果设定初始接触力大于期望输出力的十分之一，初始接触力自动切换成期望输出力的十分之一，此时系统输出力从初始接触力在设定的斜坡时间内线性变化到期望输出力。参数输入完成后，需要单击"设定"按钮，设定成功后，控制箱将会按照设定的期望输出力进行输出，信息栏会出现提示文字。

8.1.3 项目实施

1. 任务一：模拟汽车门把手的拉力实验

模拟汽车门把手的拉力实验，主要是利用给定的装有柔性末端执行器的机器人及汽车门把手装置，完成机器人运动、拉力测试实验等操作任务；通过更换橡胶条改变门把手的机械结构，观察打开车门所需的拉力变化。通过本任务，让学生了解柔性末端执行器在拉力实验中的作用。具体步骤如下：

（1）启动力控系统。检查力控执行器、控制箱、上位机之间的连线。打开力控软件，连接计算机与控制箱。

（2）启动机器人。按下示教器上的电源按钮，等待几秒钟，显示初始化完成后，触摸屏幕上的启动按钮。当启动机器人后，制动器被解锁。

（3）重力补偿。在示教器移动选项卡界面移动机器人，使末端执行器处于竖直向下的姿态，在力控软件上单击"自动测量"按钮，得到负载质量，并将其填入力控参数设定区。

（4）移动机器人至目标点。设置一个较小的正力，使PFCD处于伸出状态，按住示教器背后的使能按钮，通过移动工具、移动关节及手动拖拽相配合，操作机器人靠近门把手，缓慢调整机器人姿态至水平，使门把手能与机器人工具连接。注意在控制机器人运动时，可以通过示教器移动选项卡下端速度拖动条调整运动速度，当机器人距离实验位置较远时可以适当提高速度，当机器人距离车把手较近时降低运动速度，避免碰撞。

（5）利用PFCD提供的行程执行拉车门动作，从小到大设置拉力，直到拉开车门为止。若行程不够，则可以控制机器人缓慢平移，同时观察力控软件上的位移曲线，当位移曲线变化超过30 cm时，说明无法拉开车门，应立即停止移动，避免PFCD超行程。

（6）更换不同规格的橡胶条，进行多组重复实验，记录并分析打开车门所需拉力的变化。

2. 任务二：机器人跟随零件轮廓去毛刺操作

在机械零件的加工过程中，毛刺的存在会对零件的质量、加工精度、装配精度和再加工定位等很多方面产生不良影响，此时可以使用机器人对零件轮廓进行去毛刺处理。由于零件轮廓自身可能存在误差，若机器人按固定轨迹运动，可能导致机器人无法准确贴合轮廓。因此，需要通过接触力主动控制，使机器人适应存在误差的零件轮廓，实现毛刺的去除。具体步骤如下。

1）机器人工具坐标系标定

如图8-5所示，在示教器上单击"安装设置"选项卡，单击"TCP配置"→"新建"按钮，可以定义新的TCP（工具中心点），所创建的TCP会自动获取一个唯一的名称，并出现在下拉菜单中供选择。在程序运行前以及在程序启动前，需要激活所需要的TCP。

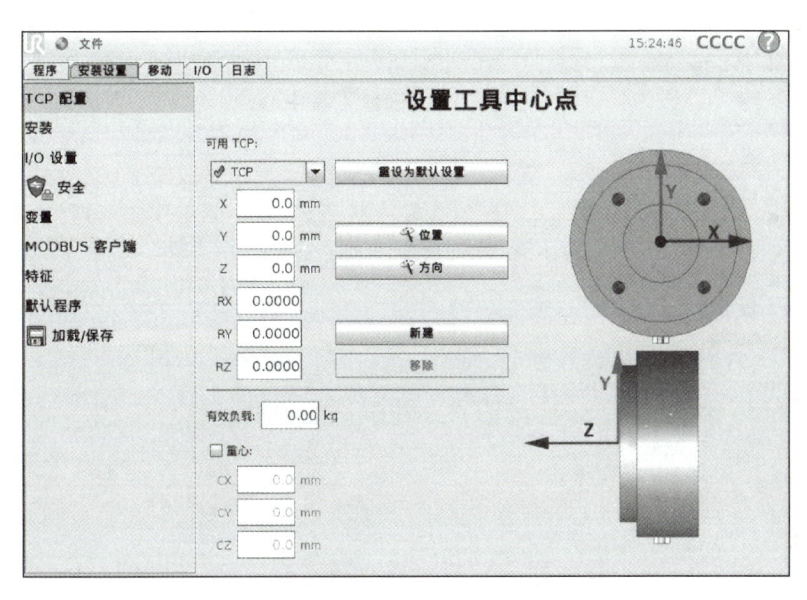

图 8-5　机器人工具坐标系标定界面

（1）TCP 位置坐标可通过以下步骤自动计算。

① 如图 8-6 所示，单击"位置"按钮。

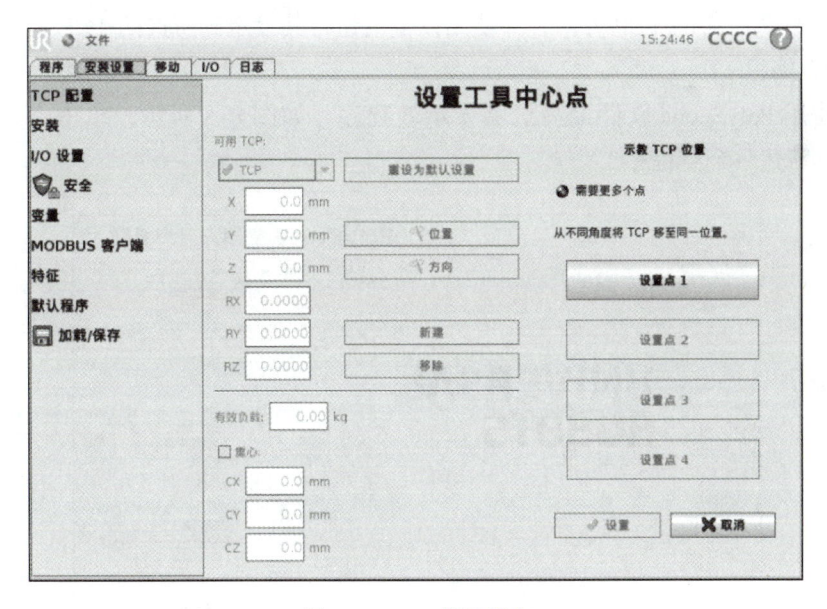

图 8-6　TCP 位置标定

② 在机器人工作空间中选择一个固定点。
③ 使用触摸屏按钮，将 TCP 的方向调整至与所选特征的坐标系一致。
④ 验证计算所得的 TCP 坐标，并使用"设置"按钮将其设定到所选 TCP 上。

（2）TCP 方向可通过以下步骤自动计算。

① 如图 8-7 所示，单击"方向"按钮。

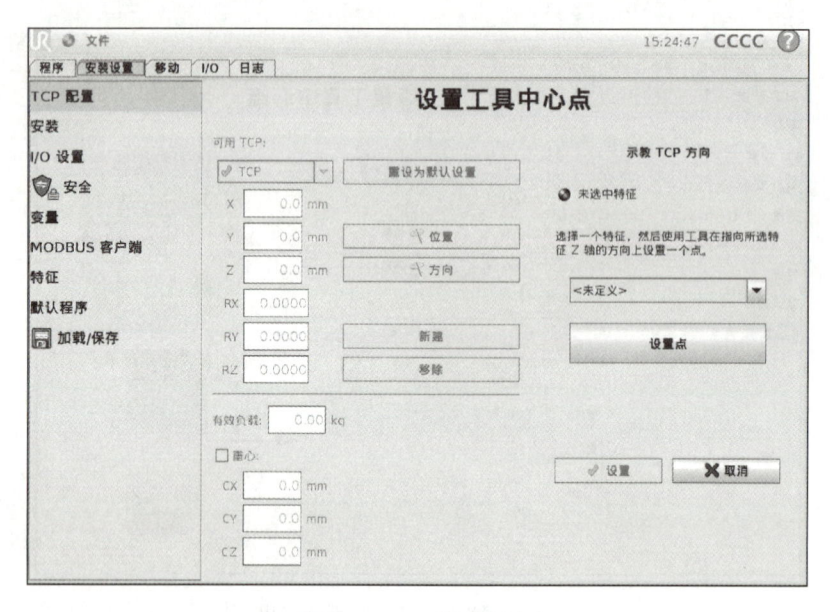

图 8-7　TCP 姿态标定

② 从下拉列表中选择一个特征。

③ 使用触摸屏按钮调整末端工具 TCP 的方向，使其与所选特征的坐标系保持一致。

④ 验证计算所得的 TCP 方向，并使用设置按钮将其设定到所选的 TCP 上。

2）示教编程

（1）使用 PolyScope 软件编写机器人示教程序。如图 8-8 所示，单击"为机器人编程"按钮，新建一个空程序。

图 8-8　PolyScope 软件界面

（2）打开"程序"选项卡，设置路点，插入机器人运动指令。添加 MoveJ 移动指令使机器人在路点间进行线性运动。完成编辑后，选择路径，为文件命名并保存，然后退出程序，如图 8-9 所示。

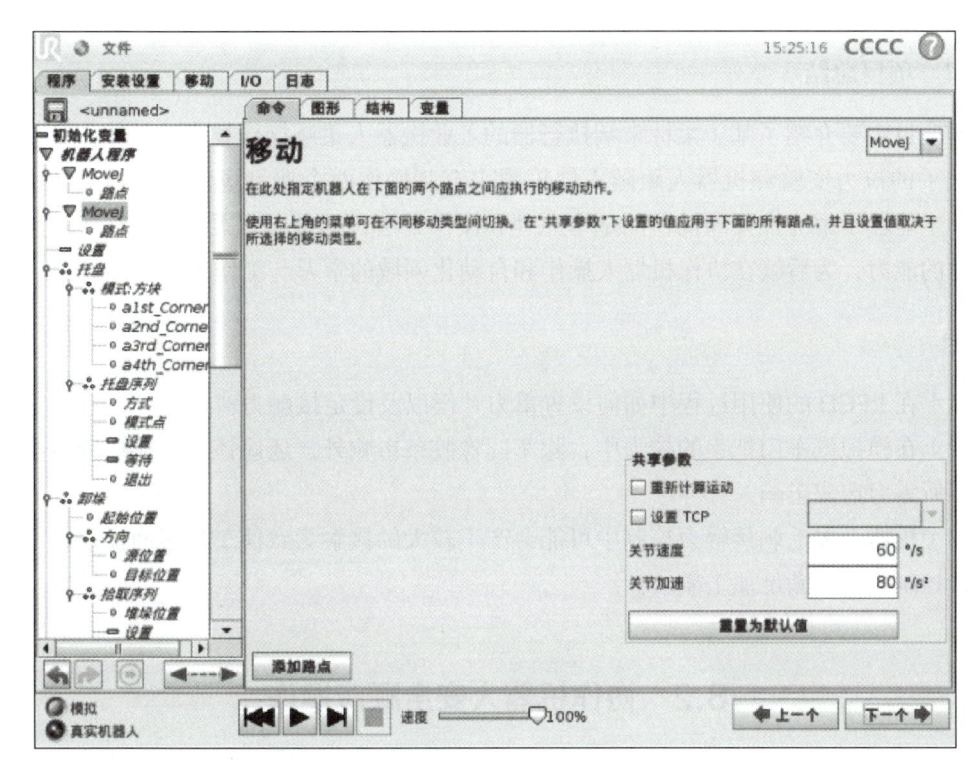

图 8-9　示教界面

（3）单击"运行"程序，测试示教生成的轨迹，观察其是否满足去毛刺加工要求。

3）跟随去毛刺操作

（1）将待加工工件安装在工作台上，检查 PFCD、控制箱、上位机之间的连线，连线无误后启动机器人与控制箱。

（2）操作机器人，使 PFCD 竖直向下，测量负载质量并将其填入力控参数设定栏。

（3）将 PFCD 加紧力设为一个较小的负值，使 PFCD 处于收缩状态，在此状态下标定工具坐标系，标定完成后将其激活。

（4）通过示教器操作机器人，设置示教路径。

① 进入 PolyScope 软件界面，单击"为机器人编程"按钮。

② 单击新建程序，选择一个空程序。

③ 依次单击"结构基本"→"路点"，回到命令窗口，设置路点。以矩形工件为例，根据表面轮廓及去毛刺加工需求，用手动或者单击各关节运动按钮的方式，将机械臂移动至规划加工轨迹的开始点，并调整机器人关节角度使 PFCD 的末端磨头与待加工表面保持垂直接触，单击设置路点。同理依次设置其他加工轨迹路点。完成编辑后，单击右上方文件按钮，选择路径，为文件命名并保存后，退出程序。

④ 选择"运行程序"→"文件"→要运行的程序，空跑路径，检查是否符合要求。

（5）机器人路径无误后，在力控软件上设置接触力，使磨头能与工件贴合。

（6）启动磨头，运行示教得到的运动路径，完成去毛刺任务。

8.1.4　项目总结

本项目主要介绍了基于柔性末端执行器的工业机器人柔顺操作技术，具体包括模拟汽车门把手的拉力实验和机器人跟随零件轮廓去毛刺操作两个典型场景。通过本项目的训练，学生能够了解力控柔顺操作的基本原理和操作方法，具备应对柔顺操作任务和解决相关问题的能力，为后续在协作机器人操作和自动化领域的学习与工作打下基础。

思考题

（1）在 PFCD 的使用过程中如何设置重力补偿以及设定接触力？

（2）在模拟汽车门把手的拉力中，除车门橡胶条影响外，还应该考虑哪些因素会对开启车门所需力造成影响？

（3）机器人去毛刺接触力控制中可能会产生较大的接触力致使工件表面损伤，需要如何设计控制策略以满足加工需求？

8.2　协作机器人安全顺应操作

8.2.1　项目描述

随着工业自动化的发展，协作机器人在许多工业生产中扮演了重要角色。如何保证协作机器人在复杂环境下的安全运动是当前研究的热点。本项目旨在指导学生理解和实践协作机器人的安全操作，其中任务一关注协作机器人的空间运动实时避障，任务二将进一步实践多机器人的协同装配。

本项目要求学生在基于 ROS 软件的仿真环境中操作和控制协作机器人，实现机器人在静态或动态环境中从起始位置移动到目标位置的任务，同时在过程中避开障碍物。

8.2.2　项目准备

1. 机器人及相关装置

本项目采用的机器人及相关装置见表 8-2。

表 8-2　本项目采用的机器人及相关装置

序号	准备内容
1	Ubuntu 系统
2	ROS 软件和 universal_robot 依赖包
3	C++ 编程环境
4	协作机械臂

续表

序号	准备内容
5	圆轴、圆孔
6	Robotiq 二指夹爪
7	ATI 六维力传感器

2. 避障任务分析

1）需求分析

本项目的避障任务是基于人工势场法设计一种策略，使协作机器人能够在运动过程中避开两个静态障碍物，并确保安全到达目标点。场景中存在两个静态障碍物，其直径均为 0.15 m，相对于机器人基座的位置分别为 x_{obs1} 和 x_{obs2}。协作机器人从起始点 x_{start} 出发，向目标点 x_{goal} 运动。然而，在运动过程中，机器人可能会与障碍物发生碰撞，因此需要设计一种避障策略来确保机器人能够安全避开环境中的障碍物。

为了实现这个目标，项目将采用人工势场法作为避障策略。人工势场法通过构建吸引势场和斥力势场，引导机器人避开障碍物。具体而言，本项目将设计以下避障策略。

① 吸引势场设计：根据目标点 x_{goal}，计算机器人与目标点之间的距离，并根据距离计算吸引势场 F_{attr}。吸引势场的作用是将机器人吸引到目标点。

② 斥力势场设计：针对每个静态障碍物，计算机器人与障碍物之间的距离，并根据距离计算斥力势场 F_{rep}。斥力势场的作用是使机器人远离障碍物。

③ 总势场计算：将吸引势场和斥力势场叠加得到总势场 F_{total}。总势场将引导机器人同时考虑目标点和障碍物，并决定机器人的运动方向。

④ 控制机器人运动：将总势场转化为机器人末端执行器的目标速度。通过欧拉积分得到机器人理想位置，并利用机器人逆运动学求解机器人关节角度，最后将该关节角度发送给机器人。

以上基于人工势场法的避障策略将指导机器人在运动过程中避开环境中的静态障碍物，从起始点安全到达目标点。在本项目中，学生将编写代码实现该策略，并在 ROS 软件的仿真环境中进行实时避障的测试与验证。

2）人工势场法避障算法

人工势场法是一种常用的避障策略，通过构建吸引势场 F_{attr} 和斥力势场 F_{rep}，形成一个总势场 F_{total}，引导机器人向目标移动并避开障碍物。通常，将总势场 F_{total} 设计为吸引势场 F_{attr} 和斥力势场 F_{rep} 的叠加，即

$$F_{total} = F_{attr} + F_{rep}$$

吸引势场 F_{attr} 设计为从机器人起始点向目标点的力，通常采用线性函数来表达，如

$$F_{attr} = k_{attr}(x_{goal} - x_{cur})$$

式中，k_{attr} 是吸引力常数，x_{goal} 是目标位置，x_{cur} 是当前机器人位置。

斥力势场 F_{rep} 设计为从障碍物向外的力，通常采用非线性函数来表达，以保证仅在障

碍物的一定范围内起作用,如

$$F_{\text{rep}} = k_{\text{rep}} \left(\frac{1}{d_{\text{obs}}} - \frac{1}{d_0} \right) \frac{1}{d_{\text{obs}}^2} (x_{\text{cur}} - x_{\text{obs}})$$

式中,k_{rep} 是排斥力常数,d_{obs} 是机器人当前位置到障碍物的距离,d_0 是排斥力影响范围,x_{obs} 是障碍物的位置。

通过这两种力的组合,机器人就能够顺利地从起始点向目标点移动,同时避开路径上的障碍物。

3）ROS 软件的仿真环境

ROS 软件是一种开源的机器人软件开发平台,它提供了一系列工具、库和协议,用于构建机器人应用程序。本项目基于 ROS 软件完成对机器人的控制,并使用 RVIZ 来可视化机器人的运动、环境中的障碍物以及避障策略的效果。通过 RVIZ,学生可以实时观察机器人在仿真环境中的运动轨迹,验证避障策略的正确性和效果。本项目要求的机器人避障场景在 RVIZ 中可视化如图 8-10 所示。

通过给定的协作机器人——UR 机械臂,及圆轴、圆孔,使用所学知识,完成协作机器人的轴孔抓取、运动规划和装配任务,初步形成多协作机器人协同作业的概念。

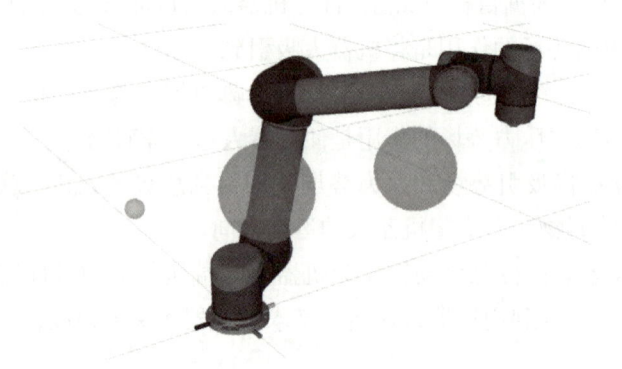

图 8-10　ROS 软件的仿真环境中机器人避障场景

3. 装配任务分析

1）多机器人协同装配的作用

零部件装配是绝大多数制造行业的最终环节和关键环节,目前零部件装配仍主要采用人工手动作业,导致装配定位精度差、效率低、质量难保证、事故易发等问题。少量工装设备可以代替人工完成简单烦琐的操作,提高装配效率,但仍存在成本高、结构固化、可重构性差、任务单一固定等诸多不足,难以快速响应装配零部件种类及工艺规程的变化,造成了"一代机型,一代工装"的局面,产生极大浪费。

机器人具有操作空间大、响应速度快、自动化程度高、智能柔性好、协作能力强等优点,且可以与大行程龙门行车、移动导引平台等结合,突破传统作业方式的局限,实现大范围内的高效率、高精度、高柔性和自适应装配作业,有效解决零部件装配中任务量巨大、小批量生产以及柔性化要求高的难题,支撑制造业从小规模自动化制造向大规模机器人化智能制造变革。

目前，复杂装配场景通常涉及多个工具，装配过程复杂，依靠单一机器人进行装配难以完成，需要依赖多机协同作业。相比于单机器人系统，多机器人系统通过协调部署多个机器人执行任务，具有高效、高容错性、高灵活性等优势，扩大了机器人装配的适用范围和应用场景，因此多机器人协同作业广泛应用于制造业。

2）协作机器人的轴孔抓取

协作机器人的轴孔抓取是多机器人协作装配的第一步。实验设备包括双臂协作机器人 UR 机械臂和 Robotiq 二指夹爪，通过在 UR 机械臂末端加装机械臂夹爪，可实现机械臂对轴孔类零件的抓取。本项目使用的轴孔类零件如图 8-11 所示，本项目所用的 Robotiq 二指夹爪结构如图 8-12 所示。其中，Robotiq 二指夹爪的相关参数见表 8-3。

图 8-11　本项目使用的轴孔类零件　　　　图 8-12　Robotiq 二指夹爪

表 8-3　Robotiq 二指夹爪的相关参数

规格	2F-85
行程（可调整）	85 mm
夹力（可调整）	20～235 N
适形抓握载荷	5 kg
摩擦抓握载荷	5 kg
夹具质量	0.9 kg
位置分辨率（指尖）	0.4 mm
闭合速度（可调整）	20～150 mm/s
通信协议	Modbus RTU（RS-485）
入口保护（IP）等级	IP40

轴孔类零件抓取实验分为两步：

（1）机械臂运动至抓取位置。针对轴和孔的摆放位置，对机械臂进行逆运动学求解，得到六个关节角，驱动机械臂运动至相应的抓取位置。

（2）使用夹爪夹取轴和孔。在抓取位置处，机械臂末端保持稳定，控制机械夹爪对目标轴和孔进行抓取，直到夹紧为止。

3）协作机器人的装配策略

装配孔对合阶段常涉及接触和挤压，不当的装配操作可能导致装配失败甚至损坏装配零件。对于一些高精度、低孔隙比的装配场景，受到机器人重复精度限制，难以通过示教重现的方式完成装配。并且机器人的重复误差范围远小于相机和点云的测量精度，亦无法通过动态测量的方式进行误差补偿。因此，在装配的最后阶段通常还需要依靠力传感器的感知结果。

装配过程中存在的摩擦接触、弹性形变以及控制过程非线性等问题，给装配任务带来了很大的复杂性和不确定性，因此装配规划与决策算法需要有效地克服这些不确定性因素。如何提升装配规划与决策算法的泛化性以及它对于多模态环境信息的融合感知能力，是实现机器人装配智能化的关键所在。

本项目采用一种基于主从双臂协调下的轴孔装配策略。策略分为三个阶段：未接触阶段、孔外接触阶段和孔内接触阶段。对于前两个阶段，采用位置控制和主从双臂协调的方式来克服机器人本身较差的定位精度的影响；对于最后一个阶段，机器人的左臂可以采用力矩控制，右臂采用位置控制的方式，使左臂能够顺从右臂的运动。这样，可以避免过大的力矩而造成的卡阻，保证装配任务的顺利完成。轴孔装配过程中的三个阶段如图 8-13 所示。

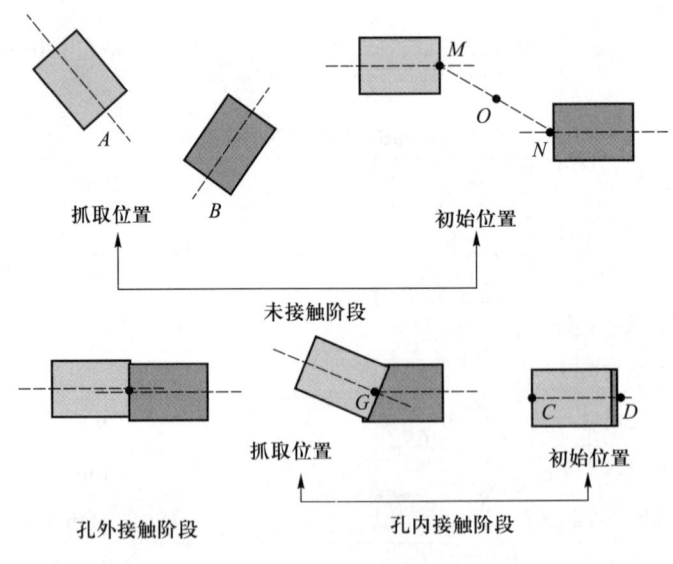

图 8-13 轴孔装配过程中的三个阶段

（1）未接触阶段。机器人的左臂与右臂在桌面的任意位置，以任意的位姿分别进行轴零件与孔零件的抓取任务，从抓取位置运动到初始位置，再到一个合适的装配位置，使轴与孔能够接触的过程。其中，点 A 与点 B 是任意的抓取位置，点 M 和点 N 是在任意抓取位置下依据某种规则选取的初始位置，点 O 是 MN 的中点位置，也就是所搜索到保证接触的装配位置。

（2）孔外接触阶段。机器人的双臂始终保持接触的状态，并以主、从双臂协调运动的方式进行成功搜孔的过程。其中，点 G 是轴能够搜孔成功的插入位置。

（3）孔内接触阶段。轴从搜孔成功到完成装配的整个过程。其中，点 C 和点 D 分别是完成装配时，轴与孔各自端面中点的完成位置。

8.2.3 项目实施

1. 任务一：协作机器人空间运动实时避障

1）配置 ROS 工程

（1）安装 ROS 软件：按照 ROS 官方文档的指引，在 Ubuntu 系统中安装 ROS 软件。Ubuntu 系统建议采用 20.04 版本，对应的 ROS 软件版本是 noetic。

（2）创建工作空间。使用 mkdir –p obs_ws/src 命令创建多级子目录，将其作为 ROS 工作空间。

（3）初始化工作空间。在 src 目录下，使用 catkin_init_workspace 命令初始化工作空间。

（4）创建 ROS 包。使用 catkin_create_pkg robot_control roscpp rospy actionlib 命令创建一个名为 robot_control 的 ROS 包，且依赖包为 roscpp，rospy，actionlib。

（5）下载 UR 机器人 ROS 包：在 src 文件夹下，使用命令：git clone https://github.com/ros-industrial/universal_robot 下载 universal_robot 依赖包。

（6）编译工作空间：在 obs_ws 目录下，使用 catkin_make 命令编译工作空间下所有的 ROS 包。

配置好的 obs_ws 工程中，robot_control/src 的 APF_obs_avo.cpp 包含了基于人工势场法的机器人避障的代码。move_test.cpp 用于测试机器人点到点运动。ros_control/include 文件夹下包含了封装好的机器人运动学（robot_kinematics）和驱动（robot_drivers）类，以及绘制数据的画图类（matplotlibcpp）。

2）编写机器人控制代码

使用 KDL 库，编写一个简单的程序来控制协作机器人的关节运动，从而实现点到点的运动。其中涉及机器人正/逆运动学以及机器人关节控制。目的是熟悉机器人运动学库和驱动库的使用，为后续集成避障算法做准备。具体可参照 robot_control/src 目录下的 move_test.cpp 文件。

3）编写避障代码

根据人工势场法，为协作机器人编写避障代码。这个代码应该能读取当前的机器人状态，计算出目标点提供的吸引力、障碍物施加的排斥力以及将这两种力相结合，并将其转化为机器人的速度。在这个阶段，学生们需要考虑如何将前面介绍的避障算法转化为 C++代码。具体可参考 robot_control/src 目录下的 APF_obs_avo.cpp 文件。

4）编写可视化代码

使用 visualization_msgs::Marker 和 RViZ，编写代码来可视化协作机器人的运动轨迹、障碍物、机器人的起始点和目标点。这个步骤将帮助学生们更直观地看到机器人的避障效果，并且可以帮助学生们调试避障策略或设置一些参数，例如机器人的起始点/目标点位置、障碍物的位置等。具体可参考 robot_control/src 目录下的 APF_obs_avo.cpp 文件。

5）仿真测试和数据可视化

运行编写好的代码，在 RViZ 中进行仿真测试，观察协作机器人如何避开障碍物。在这个阶段，学生们可以修改障碍物的位置和大小，来观察避障策略是否有效。最后，利用 matplotlibcpp 库，绘制在考虑避障和没有考虑避障两种情况下机器人与障碍物之间的距离，并与设定的临界距离进行比较，评估避障策略的效果。具体可参考 robot_control/src 目录下的 APF_obs_avo.cpp 文件。

上述这些步骤为学生们实现协作机器人实时避障策略提供了一个指导，通过这个过程，学生们不仅能够实现一个实用的机器人应用，还能深入了解协作机器人、避障策略、ROS 等。

2. 任务二：多协作机器人协同装配

1）机器人和力传感器与计算机通信

如图 8-14 所示，将双协作机械臂连入交换机，用网线将交换机与计算机进行连接，将计算机的 IP 与机器人 IP 地址设置在同一网段中，测试（利用 Ping 命令）两个机器人的 IP 地址，验证是否成功连接。在上位机的 ROS 系统中启动编译和初始化等代码指令见表 8-4，可通过编译窗口直接键入指令实现对应功能。对于力传感器，可直接在上位机中安装传感器的驱动程序，即可采用数据采集卡将力传感器输出的模拟量通过 USB 接口输入上位机。

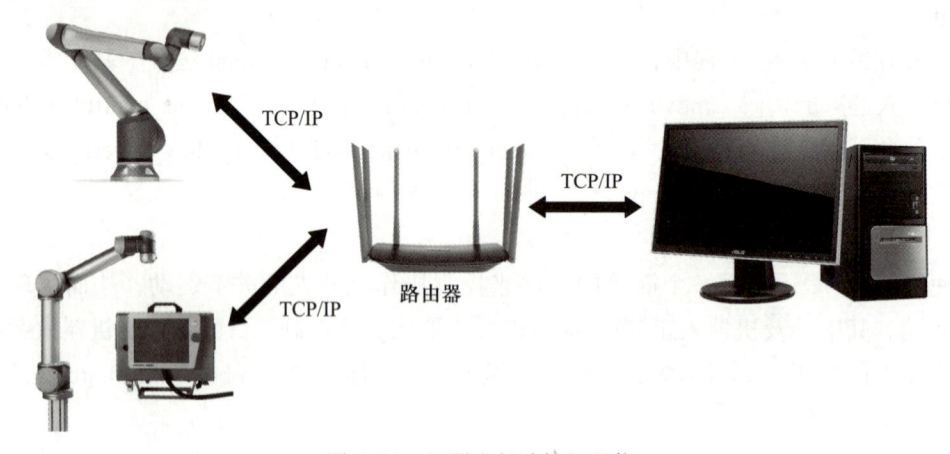

图 8-14　机器人与计算机通信

表 8-4　机器人与计算机通信相关指令

代码指令	功能
Cakin_make	编译工程
Roslaunch uu_robot dual_ur5_bringup.launch	启动控制节点
Rosrunrqt_controller_manager rqt_controller_manager	启动控制器

续表

代码指令	功能
Rource your_path/robot_ws/devel/setup.bash	初始化
Rosrun my_package robot_move_test	验证是否完成控制连接

2）末端执行器重力补偿

将机器人末端、末端法兰、力传感器法兰、力传感器、末端执行器依次连接。安装完成后依次对力传感器进行初始化和重力补偿，相关代码函数（具体实现需要同学们自己编写）见表 8-5。在力传感器的重力补偿中，需要采集 6 组不同力传感器姿态下的力/力矩数据，具体过程见表 8-6。

表 8-5 力传感器重力补偿相关代码函数

代码函数	功能
1：Ati_force_sensor( )	初始化力传感器
2：Position_init( )	初始化重力补偿六个位姿
3：Left_goal( )	进行六个位姿的移动
4：CalParam( )	计算重力补偿
5：Compensate( )	对力传感器进行补偿
6：GetCompsenForce( )	计算补偿后的力
7：ForceSenor::init( )	初始化重力补偿后的力
8：Test_auto_gravity( )	测试重力补偿

表 8-6 力传感器重力补偿需要采集的数据

A	B	C	传感器姿态	F_x	F_y	F_z	T_x	T_y	T_z
0	0	0		F_{x1}	F_{y1}	F_{z1}	T_{x1}	T_{y1}	T_{z1}
0	0	180°		F_{x2}	F_{y2}	F_{z2}	T_{x2}	T_{y2}	T_{z2}
180°	-90°	0		F_{x3}	F_{y3}	F_{z3}	T_{x3}	T_{y3}	T_{z3}

续表

A	B	C	传感器姿态	F_x	F_y	F_z	T_x	T_y	T_z
$-180°$	$90°$	0		F_{x4}	F_{y4}	F_{z4}	T_{x4}	T_{y4}	T_{z4}
$90°$	0	$90°$		F_{x5}	F_{y5}	F_{z5}	T_{x5}	T_{y5}	T_{z5}
$90°$	0	$-90°$		F_{x6}	F_{y6}	F_{z6}	T_{x6}	T_{y6}	T_{z6}

3）双机器人抓取轴与孔

发布机器人末端运动指令，通过逆运动学得到机器人的关节角，控制双机器人抓取固定位置的轴与孔，抓取过程如图 8-15 所示。双机器人抓取轴和孔的代码函数流程见表 8-7，其中的函数是同学们需要实现的功能。

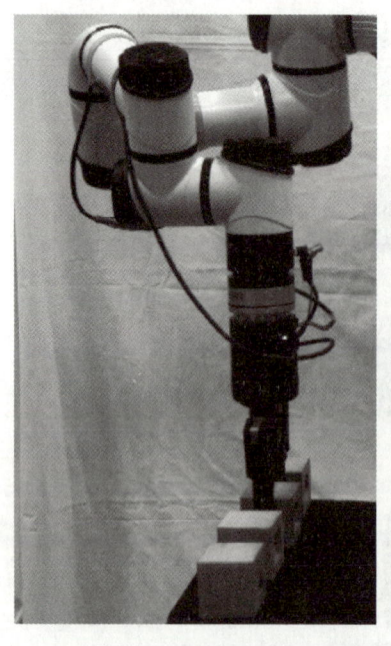

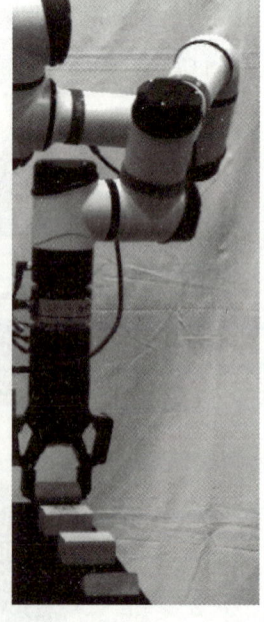

图 8-15　双机器人抓取轴与孔

表 8-7　双机器人抓取轴和孔的代码函数流程

代码函数	功能
1：INIT_DUAL_UR5_ROBOT( )	初始化机器人运动学与控制器
2：L/R_init_joint( )	初始化机器人位置
3：IK_analytical_left/right( )	逆解得到初始位置关节角
4：Dual_arm_servo_move_initial( )	正解运动到初始位置
5：Dual_move_pre_clamp( )	输入双臂预抓取移动位置
6：IK_analytical_left/right_pre_clamp( )	逆解得到预抓取位置关节角
7：Dual_arm_servo_move_pre_clamp( )	正解移动到预抓取位置
8：Robotiq2FGripperRobotOutput.rPR = 0	末端执行器松开
9：Dual_move_clamp( )	控制双臂移动到抓取位置
10：IK_analytical_left/right_clamp( )	逆解得到抓取位置关节角
11：Dual_arm_servo_move_clamp( )	正解移动到抓取位置
12：Robotiq2FGripperRobotOutput.rPR = 255	抓取轴与孔
13：Dual_move_assembling( )	双臂移动装配位置
14：IK_analytical_left/right_assembling( )	逆解得到装配位置关节角
15：Dual_arm_servo_move_assembling( )	正解移动到装配位置

4）双机器人轴孔装配

控制机器人进行前进、孔外调整、孔内调整与分离等运动实现轴孔装配，具体的代码函数流程见表 8-8，其中三个阈值 thresd_a、thresd_b 和 thresd_c 的初始化需要根据情况给定。这里，力传感器在 Z 轴上的受力 Fz 被用来作为各个阶段之间切换的判断依据，diff_Fz 表示的是 Fz 在某时刻下相邻采样点的瞬间变化值。当 Fz 的绝对值超过阈值 thresd_a 且 diff_Fz 小于阈值 thresd_b 时，可以判断轴与孔已经发生接触，进入孔外的搜孔阶段；一旦 diff_Fz 大于阈值 thresd_b 时，可以判断进入孔内的调整阶段；控制轴以某一步长不断地插入孔内，直到 Fz 的绝对值超过阈值 thresd_c 时，可以判断轴孔已经完全装配，并开始准备退轴出孔；当轴与孔发生分离时，整个装配过程结束。

表 8-8　双机器人轴孔装配的代码函数流程

代码函数	功能
1：ForceSenor::init( )	初始化力传感器
2：Left_move( )	控制轴前进
3：If Fz>thresd_a	通过 Z 向受力判断是否接触
Force_out_information_judgment( )	通过力信息判断姿态
Adjust_posture_out_hole( )	轴的孔外姿态调整
Adjust_positon_out_hole( )	轴的孔外位置调整

续表

代码函数	功能
4：If diff_Fz>thresd_b	通过 Z 向受力变化判断进入孔内调整阶段
Force_in_information_judgment( )	根据力信息判断姿态
Adjust_posture_in_hole( )	轴孔内姿态调整
Force_information_judgment( )	判断力信息
Left_move( )	轴插入孔
5：If diff_Fz>thresd_c	通过 Z 向受力变化判断轴完全插入孔
Force_in_information_judgment( )	根据力信息判断姿态
Left_arm_back( )	轴退出孔
6：If Fz<thresd_a	通过 Z 向受力判断是否接触
Dual_back_assembling( )	轴孔分离

5）实验测试

运行编写好的代码，在双臂机器人平台上进行实验，观察协作机器人如何进行轴孔装配。在这个阶段，学生们可以修改参数阈值，观察参数阈值对装配的成功率、装配时间以及装配力的影响。

8.2.4 项目总结

本项目主要介绍了协作机器人安全顺应操作，重点关注协作机器人的空间运动实时避障和多机器人的协同装配。通过本项目的训练，学生掌握协作机器人的避障相关算法并学会控制机器人避障运动。熟悉机器人运动所需的软、硬件平台和相关实验装置，具备基于 ROS 软件的仿真环境的编程能力。通过实际操作和编程实现，加深对协作机器人与人、协作机器人与协作机器人之间的交互原理的理解。

思考题

（1）进一步分析人工势场法的原理以及所存在的不足。

（2）调研文献，分析除人工势场法以外还有哪些方法可以用于机器人避障，并探求其原理。

（3）练习在 ROS 软件中编写机器人避障的代码。

8.3 工业机器人测量加工一体化

8.3.1 项目描述

航空叶片、核电大叶片、汽车曲轴等大型复杂曲面零件曲面复杂、余量不均匀、加工精度要求高，已成为我国航空航天、核电、汽车等高端制造业的痛点。机器人测量加工一体化技术融合了三维视觉检测、余量自适应计算与加工等技术，能够适应零件的不同余量、不同精度要求，满足高端制造需求，因此机器人测量加工一体化技术在航空航天、核电、汽车等制造领域中得到越来越广泛的应用。本项目围绕上述关键技术通过任务展开介绍。

8.3.2 项目准备

1. 测量机器人及相关装置

测量机器人及相关装置见表 8-9。

表 8-9 测量机器人及相关装置

序号	准备内容
1	六轴测量机器人 ABB IRB 1600-6/1.2
2	高精度三维扫描仪 PowerScan2.3M
3	点云分析处理软件 Geomagic
4	汽车曲轴零件
5	点云分析处理软件 Geomagic、iPoint3D
6	待检测航发叶片样件
7	DPT-5 显影剂

2. 测量任务分析

本项目任务一以汽车发动机曲轴为例，介绍了利用三维视觉测量技术实现逆向建模的完整过程。通过使用机械臂与三维扫描仪，基于外部标志点的拼接方式实现了曲轴零件测点数据的完整采集；利用 Geomagic 软件对采集的曲轴测点数据进行了点云精简、去噪等操作，最后通过对精简后的点云进行三角网格化，实现了完整的逆向建模过程。

本项目任务二通过使用航发叶片机器人三维视觉测量系统，实现机器人自动化完整采集航空叶片三维测点数据；通过 Geomagic 软件对获取的航发叶片点云数据进行精简、去噪等操作，提取多截面叶片点云数据；并利用 iPoint3D 软件，对截面点云数据进行叶型关键参数的计算。主要任务如下。

（1）航发叶片三维测量数据采集。航发叶片属于航空发动机典型零部件，在发动机内部大量存在，为了实现此类大批量零部件的快速检测，通过工业机器人末端搭载高精度面阵三维扫描仪执行预先规划的测量轨迹，实现完整测量数据采集已成为工业检测领域常见的检测方式。同时航发叶片经过磨抛后表面存在金属反光现象，直接进行光学三维测量易导致零件测点质量低，通过喷涂显影剂的方式对零件表面金属反光现象进行抑制，能够有效提高零件测点质量。

（2）航发叶片测量数据预处理。获取的航发叶片三维测量点云规模通常为百万级，同时测量点云存在环境噪声、外部工装夹具等多余测点，有必要对原始测点数据进行预处理，满足后续参数的计算需求。本项目通过 Geomagic 点云处理软件对原始测点数据进行点云精简和去噪,并获取了叶片截面轮廓测点。

(3)航发叶片叶型参数计算。航发叶片前、后缘半径,中弧线等叶型参数对叶片工作性能有着重要影响,本项目通过使用 iPoint3D 软件对叶片截面轮廓测点数据进行计算处理,得到关键叶型参数。

8.3.3 项目实施

1. 任务一:汽车曲轴机器人三维视觉测量

1)汽车曲轴点云采集

为了实现汽车发动机曲轴零件的逆向建模,首先需要获取零件的三维点云数据。采用工业机器人与三维蓝光扫描仪相结合的方式,实现曲轴零件的快速数据采集。

由于三维蓝光扫描仪单次扫描范围有限,因此需要在多个扫描位姿下进行测量后,再将多视角测量数据进行转换,得到完整曲轴测量点云。通过手动操作机器人示教器,移动工业机器人到合适的扫描位姿(图 8-16)后,利用三维蓝光扫描仪操作软件完成单视角下的扫描数据采集,如图 8-17 所示。基于零件表面及周围环境中的标志点进行拼接,最终形成的完整曲轴点云如图 8-18 所示。

(a)　　　　　　　　　　　(b)

图 8-16　机器人多测量位姿采集曲轴点云

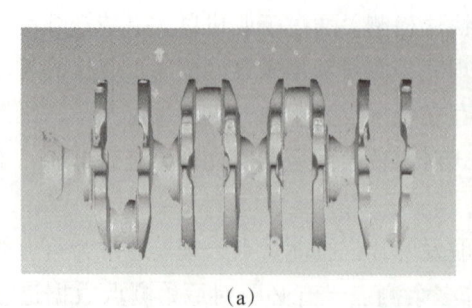

(a)　　　　　　　　　　　(b)

图 8-17　曲轴单次测量点云数据

2）测量点云处理

通过多个视角采集的点云，通常数据规模比较大，且存在外部工装夹具及周围环境中的噪点。在进行逆向建模之前，有必要去除噪点，并精简整体测量点云，减小点云规模。三维点云数据精简方法较多，本项目为操作方便，采用 Geomagic 软件进行简单的孤立点云的去除，在软件中通过框选的方式，选中孤立点云并进行删除操作，图 8-19 和图 8-20 分别为删除孤立点前、后的曲轴模型点云。

图 8-18 完整曲轴点云

图 8-19 曲轴模型点云（删除孤立点前）

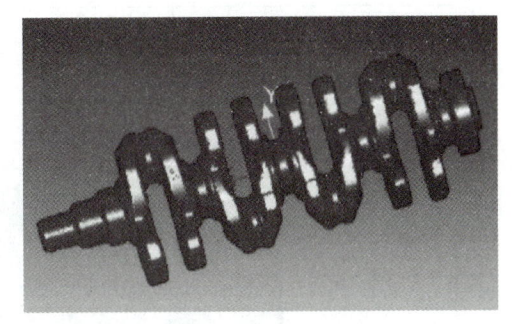

图 8-20 曲轴模型点云（删除孤立点后）

如图 8-21 所示，由于曲轴类零部件形状复杂、曲率变化大，在精简时采用曲率精简的方式进行精简操作，图 8-22 为精简后的曲轴模型点云。

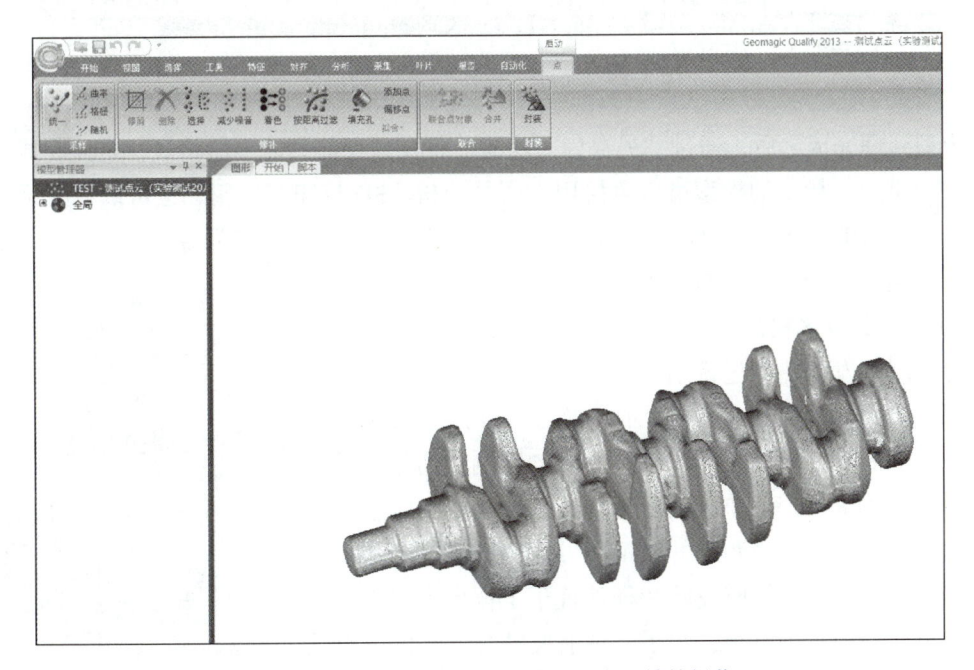

图 8-21 在 Geomaigc 软件中进行点云精简操作

3）逆向建模

在 Geomagic 软件中，选择"点"选项卡→"封装"功能，即可实现将曲轴模型点云进行三角化操作，经过三角化之后的曲轴模型如图 8-23 所示。

模型经过三角化之后，软件上端会显示"多边形"选项卡，可以结合实际情况对三角化之后的模型进行相应的处理，如"填充单个孔"等。

图 8-22 曲轴模型点云（精简后）

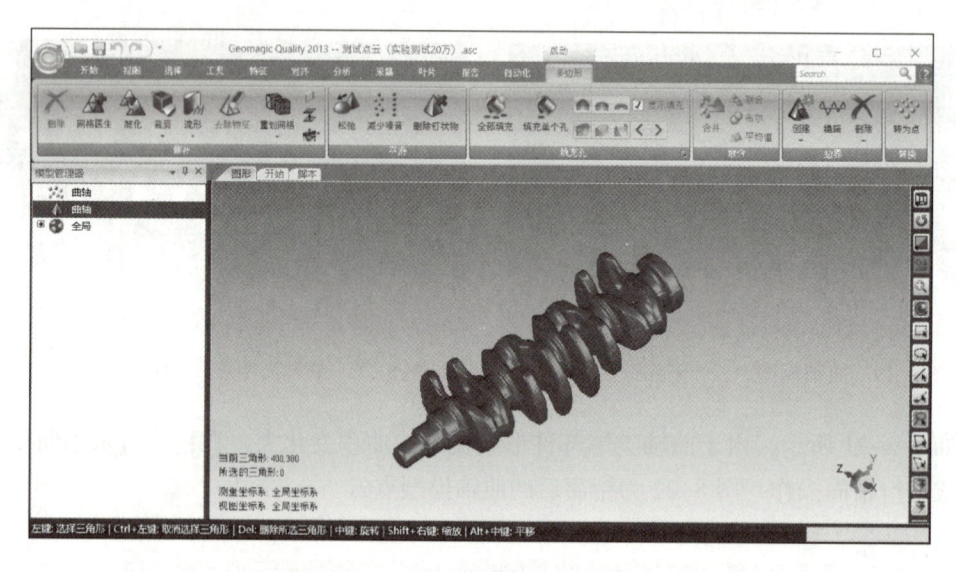

图 8-23 经过三角化之后的曲轴模型

模型处理完成之后，通过"另存为"功能，将模型存储为需要的格式。至此完成了模型的逆向重建，导出的模型可以直接用于产品分析、3D 打印等应用，也可以在三维建模软件（如 SOLIDWORKS、Unigraphics NX 等）中进行进一步的精细重建。

2. 任务二：航发叶片机器人三维视觉检测

1）三维数据采集

待检测航发叶片经过铣削、磨抛加工之后，表面会出现金属反光现象，如图 8-24 所示，导致零件测点质量降低。为了降低表面金属反光对三维成像的影响，通过在零件表面喷涂图 8-25 所示的显影剂，能够有效抑制航空叶片表面反光，提高扫描测点的质量。

将喷涂了显影剂的航发叶片样件置于工作台上，由于扫描仪单次扫描范围有限，为了实现航发叶片样件的完整检测，需要调整扫描仪测量位姿进行多次数据采集。为了

图 8-24 航空叶片表面金属反光

保证多次测量数据的坐标系统一，在叶身表面及工作台上张贴一定数量的标志点，利用标定点对多次测量数据进行拼接。现场采集过程如图 8-26 与图 8-27 所示。

图 8-25　显影剂　　　　图 8-26　航发叶片机器人光学检测系统

图 8-27　航发叶片机器人多视角点云数据采集

多次测量叶片点云并经过拼接之后的完整点云如图 8-28 所示。

2）数据预处理

将航发叶片样件的多次测量点云数据导入 Geonagic 软件，如图 8-29 所示。

通过"联合点对象"将多次测量点云联合成为一个点云对象，如图 8-30 所示。

如图 8-31 所示，通过框选方式选中工作台点云和周围环境噪点，进行删除，删除多余测点后的叶片点云如图 8-32 所示。

图 8-28　完整的航发叶片样件三维点云

图 8-32 中，删除多余测点之后的叶片点云规模为 230 万点，为了减小后续叶型参数计算的运算量，通过"点云精简"功能模块进行处理，精简之后的效果如图 8-33 所示，

图 8-29 多次测量点云数据导入 Geomagic 软件

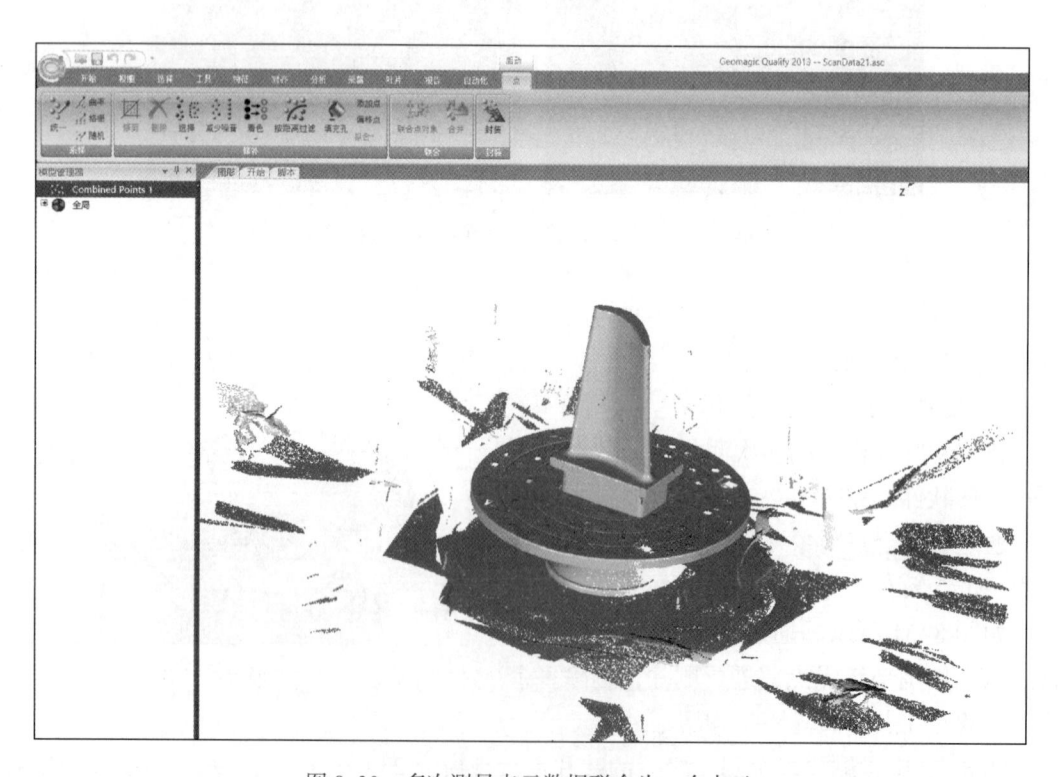

图 8-30 多次测量点云数据联合为一个点云

图 8-31 通过框选方式选中多余点云（图中绿色部分）

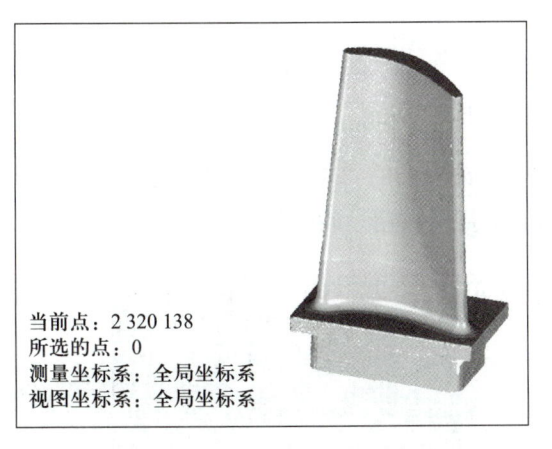

当前点：2 320 138
所选的点：0
测量坐标系：全局坐标系
视图坐标系：全局坐标系

图 8-32 删除多余测点后的叶片点云

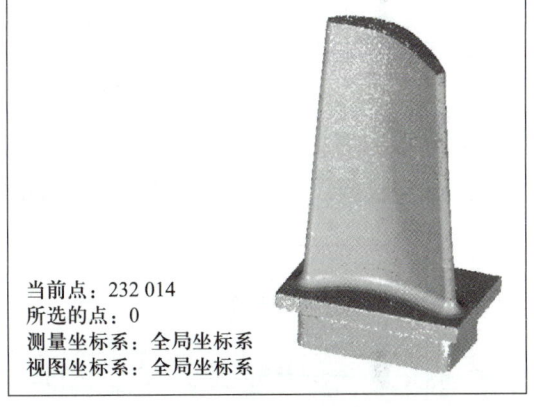

当前点：232 014
所选的点：0
测量坐标系：全局坐标系
视图坐标系：全局坐标系

图 8-33 经过精简之后的叶片测点

剩余的点云规模为 23 万点。

叶型参数计算主要是针对截面点云进行处理，在 Geomagic 软件中选择"贯穿对象截面"，选择沿着叶身高度方向的截面与精简之后的叶片测点进行贯穿，得到叶身截面点云，如图 8-34 所示。

3）叶型参数计算

对于航发叶片而言，需要检测参数包括前缘半径、后缘半径、中弧线、最大厚度、弦长等。下面介绍如何使用 iPoint3D 软件进行上述参数的计算。

图 8-34 叶片截面点云

（1）单击"文件输入"功能面板中的"打开"按钮（图 8-35），在弹出的文件选择对话框中选择需要打开的叶片截面测点数据。

图 8-35　iPoint3D 软件导入数据

（2）由于原始截面测点数据是无序的，通过"点云排序"功能可以重建各测点之间的邻接关系，如图 8-36 所示。

图 8-36　iPoint3D"点云排序"功能

拖动鼠标形成矩形框来选择两点，之后单击对话框上的"应用"按钮。若点云无法形成光滑曲线，则单击"翻转"按钮，之后单击"应用"按钮。软件界面如图 8-37 所示。

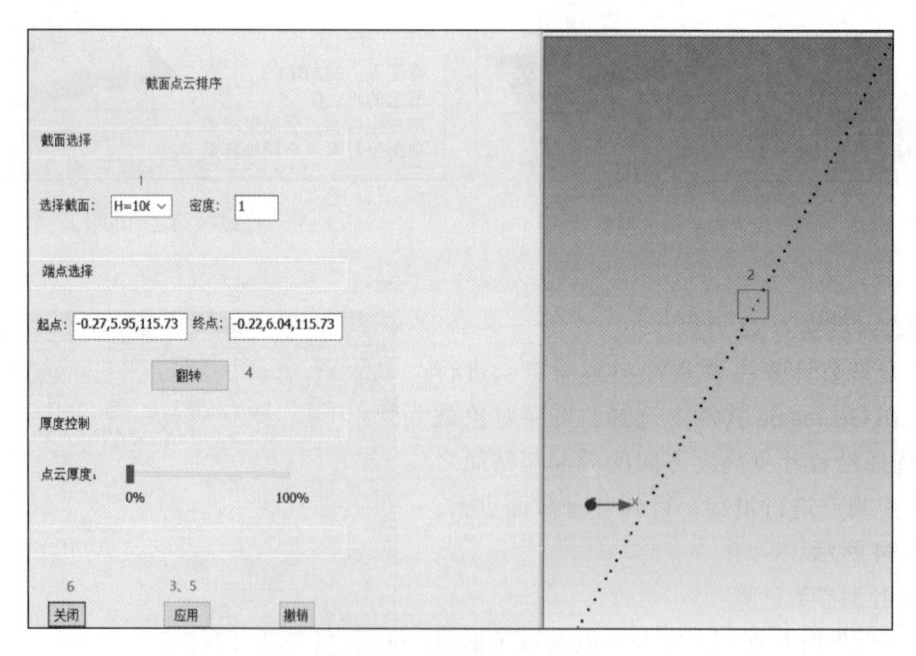

图 8-37　叶片截面点云排序

（3）将提供的理论叶型线导入软件，后通过"匹配后处理"功能面板中的各功能，计算截面区域最大误差，如图 8-38 和图 8-39 所示。

（4）通过"特征提取"功能，能够根据叶片截面点云，计算相关叶型参数，计算结果如图 8-40 所示。

图 8-38　截面区域最大误差计算

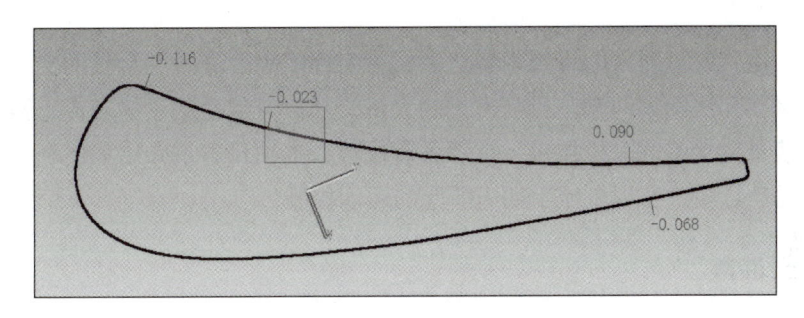

图 8-39　截面区域最大误差的计算结果

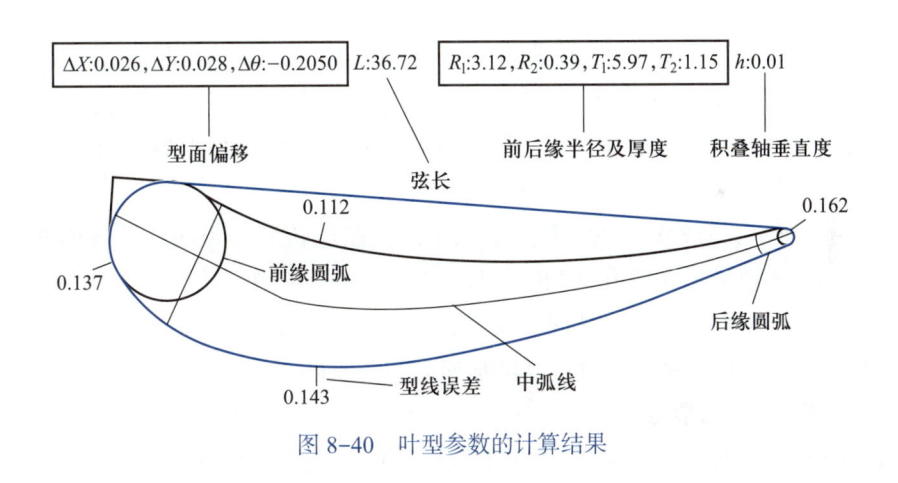

图 8-40　叶型参数的计算结果

8.3.4　项目总结

本项目主要介绍了机器人测量加工一体化技术，主要用于航空、核电、汽车等高端制造领域中大型复杂曲面零件的曲面测量和加工操作。通过本项目的训练，学生能够理解三维视觉测量技术的原理和逆向建模、关键参数计算等工艺流程，掌握工业机器人测量加工一体化技术的操作方法以及数据处理软件的使用，熟悉机器人与测量设备的配合操作。

思考题

（1）汽车曲轴机器人三维视觉测量过程中，如何避免遇到曲轴表面反光严重所导致的点云噪声大、点云模型不准确等突出问题？

（2）利用 iPoint3D 软件获得的数据计算航发叶片相关的叶型参数？

（3）测量精度要求比较高时，如何克服边缘薄壁位置反射光线不足的问题？

8.4 人与机器人交互运动控制

8.4.1 项目描述

人机交互是共融机器人的重要内容之一，为实现实时、高效、自然的交互，必须解决人机接口和交互算法两大问题。目前常见的人机交互接口包括基于物理传感器的人机接口和基于生物信号传感器的人机接口。二者各有优势，本项目着重介绍如何利用生物信号接口解码人体运动意图，实现机械手如人所愿的运动控制。

8.4.2 项目准备

1. 人-机器人自然物理交互任务分析

1）sEMG 信号的采集设备

本项目采用 MYO 臂环作为人体肌肉电信号（sEMG 信号）的采集设备。MYO 臂环上的传感器可以实时采集用户前臂肌肉在运动时产生的 sEMG 信号，通过无线 USB 接口将采集到的原始信号同步发送给计算机，对原始信号进行一系列处理从而实现对人体运动意图的解码。

如图 8-41 所示，MYO 臂环上安置了八个表面肌电传感器模块，通过松紧带等间距地连接在一起，能够采集八通道 sEMG 信号。其中，每个模块上有一个标志灯和一个状态机，用于判断 MYO 臂环的连接情况。此外，MYO 中还配有微型三轴加速度传感器与三轴陀螺仪传感器，可用来采集手臂运动的加速度和角速度。

MYO 臂环的使用步骤如下。

① 佩戴 MYO 臂环至小臂靠近肘侧的位置，利用八个松紧扣调整臂环至合适松紧度，使臂环不会与肌肉发生滑移，如图 8-42 所示。

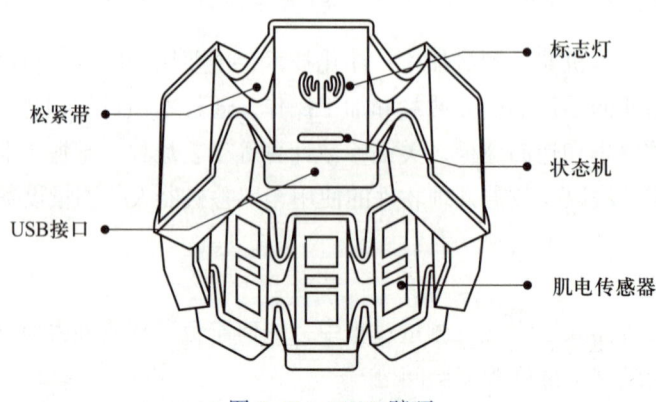

图 8-41 MYO 臂环

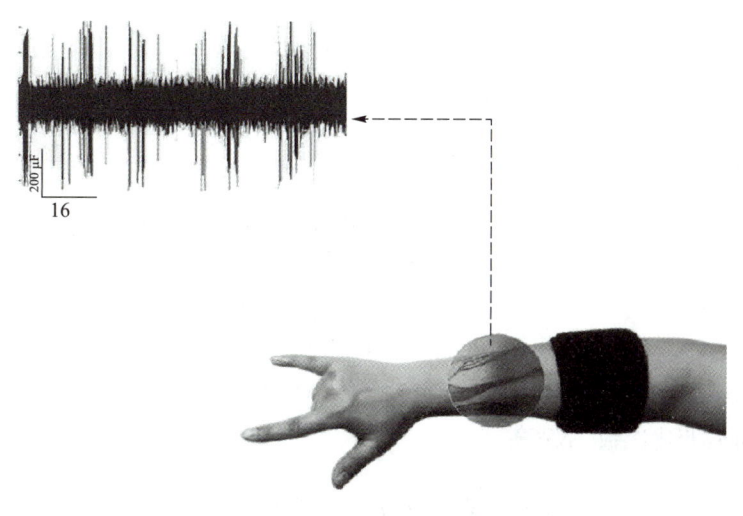

图 8-42 sEMG 信号采集

② 打开 Myo Connect.exe 软件，观察到标志灯不再闪烁且状态机显示蓝色，连接完毕。

③ 若长时间难以连接，可以尝试如下操作：右击右下角 MYO 图标→"Arm Managed"→"ping"，重新尝试连接。

2）sEMG 信号的预处理

sEMG 信号的预处理过程包括信号去噪和特征提取两个部分。

（1）信号去噪。受本身生理变化及外部设备环境等因素的影响，通过 MYO 采集到的 sEMG 信号存在一定程度的干扰，因此想要实现较为准确的运动意图解码首先要对信号进行去噪工作。具体处理流程如下。

① 去除工频干扰：工频干扰指的是交流电力系统中 50 Hz 或 60 Hz 的电源频率信号对电子设备所产生的干扰。国内交流电带来的工频干扰一般为 50 Hz，因此在预处理中，需要利用基频为 50 Hz 的陷波滤波器去除工频干扰信号。

② 去除低频干扰：表面肌电信号的频率范围通常为 10~500 Hz，主要能量集中在 30~400 Hz，然而在采集表面肌电信号的过程中，其他频谱段的信号同样也会被采集，包括低频的心电信号以及由于皮肤收缩、电极滑移等造成的低频伪迹等。对于这部分的信号噪声，处理方式包括带通滤波、高通滤波、贝叶斯滤波等，考虑到 MYO 臂环本身的采样频率只有 200 Hz，根据奈奎斯特定理得出所能采集有效信号的频率最高为 100 Hz，因此可选用截止频率为 30 Hz 的高通滤波器去除低频干扰。

（2）特征提取。为了平滑 sEMG 信号，并从中提取到更为关键的信息用于运动估计，需要对信号做特征提取。考虑到在线估计的实时性，选择使用滑窗法对信号的时域特征做提取，窗口大小设置为 20 ms，每次滑动 5 ms。常见的时域特征及其计算方法如下。

① 绝对值均值（MAV）：对信号进行全波整流的手段。

$$MAV = \frac{1}{N}\sum_{i=1}^{N}|x_i|$$

② 方差（VAR）：提取信号统计幅值偏离零均值的信息，与肌肉收缩程度成正比。

$$VAR = \frac{1}{N}\sum_{i=1}^{N}(x_i - x)^2$$

③ 波形长度（WL）：能够反映表面肌电信号波形的复杂度。

$$WL = \sum_{i=1}^{N-1}|x_{i+1} - x_i|$$

④ 过零点次数（ZC）：该指标与下一个斜率变化次数都可以简单地反映信号频率特性。

$$ZC = \sum_{i=1}^{N-1}\text{sgn}(-x_{i+1}x_i)$$

$$\text{sgn}(x) = \begin{cases} 1 & x > 0 \\ 0 & x \leq 0 \end{cases}$$

⑤ 斜率符号变化次数（SSC）：

$$SSC = \sum_{i=2}^{N-1}\text{sgn}[-(x_i - x_{i-1})(x_i - x_{i+1})]$$

以上皆为常见的时域特征，可根据需要自由选择所要提取的特征，本项目中将使用 MAV、VAR 和 WL 作为示例。MYO 臂环可提取八个通道的 sEMG 信号，每个通道提取三维特征，可得到 24 维信息用于之后的解码工作。

3）运动意图估计模型建立

通过 sEMG 信号解码人体运动意图的方法有很多，考虑到技术的成熟程度、可操作性等，在本项目中选用了模式识别技术。基于 sEMG 信号对手部运动进行模式识别需要满足一定的假设前提，即当手部在做出不同动作时前臂的 sEMG 信号能够存在两种特性：① 同种动作的表面肌电信号存在重复性；② 不同动作的表面肌电信号存在可区分性。满足以上假设，可以表面构建 sEMG 信号与离散动作类别之间的映射关系。

分类问题需要构建的映射关系为非线性映射，常见的非线性映射包括多项式拟合、核函数法、机器学习、神经网络等。由于映射关系目前难以从数学推导层面做出解释，因此为了模型构建的便捷性，同时防止泛化过程中映射模型在使用过程中出现过拟合问题，机器学习的方法受到了多数学者的青睐。利用机器学习解决分类问题，常见的方法有决策树、随机森林、支持向量机等。用处理得到的 sEMG 信号特征作为输入，对采集到的每一组特征都打上标签作为输出，选择机器学习中某一方法进行训练，得到分类模型即可用于之后的运动意图解码。

4）任务准备

本项目采用的装置见表 8-10。

表 8-10　本项目采用的装置

序号	准备内容
1	MYO 臂环
2	MATLAB 软件
3	MuJoCo 仿真平台

2. 主从机器人遥操作任务分析

1）遥操作系统分析

整个遥操作系统在 ROS 框架下进行通信，包含控制程序、仿真模块以及实物部分。

（1）控制程序。遥操作的控制逻辑如图 8-43 所示，由主手端的 Sigma7 主手或操作杆发送期望的位姿或速度，由控制程序计算机器人变化后的位姿以及对应关节角，发送到仿真环境中的虚拟 iiwa 机器人或者真实环境中的 iiwa 机器人，从而让机器人按照主手操作的位姿运动。

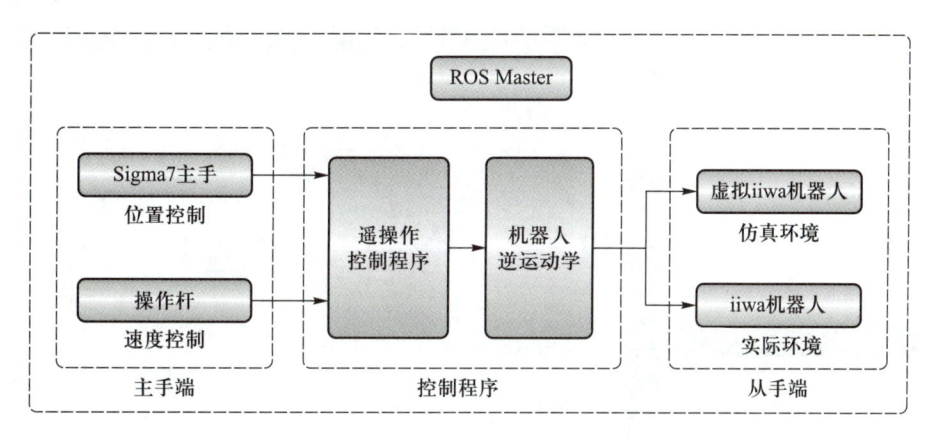

图 8-43　遥操作的控制逻辑

控制程序的各个模块以 ROS 程序包的形式放在 tele_ws 工作空间的 src 文件夹内，如图 8-44 所示，从左到右分别是遥操作控制程序包（iiwa_controller）、iiwa 机器人逆运动学计算程序包（iiwa_ik_solver）、iiwa 消息类型程序包（iiwa_msgs）、sigma7 主手驱动程序包（sigma7）。

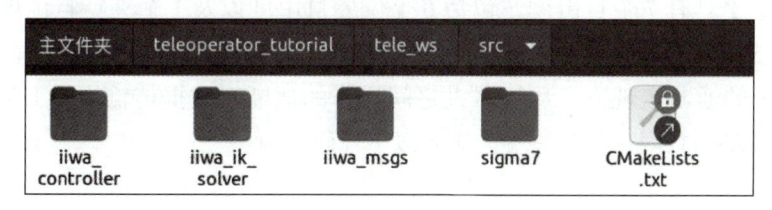

图 8-44　ROS 程序包

进入 teleoperator_tutorial 文件夹，打开终端，并输入以下代码对工作空间下的程序进行编译（如果不成功，请删除 tele_ws 文件夹下的 devel 文件夹与 build 文件夹），直到显示编译通过 100% 为止。

```
cd tele_ws
catkin_make
```

（2）仿真环境。iiwa 机器人仿真在 CoppeliaSim 软件中进行，由于整个控制基于 ROS 框架，CopeliaSim 仿真软件中的 ROS 通信插件需要在打开 ROS Master 的前提下运行，因此在运行仿真软件前需要先启动 ROS Master，打开一个终端，输入以下代码：

```
roscore
```

运行 ROS Master 后，在主文件夹下再打开一个终端，输入以下代码打开仿真软件：

```
cd CoppeliaSim_Edu_V4_2_0_Ubuntu20_04
./coppeliaSim.sh
```

在仿真软件中单击"file"→"open scene"找到文件夹中的 iiwa_14.ttt 文件并打开，单击上方的右向按键，当下方输出窗口提示"ros interface is found"时配置完成，如图 8-45 所示。

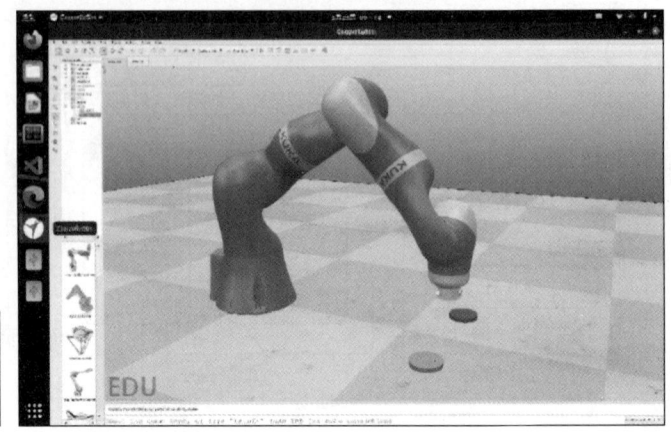

图 8-45 仿真环境

（3）实物部分。实物包括 Sigma7 主手、操作遥杆、iiwa 机器人三个部分，在运行程序之前需要检查设备连接是否完整，Sigma7 主手、操作遥感通过 USB 端口连接计算机主机，iiwa 机器人通过网线将计算机主机与 iiwa 机器人的 sunrise 控制柜连接。

Sigma7 主手具有 7 个自由度，包括 6 个位姿自由度以及 1 个夹持自由度，主手程序支持通过 ROS 读取位姿、速度、夹持角等信息，程序中将夹持自由度设置为离合按钮，通过离合按钮的通断实现主、从机器人之间操作的通断。数据传输通过 USB 端口实现，需要授予 USB 端口权限，打开终端，输入以下代码：

```
ls
```

将会列举出所有已连接到计算机主机的 USB 设备，找到 Sigma7 主手对应的 USB 端口，输入以下代码：

```
sudo chmod 666 /dev/bus/usb/00x/00x     （00x/00x 填写 Sigma7 对应端口号）
```

操作摇杆为罗技 Extreme 3D Pro 手柄，由一个三自由度主摇杆、一个二自由度小型摇杆、一个拨片以及 12 个按钮组成，通过程序对摇杆以及按钮功能进行定义，按钮功能的定义如图 8-46 所示。

通过操作摇杆实现对机器人的速度控制遥操作，其中 x、y 方向的平移为变速运动，即改变摇杆推动量可以实现对速度大小的调节，操作时通过离合按钮实现主手与从手之间的通断。

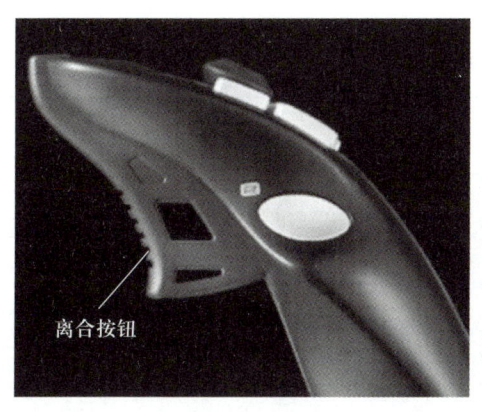

图 8-46 操作摇杆功能定义

从端机器人为 Kuka LBR iiwa 14 机器人，标准工况下最大负载为 14 kg，图 8-47 中表示本项目中机器人在世界坐标系中初始位姿，将机器人基座中心作为世界坐标系原点，即机器人坐标系与世界坐标系重合。机器人初始末端位置坐标为（620，0，120），为保证操作时的安全，将工作空间设置为以初始点为中心、200×200×200 的立方体内，当机器人到达工作空间边界时，将不会继续移动。

iiwa 机器人连接需要修改计算机网络端口号，在设置中将计算机端口号改为 172.31.0.211，修改后，可以在终端中输入 "ping+sunriase 控制柜的端口号" 验证是否连通：

ping 172.31.0.200

2）遥操作任务

本项目要求通过两种不同操作主手分别实现对仿真机器人、真实机器人的位置、速度遥操作控制。通过遥操作控制，将机器人末端移动到标记点所在区域。图 8-48 所示为目标区域在工作空间中的相对位置。

3）任务准备

本项目采用的相关装置见表 8-11。

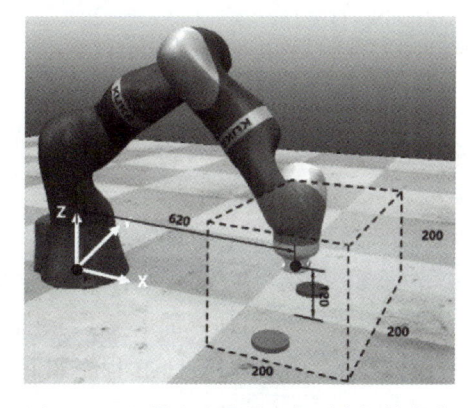

图 8-47 机器人在世界坐标系中初始位姿 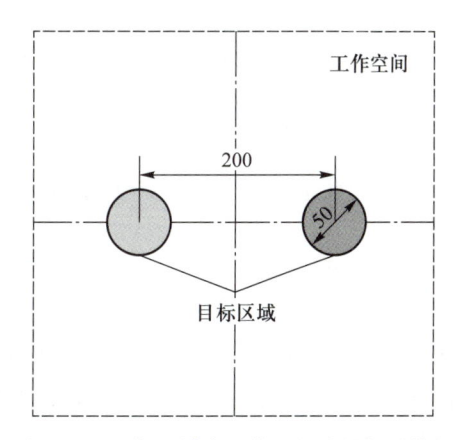　　图 8-48 目标区域在工作空间中的相对位置

表 8-11 本项目采用的相关装置

序号	准备内容
1	Sigma7 主操作手
2	罗技 Extreme 3D Pro 手柄（简称罗技摇杆）
3	Kuka LBR iiwa14 机器人
4	已配置完环境

8.4.3 项目实施

1. 任务一：人–机器人自然物理交互

1）表面肌电信号的采集以及预处理

图 8-49 中四个动作是 MYO 臂环中内置的识别动作，也可以通过自己训练分类模型的方式对动作进行识别。受试者在按前文步骤佩戴好 MYO 臂环后首先进行信号的采集，每个动作进行两组采集实验，每组实验持续 30 s，在每组实验中受试者需要重复完成目标动作，保持 3 s，放松 2 s，30 s 内可完成 7 到 8 组重复动作。休息一分钟，开始下一组采集实验。表面肌电信号的 MATLAB 采集程序如下所示。

握拳　　　　五指张开　　　　内屈　　　　外伸

图 8-49 待识别的手部运动

（1）设置相关环境变量。

```
setenv('MW_MINGW64_LOC','D:\mingw64');  % 添加 C++ 编译器，需先安装 minw64 编译器，路径可手动调整。
install_myo_mex;                         % 设置 MYO 驱动
sdk_path = 'D:\MYO\MYOinit\myo-sdk-win-0.9.0';  % 设置 MYO 工作路径
build_myo_mex(sdk_path);                 % 将路径添加入环境
```

（2）采集表面肌电信号。

```
mm = MyoMex;  % 创建一个 MYO 对象，用于存储 MYO 臂环提取到的信息。
pause(30);                               % 采集 30 s 的表面肌电信号
raw_data = mm.myoData.emg_log;           % 将 30 s 的八通道信号进行存储
mm.delete();                             % 删除 mm 对象以防下次采集构成冲突
```

采集完 sEMG 信号需要对其进行去噪和特征提取的工作。每组动作都采集了两组信号，一组用作模型训练，另一组用于在离线条件下进行模型测试，相关 MATLAB 程序如下。

陷波滤波器：

```
Fs = 200;                                         % 采样频率 200Hz
Fo = 50;                                          % 陷波频率 50Hz
Apass = 20;                                       % 带宽 20Hz
q = 50;                                           % 品质因素 50
[b_cb, a_cb] = iircomb(Fs/Fo, (Fo/(Fs/2))/q, Apass);   % 计算前馈和反馈滤波系数
for i = 1:1:8
Pre_Data(:,i) = filter(b_cb,a_cb,raw_data(:,i));  % 陷波滤波
end
```

高通滤波器:

```
fcut_high = 30;                                   % 截止频率 30Hz
[b_hp, a_hp] = butter(4,fcut_high/(Fs/2),'high'); % 计算前馈和反馈滤波系数
for i = 1:1:8
Pre_Data(:,i) = filtfilt(b_hp,a_hp,Pre_Data(:,i));  % 高通滤波
end
```

特征提取:

```
Fea_MAV = Mean_Absolute_Value(Pre_Data,200,50);   % 绝对值均值 MAV, 窗口大小 200, 每次滑动 50
Fea_VAR = Variance(Pre_Data,200,50);              % 方差 VAR
Fea_WL = Wave_Length(Pre_Data,200,50);            % 波形长度 WL
sEMG_Feature1 = [Fea_MAV,Fea_VAR,Fea_WL];         % 拼接特征, 得到 N×24 的矩阵
n = 1;  % 标签编号
Label1 = n*ones(1,size(sEMG_Feature,1));          % 给特征贴上标签便于训练
save('sEMG_Feature1.mat',' sEMG_Feature1');       % 保存第一个动作的特征
save('Label1.mat',' Label1');    % 保存第一个动作的标签
% 绝对值均值
function MAV = Mean_Absolute_Value(Pre_Signal, window_size, slide_size)
    for j = 1:1:8  %8 个通道
        k = 1;
        for i = 1:slide_size:(length(Pre_Signal)-slide_size+1)
            if (i+window_size)>length(Pre_Signal)
                MAV(k,j) = mean(abs(Pre_Signal(i:end,j)));
            k = k+1;
```

需要注意上述部分只是对其中一个运动所采集得到的 sEMG 信号进行滤波特征提取的过程，该部分需要重复四次。此外 n 的取值由实验者自行决定，需要注意不同动作需要设置不同的标签，因此不同的动作 n 的取值需要不一样（比如四个动作可分别设置为 1、2、3、4）。

特征归一化:

```
load('sEMG_Feature1.mat');load('Label1.mat');
load('sEMG_Feature2.mat');load('Label2.mat');
load('sEMG_Feature3.mat');load('Label3.mat');
load('sEMG_Feature4.mat');load('Label4.mat');    % 读取四个动作的特征和标签
sEMG_Feature = [sEMG_Feature1;sEMG_Feature2;sEMG_Feature3;sEMG_Feature4];
                                                 % 拼接特征
```

```
Label = [Label1; Label 2; Label 3; Label4];              % 拼接标签
[Norm_Feature, Norm_para] = mapminmax(sEMG_Feature,0,1);
                                                         % 拼接特征，得到 N×24 的矩阵
Train_data = [Norm_Feature Label];                       % 使数据格式符合机器学习工具箱需要的形式
save('Norm_para.mat','Norm_para');                       % 保存归一化参数用于后续测试
save('Train_data.mat',' Train_data');                    % 保存训练数据
```

通过以上步骤就可得到用于训练模式识别分类模型的数据，检查数据格式，最后的 Train_data 应当得到一个 $N×25$ 的二维数组。25 为维数，N 为训练集的总样本数量。

2）模型训练与测试

（1）模型训练。单击 MATLAB 上方菜单栏 APP，找到分类学习器和深度学习，单击分类回归器，等待 APP 打开，单击"新建会话"→"从工作区新建会话"。

打开 MATLAB 的 APP 中的分类学习器（图 8-50），这个 APP 里面包含了各种机器学习的方法。从工作区中选择之前训练好的 Train_data 导入，选择"使用列作为变量"，APP 会自动将前 24 维数据作为模型输入，最后 1 维数据作为目标标签，单击"开始会话"，即可开始选择模型。在上方窗口可以选择想要使用的模型，选中"使用并行"可以一次性训练多个模型，训练完后选择"导出"，即可把训练好的模型导入工作区。

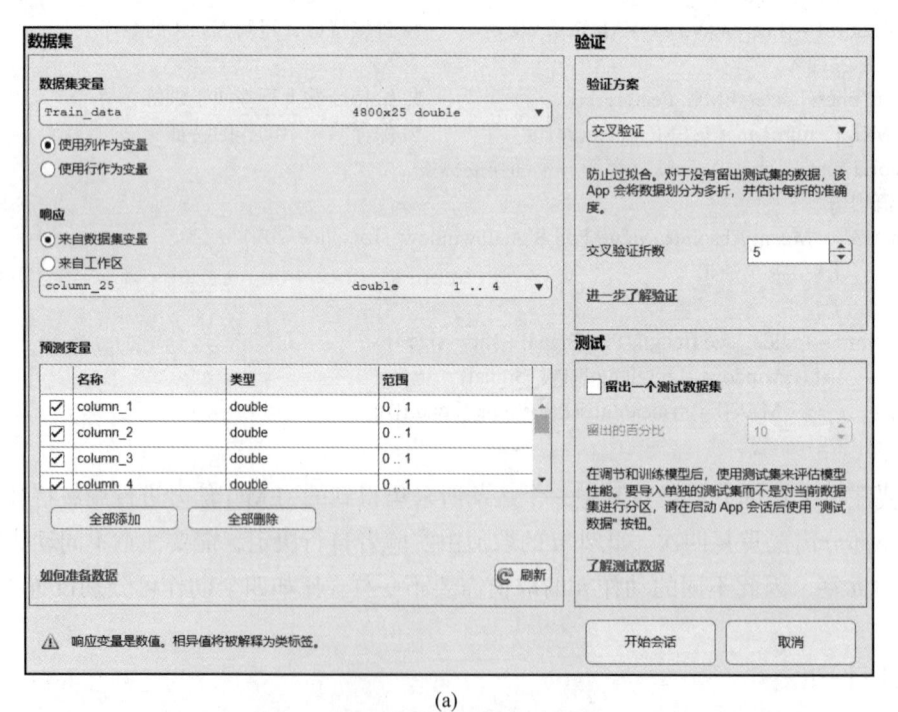

(a)

(b)

图 8-50 分类学习器

（2）模型测试。在正式控制虚拟仿真手之前，需要利用之前采集的测试集数据进行离线条件下的模型测试。测试数据预处理部分与上文训练部分保持一致，需要注意：① 在数据归一化部分需要用训练数据的最大值和最小值进行归一化，而不能用测试数据的最大值和最小值；② 测试数据无须在特征最后一列添加标签，但是需要专门有一列真实标签作为对比。下面介绍模型测试部分程序。

```
load('sEMG_feature_test.mat');              % 与 Train_data 的处理方式相同，只不过最后一
                                              列标签需要单独保存
load('Test_label.mat');
YTrue = Test_label;                         % 真实标签保存在 YTrue 中
Total = 0;                                  % 统计预测正确的数量
XTrain = num2cell(sEMG_feature_test,2);
YPred = Model.predictFcn(XTrain);           % 模型预测，此处的 Model 为上一步导出模型的
                                              名字
for i = 1:1:(length(YPred))
    if YPred(i,1) == YTrue(i,1)
        Total = Total+1;
    end
end
Accuracy = Total/length(YPred);             % 计算准确率
```

根据经验，若测试集中一个模型的准确率能够达到 90%，则说明模型性能比较优秀，如果准确率不足 75%，那么该模型难以于在线情况下完成预测工作。

3）利用估计的运动信息操控虚拟仿真手

利用 sEMG 信号解码得到的运动信息控制仿真机械手，需要在线识别手势动作，并将识别结果通过串口通信实时发送给机械手的舵机，从而改变机械手的关节参数，如图 8-51

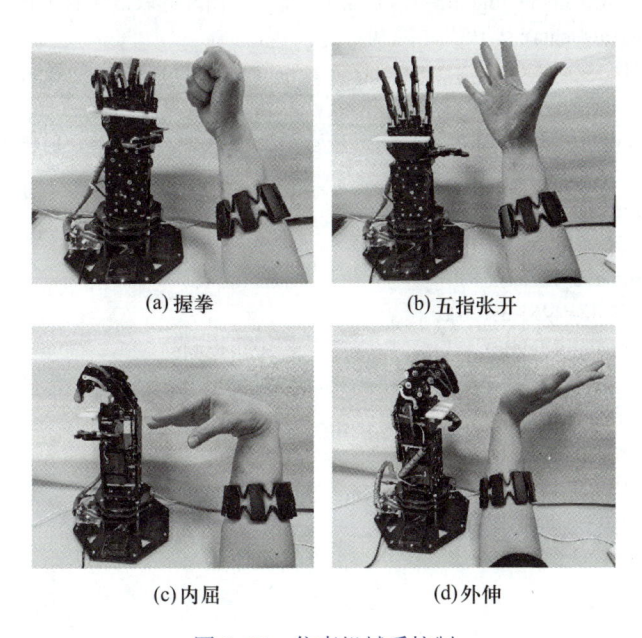

(a) 握拳　　　　　　　　　　(b) 五指张开

(c) 内屈　　　　　　　　　　(d) 外伸

图 8-51　仿真机械手控制

所示。采集、预处理与模型估计程序前文已提到，以下为在线控制的 MATLAB 程序，内容包括预处理参数设置、如何进行串口通信、在线模式识别以及机械手控制。注意：在实际机械手控制中，不同关节角度对应的波特率需要根据所使用的机械手进行实际的调整。

```matlab
load('Model.mat');                              % 导入之前训练好的模型
load('Norm_para.mat');                          % 导入归一化参数
Fs = 200;
Fo = 50;
Apass = 20;
q = 50;
[b_cb, a_cb] = iircomb(Fs/Fo, (Fo/(Fs/2))/q, Apass);
fcut_high = 30;
[b_hp, a_hp] = butter(4,fcut_high/(Fs/2),'high');

COM = num2str(3); % 通过设备管理器查询机械手所在端口号，一般默认为3
CK = ['com',COM];
delete(instrfindall);
S = serialport(CK,115200,'Parity','none');       % 利用内置函数建立串口通信
try
    fopen(S)                                     % 打开串口
    fprintf('COM4 串口连接成功 \n')
catch
    fprintf('COM4 串口连接失败 \n')
end
mm = MyoMex;
pause(2);
while(1)
    raw_data = mm.myoData.emg_log(end-499:end,:); % 每次循环选取最新的 500 个采样
    mean_data = mean(raw_data);
    if(mean_data<0.01)                           % 阈值判断，若没检测到活动段 sEMG 信号，
                                                 % 默认处于静息态
        command_Thumb = [255;1;120];             %255 为波特率范围，1 为舵机编号，120 为实
                                                 % 际波特率
        fwrite(S, command_Thumb);                % 拇指控制
        command_Index = [255;2;120];
        fwrite(S, command_Index);                % 食指控制
        command_Middle = [255;3;120];
        fwrite(S, command_Middle);               % 中指控制
        command_Ring = [255;4;120];
        fwrite(S, command_Ring);                 % 环指控制
        command_Little = [255;5;120];
        fwrite(S, command_Little);               % 小指控制
        command_Wrist = [255;6;120];
        fwrite(S, command_Wrist);                % 手腕控制
        continue;
    end
```

```matlab
for i = 1:1:8
    Pre_Data(:,i) = filter(b_cb,a_cb,raw_data(:,i));
end
for i = 1:1:8
    Pre_Data(:,i) = filtfilt(b_hp,a_hp,Pre_Data(:,i));
end
Fea_MAV = Mean_Absolute_Value(Pre_Data,200,50);
Fea_VAR = Variance(Pre_Data,200,50);
Fea_WL = Wave_Length(Pre_Data,200,50);
sEMG_feature = [Fea_MAV,Fea_VAR,Fea_WL];
Norm_feature = mapminmax('apply',sEMG_feature',Norm_parm)';
XTrain = num2cell(sEMG_Feature,2);
YPred = classify(Model,XTrain);
YPred = double(YPred);
Total = []; fist = 0; wave_in = 0; wave_out = 0; extension = 0;
for i = 1:1:size(YPred,1)
    switch YPred(i)
        case 1
            fist = fist+1;
        case 2
            wave_in = wave_in+1;
        case 3
            wave_out = wave_out+1;
        case 4
            extension = extension+1;
    end
end
Total = [fist,wave_in,wave_out,extension];
[~,ret] = max(Total);                            % 得到的 ret 即为识别结果
switch ret
    case 1                                       % 识别为握拳
        command_Thumb = [255;1;200];
        fwrite(S, command_Thumb);
        command_Index = [255;2;50];
        fwrite(S, command_Index);
        command_Middle = [255;3;50];
        fwrite(S, command_Middle);
        command_Ring = [255;4;200];
        fwrite(S, command_Ring);
        command_Little = [255;5;200];
        fwrite(S, command_Little);
        command_Wrist = [255;6;120];
        fwrite(S, command_Wrist);
    case 2                                       % 识别为五指张开
        command_Thumb = [255;1;50];
        fwrite(S, command_Thumb);
```

```
                    command_Index = [255;2;200];
                    fwrite(S, command_Index);
                    command_Middle = [255;3;200];
                    fwrite(S, command_Middle);
                    command_Ring = [255;4;50];
                    fwrite(S, command_Ring);
                    command_Little = [255;5;50];
                    fwrite(S, command_Little);
                    command_Wrist = [255;6;120];
                    fwrite(S, command_Wrist);
                case 3                                  % 识别为内屈
                    command_Thumb = [255;1;120];
                    fwrite(S, command_Thumb);
                    command_Index = [255;2;120];
                    fwrite(S, command_Index);
                    command_Middle = [255;3;120];
                    fwrite(S, command_Middle);
                    command_Ring = [255;4;120];
                    fwrite(S, command_Ring);
                    command_Little = [255;5;120];
                    fwrite(S, command_Little);
                    command_Wrist = [255;6;10];
                    fwrite(S, command_Wrist);
                case4                                   % 识别为外伸
                    command_Thumb = [255;1;120];
                    fwrite(S, command_Thumb);
                    command_Index = [255;2;120];
                    fwrite(S, command_Index);
                    command_Middle = [255;3;120];
                    fwrite(S, command_Middle);
                    command_Ring = [255;4;120];
                    fwrite(S, command_Ring);
                    command_Little = [255;5;120];
                    fwrite(S, command_Little);
                    command_Wrist = [255;6;240];
                    fwrite(S, command_Wrist);
        end
        pause(0.5)
end
```

实验结束后需要清除与设备相关的变量,以防止错误:

```
fclose(S);
delete(S);              % 清除串口
mm.delete();            % 清除 MYO 臂环
```

2. 任务二：主、从机器人遥操作

（1）打开 CoppeliaSim 软件运行仿真环境。如"遥操作系统分析"一节中"仿真环境"中所介绍，打开一个终端，输入以下代码：

```
roscore
```

运行 ROS Master 后，在主文件夹下再打开一个终端，输入以下代码打开仿真软件：

```
cd CoppeliaSim_Edu_V4_2_0_Ubuntu20_04
./coppeliaSim.sh
```

在仿真软件中单击"file"→"open scene"找到文件夹中的 iiwa_14.ttt 文件并打开，单击"开始仿真"按钮，直到输出窗口显示"ros interface is found"。

（2）启动遥操作控制程序。首先确保进入 tele_ws 文件夹，之后的所有程序均在 tele_ws 文件夹下进行，在文件夹内右键打开新终端，输入以下代码：

```
source devel/setup.bash
```

每当打开一个新终端，在运行遥操作控制程序前，都需要输入上述代码。

使用 Sigma7 操作手进行遥操作与使用罗技摇杆进行遥操作需要运行不同的代码，首先需要根据需求在两种控制模式中选择一种，然后在同一个终端下继续输入以下代码。

Sigma7 位姿控制：

```
roslaunch iiwa_controller sigma_iiwa.launch
```

罗技摇杆控制：

```
roslaunch iiwa_controller handle.launch
```

采用两种控制方案时，只有保持离合按钮闭合才能进行遥操作控制。操作 Sigma7 主操作手时，尝试向 X、Y、Z 三个方向平移，以及绕 X 轴、Y 轴、Z 轴小角度旋转，确保能顺利实现各个功能，当主操作手工作空间不够时，可以通过断开离合按钮，移动主操作手到达合适位置后再闭合离合按钮的方式实现较大范围的移动；操作罗技摇杆时，尝试进行 X、Y、Z 三个方向的平移运动，确保能顺利实现各个功能。

（3）真实 iiwa 机器人控制。当完成仿真操作后，可以对真实机器人进行遥操作。当操作真实机器人时，进行如下操作：如图 8-52 所示，转动②，确保机器人处于 Aut 状态，将②转回；单击"Application"，选择"RosSmartServo"按钮，按下开始运行按钮⑩，机器人连接成功。对主操作手端的操作与仿真实验相同。

（4）实验结束步骤。为确保安全，在完成实验后关闭真实机器人，即按下按钮⑫，断开机器人连接，退出 Application 模式，关闭机器人电源。

退出控制程序时，需要用手扶住 Sigma7 主操作手，防止关闭程序后驱动力的去除导致主操作手掉落损坏，在终端内按下 Ctrl 键 +C 关闭控制程序。

退出仿真程序，首先单击"停止仿真"按钮，然后关闭仿真软件。在运行 ROS Master 的终端中按下 Ctrl 键 +C 退出 ROS Master。

关闭 Sigma7 主操作手电源，关闭计算机主机电源。

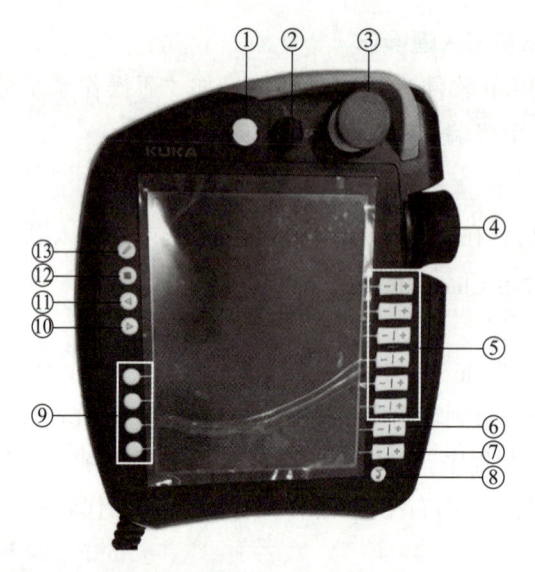

①—示教器电缆插拔按钮；②—钥匙开关；③—紧急停止按钮；④—6D 鼠标；⑤—移动键；
⑥—程序倍率按钮；⑦—手动倍率按钮；⑧—主菜单按钮；⑨—工艺键；
⑩—开始运行按钮；⑪—逆向运行按钮；⑫—停止键；⑬—键盘按钮

图 8-52　机器人示教器

任务实施步骤如下。

（1）位置遥操作仿真。打开仿真软件，运行 Sigma7 遥操作控制程序，使用 Sigma7 主操作手控制仿真软件中的机器人，使机器人末端在两个目标区域之间来回移动。

（2）速度遥操作仿真。打开仿真软件，运行罗技摇杆遥操作控制程序，使用摇杆控制仿真软件中的机器人，使机器人末端在两个目标区域之间来回移动。

（3）机器人位置遥操作。连接 iiwa 机器人，将机器人回归到零位，运行 Sigma7 遥操作控制程序，使用 Sigma7 主操作手控制 iiwa 机器人，使机器人末端在两个目标区域之间来回移动。

（4）速度遥操作仿真。连接 iiwa 机器人，将机器人回归到零位，运行罗技摇杆遥操作控制程序，使用摇杆控制仿真软件中的机器人，使机器人末端在两个目标区域之间来回移动。

8.4.4　项目总结

本项目学习了人体前臂 sEMG 信号的采集、滤波以及特征提取的方法，结合机器学习模型，对手部运动进行解码，实现了四个手势动作的识别，并通过串口发送运动信息实现了实时控制仿真机械手（机器人）的运动。基于以上工作，可以尝试进行更深入的研究，具体可以从以下三个方面着手。

（1）根据数学公式编写程序，尝试提取不同的时域特征作为机器学习的模型输入，观察不同的特征组合训练出来的模型存在哪些优、缺点。

（2）尝试利用深度学习模型（如 LSTM 模型、CNN 模型等）替换传统的机器学习模型，比较得出是否会有更好的解码效果。

（3）尝试进行种类更丰富的手势分类，使估计模型有更好的适应性和泛化性，实现更多样化且更为拟人的机械手控制。

8.5 智能建造机器人制作及控制

8.5.1 项目描述

在月球上盖房子，真的遥不可及吗？或许在不久的将来，会有一群"中国超级泥瓦匠"为人类在月球上建起科研站。本项目中的"中国超级泥瓦匠"——智能建造机器人（图 8-53）通过自主学习和远程操纵相结合，通过搬运砌筑带有榫卯结构的"月壤砖"，模拟在月球上盖房子。本项目主要围绕机器人零件的设计、加工、装配完成其实物的制造，通过一系列调试和完成给定目标任务，让学生了解机器人结构设计、加工、装配、调试的基本方法和流程。

任务一是设计一款能执行物料搬运任务的智能建造机器人，搬运物料最大质量为 10 kg，最大工作半径为 0.4 m。机器人能在

图 8-53 智能建造机器人外观图

规定场地内自主行走与避障，自主按照任务要求将物料搬运至指定地点，并按照要求的位置和方向精准摆放，实现按照设计路线循迹自主抓取砖块和回收砖块的功能。通过本任务的完成，掌握轮式机器人的基本结构、轮式机器人设计的基本知识，同时通过学习使用 AutoCAD 和 SOLIDWORKS 软件，能够完成轮式机器人的图样设计工作；根据图样需求，能够完成轮式机器人的标准件选型工作；根据装配图样，能够完成轮式机器人的装配工艺设计。

任务二是机器人的各个零件，选定加工方法，制订加工工艺，生成加工工艺图或加工程序，操作相应的加工机床完成轮式机器人所有零件的制作，并完成机器人的装配。通过本任务的完成，让同学们掌握机器人相关零件的加工工艺，掌握疲劳测试的基本方法，同时能完成机器人各部分零件加工的程序编制，学会使用相关设备完成零件的加工。

任务三是通过循迹条及陀螺仪，完成底盘小车的有序平稳的循迹运动；通过按键信号，完成机械臂不同的姿态控制，并控制执行器，完成砖块的定位抓取和放置动作。通过本任务的学习，使同学们掌握基于 STM32 控制的基本知识，掌握显示灯、直流电机、步进电机以及舵机的调控方法，同时掌握底盘及机械臂的控制原理，能完成底盘小车的循迹和平衡控制，以及机械臂及执行器爪子的协同控制。

任务四是在智能建造过程中，建造物料的识别定位、搬运的路径规划、装配机械臂功能的有效协同非常必要且关键。需使用机器人视觉系统完成对物料（砖块）的有效定位识别，需根据循迹信号完成机器人的抓放物料（砖块）路径规划；需根据步进、舵机参数的设定完成机器人抓放物料（砖块）的动作控制。除了有效抓放外，还需完成多砖块的码垛，因此视觉、舵机等主动控制，让机器人能够适应砖块放置方向的不同，实现砖块的精确堆放。

8.5.2 项目准备

本项目相关加工设备及材料见表8-12。

表8-12 本项目加工设备及材料

序号	准备内容
1	加工中心、金属激光切割机、数控车床、3D打印机等
2	电源、主控板、循迹条、深度相机、直流驱动电机、舵机
3	轴承、螺钉、螺母、垫片
4	铝合金板材、"口"字形铝合金型材

8.5.3 项目实施

1. 任务一：完成机器人的设计

1）任务分析

根据智能物流搬运机器人的使用工况，结合课程实践制作条件，完成机器人的主要结构选型，主要包括整体机械结构、STM32单片机系统（图8-54）、循迹模块、视觉模块、电源控制模块、电动机及电动机驱动模块等。

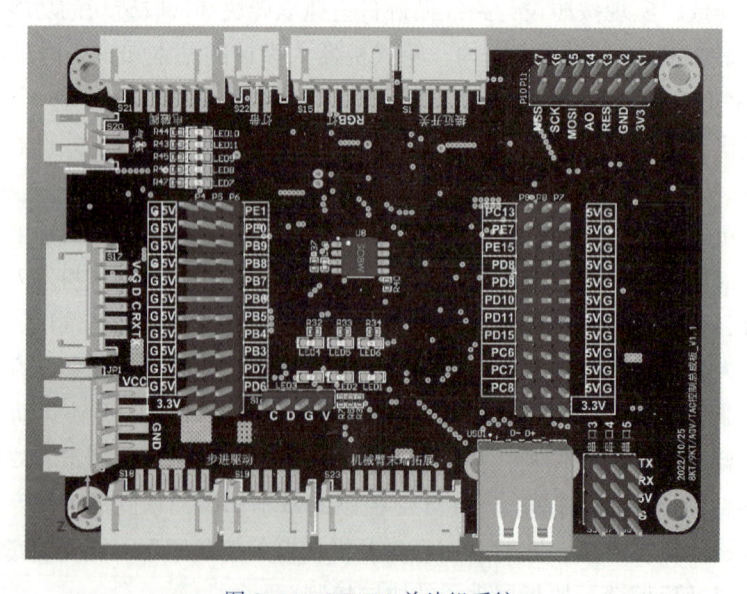

图8-54 STM32单片机系统

（1）底盘、机械臂、机械爪（机械臂执行器）设计。在详细设计底盘、机械臂、机械爪时，需要考虑其强度和刚度，并进行结构干涉检查，设计完成后需要将模型导入到力学分析和运动学仿真软件中进行受力分析和运动学分析。本任务中需要通过多次优化设计和分析，找到底盘、机械臂、机械爪的最优结构设计。

（2）装配体及装配工艺设计。轮式机器人装配中需要用到大量的标准件，在图样绘制过程中需要选定好标准件的规格型号和使用数目，部分采购件需要根据图样绘制相应的采购件模型。按绘制好的各部分零件进行二维图和三维图的总体装配，并在装配工艺分析软件中进行拆装分析，检查装配的合理性，对影响装配的不合理设计进行修改，直至满足装配要求。

2）选定机器人结构

根据智能建造机器人的需求，将机器人的整体结构分为底盘、机械臂、机械爪3部分。根据底盘配重、刚度需求，底盘选用铝合金桁架结构，考虑到加工经济成本和实际操作难度，机械臂选用双平行四杆机构，机械爪选用双舵机结构实现360°旋转和夹取，为了增大摩擦力，机械爪采用齿形设计。采用循迹方式控制智能建造机器人的行走。

3）底盘、机械臂、机械爪设计

（1）根据负载和工作半径计算底盘、机械臂、机械爪的初步尺寸。

（2）根据初步尺寸，按照底盘、机械臂、机械爪的参考结构使用AutoCAD进行二维设计。

（3）根据所绘制的图样使用SOLIDWORKS完成三维图纸绘制。

（4）将不同零部件导入到SOLIDWORKS Motion和SOLIDWORKS Simulation模块中进行运动学分析和力学分析，得到最优的结构。

4）机器人装配及工艺分析

将SOLIDWORKS绘制的三维图样导入智能装配工艺软件3DAST进行装配工艺分析和设计。

2. 任务二：完成机器人的加工制作

1）任务分析

（1）底盘加工。底盘加工主要包括铝合金桁架结构加工和麦克纳姆轮加工。在本任务中，铝合金桁架结构加工选用毛坯为"口"字形铝合金型材，需要学习并利用CAM软件生成桁架结构的镂空部分和安装孔加工程序，编制孔加工程序时需要注意根据安装螺纹孔规格选用底孔大小，学习了加工中心的操作方法和安全注意事项后，在加工中心上装夹好毛坯，学会加工中心的对刀操作，调用加工程序完成桁架结构的镂空部分和安装孔的加工，加工时需要注意左、右桁架的安装面是镜像对称加工。

麦克纳姆轮的加工主要包括腹板和小轮支架的加工，腹板加工选用毛坯为2 mm的不锈钢钢板，需要利用激光排料软件将一辆车的8个腹板图样全部排布在下料图中，排布时注意图样间距，学习了金属激光切割机的操作方法和安全注意事项后，在机床上装夹好不锈钢钢板，调节好金属激光切割机的切割起点，调用排料图完成腹板的切割加工。小轮支架的加工选用注塑产线加工，完成模具实物的拆装，通过操作注塑机，在操作面板上设置工艺参数并运行注塑工艺，完成小轮支架的加工。

（2）机械臂加工。机械臂加工主要包括主臂和副臂的侧板以及连接臂的加工。在本任务中，主臂选用 5 mm 厚的铝合金板，副臂选用 4 mm 厚的铝合金板，加工时需要设计好装夹位，编程时需要注意关节轴承孔位的配合，结合机床精度对安装孔位的大小进行补偿，控制尺寸在公差范围内，便于后续的轴承安装。

（3）机械爪加工。机械爪加工主要包括了"口"字形薄壁型材加工和连接轴加工。薄壁型材加工时需要用到装夹工装控制变形，所用机床依旧是加工中心。连接轴加工需要用到数控车床，毛坯采用成品硬轴，数控车床主要加工锁紧垫片定位槽和切断、倒角。硬轴装夹时需要注意用紫铜垫片防护，避免轴体表面夹伤，影响安装。

（4）机械爪加工。机器人根据设计好的装配工艺卡片按照底盘、机械臂、机械爪三个部件分开装配，装配时需要注意各类传感器的保护。

2）加工中心完成零部件的制作

（1）清理机器人所有零部件，按照工艺方法选出适合加工中心加工的零件。

（2）根据图样利用 SolidCAM 软件生成刀轨并转成 G 代码。

（3）根据不同零件选用毛坯，并在加工中心上装夹好。

（4）操纵加工中心的数控加工面板完成对刀操作。

（5）调用数控程序完成指定零部件的加工。

3）金属激光切割机完成零部件制作

（1）准备好需要切割的材料和工作平台，确保材料的尺寸和表面的平整度，打开辅助气体阀门和减压阀。

（2）将工件 CAD 图样导入软件 Cypcut，完成排版、引入引出线设置、微连添加和切割路径规划等常用设置。在工艺对话框中根据材料的材质和厚度设置切割速度、功率、占空比和辅助气体等工艺参数。

（3）将需要切割的材料放置在工作平台上，根据材料的材质和厚度调整焦距，选择合适的喷嘴，完成切割头传感器的校准。

（4）通过红光指示检查切割位置是否合适，检查无误后开始切割。在切割过程中要注意观察切割过程，以确保切割质量和安全。

4）数控车床完成零部件制作

（1）根据图样手工编制连接轴代码。

（2）根据不同连接轴零件选用硬轴毛坯，并在数控车床上装夹好。

（3）操纵数控车床的加工面板完成对刀操作。

（4）调用数控程序完成指定连接轴的加工。

5）3D 打印机完成零部件制作

（1）为了控制 3D 打印机孔的热收缩量，对部分三维零件的孔加装工艺槽。

（2）将三维图样转成 STL 格式并用切片软件导入，对零部件进行切片，根据零件需求添加好零件支撑。

（3）调好 3D 打印机后，选择零件进行打印。

3. 任务三：完成机器人的电控调试

1）任务分析

（1）STM32 控制原理。了解 STM32F407 控制板的接口信息和控制原理，正确选择合适的接口进行执行器的连接，完成软件配置、程序编写等。

（2）底盘小车控制轨迹设计。底盘小车由直流无刷电机、麦克纳姆轮、循迹条、控制板和陀螺仪等机电设备组成。完成单组件调试后，需为底盘小车配置循迹条，为电动机编号，并控制协同方向，完成小车的前进、后退、左转、右转控制。同时根据调试场地，完成底盘小车循迹线路的设计。

（3）机械臂及机械爪的协同控制。机械臂由限位开关、步进电机以及舵机、控制板等机电设备组成。完成单组件调试后，机械爪通过改变机械臂的姿态，进行抓取点和放置点的位置设定，同时机械爪协同机械臂的姿态位置，进行抓、放动作控制。

2）电控组件控制调试

需要控制调试的电控组件主要有指示灯、直流电机、步进电机、舵机等。首先，正确连接电控组件、主控制板、驱动板和电源分配板；接着使用软件"STM32 Cube"配置端口文件；然后使用 Keil 5 软件编写控制调试程序；最后打开电源开关，下载程序代码，进行软、硬件联合调试。

3）底盘小车控制

控制开始前，需要使用陀螺仪完成底盘平衡补偿；然后配置循迹条和为电动机进行编号；最后通过编程，完成四个轮子的协同以控制小车方向，同时根据四个方向循迹条的信号，有效设计小车的运动轨迹控制。

4）机械臂及机械爪协同控制

启动电源开关，按下复位键，机械臂及机械爪恢复初始姿态；按下开始抓取键，机械臂按照以下顺序依次动作：首先定位到抓取位置，其次机械爪张开后调节到抓取角度，再次机械臂从抓取位置移动到放置位置，最后机械爪张开后调节到放置角度。

4. 任务四：机器人按照指定任务进行考核

1）任务分析

（1）机器人抓放砖块路径规划。根据机器人应用功能的要求，通过循迹条的定位编写程序来完成机器人取物料的路径规划。在编程时，要注意根据具体环境的光线，先设置循迹条信号的灵敏度，以保证机器人能够按照目标轨迹运动。

（2）机器人抓放物料控制。机器人按照目标轨迹运行的过程中，需在合适的定位点完成机械臂的姿态变化和机械爪的抓放控制，因为砖块的面积较大，因此机器视觉的装载和参数设定，会直接影响码垛的准确性。需不断合理规划路径和改变执行器姿态控制，以满足功能的控制需求。

2）机器人抓放砖块轨迹生成

将物料（砖块）放置在调试赛道上，通过视觉调试找到机器人的抓放定位点，根据循迹程序控制机器人完成抓放砖块的运动轨迹。

3）机器人抓放物料控制

将机器人放置在调试赛道上，设置程序控制参数，调试机器人按预设的轨迹和功能完成机器人抓放物料的操作。同时结合视觉调节，监控码垛的精度。

8.5.4 项目总结

本项目主要介绍了智能建造机器人的设计、制造、装配、控制方法，具体包括学生讨论月面建造实际需求，根据实际工况，熟悉机器人的结构划分，学习设计软件完成智能建造机器人的图样设计，并通过学习仿真软件对机器人进行结构优化，掌握机器人的基本设计方法；通过学习加工工艺和机床操作技能完成零件的制作，掌握零件的工艺编制方法，熟悉不同设备的加工范围，具备常用零件加工设备的操作能力；通过学习智能装配工艺软件，设计装配工艺，完成机器人的装配，熟悉装配工艺的编制方法，掌握装配工具和工装的使用；通过学习 STM32 的操作，根据实际工况需求，完成机器人的电控调试，掌握 STM32 套件的开发工具和编程语言。通过智能建造机器人所涉及的多学科多领域知识与技能交叉融合，培养学生动手实践与解决问题的能力，为培养拔尖创新人才奠定良好基础。

思考题

（1）现有的智能建造机器人只能夹持一种形状的砖块，请从古代建筑物中找出三种不同的建筑构件，绘制其模型，并针对所绘建筑构件模型设计可换装的夹爪。

（2）请查找月面环境数据，结合现有的智能建造机器人，思考机器人还需要进行哪些方面的改进，确保其可以在月面环境中稳定可靠工作。（至少提三项改进）

（3）智能化、集群化是未来技术的发展趋势，而多机器人协同技术是实现机器人高级智能行为的必要基础和关键技术。那么现有的智能建造机器人需要如何从硬件上继续升级，实现多机协同？

第九章

智能制造产线集成综合训练

智能制造产线(简称智能产线)可视化监控技术、智能产线软件系统与智能装备集成技术是智能产线集成的关键技术。本章主要介绍智能产线数据可视化监控项目的实施过程及其重要性,通过智能产线数据可视化监控实训,深入理解数字化精益制造的核心概念,实现数据采集、清洗、存储和可视化监控,从而提高生产透明度和生产效率;通过控制系统集成应用训练,学习掌握不同厂商的硬件设备和软件系统之间的实时横向通信技术,实现运营技术(operational technology,OT)系统和信息技术(information technology,IT)系统的纵向通信,以适应多品种小批量的混流柔性生产;通过智能制造数字孪生创新应用实训,理解如何对生产系统进行建模仿真,模拟其系统运行及定量分析其生产性能,并提出相应的优化方案。

9.1 智能产线数据可视化监控

9.1.1 项目描述

在智能产线运行过程中,通过采集各个智能生产单元的数据,完成生产信息统计和设备状态统计,计算产线的全面设备效率(overall equipment effectiveness,OEE),并提供数据可视化监控界面,这些是数字化精益制造的重要环节,因此智能产线数据可视化监控技术是衡量生产效率、提高质量、减少浪费和提高效率的重要工具。通过数据采集、分析和可视化,可以提高生产透明度,相关人员可以实时了解产线的工作情况,及时发现问题。通过统计和分析,可以优化设备使用、识别生产过程瓶颈、增强生产决策、提高产品质量。

基于智能产线的边缘计算服务器,完成产线主要设备的产量信息和设备状态信息的数据采集、存储和分析,并设计实时数据和历史统计数据的可视化监控界面。

9.1.2 项目准备

1. 任务分析

本项目主要是基于智能产线数据完成生产统计与设备统计监控界面设计。主要步骤如下。

（1）数据收集和清洗。收集智能制造设备的生产数据和设备数据，包括设备运行状态、产量、设备维护信息、故障信息等。使用数据清洗工具或算法去除冗余、无效或不一致的数据。

（2）确定统计信息。确定需要从原始数据中进行统计得到的信息，包括总生产量、生产效率、设备运行时间、设备停机时间、设备故障次数等。

（3）数据分析。在收集和清洗数据后，进行进一步的数据分析，用于预测性维护和生产优化等。

（4）设计和实现监控界面的组态。设计一个直观、易于理解的监控界面，让操作人员可以快速理解当前的生产状态和设备状况。监控界面可能包括图形、表格和数字指示器，用于显示上述统计参数。使用实时图表展示设备的运行状态和生产量。设计一个区域来显示重要的统计信息，例如总生产量、设备停机时间等。

（5）测试和优化。在实现监控界面后，进行设备通信的测试以确认其正常工作。

2. 任务准备

本项目采用的相关装置如表 9-1 所示。

表 9-1 本项目采用的相关装置

序号	准备内容
1	HNC-818BM 加工中心
2	工业边缘计算服务器
3	边缘计算软件和工业物联网主要通信协议软件包

9.1.3 项目实施

1. 智能产线数据采集

数据采集的内容如下。

（1）基于 NC-Link 协议的 HNC-818BM 加工中心的生产数据和设备数据。

（2）基于 MQTT 协议控制立体仓库和物流线的 PLC 数据。

在边缘计算开发环境中，建立智能产线各个单元的设备模型，按照设备模型实现设备的注册和连接管理。

2. 智能产线数据清洗存储

导入智能产线各个单元的信息模型，按照信息模型，在边缘计算开发环境中，实现对产线实时采集数据的清洗，创建数据处理规则引擎，并把数据存入时序数据库。

3. 智能产线数据可视化监控画面设计

在边缘计算开发环境中，使用 Node-RED 的低代码开发工具，对智能产线各个单元的数据进行汇聚，计算产线实时生产数据，统计 OEE 信息。对数据进行统计分析，计算重要的统计指标，如设备的运行时间、故障次数、生产量等。使用 Node-RED 的可视化工具把相关数据显示在画面中。

4. 实验结果检查与分析

具体开展如下工作。

（1）检查数据采集是否准确无误。

（2）分析处理后的数据，了解设备运行状态和生产情况。

（3）通过查看监控界面，验证数据可视化是否成功。

（4）通过观察和分析监控界面，了解设备和生产的实时状态。

9.1.4　项目总结

本项目主要介绍了智能产线数据可视化监控项目的实施过程及其重要性。通过本项目的训练，学生深入理解数字化精益制造的核心概念，掌握数据采集、清洗、存储和可视化监控技术，用于提高生产透明度和生产效率。

思考题

（1）可视化监控中，如何确定数据的来源和保证数据的准确性？

（2）数据采集和处理过程中是否存在数据缺失或异常的情况？如何处理这些问题？

9.2　智能制造控制系统集成应用

9.2.1　项目描述

智能制造控制系统的集成涉及不同厂商的不同硬件和软件进行实时横向通信，完成柔性自动化功能，并实现 OT 系统和 IT 系统的纵向通信以适应多品种小批量的混流生产。系统集成应用方案设计、硬件架构设计、软件架构设计、通信协议和软件中间件选型设计、系统安全机制设计等内容。本项目的任务包括基于给定的数控机床和上下料机器人、物流自动化线（简称物流线）硬件架构，进行智能制造控制系统的集成应用方案设计，实现自动化装置的横向通信完成自动化生产，并完成产线自动化控制系统与信息化系统的纵向集成方案设计，支持柔性生产。

9.2.2　项目准备

1. 任务分析

1）数控机床与上下料机器人的集成控制方案设计

数控机床与上下料机器人的集成控制可以显著提高生产效率，减少人工干预，同时提高工作精度。需要开展如下工作。

（1）通信与接口定义。数控机床和上下料机器人需要通过定义好的通信接口进行通信。通信与接口定义既要考虑当前设备支持的通信接口，又要考虑产线数字化建设的长期需求。

（2）控制软件编程。需要为数控机床编写程序以完成指定的加工任务，同时也需要为机器人编写程序以完成上下料任务。在编程时，要确保机器人的动作与数控机床的工步同步，例如，机器人应在数控机床完成加工后取走工件，然后再放入新的工件。

（3）集成测试。在完成设备配置和编程后，进行一次或多次集成测试，确保数控机床和机器人可以正常协同工作。在测试过程中要注意机器人的动作是否准确，是否能够正确地上下料，以及是否与数控机床的工步同步。

（4）安全配置。在实现集成控制的同时不应忽视安全问题。例如，可能需要设置安全屏障或光电保护装置，以防止人员误入机器人工作区域。此外，应设置紧急停止按钮，在发生异常时立即停止设备运行。

通过以上步骤，可以实现数控机床与上下料机器人的集成控制，从而提高生产效率，减少人工干预，同时提高工作精度。

2）上下料机器人与物流线的集成控制方案设计

机床上下料机器人和物流线的集成控制可以进一步优化生产效率和流程连续性，具体需要完成如下工作。

（1）通信与接口定义。机器人、机床和物流线需要共享数据，同步操作。

（2）控制软件编程。需要编程以实现机器人上下料、机床加工和物流线运输的协同工作。例如，当机器人完成下料并通知物流线后，物流线应将新工件传输到机器人可以到达的位置。这可能需要在机器人、机床和物流线上安装位置传感器以监测物料的位置。

（3）集成测试。进行集成测试以确保所有部分都能正常协同工作。这包括确保机器人可以准确地从物流线上取放工件，机床可以正确地处理工件，物流线可以准确地运输工件。

（4）安全配置。确保系统的安全性。

3）产线自动化控制系统与信息化系统的集成方案设计

设计产线自动化控制系统与 MES/WMS[①] 等的集成需要开展如下工作。

（1）确定需求。明确自动化控制系统和 MES/WMS 之间需要进行哪些信息的集成和交互。确定需求可以根据生产过程和仓库管理的要求，例如物料流动、库存管理、生产订单等。

（2）选择适当的通信协议。确定自动化控制系统和 MES/WMS 之间的通信协议，以确保它们可以相互通信并传递数据。常见的通信协议包括 NC-Link、OPC UA、Modbus、MQTT 等，可以根据系统的硬件和软件兼容性选择适当的通信协议。

---

① WMS：仓储管理系统，warehouse management system 的简称。

（3）数据采集与传输。将控制器采集的生产数据传输到 MES/WMS 中进行处理和分析。通过中间件将数据进行转换和映射以适应 MES/WMS 的数据格式和结构。

（4）数据交互与同步。确保自动化控制系统和 MES/WMS 之间的数据能够交互和同步。

（5）异常处理与报警。设计适当的异常处理和报警机制，当自动化控制系统或 MES/WMS 中出现异常情况时，能够及时通知相关人员并采取适当的措施。

（6）测试与验证。在实际应用之前进行充分的测试和验证，确保自动化控制系统和 MES/WMS 之间的信息集成方案能够正常工作。这些测试工作包括模拟测试、功能测试和性能测试等。

（7）持续优化。信息集成方案的设计不是一次性的过程，随着实际应用和业务需求的变化，需要进行持续的优化和改进。根据实际的反馈和数据分析，及时调整和优化集成方案，以提高生产效率和管理效果。

2. 任务准备

本项目采用的相关装置见表 9-2。

表 9-2　本项目采用的相关装置

序号	准备内容
1	HNC-818BM 加工中心
2	华数机器人
3	物流线 PLC

9.2.3　任务实施

1. 数控机床和上下料机器人的集成控制方案设计与验证

（1）根据功能需求确定集成控制方案总体架构设计，根据数控机床控制系统和机器人控制系统的具体型号和支持的软件包，进行硬件和软件的接口定义。

（2）完成数控机床程序代码、数控系统 PLC 程序、上下料机器人控制程序的编制。

（3）利用虚拟调试软件，进行控制程序的单元测试和集成测试。在条件具备的情况下，进行实际设备调试。

2. 上下料机器人和物流线的集成控制方案设计与验证

（1）根据功能需求确定集成控制方案总体架构设计，根据机器人控制系统和物流线 PLC 的具体型号和支持的软件包，进行硬件和软件的接口定义。

（2）完成上下料机器人的控制程序和物流线 PLC 程序的编制。

（3）利用虚拟调试软件，进行控制程序的单元测试和集成测试。在条件具备的情况下，进行实际设备调试。

3. 产线自动化控制系统与 MES/WMS 的信息集成方案设计与验证

采用 NC-Link 协议，实现数控机床与 MES 的信息集成。采用 OPC UA 和 MQTT 协议，实现上下料机器人、物流线控制器与 WMS 的信息集成。

9.2.4　项目总结

本项目主要介绍了智能制造控制系统集成应用，通过本项目的训练，掌握实现不同厂商的硬件和软件之间实时横向通信的技术以及 OT 系统和 IT 系统纵向通信的技术，以适应多品种小批量的柔性混流生产。

思考题

（1）常见的制造信息系统有哪些？它们的主要功能是什么？
（2）理解新一代智能制造系统集成的主要特点，了解企业的典型应用案例。

9.3　智能制造数字孪生创新应用实训

9.3.1　项目描述

数字孪生体通过和物理实体的双向真实映射与实时交互，不仅能实现对真实物理实体的实时监测和控制，还可以通过对物理实体性能状态的动态预测实现对物理实体的分析、调试及优化。本项目基于虚拟仿真实训平台，通过对一个真实的智能制造产线/车间进行生产系统仿真建模，通过仿真分析，基于仿真分析的结果分析生产系统的性能瓶颈并寻找原因，提出针对性的优化方案。通过本项目的训练，学生可以了解如何对生产系统进行建模仿真，模拟其系统运行及定量分析其生产性能，并提出相应的优化方案。

9.3.2　项目准备

本项目采用的生产系统仿真软件为 FactorySimulation。

1）生产系统仿真软件 FactorySimulation 的简介

FactorySimulation 可以通过对生产系统中的设施布局、工艺数据、订单数据、资源数据、物流路径、物流配送策略进行建模仿真，在数字化环境中模拟真实系统的运行，分析运行数据，得到物理系统各种性能指标的量化值。在此基础上，分析生产系统的性能瓶颈及其出现的原因，结合运筹学等方法及理论，改变设施布局、结构参数、物流路径、计划投产策略等，设计大量仿真实验，并进行仿真预演，提出经过测试的生产系统改进方案。

2）生产系统仿真软件 FactorySimulation 的使用步骤

（1）定义仿真目标。即为什么要进行仿真，要分析哪些指标等。比如物流性能不佳，此时的仿真目的就是通过分析物流效率，找出瓶颈原因，然后提出改善方案并进行验证。

（2）收集基础数据。基础数据通常包括车间布局图、工艺数据、订单数据、资源数据、物流类数据、故障类数据、质量类数据等。

（3）仿真建模。包括按车间布局创建各类对象并准确放置其位置；详细定义对象属性；导入基础数据；定义物流过程；定义脚本，实现各种逻辑控制。

（4）运行仿真。基于仿真模型，在离散事件仿真引擎和动画引擎等的支持下进行大量模拟运行，输出仿真模型的运算结果统计。

（5）分析与优化。根据仿真运行的结果进行分析，提出优化的设计与运作方案，并反复进行仿真验证。

9.3.3 项目实施

1. 任务一：对生产系统进行建模及分析

本任务主要利用生产系统仿真软件 FactorySimulation 对给定制造车间进行仿真建模分析，得出其产能、瓶颈、设备利用率、资源利用率、生产平衡率等性能指标，提出改善方案并进行验证，最终得到切实可行的生产性能优化方案。

仿真建模的步骤大致如下。

按照车间 CAD 布局图创建各类对象，包括立体仓库、AGV 物料运输系统、智能生产单元等。原材料通过 AGV 物料运输系统由立体仓库运送至各智能生产单元的线边料仓进行暂存，所有的工序完成后运送回立体仓库存储。将创建的各类对象摆放至相应位置并按照生产流程进行连线，如图 9-1 所示。

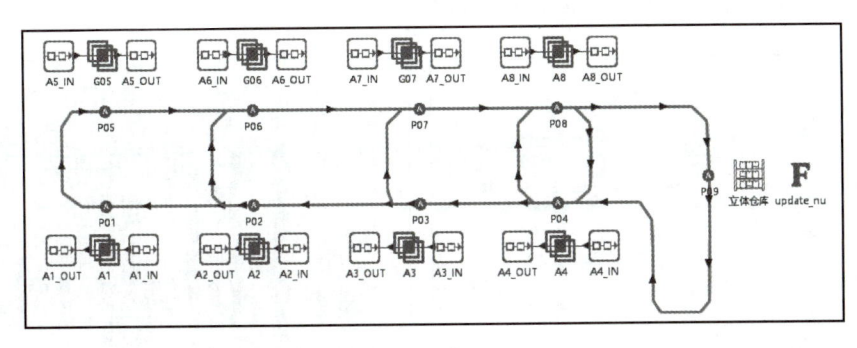

图 9-1 车间仿真模型

（1）创建 AGV 物料运输系统，包括生成 AGV 站点列表、AGV 线段列表、AGV 运行路线，以及 2 辆 AGV 小车的速度参数、初始站点等，如图 9-2 所示。

图 9-2 AGV 物料运输系统建模

（2）根据真实车间运行情况进行系统设置，包括订单优先级规则、各零件加工时间、物流调度策略等。

（3）启动仿真。单击仿真控制工具条的"开始仿真"按钮，运行仿真，如图9-3所示。

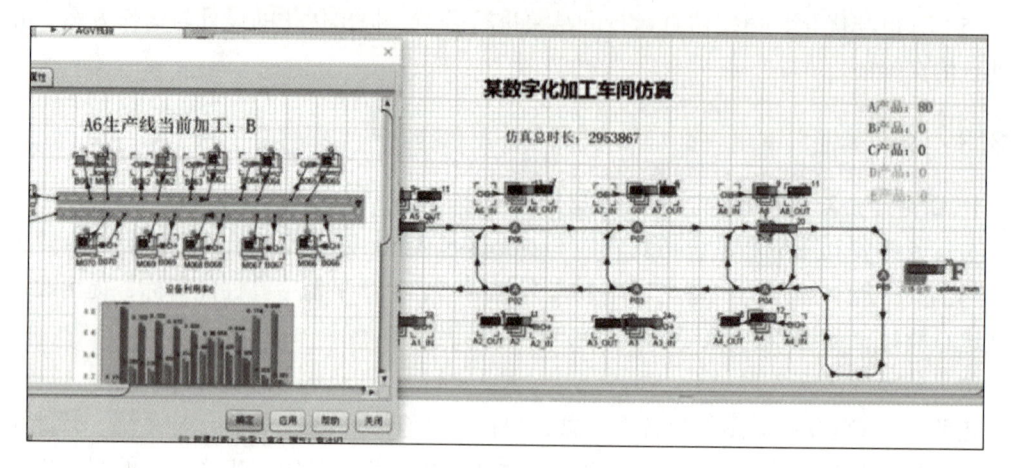

图 9-3　模型运行过程

（4）结果分析。依次单击查看各设备资源甘特图、利用率等统计图表，分析系统产能、生产平衡率、物流效率等性能指标，如图9-4所示。

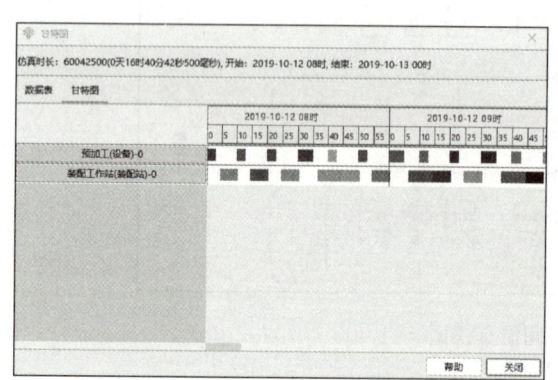

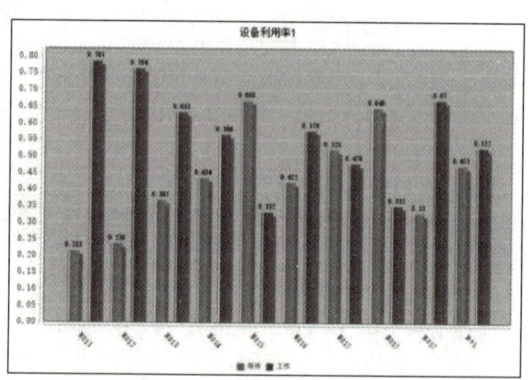

图 9-4　仿真运行结果统计

（5）设计试验方案并进行验证。与运筹学等理论及方法相结合，对生产系统的最优设计方案和最优运作方案给出建议，提出生产系统的改善方案并进行仿真验证。

2. 任务二：对生产系统建模并优化排产方案

本任务主要利用生产系统仿真软件 FactorySimulation 对图9-5所示的典型智能制造车间布局、产品生产流程等进行仿真建模，并针对三种产品各生产10件的订单投产顺序问题进行仿真分析，得到使生产周期尽可能短的投产方案。

1）分析生产系统设备构成及产品工艺流程

在正式建模之前，需要根据车间设备构成、产品生产流程等情况进行分析。

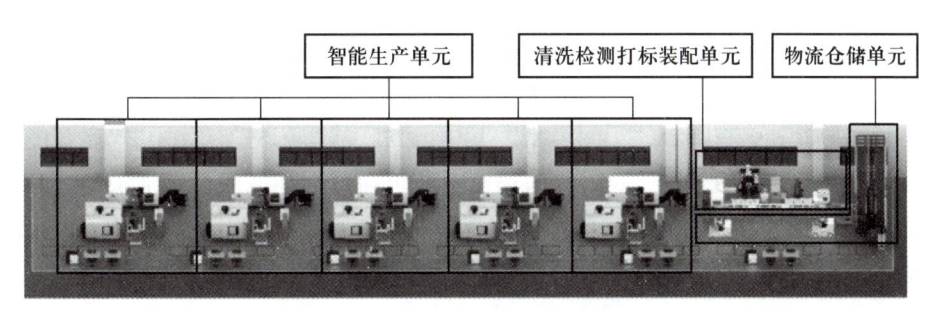

图 9-5 典型智能制造车间布局图

车间设备构成分析：智能制造车间由 5 个智能生产单元、1 个清洗检测打标装配单元及 1 个物流仓储单元组成，其中每个智能生产单元的生产能力相同。

产品生产流程分析：车间主要生产 01.B、02.B、03.B 三种类型产品，分别由 1、2、3 种毛坯加工、装配而成。物料通过料盘在生产系统内流动，一个料盘每次只能装一种类型的物料，其中 01.B 可以放 1~4 个，02.B 可放 1~2 套，03.B 可放 1~2 套。针对不同产品所使用的加工设备种类不同，同种产品存在料盘成套数量不同的情况。结合产品工艺流程、料盘成套性规则以及建模目标，将原产品工艺路线进行优化。优化后得到建模产品工艺表（表 9-3），其中 pallet1.1、pallet1.2 分别表示放有 4 个和 2 个产品 01.B 零件的料盘，pallet2 和 pallet3 分别表示放有 2 套产品 02.B 和 03.B 零件的料盘。

表 9-3 优化后的产品建模工艺表

零件	设备（工序）	时间/s
01.B.01	数控车床	0
01.B.01	五轴加工中心	200
02.B.01	数控车床	0
02.B.01	五轴加工中心	200
02.B.02	数控车床	120
02.B.02	五轴加工中心	20
03.B.01	数控车床	20
03.B.01	五轴加工中心	180
03.B.02	数控车床	40
03.B.02	五轴加工中心	0
03.B.03	数控车床	20
03.B.03	五轴加工中心	0
pallet1.1/pallet1.2/pallet2/pallet3	自动清洗烘干机	20
pallet1.1	激光打标机	80
pallet1.2/pallet2/pallet3	激光打标机	40
pallet3	三坐标测量仪	120
pallet2/pallet3	装配站	40

2）仿真建模

（1）车间设备及生产流程建模。根据以上对智能制造车间的分析，利用 Factory-Simulation 建立如图 9-6 所示的车间模型。其中，并联的车床—加工中心代表智能生产单元，入口、缓冲区 1、缓冲区 2、出口为物流仓储单元各功能区的逻辑抽象，缓冲区 1 起到对不同产品进行分类的作用。虚装配站和拆装站模拟料盘的上、下料过程。连接线代表产品的流向，是一种逻辑表示，前驱设备的离开策略规则控制不同类别零件分流。

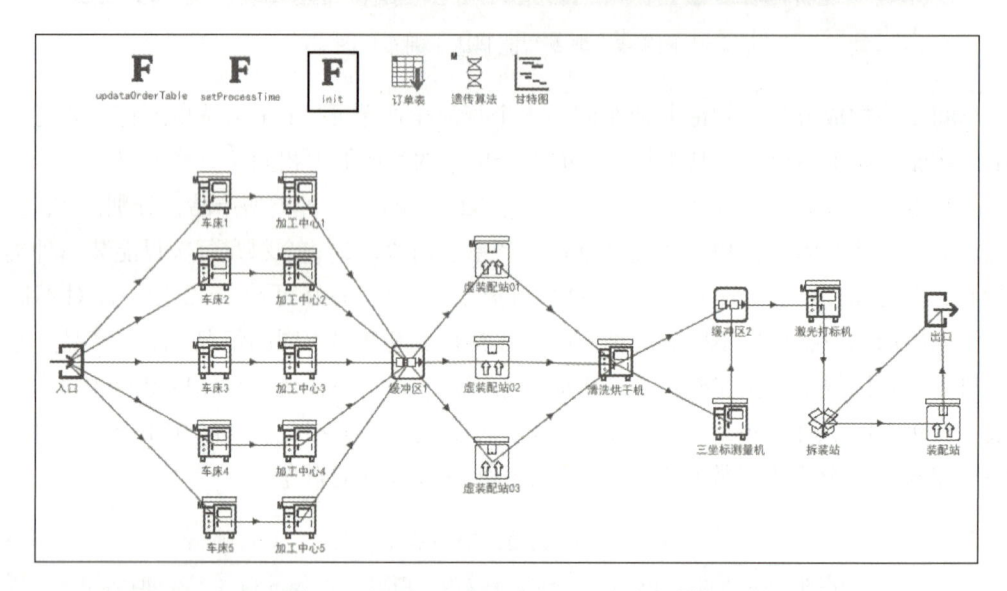

图 9-6　基于 FactorySimulation 的车间模型

（2）设置设备加工时间。根据优化后的产品建模工艺表对模型中的各个设备设置加工时间。若设备需加工多种零件且零件的加工时长不同，则利用编写脚本方法与对应设备进行关联，如图 9-7a 所示；若设备只加工一种零件或各种零件加工时间相同，则直接在相应设备的属性界面中进行设置，如图 9-7b 所示。

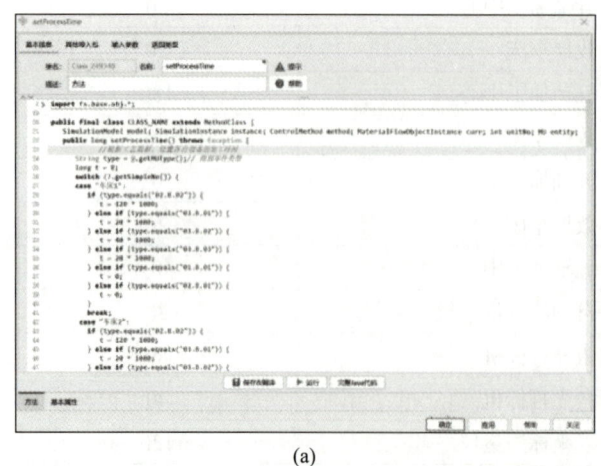

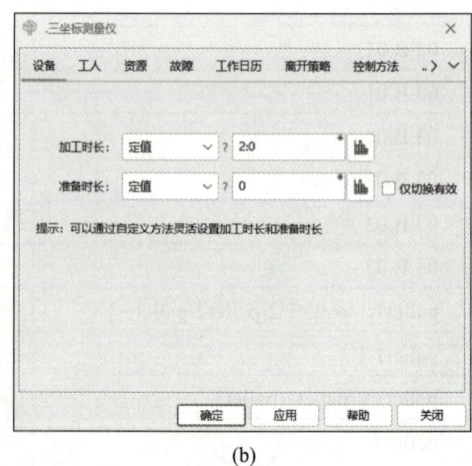

(a)　　　　(b)

图 9-7　设备加工时间设置

（3）设置订单。为了便于对设计的不同投产顺序进行仿真验证，将代表仓库毛坯投料的入口与订单表关联，利用"方法"更新订单表，在"方法"中更新整数序列即可在订单表中生成新的投产顺序，如图 9-8、图 9-9 和图 9-10 所示。

图 9-8　设置 MU 按订单表产生

图 9-9　设置订单表

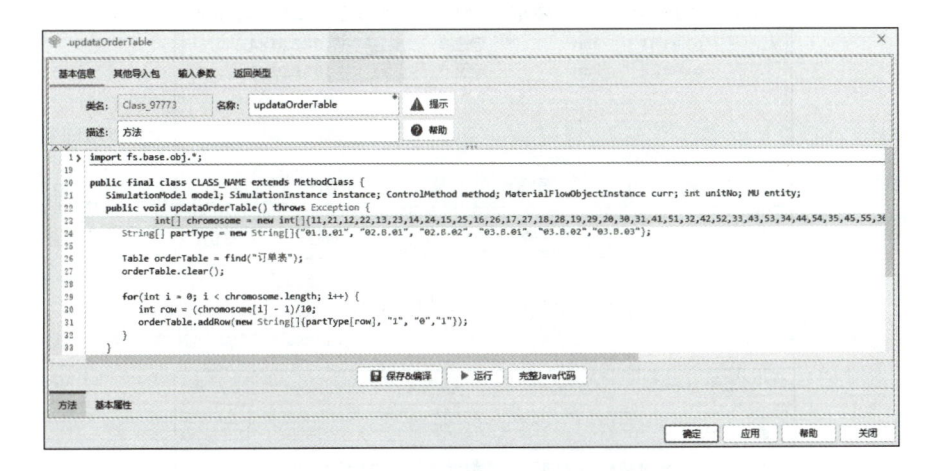

图 9-10　编写更新订单表的方法脚本

（4）设置料盘上料及装配站工作逻辑。虚装配站 01、虚装配站 02、虚装配站 03 分别代表产品 01.B、02.B、03.B 的半成品托盘上料逻辑，以虚装配站 01 为例，其设置方法如图 9-11 所示。装配站轮询检查装配站部件清单，先齐套的先装配，如图 9-12 所示。

（5）按照启发式规则投产仿真实验。根据工艺分析可以发现 01.B、03.B、02.B 单套产品的生产时间逐渐增加，依据最大加工时间先投产的启发式规则，按照 02.B—03.B—01.B 的顺序依次投产，则订单表和仿真时间分别如图 9-13 和图 9-14 所示。

（6）利用遗传算法对投产顺序进行优化。利用软件中的遗传算法控件，设置相关参数、解码方法和目标值计算方法，如图 9-15、图 9-16 和图 9-17 所示。运行仿真求得优化后的订单生产周期，如图 9-18 所示。

图 9-11 虚装配站 01 设置

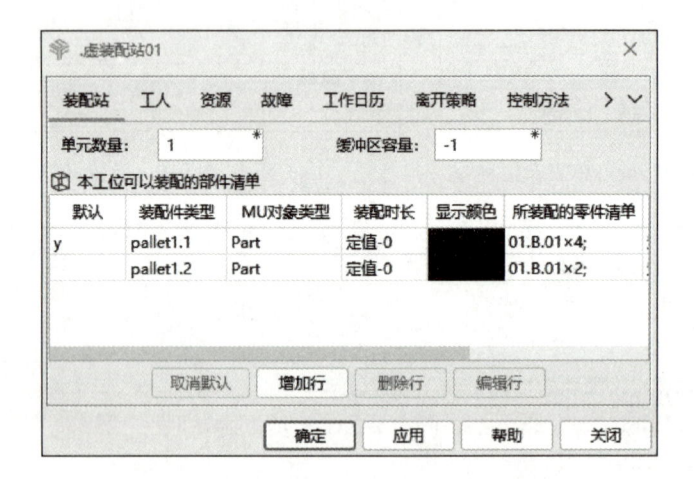

图 9-12 装配站设置

图 9-13 遵循启发式规则的订单表

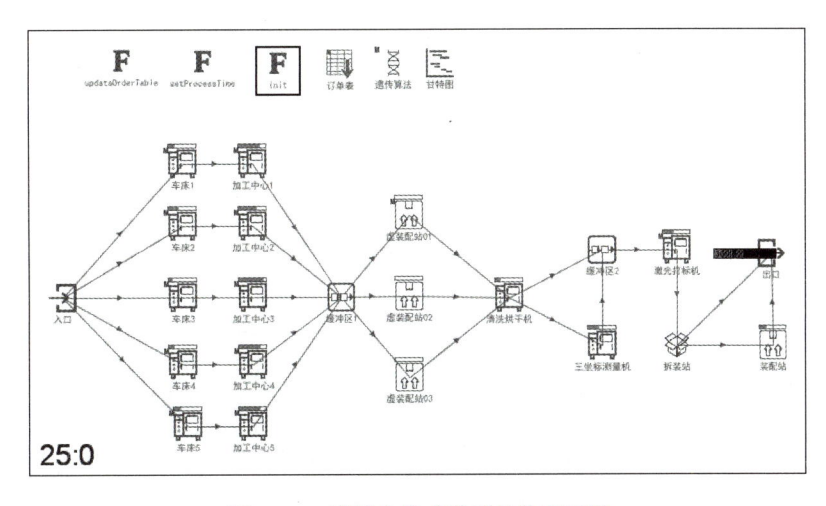

图 9-14 遵循启发式规则的仿真时间

图 9-15 遗传算法参数设置

图 9-16 解码方法设置

图 9-17　目标值计算方法设置

图 9-18　优化代数及仿真运行

结果分析。经过遗传算法优化，仿真时长从初始随机序列的 25 min 40 s 缩短到 23 min 40 s，与最大加工时间先投产的启发式规则的 25 min 仿真时长相比，基于遗传算法的优化结果进一步缩短了 1 min 20 s，生产效率提高了 5.33%。

9.3.4　项目总结

本项目主要介绍了利用生产系统仿真软件 FactorySimulation 对已有生产系统进行仿真建模，在数字化环境中模拟运行，分析生产系统的绩效指标，以及针对不同产品的投产顺序进行基于启发式规则和遗传算法的优化，进一步提出生产系统优化方案。通过本项目的训练，学生能够深入了解如何利用数字孪生技术对已有生产系统进行建模分析及优化。

思考题

（1）进行生产系统仿真建模时有哪些基础数据需要收集？

（2）在生产系统还未建立时，如何运用数字孪生技术优化系统设计方案？

参考文献

[1] 周济，李培根，赵继.智能制造导论［M］.2版.北京：高等教育出版社，2024.

[2] 李培根，高亮.智能制造概论［M］.北京：清华大学出版社，2021.

[3] ZHOU J，LI P，ZHOU Y，et al. Toward new-generation intelligent manufacturing［J］. Engineering，2018，4（1），11-20.

[4] 王书亭，李昕，张芬，等.面向大工程观培养的智能制造实践教学体系构建［J］.机械工程学报，2022，58（18），319-332.

[5] ZHOU J，ZHOU Y，WANG B，et al. Human-cyber-physical systems（HCPSs）in the context of new-generation intelligent manufacturing［J］. Engineering，2019，5（4），624-636.

[6] WANG S，MENG J，XIE Y，et al. Reference training system for intelligent manufacturing talent education：platform construction and curriculum development［J］. Journal of Intelligent Manufacturing，2021，34（3），1-40.

[7] 傅水根，李双寿.机械制造实习［M］.北京：清华大学出版社，2009.

[8] 朱华炳，田杰.制造技术工程训练［M］.2版.北京：机械工业出版社，2020.

[9] 吴志超.工程训练：实践篇［M］.武汉：华中科技大学出版社，2023.

[10] 彭江英，周世权.工程训练：机械制造技术分册［M］.武汉：华中科技大学出版社，2019.

[11] 韩建海.工业机器人［M］.5版.武汉：华中科技大学出版社，2022.

[12] 兰虎，鄂世举.工业机器人技术及应用［M］.2版.北京：机械工业出版社，2023.

[13] 陈吉红，胡涛，李民，等.数控机床现代加工工艺［M］.武汉：华中科技大学出版社，2009.

[14] 詹华西.多轴加工与仿真［M］.西安：西安电子科技大学出版社，2015.

[15] 陈明，梁乃明.智能制造之路：数字化工厂［M］.北京：机械工业出版社，2016.

[16] 谢远龙，王书亭，郭卉，等.教育数字化转型下数字孪生驱动的机械工程专业人才培养［J］.高等工程教育研究，2023（6）：47-53.

[17] 叶伯生.工业机器人操作与编程［M］.3版.武汉：华中科技大学出版社，2023.

[18] 刘怀兰，秦希青，杨建中.智能工厂设计仿真［M］.北京：机械工业出版社，2022.

[19] 刘怀兰，欧道江.工业机器人离线编程仿真技术与应用［M］.北京：机械工业出版社，2019.

[20] WANG S，JIANG L，MENG J，et al. Training for smart manufacturing using a mobile robot-based production line［J］. Frontiers of Mechanical Engineering，2021，16（2）：1-22.

[21] 陈吉红，杨建中，周会成.新一代智能化数控系统［M］.北京：清华大学出版社，2021.

[22] AVITABILE P. Modal space：in our own little world［J］. Experimental Techniques，2013，37（2）：3-5.

郑重声明

高等教育出版社依法对本书享有专有出版权。任何未经许可的复制、销售行为均违反《中华人民共和国著作权法》，其行为人将承担相应的民事责任和行政责任；构成犯罪的，将被依法追究刑事责任。为了维护市场秩序，保护读者的合法权益，避免读者误用盗版书造成不良后果，我社将配合行政执法部门和司法机关对违法犯罪的单位和个人进行严厉打击。社会各界人士如发现上述侵权行为，希望及时举报，我社将奖励举报有功人员。

反盗版举报电话　（010）58581999　58582371
反盗版举报邮箱　dd@hep.com.cn
通信地址　北京市西城区德外大街 4 号
　　　　　高等教育出版社知识产权与法律事务部
邮政编码　100120

防伪查询说明
用户购书后刮开封底防伪涂层，使用手机微信等软件扫描二维码，会跳转至防伪查询网页，获得所购图书详细信息。
防伪客服电话　（010）58582300